21 世纪普通高等教育电气信息类规划教材

# 电气控制与 PLC 应用技术

## （三菱 FX 系列）

张万忠　刘明芹　主编

化学工业出版社

·北京·

本书兼顾工程应用及教学需要，介绍了常用低压电器、变频器、继电器接触器控制电路及可编程控制器应用技术，系统阐述了电气控制分析及设计的一般方法。全书共四篇十四章，第一～三章为第一篇，介绍常用低压电器及继电器接触器构成的基本应用电路。第四章独立成篇，介绍了三菱 FR-A700 变频器及其应用方法。第五～十二章为第三篇，介绍了三菱 FX 系列 PLC 基本指令、应用指令、高速计数、高速输出、中断、通信、模拟量处理及 PID 处理等指令及应用。第四篇含第十三章及第十四章，介绍电气控制系统工程设计及应用实例。本书以机电设备的工业电气控制为中心，应用实例具体而丰富，知识脉络清晰，教学知识点分布合理，工程氛围浓厚，能很好地满足素质教育的需要。

本书可作为高等院校电气工程及其自动化、自动化、电子信息工程、机械制造及其自动化等相关专业教材。也可供相关工程技术人员参考。

**图书在版编目（CIP）数据**

电气控制与 PLC 应用技术（三菱 FX 系列）/张万忠，刘明芹主编 . —北京：化学工业出版社，2012.6

21 世纪普通高等教育电气信息类规划教材

ISBN 978-7-122-14297-9

Ⅰ. 电…　Ⅱ. ①张…　②刘…　Ⅲ. ①电气控制-高等学校-教材②PLC 技术-高等学校-教材　Ⅳ. TM571

中国版本图书馆 CIP 数据核字（2012）第 099496 号

责任编辑：郝英华　　　　　　　　文字编辑：吴开亮
责任校对：徐贞珍　　　　　　　　装帧设计：史利平

出版发行：化学工业出版社（北京市东城区青年湖南街 13 号　邮政编码 100011）
印　　装：北京云浩印刷有限责任公司
787mm×1092mm　1/16　印张 19¾　字数 528 千字　2012 年 9 月北京第 1 版第 1 次印刷

购书咨询：010-64518888（传真：010-64519686）　　售后服务：010-64518899
网　　址：http://www.cip.com.cn
凡购买本书，如有缺损质量问题，本社销售中心负责调换。

定　　价：39.00 元

# 前　言

随着科学技术的发展，电气控制与 PLC 应用技术在各个领域得到了越来越广泛的应用。培养电器及 PLC 应用技能的课程也在电类相关专业的高等教育中占有越来越重要的地位。

当前工业控制装备的重要特点是广泛应用以计算机为核心的电力电子设备。在工业控制系统中，可编程控制器是计算机的代表。变频器及伺服驱动器是电力电子技术的代表。但是，传统电器也是不可缺少的。因而，当今的工业控制人才必须是通晓传统电器、计算机技术及工业电力电子设备的全面人才。而且，割裂地学习传统电器、PLC 技术及变频器的应用是不合适的。"电器与 PLC"课程的教学应将传统电器、PLC 技术及变频器的应用糅合在一门课程中，通过综合教学使学生掌握当代工业控制系统的成型技术。

本书正是以这样一种宗旨编写的，涵盖了传统电器、继电接触器应用，变频器应用及 PLC 应用技术。更重要的是专章介绍了脉冲计数定位技术，模拟量控制及通信技术，使课程的培训重点更加明确，更加实用，更加贴近现代工业控制现场。也使学生学以致用，学有所成，成为学生实实在在的就业能力。

本书以我国工业现场占及率较高的三菱公司设备为载体，提供了十分丰富的产品数据。本书围绕工业控制系统设计的要素介绍工业控制设备的应用，旨在使学生在较短的学习时间内掌握工业控制系统设计的关键技术。本书图文并茂，知识点结构合理，内容安排符合青年科技预备人才的学习过程，也有利于教学组织。

本书分为四篇十四章，第一～三章为第一篇，介绍常用低压电器及继电器接触器构成的基本应用电路。第四章独立成篇，介绍三菱 FR-A700 系列变频器及其应用方法。第五～十二章为第三篇，介绍三菱 FX 系列 PLC 基本指令、应用指令、高速计数、高速输出、中断、通信、模拟量处理及 PID 处理等指令及应用。第四篇含第十三章及第十四章，介绍电气控制系统工程设计及应用实例。本书第一～三章及第十四章由刘明芹负责编写，第七～十三章由张万忠负责编写，钱入庭编写了第四～六章。全书由张万忠统稿。参加本书稿编写工作的还有：王民权、武红军、胡全斌、孙远强、吴志宏等。

本书在编写过程中得到了上海三菱办事处的支持，提供了部分资料。在此表示感谢。

由于编者水平有限，书中不妥之处在所难免。敬请读者批评指正。

编者

2012 年 6 月

# 目　　录

# 第四篇　电器及 PLC 控制系统设计及应用

# 附　　录

# 参考文献

# 绪　　论

## 一、本课程的性质与任务

本课程是一门实用性很强的专业课，其主要内容是以电动机或其他执行电器为控制对象，介绍继电器接触器控制系统、变频器及 PLC 控制系统的工作原理，说明典型机械的电气控制线路以及以变频器、PLC 为核心的控制系统的设计方法。当前，变频器及 PLC 控制系统应用十分普遍，已经成为实现工业自动化的主要手段，是教学的重点所在。但是，一方面，根据我国当前的情况，继电器接触器控制仍然是工厂设备最基本的电气控制方式，而且低压电器正在向小型化、智能化、长寿命发展，出现了功能多样的电子式电器，使继电器接触器控制系统性能不断提高。因此，继电器接触器在今后的电气控制技术中仍然占有相当重要的地位。另一方面，PLC 是计算机技术与继电器接触器控制技术相结合的产物，PLC 的输入、输出仍然与低压电器密切相关，因此掌握继电器接触器控制技术也是学习和掌握 PLC 应用技术所必需的基础。

本课程的培养目标是培养学生继电器接触器、变频器及 PLC 工程应用能力，具体要求如下。

① 熟悉常用低压电器的结构原理、用途，具有合理选择、使用常用低压电器的能力。

② 熟悉掌握继电器接触器控制线路的基本环节，具有阅读和分析继电器接触器构成的电气控制线路原理图的能力。

③ 了解变频器的工作原理，掌握通用变频器的基本应用方法。

④ 掌握 PLC 的基本原理及编程方法，能够根据生产过程和控制要求进行系统设计和编写应用程序。

⑤ 熟悉典型设备的电气控制系统，具有从事电气设备安装、调试、维修及管理的基本知识。

## 二、电气控制技术的发展概况

电气控制技术是随着科学技术的不断发展、生产工艺不断提出新的要求而迅速发展的。从最早的手动控制到自动控制，从简单的控制设备发展到复杂的控制系统，从有触点的硬接线控制系统发展到以计算机为中心的存储控制系统。现代电气控制技术综合应用了计算机、自动控制、电子技术、精密测量等许多先进的科学技术成果。作为生产机械动力的电动机拖动，已由最早的采用成组拖动方式到单独拖动方式，再到生产机械的不同运动部件分别由不同电动机拖动的多电动机拖动方式，发展到今天无论是自动化功能还是生产安全性能都相当完善的电气自动化系统。

继电接触式控制系统主要由继电器、接触器、按钮、行程开关等组成，其控制方式是断续的，所以又称为断续控制系统。由于这种系统具有结构简单、价格低廉、维护容易、抗干扰能力强等优点，至今仍是被机床和其他许多机械设备广泛采用的基本电气控制形式，也是学习更先进电气控制的基础。这种控制系统的缺点是采用固定的接线方式，灵活性差，工作频率低，触点易损坏，可靠性差。

从 20 世纪 30 年代开始，生产企业为了提高生产效率，采用机械化流水作业的生产方式，对不同类型的产品分别组成生产线。随着产品类型的更新换代，生产线承担的加工对象也随之改变，这就需要改变控制程序，使生产线的机械设备按新的工艺过程运行，而继电器接触器控制系统采取固定接线方式，很难适应这种要求。大型生产线的控制系统使用的继电器数量很多，这种有触点的电器工作频率很低，在频繁动作的情况下寿命较短，从而造成系统故障，使生产线的运行可靠性降低。为了解决这个问题，20世纪60年代初期利用电子技术研制出矩阵式顺序控制器和晶体管逻辑控制系统来代替继电器接触器控制系统。对复杂的自动控制系统则采用计算机控制，但由于这些控制装置本身存在某些不足，均未能获得广泛应用。1968年美国最大的汽车制造商——通用汽车（GM）公司，为适应汽车型号不断更新的要求，提出把计算机的完备功能以及灵活性、通用性等优点和继电器接触器控制系统的简单易懂、操作方便、价格低廉等优点结合起来，做成一种能适应工业环境的通用控制装置，并把编程方法及程序输入方法简化，使不熟悉计算机的人员也能很快掌握其使用技术。根据这一设想，美国数字设备公司（DEC）于1969年率先研制出第一台可编程控制器（简称PLC），并在通用汽车公司的自动装配线上试用成功。从此以后，许多国家的著名厂商竞相研制，各自成为系列，而且品种更新很快，功能不断增强，从最初的逻辑控制为主发展到能进行模拟量控制，具有数字运算、数据处理和通信联网等多种功能。PLC另一个突出的优点是可靠性很高，平均无故障运行时间可达10万小时以上，可以大大减少设备维修费用和停产造成的经济损失。当前PLC已经成为电气自动化控制系统中应用最为广泛的核心控制装置。

20世纪后期电气控制领域还有一个重大的进步——是通用变频器的出现。通用变频器是电力电子技术、计算机技术、自动控制理论高度发展的结果。它的出现一扫高性能调速系统由直流电动机一统天下的局面，让交流电动机成为调速系统的主角。而结构简单、维修简便的交流电动机在调速控制中的广泛应用对于运动控制系统降低造价、提高运行性能具有十分重大的意义。另一方面，变频器在风机、水泵等负载上的大量应用，在节能方面也具有重大的意义。

从机械加工行业来说，20世纪后半叶，数控技术也获得了重要的发展。从1952年美国研制成功第一台三坐标数控铣床后，随着微电子技术的发展，由小型或微型计算机再加上通用或专用大规模集成电路组成的计算机数控装置（CNC）在机床控制中大显身手，出现了具有自动更换刀具功能的数控加工中心机床（MC），工件在一次装夹中可以完成多种工序的加工。数控技术还在绘图机械、坐标测量机、激光加工机、火焰切割机等设备上得到了广泛应用，取得了良好效果。

自20世纪70年代以来，电气控制相继出现了直接数字控制（DDC）系统、柔性制造系统（FMS）、计算机集成制造系统（CIMS）、智能机器人、集散控制系统（DCS）、现场总线控制系统等多项高新技术，形成了从产品设计及制造到生产管理的智能化生产的完整体系，将自动化生产技术推进到了更高的水平。

综上所述，电气控制技术的发展始终是伴随着社会生产规模的扩大，生产水平的提高而前进的。电气控制技术的进步反过来又促进了社会生产力的进一步提高；同时，电气控制技术又是与微电子技术、电力电子技术、检测传感技术、机械制造技术等紧密联系在一起的。当前，科学技术继续突飞猛进地向前发展，电气控制技术必将给人类带来更加繁荣的明天。

# 第一篇　电器及继电器接触器控制技术

# 第一章　电磁式低压电器

**内容提要：** 供电及电气控制系统都离不开低压电器。电磁式电器无论在结构上、操动方式上都是低压电器的代表性器件。本章从电磁式低压电器的结构、工作形式中引出电气控制的根本分析模式——某一"线圈"的得电或失电，引出电路中哪些接线状态发生变化。

低压电器指工作在交流 1200V、直流 1500V 额定电压以下的电路中，用于电器、电路或非电对象的切换、控制、检测、保护、变换和调节的电器。低压电器在工业控制系统中占有重要的地位。

## 第一节　低压电器的结构及分类

### 一、低压电器的分类

低压电器种类很多，功能、规格、工作原理及技术要求各不相同。对于低压电器的使用者来说，了解低压电器的用途是重要的。按用途，低压电器可分为以下几类。

1. 低压配电电器

用于供电系统电能输送和分配的电器。这类电器的主要技术要求是分合能力强，限流效果好，动稳定及热稳定性能好。这类电器有低压断路器、隔离开关、刀开关、自动开关等。

2. 低压控制电器

用于各种控制电路和控制系统的电器。这类电器的主要技术要求是有一定的通断能力，操作频率高，电气和机械寿命长。如接触器、继电器、启动器、各种控制器等。

3. 低压主令电器

用于发送控制指令的电器。这类电器的主要技术要求是操作频率高，电气和机械寿命长，抗冲击。这类电器包括按钮、主令开关、行程开关和万能转换开关等。

4. 低压保护电器

用于电路和用电设备保护的电器。这类电器的主要技术要求是有一定的通断能力，可靠性高，反应灵敏。如熔断器、热继电器、电压继电器、电流继电器等。

5. 低压执行电器

用于完成某种动作和传动功能的电器。电动机是用得最多的执行电器。常用的还有电磁铁、电磁离合器等。

低压电器还可按使用场合分为一般工业用电器、工矿用特种电器、安全电器、农用电器、牵引电器等。按操作方式分为手动电器和自动电器等。按动作原理分为电磁式电器、非电量控制电器等。

## 二、低压电器的结构

低压电器一般由工作机构、操动机构及灭弧机构三大部分组成。

### （一）工作机构

低压电器的根本用途是接通及分断电路，触头也称为触点，是接通及分断电路的根本器件，即低压电器的工作机构。对触头的工作要求是导电、导热性能好。

触头闭合有工作电流通过时，触头的接触电阻大小影响触头的工作情况，接触电阻大时触头易发热，温度升高，从而使触头产生熔焊现象，这样既影响工作的可靠性，又降低了触头的寿命。触头接触电阻的大小与触头的接触形式、接触压力、触头材料及触头的表面状况有关。

1. 触头的接触形式

触头有点接触、线接触和面接触三种接触形式，如图 1-1 所示。

点接触适用于电流不大，触头压力小的场合。线接触适用于接电次数多，电流较大的场合。面接触适用于大电流的场合。

2. 触头的结构形式

触头由静触头和动触头两部分组成。触头动作时动触头动作而静触头不动。依触头动作前的自然状态可分为常开触头（动合）及常闭触头（动断）。常开触头指动作前处于断开状态的触头，常闭触头指动作前处于接通状态的触头。触头依结构及接触形式分为桥式触头及指形触头等基本种类。

（1）桥式触头　如图 1-2 所示，为桥式触头结构。桥式触头常同时安装结构及动作对称的常开和常闭触点。图 1-2 中，常开触点闭合时，常闭触点断开。

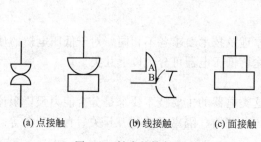

图 1-1　触头的接触形式

(a) 点接触　(b) 线接触　(c) 面接触

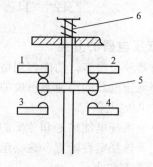

图 1-2　桥式触头的结构

1,2—常闭触点；3,4—常开触点；
5—桥式触点；6—复位弹簧

（2）指形触头　如图 1-3 所示，指形触头以动触头形似手指而得名。指形触头接通或分断时产生滚动摩擦，能去掉触头表面的氧化膜。触点的接触形式一般是线接触。

3. 减少接触电阻的方法

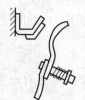

① 增加接触压力，可使触点的接触面积增加，从而减小接触电阻。一般在动触点上安装触点弹簧。

② 选择电阻系数小的材料。材料的电阻系数越小，接触电阻也越小。

③ 改善触点的表面状况。尽量避免或减小触头表面氧化物形成；注意保持触头表面清洁，避免聚集尘埃。

图 1-3　指形触头的结构

### （二）操动机构

操动机构为使触头动作的机构。手动电器的操动机构为操作手柄。如刀开关的手柄，按钮的按钮帽，即为操动机构。自动电器的操动机构指检测动作信号及产生动作动力的机构。现实中应用最多的操动机构为电磁机构。

**1. 电磁机构的组成**

电磁机构由线圈、铁芯和衔铁组成，根据衔铁相对铁芯的运动方式可分为直动式和拍合式两种。图1-4及图1-5分别为直动式电磁机构及拍合式电磁机构。两图中1为动铁芯也即为衔铁，2为静铁芯，3为线圈。电磁机构在线圈通入电流，产生磁场并吸引衔铁向静铁芯运动时，带动动触头向静触头运动，从而完成接通或分断电路的功能。触头动作的规律是常开触头接通电路而常闭触头断开电路。

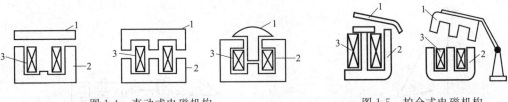

图1-4　直动式电磁机构　　　　　　图1-5　拍合式电磁机构
1—衔铁；2—铁芯；3—吸引线圈　　　　1—衔铁；2—铁芯；3—吸引线圈

吸引线圈的作用是将电能转换为磁能。按通入电流种类可分为直流型线圈和交流型线圈。直流型线圈一般做成无骨架、高而薄的瘦高型，使线圈与铁芯直接接触，易于散热。交流型线圈由于铁芯存在磁滞和涡流损耗，铁芯也会发热，为了改善线圈和铁芯的散热情况，线圈设有骨架，使铁芯与线圈隔离并将线圈制成短而厚的矮胖型。另外，根据线圈在电路中的连接形式，可分为串联接入线圈和并联接入线圈。串联线圈主要用于电流检测类电磁式电器中，并联线圈主要用于电压检测类电磁式电器中。大多数电磁式电器线圈都按照并联接入方式设计。为减少接入线圈对电路电压分配的影响，串联线圈采用粗导线制造，匝数少，线圈的阻抗较小。并联线圈为减少电路的分流作用，需要较大的阻抗，一般线圈的导线细，匝数多。

**2. 电磁特性**

（1）电磁吸力与吸力特性　电磁铁线圈通电以后，铁芯吸引衔铁带动触点动作，从而接通或分断电路的力称为电磁吸力，电磁吸力是影响电磁式电器可靠工作的重要参数，电磁吸力可按下式计算，即

$$F = \frac{B^2 S 10^7}{8\pi}$$

式中，$F$ 为电磁吸力，N；$B$ 为气隙中磁感应强度，T；$S$ 为磁铁截面积，$m^2$。

磁感应强度 $B$ 与气隙宽度 $\delta$ 及外加电压大小有关。对于直流电磁铁，外加电压恒定，电磁吸力的大小只与气隙有关。对于交流电磁铁，由于外加正弦交流电压在气隙宽度一定时，其气隙磁感应强度也按正弦规律变化，即 $B = B_m \sin\omega t$，所以吸力公式为

$$F = \frac{10^7 S B_m^2 \sin\omega t}{8\pi}$$

电磁吸力也按正弦规律变化，最小值为零，最大值为

$$F_m = \frac{10^7 S B_m^2}{8\pi}$$

电磁式电器在吸合或释放过程中，气隙是变化的，电磁吸力也将随气隙的变化而变化，这种特性称为吸力特性，电磁吸力特性曲线如图1-6所示。图中显示，直流电磁吸力随气隙的变化较剧烈。而交流电磁吸力随气隙的变化较平缓。

（2）交流接触器短路环的作用　当电磁线圈断电时使触点恢复常态的力称为反力，电磁电

器中反力由复位弹簧和触头产生，衔铁吸合时要求电磁吸力大于反力，衔铁复位时要求反力大于剩磁产生的电磁吸力。当电磁吸力的瞬时值大于反力时，铁芯吸合；当电磁吸力的瞬时值小于反力时，铁芯释放。因而，交流电源电压变化一个周期，电磁铁吸合两次，释放两次，电磁机构产生剧烈的振动和噪声，因而不能正常工作。解决的办法是在铁芯端面开一小槽，在槽内嵌入铜质短路环，如图 1-7 所示。加上短路环后，磁通被分为大小接近、相位相差约 90°电角度的两相磁通。因两相磁通不会同时过零，由两相磁通合成的电磁吸力变化较为平坦，使通电期间电磁吸力始终大于反力，铁芯牢牢吸合。这样就消除了振动和噪声。一般短路环包围 2/3 的铁芯端面。

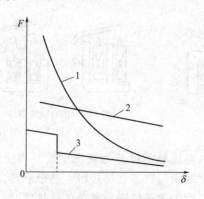

图 1-6　电磁吸力特性曲线
1—直流电磁吸力特性；2—交流电磁
吸力特性；3—反力特性

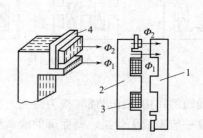

图 1-7　交流电磁铁的短路环
1—衔铁；2—铁芯；3—线圈；4—短路环

### （三）灭弧机构

通电状态下动、静触头脱离接触时，由于电场的存在，使触头表面的自由电子大量溢出，在高热和强电场的作用下，电子运动撞击空气分子，使之电离，产生电弧。电弧烧损触头金属表面，降低电器的寿命，又延长了电路的分断时间，所以分断电流较大的电器都配有灭弧机构。

**1. 常用的灭弧原理**

（1）迅速拉大电弧长度而降低单位长度电弧的电压　迅速使触点间隙增加，电弧长度增长，电场强度降低，同时又使散热面积增大，降低电弧温度，使自由电子和空穴复合的运动加强，可以使电弧容易熄灭。

（2）冷却　使电弧与冷却介质接触，带走电弧热量，也可使复合运动得以加强，从而使电弧熄灭。

**2. 常用的灭弧装置**

（1）电动力吹弧　如图 1-8 所示，桥式触头在分断时具有电动力吹弧功能。当触头打开时，在断口中产生电弧，同时也产生如图中所示的磁场，根据左手定则，电弧电流要受到指向外侧的力 F 的作用，使其迅速离开触头而熄灭，这种灭弧方法多用于小容量交流电器中。

（2）磁吹灭弧　在触头电路中串入吹弧线圈，如图 1-9 所示。该线圈产生的磁场由导磁夹板引向触点周围，其方向由右手定则确定（为图中×所示）触点间的电弧所产生的磁场，其方向为⊕和⊙所示。这两个磁场在电弧下方方向相同（叠加），在弧柱上方方向相反（相减），所以弧柱下方的磁场强于上方的磁场。在下方磁场作用下，电弧受力的方向为 F 所指的方向，在 F 的作用下，电弧被吹离触头区，经引弧角引进灭弧罩，使电弧熄灭。

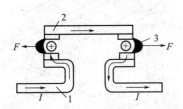

图 1-8　双断口结构触头的
电动力吹弧效应

1—静触头；2—动触头；3—电弧

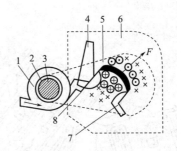

图 1-9　磁吹灭弧示意图

1—磁吹线圈；2—绝缘线圈；3—铁芯；
4—引弧角；5—导磁夹板；6—灭弧罩；
7—动触点；8—静触点

（3）栅片灭弧　灭弧栅是一组薄钢片，它们彼此间相互绝缘，如图 1-10 所示。当电弧进入栅片时被分割成一段段串联的短弧，而栅片就是这些短弧的电极，这就使每段短弧上的电压达不到燃弧电压，电弧迅速熄灭。此外，栅片还能吸收电弧热量，加速电弧的冷却。由于栅片灭弧装置的灭弧效果在交流时要比直流时强得多，因此在交流电器中常采用栅片灭弧。

（4）窄逢灭弧　这种灭弧方法是利用灭弧罩的窄缝来实现的。灭弧罩内有一个或数个纵缝，缝的下部宽上部窄，如图 1-11 所示，当触头断开时，电弧在电动力的作用下进入缝内，窄缝的分割降压、压缩及冷却去游离作用，使电弧熄灭加快。灭弧罩通常用耐弧陶土、石棉水泥或耐弧塑料制成。

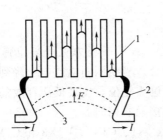

图 1-10　栅片灭弧示意图

1—灭弧栅片；2—触点；3—电弧

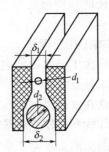

图 1-11　窄缝灭弧室的断面

# 第二节　电磁式接触器

接触器是用来远距离频繁接通与分断交、直流主电路及大容量控制电路的电磁式电器，主要用于控制电动机、电焊机、电容器组等设备，具有供电电压降低时自动释放的保护功能，是电力拖动控制系统中使用最广泛的负荷开关之一。

按控制电流种类不同，接触器分为直流接触器和交流接触器。按主触点的极数可分为单极、双极、三极、四极、五极几种，单极、双极多为直流接触器。

## 一、接触器的结构及工作原理

以下以交流接触器为例说明接触器的结构及工作原理。

1. 交流接触器的结构

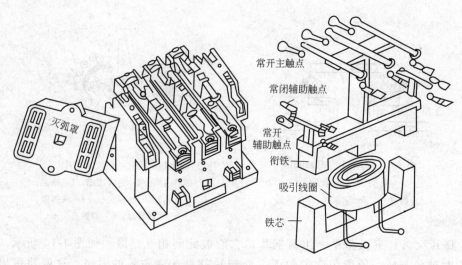

常开主触点

常闭辅助触点

常开辅助触点

衔铁

吸引线圈

铁芯

灭弧罩

图 1-12 交流接触器结构示意图

交流接触器的结构示意图如图 1-12 所示。它主要由电磁机构、触点系统、灭弧装置和其他辅助部件组成。

其中，触点分为主触点及辅助触点。主触点用于接通或断开主电路或大电流电路。辅助触点用于控制电路，起电气联锁作用。主触点一般容量较大，多为常开触点。辅助触点容量较小，通常是常开和常闭成对的，当线圈得电后，衔铁在电磁吸力的作用下吸向铁芯，同时带动全部动触点移动，实现全部触点状态的切换。

接触器的其他辅助部件包括复位弹簧、缓冲弹簧、触头压力弹簧、传动机构、支架及底座等。

2. 交流接触器的工作原理

当线圈通电电压大于线圈额定电压的 85% 时，线圈磁场力克服复位弹簧拉力，使衔铁带动触点动作，使常闭触点先断开，常开触点后闭合。当线圈断电或电压降到较低值时，电磁吸力消失或减弱，衔铁在复位弹簧的作用下释放，触头复位，实现低压释放的保护功能。

直流接触器的结构和工作原理基本上与交流接触器相同。

目前我国常用的交流接触器主要有：CJ20、CJX1、CJX2、CJX3 和 CJX4 等系列；引进产品应用较多的有德国 BBC 公司的 B 系列，德国 SIEMENS 公司的 3TB 系列，法国 TE 公司的 LC1 系列等。常用的直流接触器有 CZ18、CZ21、CZ22 等系列。

接触器型号的表达及含义如下：

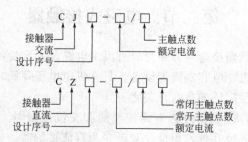

二、接触器的主要技术参数

电器的主要技术参数指电器的额定值。额定值是电器长期正常工作的使用值。额定值标示在电器的铭牌上。接触器的额定值有以下几项。

（1）额定电压 接触器铭牌上标注的额定电压是指主触点的工作电压。常用的额定电压等级如表 1-1 所示。

（2）额定电流 接触器铭牌上标注的额定电流是指主触点的额定电流。常用的额定电流等级也如表 1-1 所示。表中的电流值是接触器安装在敞开式控制屏上，触点不超过额定温升，负荷为间断-长期工作制时的电流值。

**表 1-1 接触器额定电压和额定电流的等级表**

| 技术参数 | 直流接触器 | 交流接触器 |
|---|---|---|
| 额定电压/V | 110,220,440,660 | 127,220,380,500,660 |
| 额定电流/A | 5,10,20,40,60,100,150,250,400,600 | 5,10,20,40,60,100,150,250,400,600 |

（3）线圈额定电压 指接触器电磁系统线圈的额定电压。常用的电压等级如表 1-2 所示。一般交流线圈用于交流接触器，直流线圈用于直流接触器，但交流负载在频繁动作时可采用直流线圈的交流接触器。线圈的额定电压可与触点的额定电压相同或不同。

**表 1-2 接触器线圈的额定电压等级表** 单位：V

| 直流线圈 | 交流线圈 |
|---|---|
| 24,48,110,220,440 | 36,110,127,220,380 |

（4）额定操作频率 指每小时的操作次数。交流接触器和直流接触器最高为 1200 次/h。操作频率直接影响到接触器的电寿命和灭弧罩的工作条件，对于交流接触器还影响到线圈的温升。

（5）接通和分断能力 指主触点在规定条件下能可靠地接通和分断的电流值（此值远大于额定值）。在此电流值下，接通时主触点不应发生熔焊，分断时主触点不应发生长时间燃弧。电路中超出此值电流的分断任务则由熔断器、自动开关等保护电器承担。

接通及分断能力与使用类别有关。因而接触器用于不同负载时，对主触点的接通和分断能力的要求不一样。接触器在电力拖动控制系统使用时，常见的使用类别及其典型用途如表 1-3 所示。

**表 1-3 接触器使用类别及典型用途**

| 电流种类 | 使用类别 | 典型用途 |
|---|---|---|
| AC<br>交流 | AC-1 | 无感或微感负载、电阻炉 |
|  | AC-2 | 绕线式电动机的启动和分断 |
|  | AC-3 | 笼型异步电动机的启动、运转中分断 |
|  | AC-4 | 笼型异步电动机的启动、反接制动、反向和点动 |
| DC<br>直流 | DC-1 | 无感或微感负载、电阻炉 |
|  | DC-3 | 并励电动机的启动、反接制动、点动 |
|  | DC-5 | 串励电动机的启动、反接制动、点动 |

接触器的使用类别通常标注在产品的铭牌或工作手册中。表 1-3 中要求接触器主触点达到的接通和分断能力为：AC-1 和 DC-1 类允许接通和分断额定电流，AC-2、DC-3 和 DC-5 类允许接通和分断 4 倍的额定电流，AC-3 类允许接通 6 倍的额定电流和分断额定电流，AC-4 类允许接通和分断 6 倍的额定电流。表 1-4 列出 CJ20 系列交流接触器主要技术数据。

接触器图形符号和文字符号 如图 1-13 所示。

表 1-4　CJ20 系列交流接触器主要技术数据

| 型号 | 主触头 | | 额定绝缘电压/V | 辅助触头对数 | 额定工作电压/V | 线圈电压/V | 额定操作频率/(次/h) | 可控制电器的最大功率/kW | |
|---|---|---|---|---|---|---|---|---|---|
| | 对数 | 额定电流/A | | | | | | 220V | 380V |
| CJ20-10 | 3 | 10 | 660 | 2常开 2常闭 | 220、380、660 | AC:36、127、220、380 DC:48、110、220、 | 1200/600 | 2.2 | 4 |
| CJ20-16 | 3 | 16 | | | | | | 4.5 | 7.5 |
| CJ20-25 | 3 | 25 | | | | | | 5.5 | 11 |
| CJ20-40 | 3 | 40 | | | | | | 11 | 22 |
| CJ20-63 | 3 | 63 | | 2常开 2常闭 或4常开 2常闭 | | | | 18 | 30 |
| CJ20-100 | 3 | 100 | | | | | | 28 | 50 |
| CJ20-160 | 3 | 160 | | | | | | 48 | 85 |
| CJ20-250 | 3 | 250 | | 4常开 2常闭 或3常开 3常闭 | | | 600/300 | 80 | 132 |

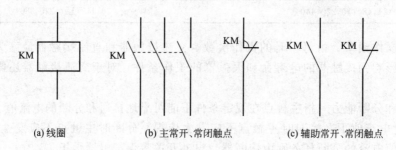

(a) 线圈　　　　　(b) 主常开、常闭触点　　　　　(c) 辅助常开、常闭触点

图 1-13　接触器的图形及文字符号

### 三、接触器的选用

一般根据接触器所控制的负载性质来选择接触器的类型。生产中广泛使用中小容量的笼型电动机，而且是一般负载，它相当于 AC-3 使用类别。控制机床电动机的接触器，负载比较复杂，有用 AC-3、AC-4，也有用 AC-1 和 AC-4 混合的。根据电动机（或其他负载）的功率和操作情况来确定接触器主触点的电流等级时，如接触器的使用类别与所控制负载的工作任务相对应，一般应使主触点的电流等级与所控制负载的电流等级相当，或稍大一些。即额定电流应大于或等于被控回路的额定电流。吸引线圈的额定电压应与所接控制电路的电压一致。触点数量和种类应满足主电路和控制线路的要求。

接触器接入电路使用时，主触点接入主电路，辅助触点及线圈接入控制电路。

# 第三节　电磁式继电器

### 一、电磁式继电器的结构和特性

继电器指控制电路中根据某种输入信号的变化接通或断开电路，实现控制或保护目的的电器。与接触器的输入信号单纯为电压不同，继电器的输入信号种类很多，可以是电量，也可以是时间、压力、速度等非电量。其中采用电压及电流量，利用电磁力形成动作的继电器为电磁式继电器。

**1. 电磁式继电器的结构**

电磁式继电器的结构与动作原理和电磁式接触器相似。图 1-14 所示为电磁式继电器的典型结构。

（1）电磁机构　交流电磁机构有 U 形拍合式、E 形直动式、空心或装甲螺管式等结构形式。U 形拍合式和 E 形直动式的铁芯及衔铁均由硅钢片叠成，且在铁芯柱端面上装有短路环。直流电磁机构形式为 U 形拍合式，铁芯和衔铁均由电工软铁制成。为了增加闭合后的气隙，在衔铁的内侧面上装有非磁性垫片，且铁芯铸在铝基座上。与接触器不同的是，为了调节继电器动作参数的方便，继电器具有释放弹簧及衔铁气隙大小的调节装置，例如图 1-14 中的调节螺钉及非磁性垫片。

（2）触点系统　交、直流继电器的触点由于控制电流小，故不装灭弧装置。其触点一般为桥式触点，有常开和常闭两种形式。触点的额定电流一般为 5A。

**2. 电磁式继电器的特性**

继电器的主要特性是输入-输出特性，又称为继电特性。继电特性曲线为跳跃式的回环，既继电器的吸合值与释放值不等，一般继电器的释放值小于吸合值，如图 1-15 所示。

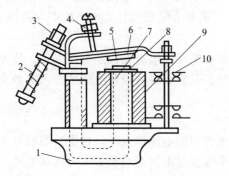

图 1-14　电磁式继电器的典型结构

1—底座；2—反力弹簧；3,4—调节螺钉；

5—非磁性垫片；6—衔铁；7—铁芯；8—极靴；

9—电磁线圈；10—触点系统

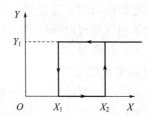

图 1-15　继电器特性曲线

图 1-15 中，当继电器输入量 $X$ 增至 $X_2$ 时，继电器吸合；当 $X$ 减小到 $X_1$ 时，继电器释放。$X_2$ 称为继电器的吸合值，欲使继电器吸合，输入量必须等于或大于 $X_2$、$X_1$ 为继电器的释放值，欲使继电器释放，输入量必须等于或小于 $X_1$。

继电器的返回系数 $K_f = X_1/X_2$，是继电器的重要参数之一。$K_f$ 值可以通过调节释放弹簧或调整铁芯与衔铁之间非磁性垫片的厚度来达到所要求的值。不同的场合要求不同的 $K_f$ 值。例如一般继电器要求低的返回系数，$K_f$ 值应在 0.1～0.4 之间，这样当继电器吸合后，输入量波动较大时不至于引起误动作；欠电压继电器则要求高的返回系数，$K_f$ 值应在 0.6 以上。设某继电器 $K_f = 0.66$，如果吸合电压为额定电压的 90%，释放电压为额定电压的 60% 时，继电器释放，它起到欠电压保护作用。

另一个重要参数是吸合时间和释放时间。吸合时间指线圈接受电信号到衔铁完全吸合所需的时间。释放时间是指线圈失电到衔铁完全释放所需的时间。一般继电器的吸合时间与释放时间为 0.05～0.15s，它的大小影响继电器的操作频率。

## 二、电压继电器及电流继电器

电压继电器及电流继电器可用于电压量及电流量的检测。它们电磁系统的主要差别是电压继电器线圈用线细且匝数多，电流继电器线圈的导线粗且匝数少。电压继电器线圈在接入电路时并接在待测量的电路端点，而电流继电器线圈在接入电路使用时串接在待检测的电路中。

**1. 电磁式电压继电器**

电压继电器可用于电力拖动系统的电压保护和控制，可分为交流型和直流型。按吸合电压相对额定电压的大小又可分为过电压和欠电压继电器。

(1) 过电压继电器 在电路中用于过电压保护。过电压继电器线圈在额定电压时，衔铁不产生吸合动作，只有当线圈的电压高于其额定电压一定值时衔铁才产生吸合动作，所以称为过电压继电器。常利用过电压继电器的常闭触点断开待保护电路的负荷开关。交流过电压继电器吸合电压的调节范围为 $U_x = (1.05\sim1.2)U_N$。因为直流电路不会产生波动较大的过电压现象，所以没有直流过电压继电器。

(2) 欠电压继电器 在电路中用作欠电压保护。当电路中的电气设备在额定电压下正常工作时，欠电压继电器的衔铁处于吸合状态。当电路中出现电压降低至线圈的释放电压时，衔铁释放，分断待保护的电路，实现欠电压保护。所以控制电路中常用欠电压继电器的常开触点。

通常，直流欠电压继电器的吸合电压与释放电压的调节范围分别为 $U_x = (0.3\sim0.5)U_N$ 和 $U_F = (0.07\sim0.2)U_N$。交流欠电压继电器的吸合电压与释放电压的调节范围分别为 $U_x = (0.6\sim0.85)U_N$ 和 $U_F = (0.1\sim0.35)U_N$。

电压继电器选用时，首先要注意线圈种类和电压等级应与控制电路一致。另外，根据在控制电路中的作用（是过电压还是欠电压）选型；最后，要按控制电路的要求选触点的类型（是常开还是常闭）和数量。

**2. 电磁式电流继电器**

触点的动作与线圈的电流大小有关的继电器叫做电流继电器，根据线圈的电流种类分为交流型和直流型；按吸合电流相对额定电流大小可分过电流继电器和欠电流继电器。

(1) 过电流继电器 过电流继电器在电路中用作过电流保护。正常工作时，线圈中流有额定电流，此时衔铁为释放状态；当电路中出现比负载正常工作电流大的电流时，衔铁产生吸合动作，从而带动触点动作，分断待保护电路。所以电路中常用过电流继电器的常闭触点。通常，交流过电流继电器的吸合电流调整范围为 $I_x = (1.1\sim4)I_N$，直流过电流继电器的吸合电流调整范围为 $I_x = (0.7\sim3.5)I_N$。

(2) 欠电流继电器 欠电流继电器在电路中作欠电流保护。正常工作时，线圈电流为待保护电路电流，衔铁处于吸合状态；当电路的电流低于负载额定电流，达到衔铁的释放电流时，则衔铁释放，同时带动触点动作，分断电路。所以电路中常用欠电流继电器的常开触点。

在直流电路中，负载电流的降低或消失往往会导致严重的后果，如直流电动机的励磁回路断线，会产生飞车现象。因此，欠电流继电器在这些控制电路中是不可缺少的。当电路中出现低电流或零电流故障时，欠电流继电器的衔铁由吸合状态转入释放状态，利用其触点的动作而切断电气设备的电源。直流欠电流继电器的吸合电流与释放电流调整范围分别为 $I_x = (0.3\sim0.65)I_N$ 和 $I_F = (0.1\sim0.2)I_N$。

选用电流继电器时，首先注意线圈电流的种类和额定电流与负载电路一致。另外，根据对负载的保护作用（是过电流还是欠电流）来选用电流继电器的类型。最后，要根据控制电路的要求选触点的类型（是常开还是常闭）和数量。

以下是部分电磁继电器产品的型号及含义。

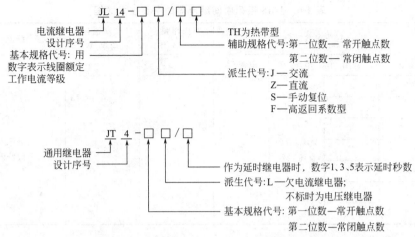

表 1-5 为 JL14 系列继电器的技术数据。图 1-16 为电压、电流继电器的图形及文字符号。

**表 1-5　JL14 系列交直流电流继电器技术数据**

| 电流种类 | 型号 | 吸引线圈额定电流/A | 吸合电流调整范围 | 触点组合形式 | 用　途 | 备　注 |
|---|---|---|---|---|---|---|
| 直流 | JL14-□□Z<br>JL14-□□ZS | 1、1.5、2.5、5、10、15、25、40、60、300、600、1200、1500 | 70%～300%$I_N$ | 3 常开，3 常闭<br>2 常开，1 常闭 | 在控制电路中过电流或欠电流保护用 | 可替代JT3-1、JT4-JJT4-S、JL3、JL3-JJL3-S、等老产品 |
| | JL14-□□ZO | | 30%～65%$I_N$ 或释放电流在 10%～20%$I_N$ 范围 | 1 常开，2 常闭<br>1 常开，1 常闭 | | |
| 交流 | JL14-□□J<br>JL14-□□JS | | 110%～400%$I_N$ | 2 常开，2 常闭 | | |
| | JL14-□□JG | | | 1 常开，1 常闭 | | |

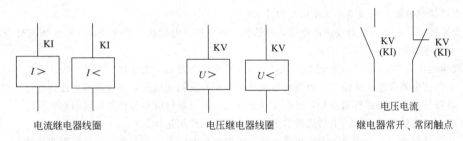

图 1-16　电压、电流继电器的图形及文字符号

## 三、中间继电器

中间继电器的结构与接触器相似，只是其触头容量一般为 5A。中间继电器常在控制电路中完成触点类型的转换、补充及信号的中继传递功能。

常用的中间继电器有 JZ15、JZ17、JZ18 等系列。以 JZ18-22 为例，JZ 为中间继电器的代号，18 为设计序号，22 为触头组合形式。表 1-6 为 JZ18 系列中间继电器的主要技术数据。

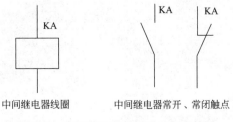

图 1-17　中间继电器的图形及文字符号

表 1-6 JZ18 系列中间继电器的主要技术数据

| 型号 | 触头参数 | | | | 操作频率/(次/h) | 线圈消耗功率/W | 线圈电压/V |
|---|---|---|---|---|---|---|---|
| | 常开 | 常闭 | 电压/V | 电流/A | | | |
| JZ18-22 | 2 | 2 | 交流:380;直流:220 | 6 | 1200 | 12 | 交流:36,(110),127,220,380 |
| JZ18-31 | 3 | 1 | | | | | |
| JZ18-33 | 3 | 3 | | | | | |
| JZ18-40 | 4 | 0 | | | | | |
| JZ18-42 | 4 | 2 | | | | | |
| JZ18-51 | 5 | 1 | | | | | |
| JZ18-60 | 6 | 0 | | | | | |

中间继电器在电路中的图形符号和文字符号见图 1-17。

# 习题及思考题

1-1 低压电器通常由哪几个部分组成,各部分的功能是什么?

1-2 试述电磁式电器的一般工作模式。

1-3 如何区分常开与常闭触点,当电磁式电器的线圈通电时常开及常闭触点如何动作?

1-4 低压电器中熄灭电弧所依据的原理有哪些?以本章中涉及电器的灭弧机构为例,说明它们各依据什么原理?

1-5 接触器的作用是什么?根据结构特征如何区分交流、直流接触器?

1-6 交流接触器在衔铁吸合前的瞬间,为什么在线圈中产生很大的电流冲击?直流接触器会不会出现这种现象?为什么?

1-7 交流接触器能否将线圈串联使用?为什么?

1-8 交流接触器在运行中如线圈断电后,衔铁仍掉不下来,电动机不能停止,这时应如何处理?故障原因在哪里?应如何排除?

1-9 线圈电压为 220V 的交流接触器,误接入 380V 交流电源时会发生什么问题?为什么?

1-10 电压继电器和电流继电器在电路中各起什么作用?它们的线圈和触点应如何连接在电路中?

1-11 将释放弹簧放松或拧紧一些,对电压(或电流)继电器的吸和与释放有何影响?

1-12 在交流接触器及交流继电器的铁芯上安装短路环的作用是什么?

1-13 什么是继电器的返回系数?欲提高电压(或电流)继电器的返回系数可采用哪些措施?

1-14 中间继电器与交流接触器的工作原理及用途有哪些不同?

# 第二章 其他常用低压电器

**内容提要：**除了电磁式电器外，在电气控制电路中，还有许多其他低压电器，如刀开关、低压断路器、按钮、各种保护电器及各种控制电器等。这些电器与电磁式电器组合连接，可以形成各种控制电路，实现各类控制功能。

## 第一节 刀开关及低压断路器

### 一、刀开关

刀开关又称闸刀开关，有开启式、封闭式及旋转手柄式等结构形式。刀开关是一种手动配电电器，主要作为隔离电源的开关使用，也可以用来不频繁接通和分断电路，如直接控制小容量电动机的场合。

图 2-1 所示是开启式刀开关的结构图。此种刀开关由操作手柄、熔丝、触刀、触刀座和瓷底座等部分组成，靠触刀与触刀座的分合来接通和分断电路。由于带有熔丝，具有短路保护功能。图 2-1 中还给出了开启式刀开关的型号、图形及文字符号。

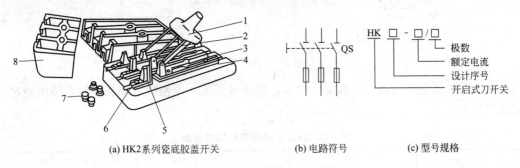

(a) HK2系列瓷底胶盖开关　　　　(b) 电路符号　　　　(c) 型号规格

图 2-1　开启式刀开关

1—手柄；2—触刀；3—出线座；4—瓷底座；5—触刀座；6—进线座；7—胶盖紧固螺钉；8—胶盖

封闭式刀开关也叫负荷开关，一般带有灭弧装置和铁质外壳，俗称铁壳开关。图 2-2 给出了封闭式刀开关结构组成、型号、图形及文字符号。负荷开关可带负荷通断电路，一般用于小容量异步电动机的启停控制。

旋转手柄式刀开关也叫转换开关，如图 2-3 所示，是用旋转动触片代替闸刀的一种开关电器，常用作电源隔离开关及小电流电路的控制。图 2-3 中也给出了转换开关的型号、图形及文字符号。

开启式刀开关使用时手柄要向上安装，不得倒装或平装，触点座接电源进线，触刀接负载端导线，这样既可防止手柄因自重下滑引起误合闸，造成人身安全事故，又方便更换熔丝。以 HK2 系列刀开关为例的刀开关的技术数据见表 2-1。

### 二、低压断路器

低压断路器也称空气开关。低压断路器既可用来分配电能，又可用来不频繁地启停电动机，且可通过脱扣装置对线路及电动机实现过载、短路、欠电压等保护，具有体积小，保护功

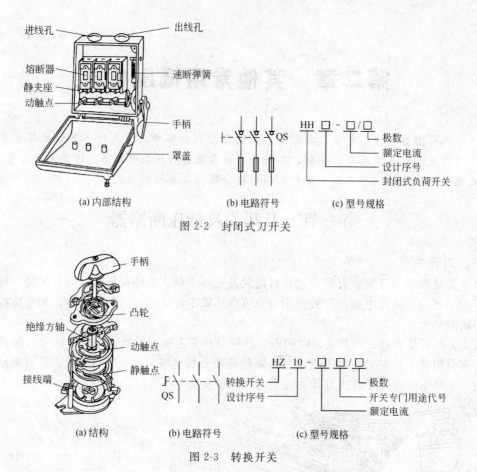

图 2-2 封闭式刀开关

图 2-3 转换开关

能强，动作后不需更换元件，工作安全可靠，断流能力大，电流值可以在一定范围内整定，使用方便等特点。

表 2-1　HK2 系列刀开关的技术数据

| 型号 | 额定电流/A | 极数 | 额定电压/V | 可控制电动机最大容量/kW | 熔丝规格 |
| --- | --- | --- | --- | --- | --- |
| | | | | | 熔体线径/mm |
| HK2 | 10 | 2 | 250 | 1.1 | 0.25 |
| | 15 | 2 | 250 | 1.5 | 0.41 |
| | 30 | 2 | 250 | 2.0 | 0.56 |
| | 15 | 3 | 500 | 3.2 | 0.45 |
| | 30 | 3 | 500 | 4.0 | 0.71 |
| | 60 | 3 | 500 | 5.0 | 1.12 |

　　1. 低压断路器的结构及动作原理

　　低压断路器由触点系统、灭弧装置、操作机构及脱扣装置组成，结构示意图如图 2-4 所示。低压断路器的主触点利用操作机构电动或手动闭合。图 2-4 所示为触点的闭合状态。主触点在闭合后即被搭钩锁住。图中部件 6、11 及部件 12 分别为过电流脱扣器、欠电压脱扣器及双金属片，可分别在过电流、欠电压及热过载时动作，推动杠杆 7 带动可沿轴 5 转动的搭钩向上动作，从而使触点在脱扣机构的作用下断开，实现电路的自动分断。

　　2. 低压断路器的类型及其主要参数

　　低压断路器按结构及外观可分为塑料外壳式（装置式）、框架式（万能式）等。按用途可分为配电用断路器、电动机保护用断路器、照明用微型断路器、剩余电流保护用断路器等。其中框架式用于大容量线路，主要型号有 DW15、DW16、ME（DW17）等系列。塑料外壳式适用于建筑物内部的线路和设备，主要型号有 C45N、DZ20 等系列。

另外，我国引进的国外断路器产品有德国的 ME 系列、SIEMENS 的 3WE 系列，日本的 AE、AH、TG 系列，法国的 C45、S060 系列，美国的 H 系列。这些引进产品都有较高的技术经济指标。低压断路器的图形及文字符号如图 2-5 所示。

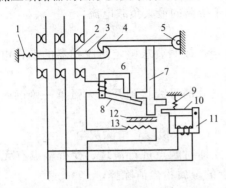

图 2-4 低压断路器的结构示意图

1,9—弹簧；2—触点；3—锁键；4—搭钩；5—转轴；

6—过电流脱扣器；7—杠杆；8,10—衔铁；

11—欠电压脱扣器；12—双金属片；13—热元件

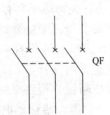

图 2-5 低压断路器图
形及文字符号

国产低压断路器 DW15、DZ20 系列的技术数据如表 2-2 及表 2-3 所示。

**表 2-2 DW15 系列断路器的技术参数**

| 型号 | 额定电压/V | 额定电流/A | 额定短路接通分断能力/kA | | | | | 外形尺寸宽高深/mm×mm×mm |
| --- | --- | --- | --- | --- | --- | --- | --- | --- |
| | | | 电压/V | 接通最大值 | 分断有效值 | $\cos\varphi$ | 短路时最大延时/s | |
| DW15-200 | 380 | 200 | 380 | 40 | 20 | — | — | 242×420×341（正面）386×420×316（侧面） |
| DW15-400 | 380 | 400 | 380 | 52.5 | 25 | | | 242×420×341 386×420×316 |
| DW15-630 | 380 | 630 | 380 | 63 | 30 | | | 242×420×341 386×420×316 |
| DW15-1000 | 380 | 1000 | 380 | 84 | 40 | 0.2 | | 441×531×508 |
| DW15-1600 | 380 | 1600 | 380 | 84 | 40 | 0.2 | | 441×531×508 |
| DW15-2500 | 380 | 2500 | 380 | 132 | 60 | 0.2 | 0.4 | 687×571×631 897×571×631 |
| DW15-4000 | 380 | 4000 | 380 | 196 | 60 | 0.2 | 0.4 | 687×571×631 897×571×631 |

**表 2-3 DZ20 系列塑料外壳式断路器的技术参数**

| 型号 | 壳架额定电流/A | 额定电压/V | 脱扣器整定电流/A | 断路器额定电流/A |
| --- | --- | --- | --- | --- |
| DZ20Y-100 | | | | |
| DZ20J-100 | 100 | | 配电用 $10I_N$，保护电机用 $12I_N$ | 16,20,32,40,50,63,80,100 |
| DZ20G-100 | | | | |
| DZ20Y-200 | | 220 | | |
| DZ20J-200 | 200 | 380 | 配电用 $5I_N$、$10I_N$，保护电机用 $8I_N$、$12I_N$ | 100,125,160,180,200,225 |
| DZ20G-200 | | | | |
| DZ20Y-400 | | | 配电用 $10I_N$，保护电机用 $12I_N$ | |
| DZ20J-400 | 400 | | | 200,250,315,350,400 |
| DZ20G-400 | | | 配电用 $5I_N$、$10I_N$ | |

**3. 低压断路器的选择及使用注意事项**

选择低压断路器时应注意以下几个方面。

① 低压断路器的额定电流和额定电压应大于或等于线路、设备的正常工作电压和工作电流。

② 低压断路器的极限分断能力应大于或等于电路最大短路电流。

③ 欠电压脱扣器的额定电压等于线路的额定电压。

④ 过电流脱扣器的额定电流大于或等于线路的最大负载电流。

使用低压断路器应注意以下几个方面。

① 低压断路器投入使用时应先进行整定，按照要求整定热脱扣器的动作电流，以后就不应随意旋动有关的螺丝和弹簧。

② 在安装低压断路器时应注意把来自电源的母线接到开关灭弧罩一侧的端子上，来自电气设备的母线接到另外的一侧端子上。

③ 在正常情况下，每 6 个月应对开关进行一次检修，清除灰尘。

④ 发生断路、短路事故的动作后，应立即对触点进行清理，检查触点有无熔坏，清除金属熔粒、粉尘等，特别要把散落在绝缘体上的金属粉尘清除掉。

# 第二节　主令电器

主令电器是用来发送控制命令，借以引起其他电器动作，改变控制系统工作状态的电器。主令电器应用十分广泛，种类繁多。常用的有控制按钮、行程开关、万能转换开关、主令控制器和脚踏开关等。

## 一、按钮及指示灯

控制按钮是一种手动，且自动复位的主令电器。当按下按钮时，先断开常闭触点，然后才接通常开触点。按钮释放后，在复位弹簧作用下触点复位。按钮常用来控制电器的点动。按钮接线没有进线和出线之分，直接将所需的触点连入电路即可。

指示灯又称信号灯，用于对指令或电器工作状态的确认。指示灯用不同颜色的灯光指示不同的信息。为了节省安装位置，有时将指示灯装在按钮帽中。

控制按钮的外形及结构如图 2-6 所示，图形和文字符号如图 2-7 示。每个按钮中触点的形式和数量可根据需要装配成 1 常开 1 常闭到 6 常开 6 常闭形式。控制按钮可做成单式（一个按钮）、复式（两个按钮）和三联式（三个按钮）的形式。为便于区别各个按钮的作用，避免误操作，通常在按钮帽上做出不同标志或涂以不同颜色。一般用红色作为停止按钮，绿色作为启动按钮。

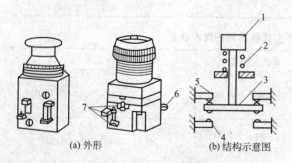

图 2-6　按钮的外形及结构示意图

1—按钮帽；2—复位弹簧；3—动触头；4—常开触点的静触头；5—常闭触点的静触头；6,7—触头的接线柱

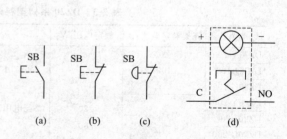

图 2-7　按钮的图形及文字符号

指示灯的图形及文字符号如图 2-8 所示。

## 二、行程开关及接近开关

行程开关又称限位开关，是用于检测运动部件的位置以控制其运行方向或行程长短的主令电器。

图 2-8 指示灯的图形及文字符号

行程开关按结构可分为接触式有触点行程开关和非接触式接近开关。

接触式行程开关靠运动物体碰撞开关可动部件使常开触点接通、常闭触点分断，实现对电路的控制。运动物体一旦离开，行程开关复位，其触点恢复为自然状态。

接触式行程开关按其操动形式可分为直动式（如 LX31、JLXK1 系列）、滚轮式（如 LX32、JLXK2 系列）和微动式（如 LXW-11、JLXK1-11 系列）三种。直动式行程开关的外形及结构原理如图 2-9 所示，其缺点是触点分合速度取决于生产机械的移动速度，当移动速度低于 0.4m/min 时触点分断太慢，易受电弧烧损。为此，应采用有盘形弹簧机构瞬时动作的滚轮式行程开关，如图 2-10 所示。当生产机械的行程比较小而作用力也很小时，可采用具有瞬时动作和微小动作的微动开关，如图 2-11 所示。

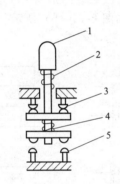

图 2-9 直动式行程开关
1—顶杆；2—弹簧；3—常闭触点；
4—触点弹簧；5—常开触点

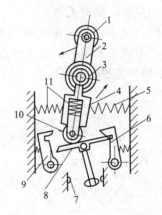

图 2-10 滚轮式行程开关
1—滚轮；2—上轮臂；3,5,11—弹簧；4—套架；
6,9—压板；7—触点；8—触点推杆；10—小滑轮

接近开关是一种以电子电路为基础的新型行程开关。当运动物体接近它到一定距离范围之内时，就能发出控制信号。与行程开关比较，接近开关具有重复定位精度高、操作频率高、与运动体无接触、寿命长、耐冲击振动、耐潮湿、能适应恶劣工作环境等优点，因此，在工业生产中逐渐得到推广应用。

从原理上看，接近开关有高频振荡型、感应电桥型、霍尔效应型、光电型、永磁及磁敏元件型、电容型及超声波型等多种形式。除了与机械式行程开关同样的使用方式外，接近开关还可用来产生脉冲串。

行程开关及接近开关的图形和文字符号如图 2-12 所示。

## 三、万能转换开关

万能转换开关是一种多挡式主令电器，用于多个回路的同时切换。它由操作机构、定位装置和触点等部分组成。

万能转换开关结构如图 2-13 所示。其触点为双断点桥式结构，动触点设计成自动调速式以保证通断时的同步性，静触点装在触点座内，每个由胶木压制的触点座内可安装 2～3 对触点，且每组触点上还有隔弧装置。触点的通断由凸轮控制，为了适应不同的需要，手柄还能做

成带信号灯的、钥匙型的等多种形式。

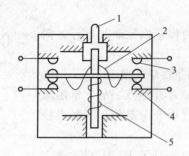

图 2-11 微动式行程开关

1—推杆；2—弯形片状弹簧；3—常开触点；
4—常闭触点；5—复位弹簧

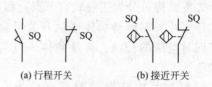

(a) 行程开关　　(b) 接近开关

图 2-12 行程开关及接近
开关的图形及文字符号

万能转换开关触点的图形符号及文字符号如图 2-14 所示。为了表示触点的分合状态与操作手柄位置的关联，图中给出了两种方法：一种是在电路图中画虚线和画"·"的方法，即用虚线表示操作手柄的位置，用有无"·"表示触点是闭合还是断开状态，如图 2-14（a）所示；另一种方法是在电路和图中既不画虚线也不画"·"，而是在触点图形符号上标出触点编号，再用关合表表示操作手柄于不同位置时的触点分合状态，如图 2-14（b）所示。在关合表中用"×"来表示操作手柄某位置时触点闭合。

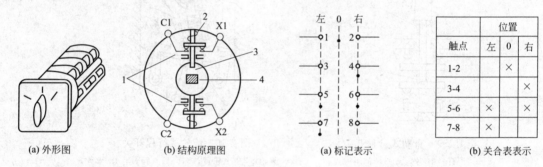

(a) 外形图　　(b) 结构原理图

图 2-13 LW5 系列万能转换开关

1—触点；2—触点弹簧；3—凸轮；4—转轴

(a) 标记表示

| 触点 | 位置 | | |
|---|---|---|---|
| | 左 | 0 | 右 |
| 1-2 | | × | |
| 3-4 | | | × |
| 5-6 | × | | × |
| 7-8 | × | | |

(b) 关合表表示

图 2-14 万能转换开关的图形符号及文字符号

常用的万能转换开关有 LW5、LW6、LW15-16 等系列，主要用于低压控制线路的转换、电压和电流表的换相测量、配电装置线路转换和遥控等。

### 四、主令控制器

主令控制器是用来频繁地按顺序换接多个控制电路的主令电器。它一般由触点、凸轮、定位机构、转轴、面板等部分组成。其触点采用桥式结构，一般由银质材料制成，所以操作轻便，允许每小时分断次数较多。它与接触器组成的磁力控制盘配合，可实现对起重机、轧钢机及其他生产机械的远距离控制。

图 2-15 所示为主令控制器的结构示意图。凸轮块 1 和 7 固定于方轴上，动触点 4 固定于能绕转动轴 6 转动的支杆 5 上，当操作主令控制器手柄转动时，带动凸轮块 1 和 7 转动，当 7 到达推压小轮 8 的位置时，使小轮带动支杆 5 绕转动轴 6 转动，使支杆张开，从而使触点断开。其他情况下，由于凸轮块离开小轮，触点是闭合的。这样，只要安装一系列不同形状的凸轮块，就可获得一组按一定顺序动作的触点。

在电路图中主令控制器触点的图形符号以及操作手柄在不同位置时触点分合状态的表示方

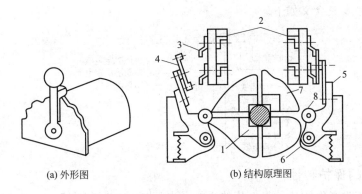

(a) 外形图　　　　　(b) 结构原理图

图 2-15　凸轮主令控制器外观及结构

1,7—凸轮块；2—接线端子；3—静触点；4—动触点；5—支杆；6—转动轴；8—小轮

法与万能转换开关类似。

# 第三节　熔　断　器

## 一、熔断器的结构类型

熔断器由熔体（俗称保险丝）和安装熔体的熔管（或熔座）两部分组成，在电路中用作短路保护。短路指电源不经负载而连通，电路中形成十数倍或数十倍正常电流值电流的情况。熔断器的熔体由低熔点的金属材料（如铅、锡、锌、铜、银及其合金等）制成丝状、带状、片状等，既是感测元件又是执行元件。熔管的作用是安装熔体和在熔体熔断时熄灭电弧，一般由陶瓷、绝缘纸或玻璃纤维材料制成。熔断器的熔体串接于被保护电路中，当电路正常工作时，熔体通过的电流不会使其熔断，当电路发生短路或严重过载故障时，熔体中通过很大电流，使其发热达到熔化温度时熔体自行熔断，切断故障电路，起到保护作用。

熔断器的种类很多，按结构来分有半封闭瓷插式、螺旋式、无填料密封管式和有填料密封管式等，图 2-16～图 2-18 给出了部分熔断器的外观图，熔断器的图形及文字符号也绘在图 2-18 中了。

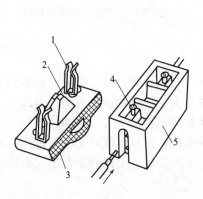

图 2-16　RC1A 系列瓷插式熔断器

1—动触点；2—熔丝；3—瓷盖；
4—静触点；5—瓷底

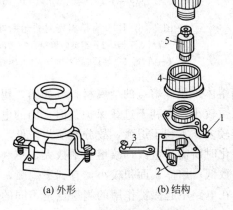

(a) 外形　　　(b) 结构

图 2-17　RL6 系列螺旋式熔断器

1—上接线柱；2—瓷底；3—下接线柱；
4—瓷套；5—熔体；6—瓷帽

熔断器的型号及其含义如下。

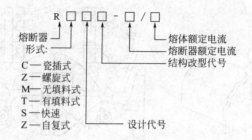

二、熔断器的保护特性

电流通过熔体时产生的热量与电流的平方及电流通过的时间成正比。电流越大，熔体熔断的时间越短，这一特性称为熔断器的保护特性（或称安秒特性），如图 2-19 所示。图中有一条熔断与不熔断电流的分界线，最小熔化电流为 $I_r$。当熔体通过电流小于 $I_r$ 时，熔体不熔断。根据对熔断器的要求，熔体在额定电流 $I_{re}$ 时绝对不应熔断，并定义最小熔化电流 $I_r$ 与熔体额定电流 $I_{re}$ 之比称为熔断器的熔化系数，即 $K_r = I_r / I_{re}$。从过载保护观点来看，$K_r$ 小时对小倍数过载保护有利，但 $K_r$ 也不宜接近于 1，当 $K_r$ 为 1 时，不仅熔体在 $I_{re}$ 下的工作温度会过高，而且还有可能因为保护特性本身的误差而发生熔体在 $I_{re}$ 下也熔断的现象，因而会影响熔断器工作的可靠性。

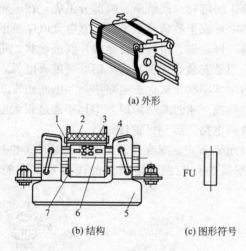

(a) 外形

(b) 结构　　(c) 图形符号

图 2-18　RT0 有填料密封式熔断器

1—熔断指示器；2—石英砂填料；3—熔丝；

4—插刀；5—底座；6—熔体；7—熔管

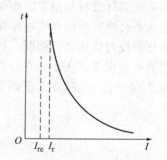

图 2-19　熔断器的保护特性

当熔体采用低熔点的金属材料（如铅、锡、铅锡合金及锌等）时，熔化时所需热量小，故熔化系数较小，有利于过载保护。但它们的电阻系数较大，熔体截面积较大，熔断时产生的金属蒸气较多，不利于熄弧，故分断能力较低。当熔体采用高熔点的金属材料（如铝、铜和银）时，熔化时所需热量大，故熔化系数大，不利于过载保护，而且可能使熔断器过热，但它们的电阻系数低，熔体截面积较小，有利于熄弧，故分断能力较强。由此看来，不同熔体材料的熔断器，在电路中起保护作用的侧重点是不同的。

三、熔断器的主要技术参数

1. 额定电压

指熔断器长期工作和分断后能够承受的电压，其值一般等于或大于电气设备的额定电压。

2. 额定电流

指熔断器长期工作时，部件温升不超过规定值时所能承受的电流。厂家为了方便生产，减少熔断管额定电流的规格，熔断器的额定电流等级比较少，而熔体的额定电流等级比较多，即某个额定电流等级的熔断器可适用于安装多个额定电流等级的熔体，但熔体的额定电流最大不能超过熔断器的额定电流。

3. 极限分断能力

是指熔断器在规定的额定电压和功率因数条件下，能分断的最大电流值。在电路中出现的最大电流值一般是指短路电流值。所以，极限分断能力也反映了熔断器分断短路电流的能力。

### 四、熔断器的选用

熔断器的选择主要是选择熔断器的类型、额定电压和熔体额定电流等。

1. 熔断器类型的选择

主要依据负载的保护特性和短路电流的大小选择熔断器的类型。例如，用于保护照明电路和电动机的熔断器，一般是考虑它们的过载保护，这时，希望熔断器的熔化系数适当小些，所以容量较小的照明线路和电动机宜采用熔体为铅锌合金的 RC1A 系列熔断器。用于车间低压供电线路的保护熔断器，一般是考虑短路时分断能力，当短路电流较大时，宜采用具有较高分断能力的 RL6 系列熔断器。

2. 熔体额定电流的选择

① 用于保护照明或电热设备的熔断器，因为负载电流比较稳定，所以熔体的额定电流应等于或稍大于负载的额定电流，即

$$I_{re} \geq I_e$$

式中，$I_{re}$ 为熔体的额定电流；$I_e$ 为负载的额定电流。

② 用于保护单台长期工作电动机的熔断器，考虑电动机启动时不应熔断，即

$$I_{re} \geq (1.5 \sim 2.5)I_e$$

式中，$I_{re}$ 为熔体的额定电流；$I_e$ 为电动机的额定电流；轻载启动或启动时间比较短时，系数可取近 1.5，带重载启动或启动时间比较长时，系数可取近 2.5。

③ 用于保护频繁启动电动机的熔断器，考虑频繁启动时发热熔断器也不应熔断，即

$$I_{re} \geq (3 \sim 3.5)I_e$$

式中，$I_{re}$ 为熔体的额定电流；$I_e$ 为电动机的额定电流。

④ 用于保护多台电动机的熔断器，在出现尖峰电流时也不应熔断。通常，将其中容量最大的一台电动机启动，而其余电动机正常运行时出现的电流作为其尖峰电流，为此，熔体的额定电流应满足下述关系，即

$$I_{re} \geq (1.5 \sim 2.5)I_{emax} + \Sigma I_e$$

式中，$I_{emax}$ 为多台电动机中容量最大的一台电动机额定电流；$\Sigma I_e$ 为其余电动机额定电流之和。

⑤ 为防止发生越级熔断，上、下级（即供电干线、支线）熔断器间应有良好的协调配合，为此应使上一级（供电干线）熔断器的熔体额定电流比下一级（供电支线）大 1~2 个级差。

3. 熔断器额定电压的选择

熔断器的额定电压应等于或大于所在电路的额定电压。

# 第四节 热继电器

## 一、热继电器的作用及分类

热继电器对连续运行的电动机作过载及断相保护，可防止因过热而损坏电动机的绝缘材料。过载指电路电流大于额定电流，但倍数较小且暂不需立即断开电源的情况。过载保护是针对热惯性的发热保护，不同于瞬时过载及短路保护。过电流继电器和熔断器不能胜任过载保护。

按相数来分，热继电器有单相、两相和三相三种类型，每种类型按发热元件的额定电流又有不同的规格。三相式热继电器有不带断相保护和带断相保护两种类型。

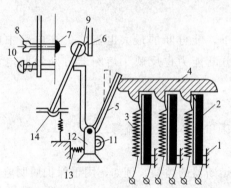

图 2-20 热继电器的结构示意图

1—双金属片的固定支点；2—双金属片；
3—发热元件；4—导板；5—补偿双金属片；
6—常闭触点；7—常开触点；8—复位螺钉；
9—动触点；10—复位按钮；11—调节旋钮；
12—支撑件；13—压簧；14—推杆

## 二、热继电器的结构及工作原理

热继电器的结构如图 2-20 所示。主要由发热元件 3、双金属片 2 和触点 6、9 及 7 三部分组成。应用时热元件串接于电动机绕组电路中，直接反映电动机的过载电流。触点接入控制电路中，如将常闭触点 6 及 9 串接于电动机接触器线圈电路中。

双金属片是热继电器的感测元件。所谓双金属片，就是将两种线膨胀系数不同的金属片以机械辗压方式使之形成一体。受热后由于两层金属的膨胀系数不同，使得双金属片向膨胀系数小的金属所在侧弯曲，并产生机械力带动触点动作。

图 2-20 中，当电动机正常运行时，热元件产生的热量虽能使双金属片 2 弯曲，但还不足以使继电器动作；当电动机过载时，热元件产生的热量增大，使双金属片弯曲位移增大，经过一定时间后，双金属片弯曲到推动导板 4，并通过补偿双金属片 5 与推杆 14 将触点 9 和 6 分开，使接触器线圈失电。调节旋钮 11 是一个偏心轮，它与支撑件 12 构成一个杠杆，13 为压簧，转动偏心轮，改变它的半径即可改变补偿双金属片 5 与导板的接触距离，达到整定动作电流的目的。此外，靠调节复位螺钉 8 来改变常开触点 7 的位置使热继电器能工作在手动复位和自动复位两种工作状态。采用手动复位时，在故障排除后要按下按钮 10 才能使动触点恢复与静触点的接触。

## 三、带断相保护的热继电器

三相电动机的一根接线断开或一相熔丝熔断，是造成三相异步电动机烧坏的主要原因之一。如果热继电器所保护的电动机是 Y 接法，当线路发生一相断电时，另外两相电流便增大很多，由于线电流等于相电流，流

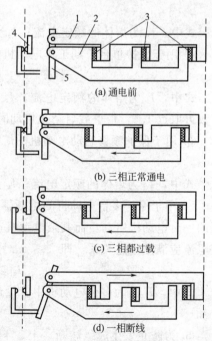

(a) 通电前

(b) 三相正常通电

(c) 三相都过载

(d) 一相断线

图 2-21 差动式断相保护
热继电器动作原理

1—上导板；2—下导板；3—双金属片；
4—常闭触点；5—杠杆

过电动机绕组的电流和流过热继电器的电流增加比例相同，因此普通的两相或三相热继电器可以对此做出保护。如果电动机是△接法，发生断相时，由于电动机的相电流与线电流不等，流过电动机绕组的电流和流过热继电器的电流增加比例不相同，而热元件串接在电动机的电源进线中，按电动机的额定电流线电流整定，整定值大于相电流。当故障线电流达到额定电流时，故障相电流将超过额定相电流，有过热烧毁的危险。所以△接法电动机必须采用带断相保护的热继电器。

带有断相保护的热继电器是在普通热继电器的基础上增加一个差动机构，能对三相的三个电流进行比较，结构原理如图 2-21 所示。

差动机构由上导板 1、下导板 2 及杠杆组成，它们之间都用转轴连接。图 2-21（a）为通电前各部件的位置。图 2-21（b）为正常通电时的位置，此时三相双金属片都受热向左微小弯曲，下导板向左移动很小段距离，继电器不动作。图 2-21（c）是三相同时过载时的情况，三相双金属片同时向左弯曲，推动下导板 2 向左移动，通过杠杆 5 使常闭触点打开。图 2-21（d）是 W 相断相的情况，这时 W 相双金属片逐渐冷却降温，端部向右移动，推动上导板 1 向右移。而另外两相双金属片温度上升，端部向左弯曲，推动下导板 2 继续向左移动。由于上、下导板一左一右移动，产生了差动作用，通过杠杆的放大作用，使常闭触点加速打开，从而实现电动机的保护。

### 四、热继电器的主要技术参数

在三相交流电动机的过载保护中，JR20 和 JRS 系列三相式热继电器应用较广泛。这两系列的热继电器都有带断相保护和不带断相保护两种类型，表 2-4 给出 JR20 系列热继电器的技术数据。

表 2-4　JR20 系列热继电器的技术数据

| 型号 | 热继电器额定电流/A | 发热元件规格 | | 结　构　特　征 |
|---|---|---|---|---|
| | | 热元件号 | 刻度电流调整范围/A | |
| JR20-10 | 10 | 1R | 0.1～0.13～0.15 | 可与同容量的CJ20交流接触器配套安装及单独安装,250A以上需配电流互感器分流 |
| | | 2R | 0.15～0.19～0.23 | |
| | | 3R | 0.23～0.29～0.35 | |
| | | 4R | 0.35～0.44～0.53 | |
| | | 5R | 0.53～0.67～0.8 | |
| | | 6R | 0.8～1.0～1.2 | |
| | | 7R | 1.2～1.5～1.8 | |
| | | 8R | 1.8～2.2～2.6 | |
| | | 9R | 2.6～3.2～3.8 | |
| | | 10R | 3.2～4.0～4.8 | |
| | | 11R | 4.0～5.0～6.0 | |
| | | 12R | 5.0～6.0～7.0 | |
| | | 13R | 6.0～7.2～8.4 | |
| | | 14R | 7.0～8.6～10.0 | |
| | | 15R | 8.6～10.0～11.6 | |
| JR20-16 | 16 | 1S | 3.6～4.5～5.4 | |
| | | 2S | 5.4～6.7～8 | |
| | | 3S | 8.0～10～12 | |
| | | 4S | 10～12～14 | |
| | | 5S | 12.0～14～16 | |
| | | 6S | 14～16～18 | |
| JR20-25 | 25 | 1T | 7.8～9.7～11.6 | |
| | | 2T | 11.6～14.3～17 | |
| | | 3T | 17～21～25 | |
| | | 4T | 21～25～29 | |

热继电器的型号含义如下。

热继电器的图形符号及文字符号如图 2-22 所示。

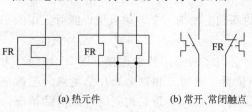

(a) 热元件　　　(b) 常开、常闭触点

图 2-22　热继电器的图形及文字符号

### 五、热继电器的选用

热继电器通常按电动机接线形式、工作环境、启动情况及负荷情况等几方面综合考虑选用。

① 原则上热继电器的额定电流应按电动机的额定电流选择。对于过载能力较差的电动机，其配用的热继电器（主要是发热元件）的额定电流可适当小些。通常，选取热继电器的额定电流（实际上是选取发热元件的额定电流）为电动机的额定电流的 60%～80%。

② 在不频繁启动场合，要保证热继电器在电动机的启动过程中不产生误动作。通常，当电动机启动电流为其额定电流 6 倍以及启动时间不超过 6s 时，若很少连续启动，就可按电动机的额定电流选取热继电器。

③ 当电动机为重复短时工作时，首先注意确定热继电器的允许操作频率。因为热继电器的操作频率是很有限的，如果用它保护操作频率较高的电动机，效果很不理想，有时甚至不能使用。

# 第五节　控制用继电器

### 一、时间继电器

从得到输入信号（一般为通电或断电）开始，经过一定的时间延迟后才输出信号（触点状态变化）的继电器，称为时间继电器。时间继电器可分为通电延时型和断电延时型。通电延时型接受输入信号后延迟一定时间，输出信号才发生变化，当输入信号消失后，输出瞬时复原。断电延时型接受输入信号时，瞬时产生输出信号的变化，当输入信号消失后，延迟一定的时间，输出信号才复原。

时间继电器种类很多，常用的有直流电磁式、空气阻尼式、电动式和电子式等。目前用得最多的是电子式。

1. 直流电磁式时间继电器

直流电磁式时间继电器在铁芯上有一个阻尼铜套，带有阻尼铜套的铁芯结构如图 2-23 所示。

由电磁感应定律可知，在继电器线圈通、断电过程中铜套内将产生感应电动势，同时有感应电流存在，此感应电流产生的磁通阻碍引起它的磁通变化，因而起到了阻尼作用。

当继电器通电吸合时，由于衔铁处于释放位置，气隙大、磁阻大、磁通小，铜套阻尼作用也小，因此铁芯吸合时的延时不显著，一般可忽略不计。当继电器断电时，磁通量

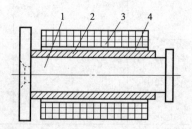

图 2-23　带有阻尼铜套的铁芯结构

1—铁芯；2—阻尼铜套；

3—线圈套；4—绝缘层

的变化大，筒套的阻尼作用也大，对衔铁释放起到延时作用。因此这种继电器仅作断电延时用。这种时间继电器的延时时间较短，而且准确度较低，一般只用于延时精度要求不高的场合。

可改变铁芯与衔铁间非磁性垫片的厚薄（粗调）或改变释放弹簧的松紧（细调）来调节直流电磁式时间继电器延时时间的长短。垫片厚则延时短，垫片薄则延时长；释放弹簧紧则延时短，释放弹簧松则延时长。

2. 空气阻尼时间继电器

空气阻尼时间继电器利用空气阻尼达到延时目的。JSK4 系列时间继电器结构如图 2-24 所示。它由电磁机构、延时机构和触点组成。图 2-24 中，衔铁位于铁芯和延时机构之间的为通电延时型，铁芯位于衔铁和延时机构之间的为断电延时型。两种类型部件一样，只是将其电磁机构翻转 180°安装。

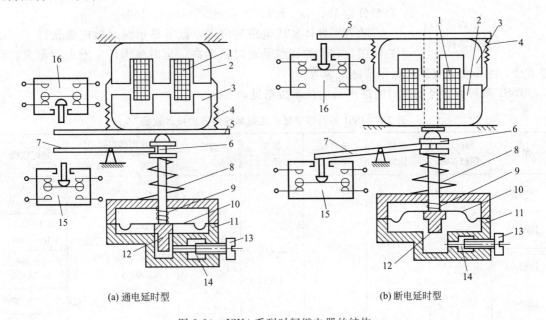

(a) 通电延时型　　　　　　　　　　(b) 断电延时型

图 2-24　JSK4 系列时间继电器的结构

1—线圈；2—铁芯；3—衔铁；4—反力弹簧；5—推板；6—活塞杆；7—杠杆；8—塔形弹簧；
9—弱弹簧；10—橡皮膜；11—空气室壁；12—活塞；13—调节螺钉；14—进气孔；15,16—微动开关

现以通电延时型为例说明其工作原理。当线圈 1 得电后，衔铁 3 吸合，活塞杆 6 在塔形弹簧 8 作用下带动活塞 12 及橡皮膜 10 向上移动，橡皮膜下方空气室空气变得稀薄，形成负压，活塞杆只能缓慢移动，其移动速度由进气孔气隙大小决定。经一段延时后，活塞杆通过杠杆 7 压动微动开关 15，使其触点动作，起到通电延时作用。

当线圈断电时，衔铁释放，橡皮膜下方空气室内的空气通过活塞肩部所形成的单向阀迅速地排出，使活塞杆、杠杆、微动开关等迅速复位。由线圈得电至触点动作的一段时间即为时间继电器的延时时间，其大小可以通过调节螺钉 13 改变进气孔气隙大小来调节。

在线圈通电和断电时，微动开关 16 在推板 5 的作用下能瞬时动作，其触点即为时间继电器的瞬动触点。

空气阻尼式时间继电器的优点是：延时范围大、结构简单、寿命长、价格低廉。缺点是：延时误差大，没有调节指示，很难精确地整定延时值，在延时精度要求高的场合不宜使用。

### 3. 晶体管时间继电器

晶体管时间继电器，除了执行继电器外，均由电子元件组成，没有机械部件，因而具有较高的寿命和精度，且具有体积小、延时范围大、调节范围宽、控制功率小等优点。

晶体管时间继电器以电容对电压变化的阻尼为延时基础。图 2-25 所示为许多时间继电器中选用的阻容式延时电路，如以该电路接电，电容 $C$ 充电为计时开始时刻，晶体管导通为输出信号时刻。不难看出，在电压 $E$ 不变的前提下，改变充电电阻 $R$ 的大小即可影响充电时间常数 $RC$，并影响时间继电器延时的长短。

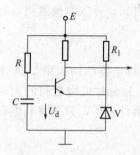

图 2-25 阻容式延时
电路的结构

晶体管时间继电器的品种和形式很多，延时序列也不尽相同。JS20 系列时间继电器有下列延时等级：通电延时型分为 1s、5s、10s、30s、60s、120s、180s、300s、600s、1800s、3600s；断电延时型分为 1s、5s、10s、30s、60s、120s、180s。

随着半导体集成电路的出现，数字显示时间继电器获得了广泛的应用。它们的特点是延时精度高，延时范围广，触点容量大，调整方便，工作状态直观，指示清晰准确等。

JSS1 系列数字显示式时间继电器的技术数据见表 2-5。

**表 2-5　JSS1 系列数字显示式时间继电器的技术数据**

| 型号 | 延时动作触点数 | 重复误差 | 电源波动误差 | 温度误差 | 安装方式 | 额定工作电压/V 交流 | 额定工作电压/V 直流 | 延时范围 |
|---|---|---|---|---|---|---|---|---|
| JSS1-01 | | | | | | | | 0.1～9.9s<br>1～99s |
| JSS1-02 | 2 转换 | ±1% | 2.5% | 2.5% | 装置式面板式 | 24,36,42,48,110,127,220,380 | 24,48,110 | 0.1～9.9s<br>10～990s |
| JSS1-03 | | | | | | | | 1～99s<br>10～990s |
| JSS1-04 | | | | | | | | 0.1～9.9min<br>1～99min |

时间继电器的图形符号及文字符号如图 2-26 所示。

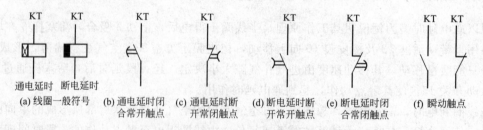

图 2-26　时间继电器的图形及文字符号

## 二、速度继电器

依靠电磁感应原理实现触点动作的感应式速度继电器结构如图 2-27 所示。由定子、永磁转子和触点三部分组成，使用时继电器轴与电动机轴相连，触点接在控制电路中。

当电动机转动时，转子 11 形成的旋转磁场切割定子导体，使定子受到随转子转动的力。当转子转速达到一定数值时，定子偏转到一定角度，在杠杆 7 的作用下使某一侧的常闭触点打开而常开触点闭合。在电动机转速下降时，反力弹簧使定子返回到原来的位置，使对应的触点恢复原状。调节螺钉1的松紧，可以调节反力弹簧的反作用力，从而调节触点动作所需的转子转速。速度继电器一般具有正反两个方向动作的两组常开、常闭触点，可实现两个方向的速度控制。

常用的感应式速度继电器有 JY1 和 JFZ0 系列。JY1 系列能在 3000r/min 以下可靠地工作；JFZ0-1 型适用于 $300\sim1000$r/min；JFZ0-2 型适用于 $1000\sim3600$r/min。

由以上的介绍可知，速度继电器只能进行结合转动方向的速度设定值控制，而且速度设定值只是粗略的。现代转速控制使用较多的是光电编码器。

速度继电器的图形及文字符号如图 2-28 所示。

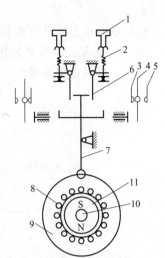

图 2-27 感应式速度
继电器的结构示意图

1—调节螺钉；2—反力弹簧；
3—常闭触点；4—动触点；
5—常开触点；6—返回杠杆；
7—杠杆；8—定子导体；
9—定子；10—转轴；11—转子

### 三、压力继电器

压力继电器广泛用于流体控制系统中，通过检测气压或液压的变化，发出信号，控制执行器件工作。图 2-29 所示为一种简单的压力继电器结构示意图。压力传送装置包括入油口管道接头5、橡皮膜4及滑杆2等。当油管内的压力达到某给定值时，橡皮膜4便受力向上凸起，推动滑杆2向上，压动微动开关1，发出控制信号。旋转弹簧3上面的给定螺帽，便可调节弹簧的松紧程度，改变动作压力的大小，以适应控制系统的需要。

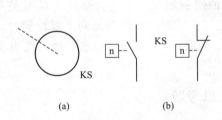

(a)　　　　　　(b)

图 2-28 速度继电器的图形及文字符号

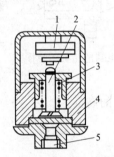

图 2-29 压力继电器结构示意图

1—微动开关；2—滑杆；3—弹簧；
4—橡皮膜；5—入油口管道接头

压力继电器的图形及文字符号如图 2-30 所示。

### 四、用于电动机热保护的温度继电器

电动机过载时，热继电器的发热元件可间接地反映出绕组温升的高低，起到过载保护的作用。然而，热继电器不能检测电网电压升高，铁损增加引起的铁芯发热，或者环境温度过高及通风不良等引起的绕组发热。为此，出现了按温度原则动作的热保护继电器，这就是温度继电器。

图 2-30 压力
继电器触点
的图形及
文字符号

温度继电器大体上有两种类型，一种是双金属片式温度继电器，另一种是热敏电阻式温度继电器。

双金属片式温度继电器的工作原理与热继电器类似，由于体积大，放置位置不可能充分接近绕组以致发生动作滞后的现象。更不宜用来保护高压电动机，因为过强的绝缘层会加剧动作

滞后。

　　热敏电阻式温度继电器的主体为电子电路，作为温度检测元件的热敏电阻装在电动机机壳内。图 2-31 为某正温度系数热敏电阻式温度继电器的电路。正温度系数热敏电阻具有明显的开关特性、电阻温度系数大、体积小、灵敏度高，也在其他温度控制装置中得到广泛的应用。

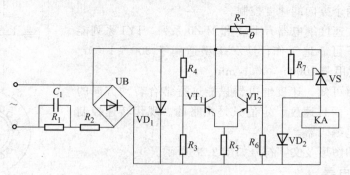

图 2-31　热敏电阻温度继电器电路图

### 五、液位继电器

　　某些锅炉和水柜需根据液位的高低变化来控制水泵电动机的启停，这一控制可由液位继电器完成。

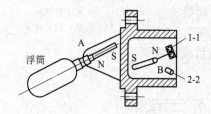

图 2-32　液位继电器的结构示意图

　　图 2-32 为液位继电器的结构示意图。浮筒置于被控水柜内，浮筒的一端有一根磁钢，水箱外壁装有一对触点，动触点的一端也有一根磁钢，它与浮筒一端的磁钢相对应。当锅炉或水柜内的水位降低到极限值时，浮筒下落使磁钢端绕支点 A 上翘。由于磁钢同性相斥的作用，使动触点的磁钢端被斥下落，通过支点 B 使触点 1-1 接通，2-2 断开。反之，水位升高到上限位置时，浮筒上浮使触点 2-2 接通，1-1 断开。显然，液位继电器的安装位置决定了被控液位的高低。

## 习题及思考题

　　2-1　隔离开关与负荷开关的区别在哪里？选用时要注意些什么？

　　2-2　低压断路器在电路中的作用是什么？失压、过载及过电流脱扣器起什么作用？

　　2-3　按钮、行程开关、转换开关及主令控制器在电路中各起什么作用？

　　2-4　熔断器的额定电流、熔体的额定电流有何区别？

　　2-5　电动机的启动电流很大，当电动机启动时，热继电器会不会动作？为什么？

　　2-6　既然在电动机的主电路中装有熔断器，为什么还要装热继电器？装有热继电器是否就可以不装熔断器？为什么？

　　2-7　星形接法的三相异步电动机能否采用两相结构的热继电器作为断相和过载保护？三角形接法的三相电动机为什么要采用带有断相保护的热继电器？

　　2-8　是否可以用过电流继电器来做电动机的过载保护？为什么？

　　2-9　两台电动机不同时启动，一台电动机额定电流为 12A，另一台电动机额定电流为 6A，试选择作短路保护熔断器的额定电流及熔体的额定电流。

　　2-10　试叙述刀开关、熔断器、热继电器、速度继电器、液位继电器等电器如何安装及如何接入电路使用。

　　2-11　叙述通电延时及断电延时时间继电器的工作过程。画出它们的线圈及触点的图形符号。

# 第三章　基于继电器接触器的电力拖动控制电路

内容提要：工农业生产中，电力拖动常使用继电器接触器控制电路。这是依一定逻辑关联，用导线将接触器、继电器、按钮、行程开关等电器元件连接组成的线路。本章介绍电气控制电路的构成原则，介绍交直流电动机常用的启动、制动、调速电路，以典型机械的电气原理图说明电气图纸的读图分析方法。

## 第一节　电气控制图纸、图形及文字符号

图纸是工程的通用语言，在电气控制工程中也是这样。常用的电气控制工程图纸有三种：电气原理图、电器元件布置图、电气安装接线图。其中后两种为工艺图纸。电气控制系统图纸是根据国家标准，用规定的图形及文字符号及规定画法绘制的。

### 一、常用的电器图形符号及文字符号

我国已颁布实施了电气图形和文字符号的有关国家标准，如 GB/T 4728—2005～2008《电气简图用图形符号》及 GB/T 6988《电气制图》和 GB 7159—1987《电气技术中的文字符号制定通则》等。国家规定从 1990 年 1 月 1 日起，电气系统图中的文字符号和图形符号必须符合新的国家标准。本书附录 A 列出了部分常用的图形符号。

### 二、电气原理图

电气原理图是用来表达电路接线构成及工作原理的图纸。图中需表达电路所用的电器元件及接线，但不画元件的实际外形，也不按照元件的安装布置来绘制，而是根据电气绘图标准，采用规定的图形符号、文字符号及线路标号，依展开图画法表示元器件之间的连接关系。以下以图 3-1CA6140 型普通车床电气原理图为例说明绘图要求。

① 国家相关标准规定，图纸的幅面选择应符合规定，图纸应布局紧凑、清晰和方便使用。

② 电气原理图一般分为主电路和辅助电路两部分。主电路指由电源到执行电器，如电动机，有较强电流通过的电路，主电路常由开关、熔断器、接触器的主触点、热继电器的热元件及电动机绕组等组成。辅助电路包括控制电路、照明电路、信号电路及保护电路等，由按钮、接触器和继电器的线圈、辅助触点以及其他元件组成。辅助电路中通过的电流比较小。图纸中，主电路用粗实线绘制在图面的左侧或上方，辅助电路用细实线绘制在图面的右侧或下方。图 3-1 中主电路绘在左侧，辅助电路绘在了右侧。

③ 无论是主电路还是辅助电路的电器部件，均应按动作顺序以方便阅读排列。其布局的顺序应该是从左到右、从上到下。原理图中，同一元件的各个部分为方便布图，一般不画在一起，但必须用同一文字符号表示。如图 3-1 中接触器 $KM_1$ 的主触点、常开辅助触点及线圈分别绘在了主电路及辅助电路的不同部位。对于图中的多个同类电器，在表示名称的文字符号后加上数字序号以示区别，如 $K_1$、$KM_2$、$KT_1$、$KT_2$ 等。电路图中的各段导线也需编号。

④ 所有电器的可动部分均以自然状态画出。所谓自然状态是指操动机构没有通电或没有受到外力作用时的状态。如对于接触器、电磁式继电器等是指其线圈未加电压的状态，对于按钮、行程开关等，则是指其尚未被按压的状态。

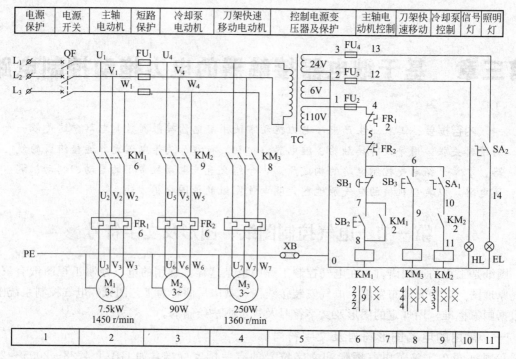

图 3-1 CA6140 型普通车床电气原理图

⑤ 原理图上应尽可能减少线条和避免线条交叉。各导线之间有电的联系时,在导线的交点处画一个实心圆点。绘图时根据图面布置的需要,可以将图形符号旋转 90°、180°或 45°绘制,即图面可以水平布置,或者垂直布置,也可以采用斜的交叉线。

⑥ 为了便于确定图纸的内容和组成部分,方便查找、更改、补充和分析,可在图纸上分区。具体作法可以是:从与标题栏相对应图幅的左上角开始,竖边方向上用大写的拉丁字母编号,横边上用阿拉伯数字编号,横竖坐标结合则代表图纸的具体分区位置。还可为分区电路的功能在图上安排说明文字。图 3-1 中只作了横向分区,并分别在图的上下方标注了区号及功能说明文字。

⑦ 还可以在图上标注符号关联位置的索引。如图 3-1 图区 2 中 KM$_1$ 主触点旁的 "6" 即表示接触器的线圈在图区 6。而图区 6,KM$_1$ 线圈符号下则安排了接触器的触点索引。索引的含义如表 3-1 所示。对于继电器触点的索引表示方法如表 3-2 所示。当接触器或继电器的某些触点没有接入电路时,相应图区位置以 "×" 表示。

表 3-1 接触器索引表示方法

| 左栏 | 中栏 | 右栏 |
| --- | --- | --- |
| 主触点所在图区号 | 辅助常开触点所在图区号 | 辅助常闭触点所在图区号 |

表 3-2 继电器索引表示方法

| 左栏 | 右栏 |
| --- | --- |
| 常开触点所在图区号 | 常闭触点所在图区号 |

## 三、电气元件布置图

电气元件布置图表示电气设备各元器件的实际安装情况。一般可有以下几种内容的图纸。

**1. 表示电气元器件在设备上分布的**

如图 3-2 所示为 CA6140 型普通车床电气元件布置图。图中以机床前后平面图为基础标明了电气元件的分布位置。

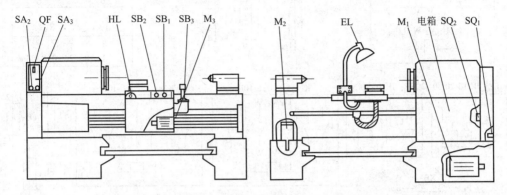

图 3-2　CA6140 型普通车床电气元件布置图

**2. 表示电气元件在电气箱内布置的**

除了电动机及操作器件分散安装外，电器大多会在电气箱中集中安装，因而需要电气箱内电器元件的布置图。这类图中绘出了各种电器在箱安装板上分布的情况。对于一些大型设备，具有大型操作面板的，还需有操作面板元件布置图。为了加工及维修方便，以上这些图纸要详细标明元件及安装位置的具体尺寸、元件的相互位置关系。图 3-3 即为电器箱安装板元件布置图的例子。图中 KM、KA$_1$、TC、FR$_1$ 等为元件的文字符号，XT$_1$、XT$_0$ 为接线端子排。

**四、电气接线图**

设备生产中，接线图用于电器的安装接线，也可用于制作完工后的线路检查、维修和故障处理。接线图绘出了电器安装时的相对位置、安装方式，标有电器的代号、端子号，有时还需要对配线给出要求，如导线号、导线类型、导线截面积、屏蔽和

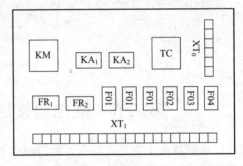

图 3-3　电气箱安装板元件布置图

配线方式等内容。接线图中的各个项目（如元件、器件、部件、组件、成套设备等）采用简化外形（如正方形、矩形、圆形）表示，必要时也可用图形符号表示。电气接线图的绘制原则如下。

①　各电气元件均按其在安装底板中的实际安装位置绘出，元件所占图面按实际尺寸以统一比例绘制。

②　一个元件的所有部件绘在一起，并且用点画线框起来，即采用集中表示法。有时将多个电气元件用点画线框起来，表示它们是安装在同一安装底板上的。

③　各元件的图形符号和文字符号必须与原理图一致，并符合国家标准。

④　各元件上凡是需要接线的部件端子都应绘出，并予以编号，各接线端子的编号必须与原理图的导线编号相一致。

⑤　安装底板内外的电气元件之间的连线通过接线端子排进行连接，安装底板上有几根接至外电路的引线，端子排上就应绘出几个线的接点。

⑥　绘制安装接线图时，走向相同的相邻导线可以绘成一股线。

图 3-4 为根据上述原则绘制的 CA6140 型普通车床电气安装接线图。

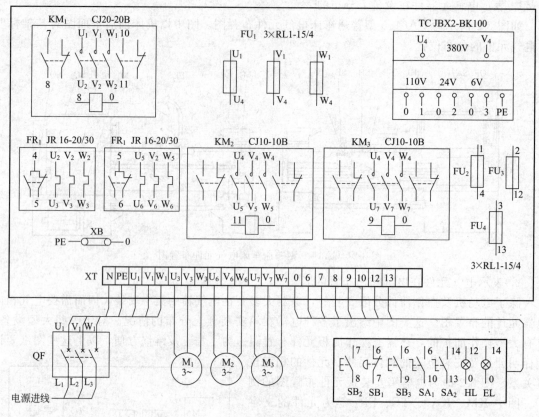

图 3-4 CA6140 型普通车床电气安装接线图

# 第二节 继电器接触器控制系统及其单元电路

以接触器为主要开关电器，配以继电器及其他电器连接的，具有特定控制功能的电路，称为继电器接触器控制系统。系统的功能取决于系统中电器所代表的事件及电器接线所代表的事件间的逻辑关联。继电器接触器控制系统经常由一些具有基本功能的单元电路组成，它们是可以在各类电路中反复使用的接线规律或技巧。

## 一、点动及连续运转

在生产实践中，机械设备有时需长时间运转，有时需间断工作，因而有连续工作电路和点动工作电路两种情况。如图 3-5 所示，CA6140 型普通车床刀架快速移动电动机控制电路（$KM_3$）是点动电路，冷却泵电动机控制电路（$KM_2$）是连续运转电路。不难发现，点动功能是由按钮 $SB_3$ 实现的，$SB_3$ 按下时 $KM_3$ 接通，电动机工作，手一松，按钮自动恢复原位，$KM_3$ 失电，电动机停转，这就是"点动"的含义。而冷却泵电动机接触器是由转换开关 $SA_1$ 控制的，$SA_1$ 是接通后不会自动复位的电器，因而冷却泵电动机当 $SA_1$ 接通后连续运转。

## 二、自锁及互锁

图 3-6 是 CA6140 型普通车床主轴电动机控制电路，这也是连续运转电路，和刀架快速移动点动控制电路的区别是启动按钮 $SB_2$ 的常开触点上并联了接触器 $KM_1$ 的常开触点。该电路在启动按钮 $SB_2$ 按下时，$KM_1$ 吸合，按钮 $SB_2$ 复位后，$KM_1$ 的线圈通过自身的常开触点通电，使电动机能够连续运行。这种靠接触器本身触点保持通电的方法称为"自锁"。该电路需电动机停止时，只要按下停止按钮 $SB_1$，线圈回路断电，衔铁复位，主电路及自锁电路均断

开，电动机失电停止。以上电路为最基本的功能电路，称为启-保-停电路。自锁功能实现的连续运行和图 3-5 中依靠不能自动复位开关实现的连续运行相比，一个重要的优点是自锁电路具有失压保护，即当电路失电又来电时，使用自锁的电路不会自己启动，比较安全。

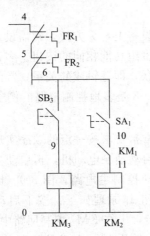

图 3-5　CA6140 型车床刀架
电动机及冷却泵电动机控制电路

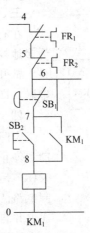

图 3-6　CA6140 型车床主轴
电动机控制电路

图 3-7 是三相异步电动机正反向运转控制电路。在生产实践中，有很多情况需要电动机的正反向运行，如工作台的往复移动，夹具的夹紧与松开，起重机的上升和下降等。要使电动机运行方向改变，只需改变电动机绕组的通电顺序，即使电动机绕组中任意两相接线交换即可。图 3-7（a）中，按下正转启动按钮 $SB_2$ 时，正向接触器 $KM_1$ 线圈得电并自锁，电动机正转；按下反转启动按钮 $SB_3$ 时，反向运转接触器 $KM_2$ 得电，电动机反转。如果误操作同时按下两个按钮，将会使电动机绕组短路。因此，任何时候只能允许一个接触器通电工作。为在电路中保障这一要求，通常在控制电路中，将正反转控制接触器的常闭触点串联在对方的工作线圈里，如图 3-7（b）所示，构成相互制约关系，称为"互锁"。

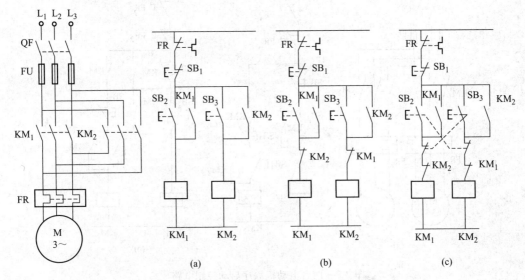

图 3-7　三相异步电动机正反向运转控制电路

利用电器常闭触点的互锁称为电气互锁。利用按钮实现的互锁如图 3-7（c）所示。图 3-7（b）电路要使电动机由正转到反转，或由反转到正转必须先按下停止按钮，然后再反向启动，称为正-停-反电路。图3-7（c）可以不按停止按钮，正转时直接按反转按钮实现反转，关键在于增加了按钮互锁。互锁的按钮可以实现先断开正在运行的正转控制电路，再接通反向运转的电路。称为正-反-停电路。

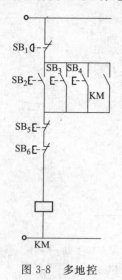

图3-8 多地控制电路

### 三、多地控制

在有些大型机械和生产设备上，为方便，常需设多个操作位置，称为多地控制。具体实现是设多组功能相同的按钮。多处按钮连接的原则是：常开（启动）按钮要并联，即逻辑或的关系；常闭（停止）按钮应串联，即逻辑与的关系。图3-8是多地控制电路的例子。

### 四、顺序控制

实际生产中，有些设备常常要求按一定的顺序实现多台电动机的启动和停止，如磨床上要求先启动油泵电动机，再启动主轴电动机。图3-9（a）是两台电动机顺序启动控制主电路，图3-9（b）、3-9（c）为控制电路。图3-9（b）电路的工作原理如下：按下启动按钮$SB_2$，$KM_1$通电并自锁，电动机$M_1$运转，串在$KM_2$控制回路中的$KM_1$常开触点闭合，按下$SB_4$，$KM_2$通电并自锁，电动机$M_2$启动；如果先按下$SB_4$，因$KM_1$常开触点未接通，电动机$M_2$不可能先启动，达到了按顺序启动的要求。

有些生产机械还要求按一定顺序停止。如皮带运输机，启动时应先启动终点处的皮带机，再启动前序的皮带机，停止时应先停投料料口处的皮带机，最后停终点处的皮带机，这样才不会造成物料在皮带上的堆积。要达到两台电动机先启后停的目的，可在顺序启动控制电路图3-9（b）的基础上，将接触器$KM_2$的一个辅助常开触点并接在停止按钮$SB_1$的两端，如图3-9（c）所示，这样，即使先按$SB_1$，由于$KM_2$通电，电动机$M_1$也不会停转。只有当按下$SB_3$，电动机$M_2$先停后，再按下$SB_1$才能停止电动机$M_1$。

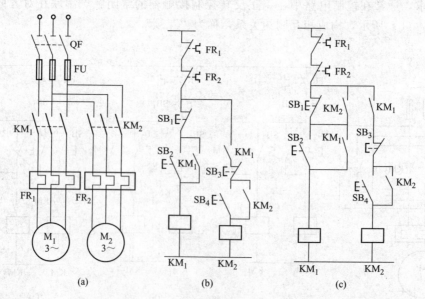

图3-9 两台电动机顺序启动控制电路

### 五、自动循环

生产中，机床的工作台常需往复运行。自动往复运行通常是利用行程开关检测运动体的位置，控制电动机的正反转或电磁阀的通断电来实现生产机械的往复运动。

图 3-10 为机床工作台往复运动示意图。行程开关 $SQ_1$、$SQ_2$ 分别固定在床身上，反映加工终点与起点。撞块 A 固定在工作台上，随着运动部件移动，分别按压行程开关 $SQ_1$、$SQ_2$ 来改变控制电路的通断状态，使电动机正反方向运转，实现自动往复运动。

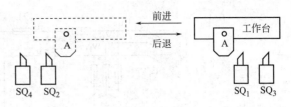

图 3-10　机床工作台往复运动示意图

图 3-11 为自动往复循环的控制电路。图中 $SQ_1$ 为后退转前进行程开关，$SQ_2$ 为前进转后退行程开关，$SQ_3$、$SQ_4$ 为极限保护用行程开关。电路工作原理如下：合上电源开关 QF，按下正转启动按钮 $SB_2$，$KM_1$ 线圈通电并自锁，电动机正转前进，拖动运动部件向左运动；当撞块 A 按压 $SQ_2$，其常闭触点断开、常开触点闭合，使 $KM_1$ 断电、$KM_2$ 通电，电动机由正转变为反转，拖动部件向右运行；当达到右限时，撞块 A 按压 $SQ_1$，使 $KM_2$ 断电，$KM_1$ 通电，电动机由反转变为正转，拖动部件再向左运行，如此周而复始自动往复工作；按下停止按钮 $SB_1$ 时，电动机停止，运动部件停下；当行程开关 $SQ_1$ 或 $SQ_2$ 失灵时，则由极限保护行程开

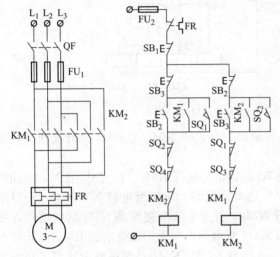

图 3-11　自动往复循环的控制电路

关 $SQ_3$、$SQ_4$ 实现保护，避免运动部件因超出极限位置而发生事故。

# 第三节　三相异步电动机控制电路

三相交流异步电动机的启动、调速及制动电路是机械设备电路的基本单元，也可借此初步了解继电器接触器控制线路构成的基本情况，感受电气控制原理图的读图方法。

## 一、三相异步电动机启动控制电路

中小型异步电动机可采用直接启动方式。启动时将电动机的定子绕组直接连接到额定电压的交流电源上。对于较大功率的电动机，当其容量超出供电变压器容量的一定比例时，应采用降压启动方式，以防止过大的启动电流引起电源电压的波动。三相异步电动机定子侧降压启动常用的方法有：定子串联电阻、定子串联自耦变压器、星-三角形降压启动、延边三角形降压启动等。线绕式转子异步电动机可以采用转子串电阻启动。

### 1. 星-三角形换接降压启动电路

星-三角形换接降压启动仅用于正常运转时绕组为三角形接法，绕组线电压为 380V 的电动机。启动时将定子绕组接成星形，加在电动机每相绕组上的电压为线路线电压的 $1/\sqrt{3}$，为降压启动。星形连接经一定延时，当转速上升到接近额定转速时，再将绕组换接成三角形，接入全电压。星-三角形降压启动电路如图 3-12 所示，启动换接延时使用了接通延时时间继电器 KT。

分析电路工作过程如下。主电路中 $KM_1$ 为主接触器，$KM_2$ 及 $KM_3$ 为星-三角换接用接触

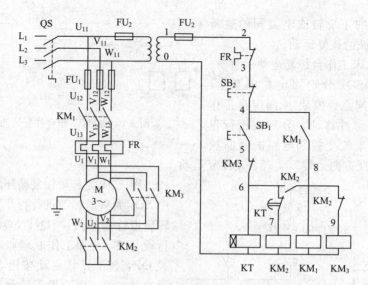

图 3-12 星-三角形降压启动控制电路

器。当 $KM_1$ 与 $KM_2$ 同时接通时，电动机绕组为星形接法，当 $KM_1$ 与 $KM_3$ 同时接通时，电动机绕组为三角形接法。

合上电源开关 QS，按下启动按钮 $SB_1$，使 $KM_2$ 得电并接通 $KM_1$，且 $KM_1$ 自保，电动机接成星形，接入三相电源进行降压启动。在 $KM_2$ 得电的同时，时间继电器 KT 得电，经设定值长短的延时后，KT 的常闭延时断开触点断开 $KM_2$，并由 8 及 9 接线端 $KM_2$ 的常闭触点接通 $KM_3$，电动机绕组接成三角形全压运行。当 $KM_2$ 断电后，6 及 8 接线端的 $KM_2$ 常开触点断开，使 KT 断电，避免时间继电器长期工作。电路中 $KM_2$、$KM_3$ 线圈电路中互串了对方的常闭触点，形成互锁，以防止同时接成星形和三角形造成电源短路。

2. 串电阻（电抗器）降压启动控制电路

当电动机额定电压为 220V/380V（△/Y）时，是不能用 Y-△方法降压启动的。这时，可采用定子电路串联电阻（或电抗器）的启动方法。在电动机启动时，将电阻（或电抗器）串联在定子绕组与电源之间，由串联电阻（或电抗器）起分压作用，电动机定子绕组上所承受的电压只是额定电压的一部分。这样就限制了启动电流，当电动机的转速上升到一定值时，再将电阻（或电抗器）短接，电动机便在额定电压下运行。降压启动电路如图 3-13 所示。切换电阻的延时也是通过得电延时时间继电器获得的。

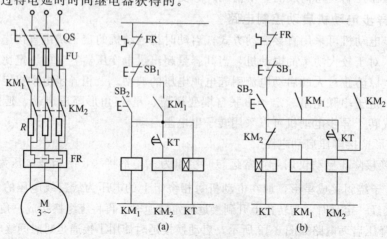

图 3-13 定子串电阻降压启动电路

图 3-13（a）中，合上电源开关 QS，按下按钮 SB$_2$，接触器 KM$_1$ 和时间继电器 KT 的线圈同时得电，KM$_1$ 闭合自锁，KM$_1$ 主触点闭合，电动机串联电阻（或电抗器）降压启动。其后，KT 的常开延时闭合触点延时闭合，KM$_2$ 线圈得电，KM$_2$ 主触点闭合，电阻（或电抗器）被短接，电动机加额定电压运转。

图 3-13（b）中，接触器 KM$_2$ 得电自锁后，其常闭触点将 KM$_1$ 和 KT 的线圈电路断电。这样电动机启动后，只有 KM$_2$ 得电，减少了 KM$_1$ 及 KT 的通电时间。

**3. 自耦变压器降压启动控制电路**

利用自耦变压器来降低启动电压，也可达到限制启动电流的目的。启动时，定子绕组得到的是自耦变压器的副边电压，待转速上升到一定数值时，再将自耦变压器切除，电动机加额定电压运行。电气控制原理图如图 3-14 所示。其动作过程用电器动作顺序表示如下。

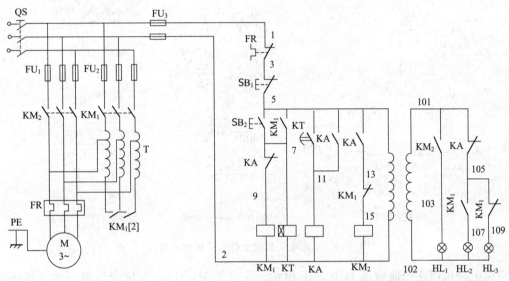

图 3-14　自耦变压器降压启动电路电气控制原理图

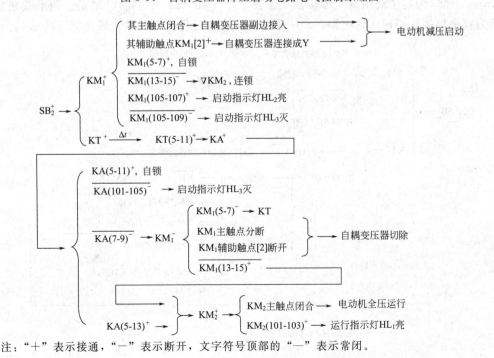

注："+"表示接通，"—"表示断开，文字符号顶部的"—"表示常闭。

### 二、三相异步电动机调速控制电路

三相异步电动机可通过变频、变极对数、变转差率调速。线绕转子串电阻调速为改变转差率调速。变频调速将在第四章介绍。

#### 1. 改变定子绕组极对数的多速控制电路

由电机学可知，异步电动机同步转速与极对数成反比。改变电动机的磁极对数调速是一种有级调速方式，需使用专门的装有多套绕组的变极调速电动机。某双速电动机定子绕组连接图如图 3-15 所示，低速时接为三角形，高速时接为双星形。

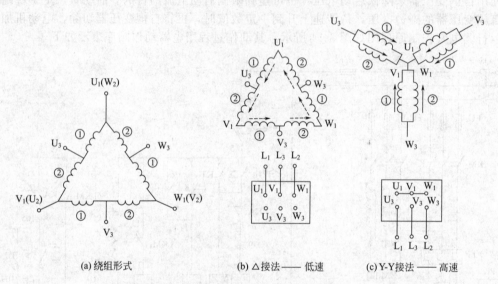

(a) 绕组形式　　　(b) △接法——低速　　　(c) Y-Y接法——高速

图 3-15　双速电动机定子绕组变极调速接线

双速电动机调速控制线路如图 3-16 所示。主电路中，$KM_1$ 为定子绕组三角形接法接触器，$KM_2$、$KM_3$ 为定子绕组双星形接法接触器。图 3-16 (b) 中控制电路是三角形接法启动，自动转为双星形接法高速运转电路。$SB_2$ 按下后的启动过程及电器动作顺序如下所示。

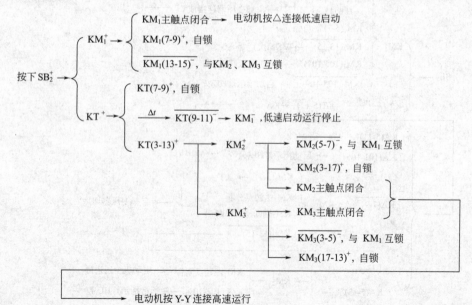

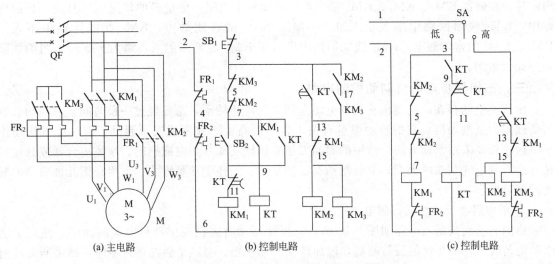

(a) 主电路　　　　　　(b) 控制电路　　　　　　(c) 控制电路

图 3-16　双速电动机变极调速控制电路

图 3-16（c）则为可选低速或高速运行的控制电路。图中 SA 是双向开关。中间位置时为停止位。位于低速位置时电动机三角形接法启动，低速运行；位于高速位置时，则执行图3-16（b）相同的启动过程后高速运行。各电器的详细动作过程请读者自己分析。

双速电动机调速的优点是可以适应不同负载性质要求，线路简单、维修方便；缺点是电动机价格较高且为有级调速。通常与机械变速配合使用，以扩大其调速范围。

2. 绕线转子串电阻调速电路

绕线转子异步电动机可以采用转子回路串电阻调速。电路如图 3-17 所示，接触器 KM₁ 为主接触器，作电源控制，电动机转子中串有三级电阻，KM₂、KM₃、KM₄ 为切除电阻接触器，每切除一段电阻，电动机的转速上升一挡。电动机启动需按下按钮 SB₂，此时 KM₁ 得电并自锁，电动机转子串入全部电阻启动运行，并稳定在最低转速。其后，依次按下 SB₃、SB₄、

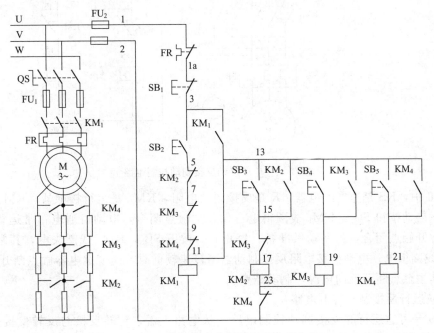

图 3-17　绕线转子串电阻调速控制电路

SB$_5$ 时，接触器 KM$_2$、KM$_3$、KM$_4$ 依次得电切除转子电阻，电动机的转速依次升高。控制电路中，KM$_1$ 线圈回路中串入了 KM$_2$、KM$_3$、KM$_4$ 的常闭触点，KM$_2$ 线圈回路中串入了 KM$_3$、KM$_4$ 的常闭触点，KM$_3$ 线圈回路中串入了 KM$_4$ 的常闭触点，是为了保障电阻的切除顺序而设置的。

### 三、三相异步电动机制动控制电路

由于惯性的存在，电动机从切断电源起到完全停止转动，总要经过一段时间。时间的长短与负载阻力及电动机负载的转动惯量有关。为了提高生产效率或安全起见，有时要求快速停车，这时就要采用制动方法。常用的制动方法有机械制动（如电磁抱闸、摩擦离合器或其他机械方法）和电气制动两大类。电气制动有反接制动、能耗制动等方式。下面介绍几种典型的制动控制电路。

#### 1. 单向启动反接制动控制电路

单向启动反接制动电路如图 3-18 所示。反接制动时需改变电动机电源的相序，使定子绕组产生与转子转向相反的旋转磁场，因而产生制动转矩。当转子转速接近零时，则需断开反向电源，使电动机停止。反接制动可使用速度继电器作为速度接近零时的检测器件。由于反接制动时，转子与旋转磁场的相对速度接近于两倍的同步转速，所以定子绕组中流过的反接制动电流相当于全压直接启动时电流的两倍，因此反接制动制动迅速，效果好，但冲击大，通常适用于 10kW 以下的小容量电动机。为了减小冲击电流，电动机主电路中可串接限流电阻。

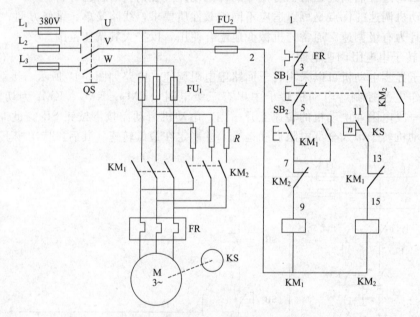

图 3-18　单向启动反接制动控制电路

图 3-18 中，KS 是速度继电器，$R$ 是反接制动电阻，KM$_1$ 是运行接触器，KM$_2$ 是制动接触器。按下启动按钮 SB$_2$，KM$_1$ 线圈得电自保，主触点闭合，电动机通电正常运行，同时速度继电器常开触点闭合，为制动做准备。停止时，按下 SB$_1$，KM$_1$ 线圈失电，其常闭触点复位，KM$_2$ 线圈得电，电动机接电阻反接制动，当转速较低时，速度继电器触点断开，KM$_2$ 线圈失电，其主触点断开反向电源，制动结束。

#### 2. 可逆运行反接制动控制电路

图 3-19 是可逆运行的反接制动控制电路。从电路上看，正转反接与反转反接是对称的，电路的原理与单向运行反接相同，在进行电路分析时，首先要弄清同属一个速度继电器的 KS-

1 及 KS-2 两组触点那一组用于正转，那一组用于反转。（图中 KM$_1$、KS-1 为正转，KM$_2$、KS-2 为反转），其次要弄清辅助继电器 KA$_1$、KA$_2$、KA$_3$、KA$_4$ 各起什么作用。还有一点要注意，主电路中的电阻即是制动用电阻，又是启动用电阻。电路工作过程请读者自己分析。

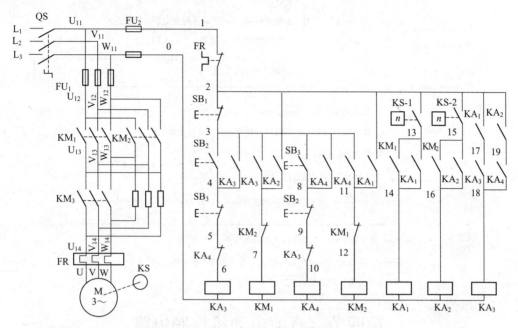

图 3-19　可逆运行反接制动控制电路

### 3. 单向运行全波整流能耗制动控制电路

能耗制动是在电动机脱离三相交流电源之后，向定子绕组内通入直流电流，利用旋转转子与静止磁场的作用产生制动转矩，达到制动的目的。制动过程中，电流、转速和制动转矩三个参量都随时间变化，可用时间作为控制信号。这样的控制线路简单，成本较低，实际应用较多。

图 3-20 是单向运转全波能耗制动控制电路。按下 SB$_2$，KM$_1$ 线圈得电，电动机正常运转。停止时，按下 SB$_1$，KM$_1$ 线圈失电，其常开触点断开，切断电源，控制电路中，KM$_1$ 常闭触点闭合，KM$_2$ 线圈得电，电动机定子绕组中接入直流电源，电动机开始能耗制动，同时，时

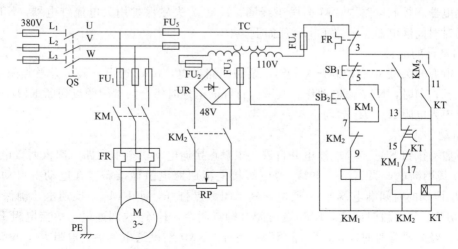

图 3-20　单向运转全波能耗制动控制电路

间继电器计时，当延时时间到，KT 常闭触点断开，KM₂ 线圈失电，直流电源被切除。

上述过程用电器元件动作顺序表示为：

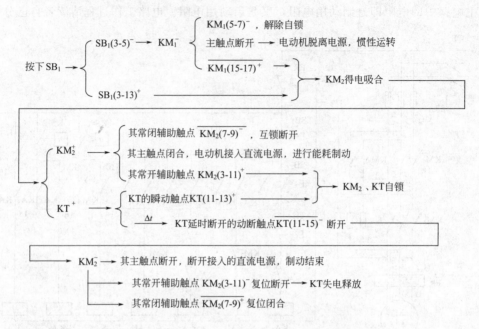

## 第四节 直流电动机控制电路

直流电动机具有良好的启动、制动与调速性能，容易实现各种运行状态的自动控制。直流电动机按励磁方式可分为他励、并励、串励和复励。其中他励为电枢电源与励磁电源分别独立的直流电机，并励电动机为励磁电流与电枢电流使用同一电源的电动机。下面介绍直流电动机启动及制动控制电路。

### 一、单向运转能耗制动控制电路

图 3-21 为直流电动机单向运转能耗制动控制电路。图中主电路中 KM₁ 为电源接触器，KM₂、KM₃ 为切除电阻接触器，直流电动机直接启动电流为额定电流十数倍以上，不能直接启动，必需串接启动电阻。KM₄ 为制动接触器，$R_4$ 为制动电阻，KA₁ 为过电流继电器，KA₃ 为电压继电器。控制电路中，M 为励磁线圈，KA₂ 为失磁保护用欠电流继电器，KT₁、KT₂ 为断电延时时间继电器。电路工作原理如下。

1. 启动前的准备

合上电源开关 QS₁ 和控制开关 QS₂，励磁回路通电，KA₂ 通电，其常开触点闭合，为启动做好准备；同时，KT₁ 通电动作，其瞬时打开断电延时闭合的常闭触点切断 KM₂、KM₃ 电路，保证串入电阻 $R_1$、$R_2$ 启动。

2. 启动

按下启动按钮 SB₂，KM₁ 通电并自锁，主触点接通电动机电枢回路，串入两级电阻启动，同时 KT₁ 线圈断电，为 KM₂、KM₃ 通电短接电枢回路电阻做准备。在电动机启动的同时，并接在 $R_1$ 两端的时间继电器 KT₂ 通电，其常闭触点打开，使 KM₃ 不能通电，确保 $R_2$ 电阻在 $R_1$ 后切除。经一段时间后，KT₁ 延时闭合触点闭合，KM₂ 线圈通电，短接电阻 $R_1$，KT₂ 线圈断电。经一段延时时间，KT₂ 常闭触点闭合，KM₃ 线圈通电，短接电阻 $R_2$，电动机加速进入全压运行。启动过程中，在 KM₁ 接通时并在电枢两端的电压继电器 KA₃ 接通自锁为制动作好准备。

### 3. 制动

按下停止按钮 $SB_1$，$KM_1$ 线圈断电，切断电枢直流电源。此时电动机因惯性仍以较高速度旋转，电枢两端电压使 $KA_3$ 仍保持通电，$KM_1$ 的常闭触点接通，$KM_4$ 线圈通电，电阻 $R_4$ 并联于电枢两端，电动机实现能耗制动，转速很快下降。当电枢电势降低到一定值时，$KA_3$ 释放，$KM_4$ 断电，电动机能耗制动结束。

### 4. 电动机的保护环节

当电动机发生严重过载或短路时，主电路过电流继电器 $KA_1$ 动作，$KM_1$、$KM_2$、$KM_3$ 线圈均断电，使电动机脱离电源。当励磁线圈断路时，欠电流继电器 $KA_2$ 动作，也可以使 $KM_1$、$KM_2$、$KM_3$

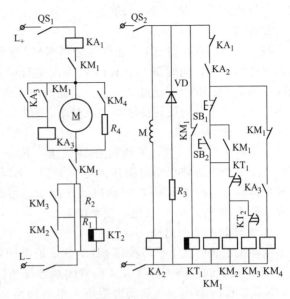

图 3-21　直流电动机单向运转能耗制动控制电路

线圈断电，起失磁保护作用。电阻 $R_3$ 与二极管 VD 构成励磁绕组的放电回路，其作用是在断开 $QS_2$ 时防止过大的自感电动势引起励磁绕组绝缘击穿和损坏其他电器。

## 二、可逆运行反接制动控制电路

图 3-22 所示电路为一并励直流电动机可逆运行反接制动控制电路。主电路中 $R_1$、$R_2$ 为启动电阻，$R_3$ 为制动电阻，它们分别并联了切除用接触器的触点。$KM_1$、$KM_2$ 为正反转接触器，电枢两端并接的电压继电器 KV 为制动控制用继电器。励磁及辅助电路共有 5 个支路。第一个支路为磁场线圈支路，$R_0$ 为励磁绕组的放电电阻。第二个支路为转向控制，第三个支路为制动控制，第四、五个支路为启动控制，其中时间继电器 $KT_2$ 的延时时间大于时间继电器 $KT_1$ 的延时时间，它们都为断电延时的时间继电器。以下分析电路的工作过程。

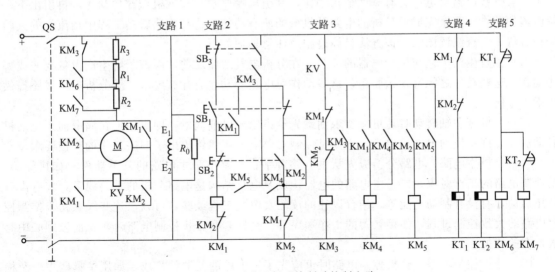

图 3-22　可逆运行反接制动控制电路

### 1. 启动前的准备

合上电源开关 QS，励磁回路通电，$KT_1$ 及 $KT_2$ 通电，其常闭触点切断 $KM_6$、$KM_7$ 电路，保证串入电阻 $R_1$、$R_2$ 启动。

### 2. 启动

按下正转启动按钮 $SB_1$，正转接触器 $KM_1$ 通电并自锁，主触点接通电动机电枢回路，串入两级电阻启动，同时 $KT_1$、$KT_2$ 线圈断电计时，延时一段时间后先后接通 $KM_6$ 及 $KM_7$，切除电阻 $R_1$ 及 $R_2$，电动机全压运行。此时电压继电器 KV 接通，$KM_4$ 得电并自保，接通位于第二个支路区域的反转接触器电源通路，为制动作好准备。

### 3. 停车制动

按下停止按钮 $SB_3$，正转接触器失电，$KM_3$ 得电自保，制动电阻 $R_3$ 串入电枢回路，$KT_1$、$KT_2$ 得电也将启动电阻串入电枢回路。$KM_3$ 在转向控制支路中的常开触点通过 $KM_4$ 接通反向运行接触器 $KM_2$，电动机反接制动。当电动机电枢电动势低于 KA 吸合值时，KA 释放，$KM_4$ 失电，$KM_2$ 失电，制动结束。

### 4. 正转时的反向启动

电动机正转时按下反转按钮 $SB_2$，$SB_2$ 的常闭触点断开 $KM_1$ 线圈电路，电枢从电源上脱开。$KM_1$ 在辅助电路支路 3 及 4 的常闭触点接通。$KM_3$ 得电自保，制动电阻 $R_3$ 串入电枢回路，$KT_1$、$KT_2$ 得电也将启动电阻串入电枢回路。当 $SB_2$ 的常开触点接通 $KM_2$ 时，$KM_2$ 得电自保并接入反向电源及全部电阻反接制动。接下来，$KM_3$ 失电，切除制动电阻 $R_3$，$KT_1$、$KT_2$ 失电并依次切除启动电阻 $R_1$、$R_2$，电动机反向运行。以上分析需注意的是，反接制动的时间极短，仅一个继电器的动作时间而已。

# 第五节　电气原理图的读图分析方法

电气控制图纸的读图分析是一项十分重要的技能，无论是掌握设备的功能，方便维修，还是学习电路的设计，都离不开这一步。

通过前边电路的解读，不难悟出电气控制图的分析是循着电器的得电过程进行的。先找到一个电路的入口，这常常是某种操作的按钮或开关，然后从这个按钮或开关的操作开始，分析图中会有哪些电器得电，会有哪些触点动作，并引出哪些执行器或机械部件动作，再引出下一轮电器的动作，直至完成所分析的电路及机械的所有功能。这种方法就是工程中最流行的读图分析方法——查线读图法。该方法具体过程及注意事项如下。

（1）了解生产工艺与执行电器的关系　在分析电气线路之前，应该了解生产设备要完成哪些动作，这些动作之间有什么联系，这些动作对电器的动作有什么要求，给分析电气线路提供线索和方便。

例如，机床主轴转动时，可能要求油泵先给齿轮箱供油润滑，即应保证在润滑油泵电动机启动后才允许主拖动电动机启动，也就是控制对象对控制线路提出了顺序工作的联锁要求。

（2）分析主电路　电路分析应先从主电路着手。一是由于主电路的开关器件，如接触器，是控制电路的工作对象；二是主电路的电器构成及电路结构是电路分析的重要线索，如有没有降压启动，有没有制动功能等。结合以往的读图及电气工程经验，可以以这些线索初步推测控制电路的大致控制过程，如接触器的工作顺序等。这样，在分析控制电路时，就能做到心中有数，有的放矢。

（3）分析控制电路　分析控制电路时也应先了解电路的元器件构成，如用了哪些主令及检测电器，安排了哪些保护器件，特别是要弄清那些随机械运动动作的电器的情况，并结合对主电路的了解初步判断控制电路各电器的用途。

控制电路分析的根本内容，也是查线读图法的根本做法，是依控制功能仔细阅读相关电路的过程。这里强调依功能读图是基于任何一个电路都是多个功能组成的，例如，最简单的电动机直接启动电路也有启动和停车两个功能。而功能又是有关联的，例如停车过程的分析必须在启动功能完成的基础上进行。机械设备的功能分析更是这样，机械的辅运动常常在主运动的前提下实现。其次，不同功能在电路中往往有不同的入口，例如，启动及停车大多都不使用同一个主令电器。

查线读图法的基本依据是电流的流动途径，也即是沿着通电导线找寻哪个电器得电并引起其他电器及机械发生后序动作，直到通过对电器动作的全面了解推断电路及设备的功能。

查线读图法的具体操作是从电路功能涉及的电路入口开始的。入口往往是电路中的主令电器，如启动控制中的启动按钮，按下按钮就开始了一个启动过程。后序的分析即是依电器动作信息的流转查看有哪些电器状态会发生连锁的变化，直到实现控制功能的全过程。要注意操作入口电器之前系统中相关电器的初始状态，如前文谈到直流电动机启动之前先强调磁场及断电延时继电器已得电，相关继电器及触点已动作一样。

（4）全部电路的融汇，分析电路的特殊功能及设计技巧　无论多么复杂的电气线路，都是由一些基本的电气控制环节构成的。在分析电路时，要依功能分别分析，这是化整为零。但在功能电路都分析过后，最终还要积零为整，即将电路重新统一起来。这时要注意各个功能的联系及制约，以便进一步理解电路的机理及结构要点，为读图后续的工程任务做到心中有数。

融汇电路还有一点特别注意的是，电路中各种保护功能的实现。完善的电路一定有完整的保护。前边已经讨论过短路保护、过电流保护、失压及欠压保护、失磁保护及机械运动的超速及限位保护等，掌握它们的实现方式对电路的分析是很有用的。

查线读图法的优点是直观，容易掌握，因而得到广泛采用。其缺点是分析复杂线路时易出错，叙述也较冗长。以下以两个实例电路的分析说明读图方法的应用。

**【例 3-1】**　T68 卧式镗床电气原理图读图分析。

镗床可以用来钻孔、扩孔、铰孔、镗孔，并能进行铣削端面和车削螺纹，是一种高精度、多用途的加工机床，在机械生产企业有广泛的应用。

1.T68 卧式镗床的机械机构及控制要求

T68 卧式镗床主要由床身、前后立柱、镗床架、尾座、上下溜板、工作台等几部分组成，其结构图如图 3-23 所示。镗床生产加工时，一般是将工件固定在工作台上，由镗杆或平旋盘上固定的刀具进行加工。

T68 卧式镗床的加工运动如下。

① 主运动：主轴及平旋盘的旋转运动。

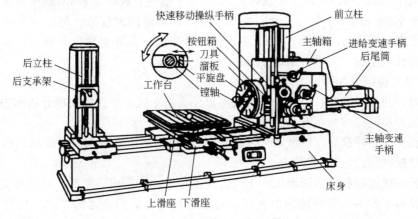

图 3-23　T68 卧式镗床结构示意图

② 进给运动：主轴在主轴箱中的轴向进给，平旋盘上刀具的径向进给，主轴箱升降的垂直进给，工作台的横向和纵向进给。以上进给都要求即可手动也可机动。

③ 辅助运动：回转工作台的转动，主轴箱、工作台进给运动上的快速调位移动，后立柱的纵向调位移动，尾座的垂直调位移动。

以上控制要求中部分可以通过机械功能实现，需电气控制电路完成的功能如下。

① 主运动与进给运动由一台双速电动机拖动。高低速可选择。

② 主电动机可正反转以及点动控制。

③ 主电动机应有快速停车环节。

④ 主轴变速应有变速冲动环节。

⑤ 快速移动电动机采用正反转点动控制方式。

⑥ 进给运动和工作台水平移动两者只能取一，必须要有互锁。

**2. T68 卧式镗床电器元件配置及功用**

T68 卧式镗床电器元件配置及功用见表 3-3 所示。T68 卧式镗床电气控制原理图如图 3-24 所示。

表 3-3 T68 卧式镗床电器元件配置及功用

| 符号 | 名称与用途 | 符号 | 名称与用途 |
|---|---|---|---|
| $M_1$ | 主电动机 | YB | 机械制动电磁铁 |
| $M_2$ | 快速移动电动机 | $SQ_1$ | 限位开关，用于 $M_1$ 的高低速转动 |
| QS | 隔离开关 | $SQ_2$ | 限位开关，用于主轴与进给变速 |
| $KM_1$、$KM_2$ | 主电动机正反转用接触器 | $SQ_3$、$SQ_4$ | 限位开关，用于进给联锁 |
| $KM_3 \sim KM_5$ | 主电动机高低速转换用接触器 | $SQ_5$、$SQ_6$ | $M_2$ 快速移动用限位开关 |
| $KM_6$、$KM_7$ | 快速移动电动机正反转用接触器 | $FU_1 \sim FU_3$ | 短路保护用熔断器 |
| KT | 通电延时时间继电器 | HL | 指示灯 |
| $SB_1$ | 主电动机停止按钮 | FR | 主电动机过载保护 |
| $SB_2$、$SB_3$ | 主电动机正反转启动按钮 | EL | 照明灯 |
| $SB_4$、$SB_5$ | 主电动机正反转点动按钮 | SA | 照明灯开关 |

**3. T68 卧式镗床电气原理图主电路分析**

根据 T68 卧式镗床机械与电气控制分工，主轴及进给使用同一台变速电动机 $M_1$，设有 5 台接触器，其中 $KM_1$、$KM_2$ 用于正反转，$KM_3$ 用于低速，$KM_4$、$KM_5$ 用于高速，高速或低速运转时必须 $KM_1$ 或 $KM_2$ 其一接通，$KM_1$ 及 $KM_2$ 不能同时接通。另设一台快速移动电动机 $M_2$ 用于快速进给运动，$KM_6$、$KM_7$ 用于正反转控制。另外主轴设有制动电磁铁，在主轴电动机得电时放松主轴，失电时制动。

**4. T68 卧式镗床电气原理图控制电路分析**

根据接触器功用及分布，控制电路大致可以分为三个区，电路的功能分析前先大致了解一下各分区的电器及电路结构是有必要的。

(1) 主轴正反转控制区（图纸 7~11 区） 正反转控制区电路为一对称结构电路，由于接有按钮联锁是较典型的正-反-停电路。

(2) 主轴高低速控制区（图纸 12~16 区） 主轴电动机采用三角形、双星形变极调速电动机，启动过程与本章第三节所述内容相同。高速启动时，低到高速的变换采用时间继电器控制。转速变换电路串入了 $KM_1$、$KM_2$ 并联常开触点，表示此区仅在正反转接触器工作后

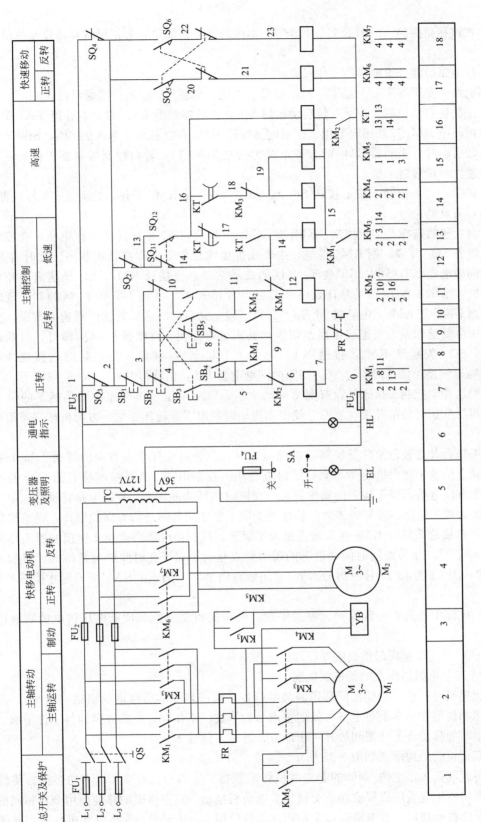

图3-24 T68卧式镗床电气控制原理图

得电。

(3) 快速移动控制区（图纸 17、18 区） 本区的电器很简单，为正反转互锁控制的单向启动电路。

以下按电路功能分析电路的工作过程。

控制电路由变压器 127V 线圈经 FU₃ 后接入供电。SQ₃、SQ₄ 先按接通对待。

(1) 正反转启动控制 按下正转启动按钮 SB₃，正转接触器 KM₁ 得电，并经 3-8-9-5 号线自锁。主电路中 KM₁ 接通正向电源。控制电路 9 区 KM₁ 自保触点中串入的 SB₄、SB₅ 是点动按钮。反转启动时，接触器 KM₂ 的自锁电路为线号 3-8-9-11。转向控制接触器工作后，下一步则是转速控制接触器工作。

(2) 正反转点动控制 按下按钮 SB₄ 或 SB₅，KM₁ 或 KM₂ 工作，这时 3-8-9 号线断开，没有自锁，为点动运行。

(3) 高低速的选择及切换控制 KM₁ 或 KM₂ 工作后，0-2 号线间接工作电压，变速电路工作。此时若 SQ₁₁ 接通，则 KM₃ 得电，主电动机接成三角形工作在低速状态。此时若 SQ₁₂ 接通则时间继电器 KT 得电，KT 位于 13 区的瞬动常开触点接通 KM₃，M₁ 低速启动并在延时时间到时，由 KT 在 13 区的常闭延时断开触点断开 KM₃，并经 KT 在 14 区的常开延时闭合触点接通 KM₄ 及 KM₅，电动机 M₁ 高速运行。以上是启动时选择低速或高速的情况。主电动机运转中由低速切换为高速或由高速切换为低速也很方便，直接操作 SQ₁ 即可，由低速转向高速时，SQ₁₁ 先断开 KM₃，接通 KT，再由 KT 将 KM₃ 接电，并经延时后接通 KM₄、KM₅。由高速转换为低速时通过 SQ₁₂ 切除时间继电器 KT，也就将 KM₄、KM₅ 切除了。

(4) 变速冲动控制 机床常设有变速冲动手柄，SQ₂ 即是这种变速冲动手柄下的位置开关。改变齿轮变速时轻推并很快复原，使电动机短时断电引起转速变化，方便机械变速箱中齿轮的啮合。

(5) 工作台及主轴进给联锁控制 切削加工时，一般只允许单一方向的进给。如 T68 卧式镗床主轴进给及工作台进给是不允许同时进行的。控制电路 1-2 号线间接有的 SQ₃ 及 SQ₄ 分别为两个方向进给选择手柄下的操作开关，如同时选择两种进给，控制电路将没有电源。

T68 卧式镗床电路中设有较多的保护环节。除了刚才谈到的进给方向控制外，变速控制区 0-15 号线间并接的 KM₁、KM₂ 常开触点是为了保证正反转接触器必须在变速接触器工作前接通的；图 13 区 17-14 号线间时间继电器的瞬动触点是为了保证在时间继电器得电计时后才接通 KM₃ 的；图 14 区 18-19 号线间的 KM₃ 常闭触点则是为了保证在 KM₃ 断开后才接通 KM₄、KM₅ 的。

此外，电路中还具有过载保护、短路保护、失压保护及操作部位低电压供电的防触电保护等。

【例 3-2】 20/5t 桥式起重机电气原理图读图分析。

**1. 桥式起重机的结构及电气控制概况**

桥式起重机是厂矿、仓储部门常用的起重设备。由可整体前后移动的横梁（大车）、左右移动的小车和固定在小车上可上下移动的主副吊钩组成。工作时，主钩或副钩将工件吊起，通过横梁和小车的移动将工件搬到另外一个地方，再将工件放下。

桥式起重机的结构示意如图 3-25 所示。

交流桥式起重机以主钩/副钩的起重吨位标示规格。主钩吨位在 20t 以下的多见。传统交流桥式起重机使用起重用绕线式转子交流异步电动机拖动，其中横梁的移动使用 2 台相同的电动机，小车的移动使用 1 台电动机，主钩和副钩各使用 1 台电动机。5 台电动机均采用转子串电阻调速方式，以增加启动转矩，减小启动电流。

从控制的角度说，交流桥式起重机的 5 台电动机均需正反转。为了节省造价，简化控制电路，桥式起重机的 2 台大车电动机、1 台小车电动机和 1 台副钩电动机均采用凸轮控制器进行控制。主钩电动机由于动作复杂，工作条件恶劣，工作频率较高，电动机容量较大，常采用主令控制器配合继电接触器屏组成的控制电路进行控制。

20/5t 交流桥式起重机主电路及控制电路如图 3-26 所示。上部为主电路，下部为控制电路。控制电路左侧为起重机的保护配电柜电路。右侧部分为主钩主令控制器电路。中部为起重机控制操

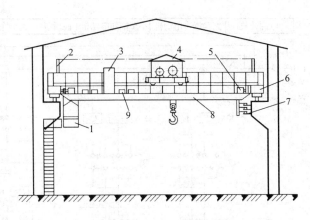

图 3-25　桥式起重机外观图

1—驾驶室；2—辅助滑线架；3—控制盘；4—小车；5—大车电动机；6—大车端梁；7—主滑线；8—大车主梁；9—电阻箱

作用凸轮控制器及主令控制器触点图及关合表。主电路中 KM 是起重机的总电源接触器，$Q_1$、$Q_2$、$Q_3$ 是大车、小车及副钩的凸轮控制器，$QS_2$ 是为主钩专设的电源开关。

2. 20/5t 桥式起重机凸轮控制器电路分析

使用凸轮控制器的各台电动机，由于凸轮控制器触点上流过的即是电动机的绕组电流，没有图 3-26 下半部分右侧类似的电路，且小车、副钩、大车的电路基本相同。为了分析的方便，现据图 3-26 转绘小车控制电原理图如图 3-27 所示，并对其功能作以下讨论。

凸轮控制器是用在大电流电路中的多触点多工位联动开关电器。从图 3-27 及图 3-26 中的触点图中可以看到，小车凸轮控制器 $Q_2$ 有 11 个工位，其中零位是准备工位，向前或向后各 5 挡用于电动机不同运行方向及速度的调节，挡的位号越大，电动机转速越高。$Q_2$ 有 12 对触点，在图 3-27 中表示 $Q_2$ 范围的方框中分为左右两排排列，并用挡位下的黑点表示触点的状态，为黑点时该挡位触点接通（关合表中用"＋"表示接通）。

查找各对触点的接线可以判明它们的用途。

① 左侧由上向下数第 1、2 对触点分别连接了前向限位开关 $SQ_{FW}$ 及后向限位开关 $SQ_{BW}$，为小车的向前及向后位置保护电路。

② 左侧由上向下数第 3～6 对触点中连接了电动机 $M_2$ 的电源，当 $Q_2$ 前向或后向各挡操作时，分别将不同相序的电源接入电动机，用于电动机的转向控制。

③ 右侧由上向下数第 1 对触点回路接有启动按钮 SB、起重机电源接触器 KM 的线圈及一些保护电器，为保护回路。其中 $KA_2$ 为电动机的过电流保护，$SQ_1$ 为门窗及护栏类保护，在门窗及护栏没有关闭完好时不允许启动起重机工作，$SA_1$ 为脚踏应急开关，用于在出现危险时紧急停车。$Q_2$ 右侧由上向下数第 1 对触点只有 $Q_2$ 在零位时接通，称为零位触点，接入保护电路可提供起重机械常用的零位保护。零位保护指起重机的所有操作部件都位于零位时才能接通主开关 KM，以防始料未及的因开关误置造成的意外通电事故。

④ 右侧其余的 5 个触点连接了小车电动机 $M_2$ 的转子电阻，这些电阻采用不对称连接，在凸轮控制器 $Q_2$ 从零位转向 5 位时，分段逐级切除转子电阻。

以下分别说明小车的操作功能。

① 凸轮控制器操作前的准备。$Q_2$ 必先置零位，此时按下启动按钮 SB，KM 得电并自保，同时从 KM 线圈回路中切除启动按钮及 $Q_2$ 的零位触点，接入小车的限位开关 $SQ_{FW}$ 或 $SQ_{BW}$，为小车的运行做好准备。

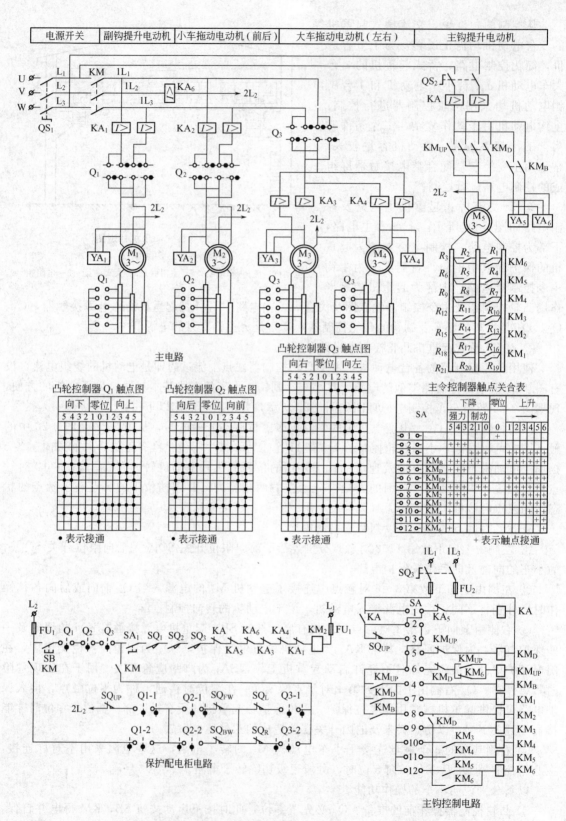

主电路

凸轮控制器 $Q_3$ 触点图

凸轮控制器 $Q_1$ 触点图

凸轮控制器 $Q_2$ 触点图

主令控制器触点关合表

保护配电柜电路

主钩控制电路

图 3-26 20/5t 交流桥式起重机主电路及控制电路原理图

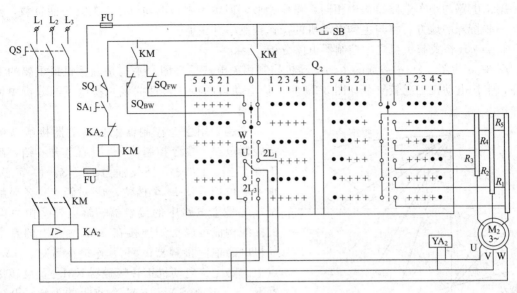

图 3-27　小车电动机 $M_2$ 控制电路

② 小车运行的改变方向及换挡变速。KM 接通后，向前或向后转动 $Q_2$ 操作手柄，可选择小车向前或向后运动，在同一方向上换挡时可以有序地切除电动机转子电阻调速。小车运行到横梁端头时，限位保护会断开起重机电源。需停车时可将 $Q_2$ 置零位，电动机抱闸可以加快小车的停车。

以上是小车的情况。大车与小车的电路结构相同，两台电动机并联，同步切除电阻。

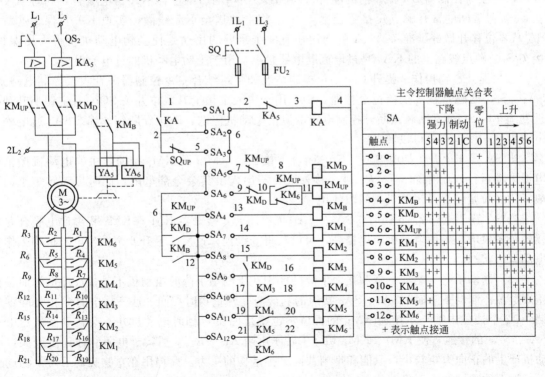

　　(a) 主电路　　　　　　　　　　(b) 控制电路　　　　　　　(c) 主令控制器触点关合表

图 3-28　20/5t 交流桥式起重机主钩控制电气原理图

副钩电路与小车电路结构也相同，操作相似，但由于副钩电动机拖动的是位能负载，操作上有一些特殊的地方，将与主钩电动机的操作控制一并说明。

3. 20/5t 桥式起重机主令控制器电路分析

图 3-28 为图 3-26 中截取的主钩电动机控制相关电气原理图。主钩是起重机最重要的工作部件，主钩电动机工况较复杂。图 3-29 为主钩电动机的机械特性曲线，在以下的分析中可对照查阅。

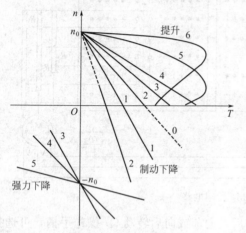

图 3-29 绕线转子交流异步电动机
转子串电阻调速机械特性

主钩采用主令控制器配合继电器接触器屏组成控制电路。主令控制器 SA 具有上升 6 挡，制动下降 C 挡、1 挡、2 挡及强力下降 3、4、5 三挡，加上零位挡共计 13 个挡位，12 对触点。各对触点配接的是主电路中的接触器、继电器。由主电路的接线构成可以推知连接在 $SA_4$ 触点上的是主电动机电磁抱闸接触器 $KM_B$，连接在 $SA_5$、$SA_6$ 触点上的是主钩电动机正转接触器 $KM_{UP}$ 及反转接触器 $KM_D$，接在 $SA_7 \sim SA_{12}$ 触点上的为转子电阻切除用接触器 $KM_1 \sim KM_6$。与小车电动机转子电阻不同的是主钩的转子电阻是对称配置的，这对提高调速性能有利。

以下采用查线读图法结合主钩的操作说明控制电路的功能。主令控制器触点 $SA_1 \sim SA_3$ 所连接电器的功能也在操作中介绍。

（1）主令控制器 SA 操作前的准备　SA 置零位，电压继电器 KA 得电吸合，同时 KA 接在 1、2 号线间的常开触点短接零位触点 $SA_1$ 将电源送至 KA 线圈，实现 KA 自保。这就为 SA 从零位移开做好了准备。KA 的选用还有一个重要的用途是使主钩电动机获得失压保护。接在 $SA_1$ 触点线路上的 $KA_5$ 是过电流继电器触点，用于主钩电动机的过电流保护。

（2）提升重物操作　提升 6 个挡位控制情况如下：结合主令控制器关合表及控制电路知，$SA_3$、$SA_4$ 两触点在 6 个挡位全接通，$SA_3$ 用于串入主钩上升限位开关 $SQ_{UP}$，主钩上升到接近卷缆车时 $SQ_{UP}$ 常闭触点断开控制电路电源使电动机停电，防止卷断钢丝绳。$SA_4$ 通电松开电磁抱闸，使电动机可以转动。

当 SA 置于上升 1 挡时 $SA_6$、$SA_7$ 闭合，接触器 $KM_{UP}$ 及 $KM_1$ 接通，主钩电动机接正序电源电动运行。此时除 $R_{19} \sim R_{21}$ 被短接外，转子串了其余全部电阻，此时启动转矩小，一般只用做拉紧钢绳及消除机械间隙使用。

当 SA 置于上升 2～6 挡时，$SA_8 \sim SA_{12}$ 依次闭合，接触器 $KM_2 \sim KM_6$ 相继通电吸合并短接转子各段电阻，使电动机转速提高，可以获得 5 级提升速度。上升 6 个挡位电动机均工作在电动运行状态。

（3）制动下降　制动下降和强力下降的区别在于制动下降时电动机不是接反序电源而是接正序电源。制动下降时，$SA_3$、$SA_6$ 接通的功能与提升重物时相同。这三挡中的 C 挡是除零位挡外 12 个挡位中唯一不接通 $KM_B$ 的挡位，也就是说在 C 挡时电动机并不会转动。虽然由于 $SA_7$、$SA_8$ 的接通，使 $KM_1$、$KM_2$ 切除了转子电阻 $R_{16} \sim R_{21}$，但转子电阻总体还是较大，电动机产生的正向力矩较小，只能和抱闸共同承担重物的重力。此挡用在重物提起后带重物进行平行地面的移动及从下降挡位停车时防止溜钩。

制动 1、2 两挡时 $SA_7$、$SA_8$ 相继断开，电阻 $R_{16} \sim R_{21}$ 相继串入转子绕组中，$SA_4$ 接通，电磁抱闸松开。这时电动机的机械特性较软，电磁转矩也较小，电动机工作在倒拉反转的反接制动工作状态，得到两挡较低的重载下放用速度，且2挡比1挡的下放速度快。在轻载及空钩下放时，若误将主令控制器置于下降1挡或2挡，由于电动机加有正转电源，会出现不降反升现象，这时需迅速将手柄置于强力下降挡。

（4）强力下降 强力下降的3个挡位中，$SA_2$接通，$SA_3$断开，切除了上升限位。$SA_4$及$SA_5$接通是松开抱闸及接入反序电源。主令控制器位于强力下降3挡时，$SA_7$、$SA_8$接通切除电阻的情况与C挡相同。在其后的强力下降4挡及5挡中，$SA_9$及$SA_{10}$~$SA_{12}$接通$KM_3$及$KM_4$~$KM_6$还将分两段直到切除全部电阻。电动机运行在反向电动运行状态，为快速下放轻物及空钩提供依次加快的三挡速度。

（5）电路的联锁控制 以上将主钩的几种操作都作了分析，但电路中还有的环节没有涉及。它们大多是与起重机的安全操作有关的。

① 限制高速下降的环节 控制电路15号线与22号线间接有$KM_D$及$KM_6$的常开触点，是为了防止司机操作失误，在下放较重的负载时使用了强力下降挡。这时重力及电动力会使电动机工作在发电反馈制动状态，电动机的转速会高于同步转速，且强力3挡高于强力4挡，强力4挡高于强力5挡。这时应立即经强力5挡再置制动1挡或2挡。经强力5挡的意义一是5挡对应的下放速度最低，其次是强力5挡时$KM_6$接通并经串联的$KM_D$常开触点实现$KM_6$的自保。这就保证了在SA手柄经过强力4挡及强力3挡时不会再串入转子电阻而出现更高的下放速度。

② 改变电源相序时保障反接电阻先于正向电源接入的环节 当操作主令控制器由强力下降挡变换为制动下降挡时，因重物高速下放，需接入反接制动电阻后才能接入正序电源。电气控制电路9号线到11号线间串有$KM_{UP}$常开并联$KM_6$常闭组合再与$KM_D$串联的电路。该电路可保障反向电源断开，KM6断开，反接电阻接入后再接通正序电源的目的。

③ 制动下降挡与强力下降挡相互转换时断开机械制动的环节 控制电路6号线与2号线间接有$KM_{UP}$、$KM_D$、$KM_B$三个常开触点的并联电路。该电路可使$KM_B$接通后自保，从而在电动机电源换接时，电磁抱闸保持得电状态。

④ 顺序联锁控制环节 接触器$KM_6$、$KM_5$、$KM_4$的线圈回路中分别串入了$KM_3$、$KM_4$、$KM_5$的常开触点，保障了电阻的依次切除。

**4. 桥式起重机整体控制电路分析**

整体控制电路主要是保护电路。在小车凸轮控制器控制电路中曾提到过有关的保护。其实这些保护在大车、副钩及主钩电路中都存在着，为了统一实现保护，总是将所有设备的保护都接在同一个电源接触器KM的线圈回路中。图3-30就是桥式起重机保护电路。该图已将位置开关、过流保护、门窗护栏保护、零位保护开关都统一接好了。从电路中不难看出，所有限位

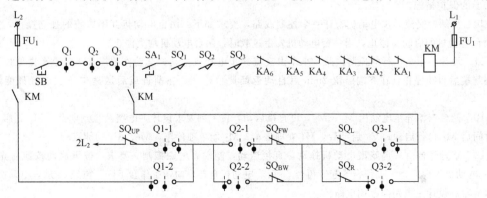

图 3-30 20/5t 交流桥式起重机保护电路

开关是串联连接后通过 KM 的常开触点并联在三个串联的零位开关上的。这说明，限位开关只在起重机某一操作开关移开零位时才发挥作用，且当因位置开关动作而发生起重机保护性断电时，只需将所有操作开关（凸轮控制器、主令控制器）置零位，再按启动按钮即可恢复供电。

## 习题及思考题

3-1 为什么说电器安装图及电气接线图为工艺图纸，电气原理图与它们有什么不同？

3-2 什么叫电气原理图的展开图画法，展开图画法具有哪些优点？

3-3 什么叫电器的自然状态？举例说明。

3-4 图 3-31 中三种点动电路从器件、操作上及功能上有什么不同？图 3-31（a）中的热继电器 FR 是否可以不要？

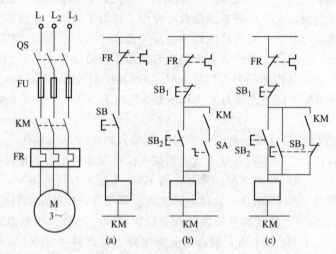

图 3-31 点动与连续运行电路

3-5 电器动作顺序表在电路分析中常用。请绘出本章图 3-12 电路的电器动作顺序表。

3-6 请绘出本章图 3-18 电路的电器动作顺序表。

3-7 设计三台交流异步电动机控制电路，要求第一台电动机启动 10s 后，第二台启动。运行 5s 后，第一台电动机停止同时使第三台电动机启动。再运行 15s 后，电动机全部停止。异步电动机采用直接启动。

3-8 分析图 3-32 的工作过程，写出电器顺序表。

3-9 有一台四级皮带运输机，分别由四台交流异步电动机 $M_1$、$M_2$、$M_3$、$M_4$ 拖动，动作顺序如下：启动时要求按 $M_1$、$M_2$、$M_3$、$M_4$ 顺序，停止时按 $M_4$、$M_3$、$M_2$、$M_1$ 顺序，要求上述动作有一定时间间隔。具有必要的保护措施。

3-10 为两台交流异步电动机设计一个控制线路，要求如下：两台电动机互不影响的独立操作，能同时控制两台电动机的启动与停止，当一台电动机发生过载时，两台电动机均应停止。

3-11 设计一小车运行的控制线路，小车由交流异步电动机拖动，其动作程序如下：小车由原位开始前进，到终端后自动停止，在终端停留 2min 后自动返回原位停止，在前进或后退途中任意位置都能停止或启动。

3-12 两台三相异步电动机 $M_1$、$M_2$，可直接启动，按下列要求设计主电路及控制电路：$M_1$ 先启动，经一定时间后 $M_2$ 自行启动；$M_2$ 启动后，$M_1$ 立即停车；$M_2$ 能单独停车；$M_1$、$M_2$ 均能点动。

3-13 某升降台由一台笼型电动机拖动，直接启动，制动有电磁抱闸。要求：按下启动按钮后先松闸，经 3s 后电动机正向启动，工作台升起，再经 5s 后，电动机自动反向，工作台下降，再经 5s 后，电动机停止，电磁闸抱紧。设计主电路与控制电路。

3-14 某水泵由交流异步电动机拖动，采用降压启动，要求在三处都能控制启停。设计主电路与控制

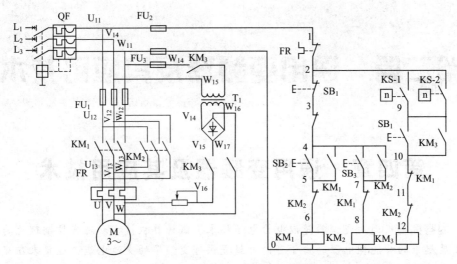

图 3-32　可逆运行能耗制动电路

电路。

3-15　某机床主轴由一台笼型电动机拖动，润滑油泵由另一台笼型电动机拖动，均采用直接启动。工艺要求：主轴必须在油泵开动后才能启动；主轴正常为正向运转，但为调试方便，要求能正、反向点动；主轴停止后，才允许油泵停止；有短路、过载及失压保护。试设计主电路及控制电路。

3-16　起重机保护电路图 3-30 中 KM 的作用是什么？KM 线圈电路中只有三只凸轮控制器的零位触点，主令控制器的零位触点为什么没有出现？

3-17　起重机为什么不用热继电器而用过电流继电器进行电流保护？

# 第二篇 通用变频器及其应用技术

## 第四章 通用变频器及其应用技术

**内容提要**：通用变频器是以电力电子技术、微计算机技术和现代控制理论为基础发展起来的智能型电器。由于可向负载提供可变频率的交流电能，近年来在交流调速及节能领域获得了十分广泛的应用。本章在介绍变频器基本结构原理的基础上，介绍三菱 FR-A700 系列变频器的使用方法及应用实例。

## 第一节 变频器的结构及工作原理

### 一、交流电动机及其转速控制

从发电厂送出的交流电的频率是恒定不变的，在我国是 50Hz。交流电动机的同步转速为

$$N_1 = \frac{60f_1}{p} \tag{4-1}$$

式中，$N_1$ 为同步转速，r/min；$f_1$ 为定子电流频率，Hz；$p$ 为电机的磁极对数。

异步电动机转速

$$N = N_1(1-s) = \frac{60f_1}{p}(1-s) \tag{4-2}$$

式中，$s$ 为异步电动机的转差率，$s = (N_1 - N)/N_1$，一般小于 3%。

以上两式说明，无论是同步电动机还是异步电动机，转速都与送入电动机的电流频率 $f$ 成正比例变化。也就是说，改变电源频率可以方便地改变电动机的运行速度。事实上也正是如此，变频器诞生 30 年来，交流调速应用日益普及。交流电动机以其结构简单，坚固耐用及变频器带来的良好的调速性能，已在调速应用中占据了主导地位。

### 二、通用变频器的基本工作原理及分类

1. 异步电动机变频调速对供电装置的要求

通用变频器是将输入的固定频率的交流电变换为可变频率交流电输出的电力电子设备。其主要供电对象是交流异步及同步电动机。由电机学可知，三相异步电动机定子每相电动势的有效值为

$$E_1 = 444k_{r1}f_1N_1\Phi_M \tag{4-3}$$

式中，$E_1$ 为气隙磁通在定子每相绕组中感应电动势的有效值，V；$f_1$ 为定子频率，Hz；$N_1$ 为定子每相绕组串联匝数；$k_{r1}$ 为与绕组结构有关的常数；$\Phi_M$ 为每极气隙磁通量，Wb。

由式（4-3）可知，如果定子每相电动势的有效值 $E_1$ 不变，改变定子频率时就会出现以下两种情况。

① 如果 $f_1$ 大于电动机的额定频率 $f_{1N}$，气隙磁通就会小于额定气隙磁通量 $\Phi_{MN}$。其结果是：

尽管电动机的铁芯没有得到充分利用,但在机械特性允许的条件下长期使用,电动机不会损坏。

② 如果 $f_1$ 小于电动机的额定频率 $f_{1N}$,那么电势平衡会使气隙磁通产生大于额定气隙磁通量 $\Phi_{MN}$ 的要求。其结果是:电动机的铁芯产生过饱和,从而导致过大的励磁电流,严重时会因绕组过热而损坏电动机。

因而在保障电动机不因电流加大而过载且充分利用电动机磁路的前提下,变频调速时,电源的电压与频率最好同时变化。结合电动机的负载能力,又有以下两种情况。

(1)基频以下调速 由式(4-3)可知,要保持 $\Phi_M$ 不变,当频率 $f_1$ 从额定值 $f_{1N}$ 向下调节时,必须同时降低 $E_1$,使 $E_1/f_1$=常数,即采用电动势与频率之比恒定的方式。但是,电动机绕组中的感应电势是难以直接控制的,当电动势较高时,可以忽略绕组中的漏阻抗压降,而认为 $U_1 \approx E_1$,则得

$$\frac{U_1}{f_1} = 常数 \tag{4-4}$$

这是恒定压频比的控制方式。在恒定压频比条件下变频调速时,异步电动机的机械特性如图 4-1 所示。由于磁通恒定,如果电动机在不同转速下都工作在额定电流状态,则输出转矩恒定。也就是说基频下恒定压频比的调速是恒转矩调速。低频时,$U_1$ 和 $E_1$ 都较小,定子漏阻抗压降不能再忽略,这时可以人为地把电压 $U_1$ 抬高一些,以近似地补偿定子压降。基频以下调速与直流电动机改变电枢电压调速特性类似。

(2)基频以上调速 在基频以上调速时,频率可以从 $f_{1N}$ 往上增高,但电压 $U_1$ 却不能超过额定电压 $U_{1N}$,最多只能保持 $U_1 = U_{1N}$。由式(4-3)知,这将迫使磁通随频率的升高而降低,相当于直流电动机弱磁升速的情况。

在基频 $f_{1N}$ 以上变频调速时,不难证明,频率上升,同步转速上升,最大转矩减小,机械特性上移,如图 4-2 所示。由于频率提高而电压不变,气隙磁动势必然减弱,导致转矩减小。由于转速升高了,可以认为输出功率基本不变。也就是说,基频以上调速属于恒功率调速。

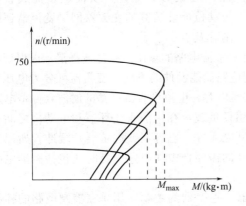

图 4-1 恒定压频比调速时
异步电动机的机械特性

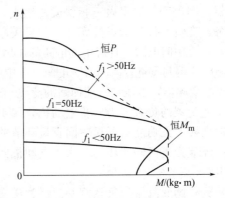

图 4-2 磁通下降调速时
异步电动机的机械特性

综上,异步电动机可以有基频以上及基频以下两种调速方式。基频以上电压基本不变,弱磁而为恒功率调速。基频以下则需电压与频率同步变化,磁通不变,是为恒转矩负载特性。由此可知,变频调速的供电装置必须满足以上功能才能满足电动机的要求。

这样的装置称为变压变频(Variable Voltage Variable Frequency,VVVF)装置,变压变频也是通用变频器工作的基本模式。

还有一点需要说明:以上机械特性分析都是在正弦波供电情况下做出的。如果电源中含有谐波,将使机械特性扭曲变形,增加电动机的损耗,因而变频器输出电压波形的规整程度也是

变频器的重要指标。

2. 通用变频器的电路结构

从频率变换的形式来说，变频器分为交-交和交-直-交两种形式。交-交变频器将工频交流电直接变换成频率、电压均可控制的交流电，称为直接式变频器。而交-直-交变频器则先把工频交流电通过整流变成直流电，然后再把直流电变换成频率、电压均可控制的交流电，又称间接式变频器。低压（输出电压380~650V）变频器多是交-直-交变频器，其基本结构图如图4-3所示，现将各部分的功能分述如下。

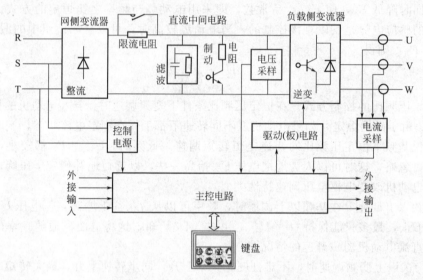

图 4-3　交-直-交变频器的电路结构

（1）网侧变流器　网侧变流器的作用是把三相（也可以是单相）交流电整流成直流。普通变频器的网侧变流器多由三相整流桥组成。可拖动位能性负载的变频器网侧变流器还需担负逆变任务，变流元件需为可控元件。如可关断晶闸管及 IGBT 等。

（2）直流中间电路　直流中间电路的作用是对整流电路的输出进行滤波平滑，以保证逆变电路及控制电源得到质量较高的直流电源。由中间电路储能元件的不同，变频器可分为电压型变频器及电流型变频器，电压型直流回路的滤波元件是电容，电流型直流回路的滤波元件是电感。

由于逆变器的负载多为异步电动机，属于感性负载，在中间直流环节和电动机之间会有无功功率的交换。无功能量要靠中间直流环节的储能元件（电容器或电抗器）缓冲，所以又常称直流中间环节为直流储能环节。为了电动机制动的需要，中间电路中有时还包括制动电阻及一些辅助电路。

（3）负载侧变流器　负载侧变流器为逆变器。逆变器的主要作用是在控制电路的控制下将直流中间电路的直流电转换为频率及电压都可以调节的交流电。逆变电路最常见的结构形式是利用六个半导体主开关器件组成的三相桥式逆变电路。电路使用的电力电子器件为 GTR、IG-BT 等高性能可控器件。

（4）控制电路　变频器的控制电路包括主控电路、信号检测电路、门极驱动电路、外部接口电路及保护电路等几个部分，其主要任务是完成对逆变器开关的控制，对整流器的电压控制及完成各种保护功能。控制电路是变频器的核心，多由16位或32位单片机或 DSP 组成。

3. 通用变频器的控制方式及分类

在硬件结构的基础上，如何实现变压变频，输出平滑规则的正弦波形，实现良好的驱动性能，是变频器控制的根本任务。伴随着自动控制技术的不断发展，变频器控制中出现了多种控制方式，并决定着变频器的性能。现以交-直-交变频器控制为例简要说明。

（1）$U/f=C$ 控制　$U/f=C$（$C$ 为常数）控制即电压与频率成比例变化控制。其特点是控制电路结构简单，成本较低，机械特性硬度也较好，能够满足一般传动的平滑调速要求，已获得了较广泛的应用。

$U/f$ 控制由于忽略了电动机漏阻抗的作用，在低频段工作特性不理想，表现为最大转矩减少，无法克服低速较大的静摩擦力，因而常在低频段增加电压提升功能。采用 $U/f$ 控制方式的变频器多为普通功能变频器。

（2）转差频率控制　转差频率控制是在 $U/f$ 控制基础上增加转差控制的一种控制方式。从电动机的转速角度看，这是一种以电动机的实际运行速度加上该速度下电动机的转差频率确定变频器输出频率的控制方式。更重要的是，在 $U/f=C$ 条件下，通过对转差频率的控制，可以实现电动机转矩的控制。采用转差频率控制的变频器通常属于多功能型变频器。

（3）矢量控制（VC）　矢量控制是受调速性能优良的直流电动机磁场电流及转矩电流可分别控制启发而设计的一种控制方式。矢量控制将交流电动机的定子电流采用矢量分解的方法，计算出定子电流的磁场分量及转矩分量，并分别控制，从而大大提高了变频器对电动机转速及力矩控制的精度及性能。采用矢量控制的变频器又可分为基于转差频率控制的矢量控制、无速度传感器的矢量控制及有速度传感器的矢量控制等几种类型。矢量控制变频器通常称为高功能型变频器。

（4）直接转矩控制（DTC）　直接转矩控制把转矩作为直接被控量，而不是通过控制电流及磁链间接控制转矩。转矩控制引入了磁链观测器，可直接估算出同步速度信息，可方便地实现无速度传感器控制。

通用变频器按工作方式分类的主要工程意义在于各类变频器对负载的适应性。普通功能型变频器适用于泵类负载及要求不高的反抗性负载，而高功能变频器可适用于位能性负载。

## 第二节　三菱 FR-A740 系列通用变频器简介

全世界有数百家厂商生产数千种通用变频器。较著名的品牌有西门子 M3 及 M4 系列变频器，ABB 公司的 ACS400、ACS550、ACS600 系列变频器，富士公司的 FRENIC500 系列变频器，施耐德公司 ATV71、ATV58 系列变频器及 LG 公司的 Starvert-iS5、Starvert-iH5 变频器，三菱公司的 FR-A、FR-F 系列变频器等。

FR-A700 系列通用变频器是三菱公司新一代多功能重负载用变频器，具有无传感器矢量控制性能，采用了长寿命设计，网络功能更加丰富，支持开放式现场总线 CC-LINK 通信、RS-485 通信，适用于各种主要网络（Device-Net，Profibus-DP，LonWorks，EntherNet，CAN 等）。三菱公司还生产适用于风机及水泵的 FR-F700 变频器、小功率（15kW 以下）的 FR-D700 及 FR-E700 变频器，它们都是 FR-500 系列变频器的升级产品。现以三菱公司 FR-A740 系列产品为例

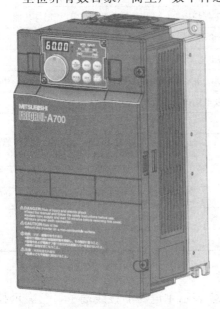

图 4-4　FR-A740 系列变频器的外观

介绍通用变频器的应用方法。

### 一、FR-A740 矢量型通用变频器的性能规格

FR-A740 矢量型通用变频器的外观如图 4-4 所示，型号如下所示。型号中 A740 中的"40"指三相 400V 电源适用，三菱变频器还有用于单相 220V 电源的。型号中"□□K"表示变频器的功率，FR-A740 系列变频器有 0.4～500kW 计 30 种规格。FR-A740 系列变频器部分性能规格见表 4-1。

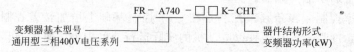

变频器基本型号 ——
通用型三相400V电压系列 ——
器件结构形式
变频器功率(kW)

**表 4-1　FR-A740 矢量型通用变频器性能规格简表**

| | | | |
|---|---|---|---|
| 控制特性 | 控制方式 | | $U/f$ 控制、磁通矢量控制、无传感器矢量控制、矢量控制 |
| | 输出频率范围 | | 0.2～400Hz(矢量控制时上限频率为 120Hz) |
| | 频率设定分辨率 | 模拟输入 | 0～60Hz,0.06～0.015Hz |
| | | 数字输入 | 0.01Hz |
| | 频率精度 | 模拟输入 | 最大输出频率±0.2％以内 |
| | | 数字输入 | 设定输出频率的±0.01％以内 |
| | 电压/频率特性 | | 基准频率在 0～400Hz 间设定,恒转矩或变转矩可选 |
| | 启动转矩 | | 200％ 0.3Hz(0.4～3.7kW),150％ 0.3Hz(5.5kW 以上) |
| | 加减速时间设定 | | 0～3600s(加速时间及减速时间分别设定),直线、S 形加减速模式,齿隙措施加减速 |
| | 直流制动 | | 动作频率 0～120Hz,动作时间 0～10s,动作电压 0～30％可变 |
| 运行特性 | 频率设定信号 | 模拟输入 | 端子 2、4:可在 0～10V,0～5V,4～20mA 间选择;端子 1:可在 −10～+10V,−5～+5V 间选择 |
| | | 数字输入 | BCD 4 位或 10bit 二进制数 |
| | 启动信号 | | 正反转分别控制 |
| | 输入信号 | | 可外部输入多段速选择、点动、瞬停再启动、外部热继电器、外部直流制动等控制信号 |
| | 运行功能 | | 具有上下限频率设定、频率跳变运行、工频切换、再生回避、滑差补偿、PID 控制等功能 |
| | 输出信号 | 运行状态 | 具有运行参数、报警状态相关各类信号输出 |
| | | 模拟输出 | 具有运行参数,如频率、电动机电流、输出电压、电动机转矩等模拟信号输出 |
| 显示 | PU | 运行状态 | 运行参数,如频率、电动机电流、输出电压、电动机转矩等在 PU 单元显示 |
| | | 异常内容 | 保存并显示保护动作发生前的变频器及电动机相关数据 |
| | | 对话式引导 | 借助帮助功能进行操作及故障分析 |
| | 保护及报警功能 | | 加减速及恒速中过电流、过电压,电动机电流类保护动作,CPU 及通信异常,输入及传感器故障等报警 |
| 环境 | 周围温度 | | −10～+50℃ |
| | 周围湿度 | | 90％RH 以下 |
| | 周围环境 | | 室内,无腐蚀气体、可燃气体、油雾及尘埃 |
| | 海拔高度,振动 | | 海拔 1000m 以下 |

### 二、FR-A740 系列变频器的端子接线及端口功能

FR-A740 系列变频器端子接线如图 4-5 所示。图中 ◎ 表示主电路的接线端子，○表示控制回路的接线端子。

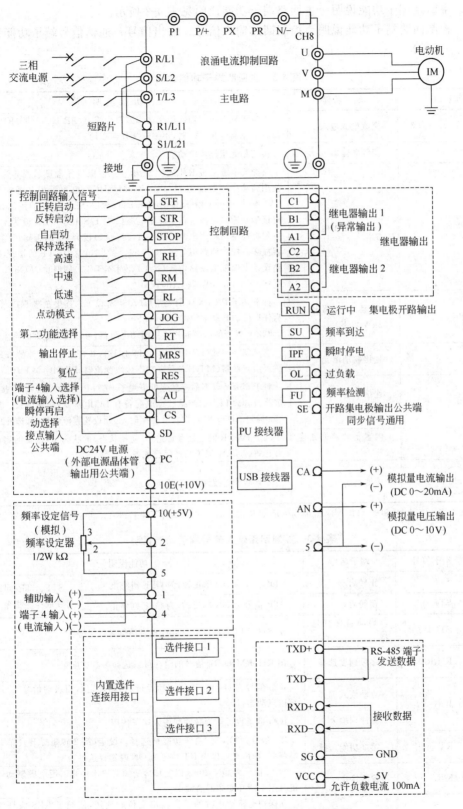

图 4-5 FR-A740 系列变频器接线端子示意图

（1）主回路端子功能说明　主回路端子功能说明见表 4-2 所示。

（2）控制回路端子功能说明　控制回路输入信号、输出信号、通信信号端子功能说明分别见表 4-3～表 4-5。

表 4-2　主回路端子功能说明

| 端子符号 | 端子名称 | 功能说明 |
|---|---|---|
| R/L1,S/L2,T/L3 | 交流电源输入 | 连接工频电源。当使用高功率因数变流器（FR-HC，MT-HC）及共直流母线变流器（FR-CV）时，不要连接任何东西 |
| U,V,W | 变频器输出 | 接三相笼型异步电动机 |
| R1/L11,S1/L21 | 控制回路用电源 | 与交流电源端子 R/L1、S/L2 相连。在保持异常显示或异常输出以及使用高功率因数变流器（FR-HC，MT-HC），电源再生共通变流器（FR-CV）等时，应拆下端子 R/L1-R1/L11、S/L2-S1/L21 间的短路片，从外部对该端子输入电源。在主回路电源（R/L1，S/L2，T/L3）设为 ON 的状态下勿将控制回路用电源（R1/L11，S1/L21）设为 OFF，否则可能造成变频器损坏。控制回路用电源（R1/L11，S1/L21）设为 OFF 的情况下，应在回路设计上保证主回路电源（R/L1，S/L2，T/L3）同时也为 OFF。15kW 以下：60W。18.5kW 以上：80W |
| P/＋,PR | 制动电阻器连接（22kW 以下） | 拆下端子 PR-PX 间的短路片（7.5kW 以下），连接在端子 P/＋-PR 间作为任选件的制动电阻器（FR-ABR）。22kW 以下的产品通过连接制动电阻器，可以得到更大的再生制动力 |
| P/＋,N/－ | 连接制动单元 | 连接制动单元（FR-BU，BU，MT-BUS），共直流母线变流器（FR-CV），电源再生转换器（MT-RC）及高功率因数变流器（FR-HC，MT-HC） |
| P/＋,PI | 连接改善功率因数直流电抗器 | 对于 55kW 以下的产品应拆下端子 P/＋-PI 间的短路片，连接上 DC 电抗器，75kW 以上的产品已标准配备有 DC 电抗器，必须连接。FR-A740-55k 通过 LD 或 SLD 设定并使用时，必须设置直流电抗器（选件） |
| PR,PX | 内置制动器回路连接① | 端子 PX-PR 间连接有短路片（初始状态）的状态下，内置的制动器回路为有效（7.5kW 以下的产品已配备） |
| ⏚ | 接地 | 变频器外壳接地用，必须接大地 |

① 连接专用外接制动电阻器（FR-ABR）、制动单元（FR-BU，BU）时，应拆下端子 PR-PX 间的短路片（7.5kW 以下）

表 4-3　控制回路输入信号端子功能说明

| 种类 | 端子符号 | 端子名称 | 功能说明 | |
|---|---|---|---|---|
| 触点输入 | STF | 正转启动 | STF 信号为 ON 则正转，为 OFF 则停止 | STF、STR 同时为 ON 时变成停止指令 |
| | STR | 反转启动 | STR 信号为 ON 则反转，为 OFF 则停止 | |
| | STOP | 启动自保持选择 | 使 STOP 信号为 ON，可以选择启动信号自保持 | |
| | RH,RM,RL | 多段速度选择 | 用 RH、RM 和 RL 信号的组合可以选择多段速度 | |
| | JOG | 点动模式选择 | JOG 信号为 ON 时，选择点动运行（初始设定），用启动信号 STF 或 STR 可以点动运行 | |
| | | 脉冲列输入 | JOG 端子也可作为脉冲列输入端子使用 | |
| | RT | 第 2 功能选择 | RT 信号为 ON 时，第 2 功能被选择。设定（第 2 转矩提升）[第 2U/f（基准频率）]时，也可以用 RT 信号为 ON 时选择这些功能 | |
| | MRS | 输出停止 | MRS 信号为 ON（20ms 以上）时，变频器输出停止。用电磁制动停止电动机时用于断开变频器的输出 | |
| | RES | 复位 | 在保护电路动作时的报警输出复位时使用，使端子 RES 信号为 ON 在 0.1s 以上，然后断开。工厂出厂时，通常设置为复位。根据 Pr. 75 的设定，仅在变频器报警发生时可能复位。复位解除后约 1s 恢复 | |

续表

| 种类 | 端子符号 | 端子名称 | 功能说明 |
|---|---|---|---|
| 触点输入 | AU | 端子 4 输入选择 | 只有把 AU 信号置为 ON 时端子 4 才能使用(频率设定信号在 DC4～20mA 之间可以操作)。AU 信号置为 ON 时端子 2(电压输入)的功能将无效 |
| | | PTC 输入 | AU 端子也可以作为 PTC 输入端子使用(电动机的热继电器保护)。用作 PTC 输入端子时,要把 AU/PTC 切换开关切换到 PLC 侧 |
| | CS | 瞬停再启动选择 | CS 信号预先为 ON,瞬时停电再恢复时变频器便可自动启动。但该运行必须设定有关参数,因为出厂设定为不能再启动(参照参数 Pr.57 再启动自由运行时间) |
| | SD | 公共输入端子(漏型) | 触点输入端子(漏型)的公共端子。DC24V、0.1A 电源(PC 端子)的公共输出端子。与端子 5 及端子 SE 绝缘 |
| | PC | 外部晶体管公共端,DC24V 电源,输入触点输入公共端(型) | 当选择漏型时,连接晶体管输出(即集电极开路输出),例如 PLC,将晶体管输出用的外部电源公共端接到该端子时,可以防止因漏电引起的误动作,可直接作为 24V、0.1A 的电源使用。当选择源型时,该端子作为触点输入端子的公共端 |
| 频率设定 | 10E | 频率设定用电源 | 按出厂状态连接频率设定电位器时,与端子 10 连接。当连接到端子 10E 时,请改变端子 2 的输入规格(参照参数 Pr.73 模式输入选择) |
| | 10 | | |
| | 2 | 频率设定(电压) | 输入 DC 0～5V(或者 0～10V,4～20mA)时,最大输出频率为 5V(10V,20mA),输出输入成正比。输入 DC 0～5V(初始设定)和 DC 0～10V、4～20mA 的切换在电压/电流输入切换开关为 OFF(初始设定为 OFF)时通过 Pr.73 进行。当电压/电流输入切换开关为 ON 时,电流输入固定不变(Pr.73 必须设定电流输入)。端子功能的切换通过 Pr.858 进行设定 |
| | 4 | 频率设定(电流) | 输入 DC 4～20mA(或者 0～5V,0～10V),在 20mA 时为最大输出频率,输出频率与输入成正比。只有 AU 信号为 ON 时,此输入信号才会有效(输入端子 2 的输入将无效)。4～20mA(出厂值)、DC 0～5V、DC 0～10V 的输入切换在电压/电流输入切换开关为 OFF(初始设定为 ON)时通过 Pr.267 进行。当电压/电流输入切换开关为 ON 时,电流输入固定不变(Pr.267 必须设定电流输入)。端子功能的切换通过 Pr.858 进行设定 |
| 频率设定 | 1 | 辅助频率设定 | 输入 DC±(0～5)V 或 DC±(0～10)V 时,端子 2 或 4 的频率设定信号与这个信号相加,用参数单元 Pr.73 进行输入 DC±(0～5)V 和 DC±(0～10)V(初始设定)的切换。端子功能的切换通过 Pr.868 进行设定 |
| | 5 | 频率设定公共端 | 频率设定信号(端子 2、1 或 4)和模拟输出端子 CA、AM 的公共端子不要接大地 |

**表 4-4 控制回路输出信号端子功能说明**

| 种类 | 端子符号 | 端子名称 | 功能说明 | |
|---|---|---|---|---|
| 触点 | A1,B1,C1 | 继电器输出 1(异常输出) | 指示变频器因保护功能动作时输出停止的 1 转换触点。故障时:B-C 间不导通(A-C 间导通)。正常时:B-C 间导通(A-C 间不导通) | |
| | A2,B2,C2 | 继电器输出 2 | 1 个继电器输出(常开/常闭) | |
| 集电极开路 | RUN | 变频器正在运行 | 变频器输出频率为启动频率(初始值为 0.5Hz)以上时为低电平,正在停止或正在直流制动时为高电平[①] | |
| | SU | 频率到达 | 输出频率达到设定频率的 ±10%(初始值)时为低电平,正在加/减速或停止时为高电平[①] | |
| | OL | 过负载报警 | 当失速保护功能动作时为低电平,失速保护解除时为高电平[①] | 报警代码 4 位输出 |
| | IPF | 瞬时停电 | 瞬时停电,电压不足使保护动作时为低电平[①] | |
| | FU | 频率检测 | 输出频率为任意设定的检测频率以上时为低电平,未达到时为高电平[①] | |
| | SE | 集电极开路输出公共端 | 端子 RUN,SU,OL,IPF,FU 的公共端子 | |

续表

| 种类 | 端子符号 | 端子名称 | 功能说明 | |
|---|---|---|---|---|
| 脉冲 | CA | 模拟电流输出 | 可以从输出频率等多种监视项目中选一种作为输出② | 输出项目：输出频率（初始值设定） |
| 模拟 | AM | 模拟电压输出 | | |

① 低电平表示集电极开路输出用的晶体管为 ON（导通状态），高电平为 OFF（不导通状态）。

② 变频器复位时没有输出。将电压/电流输入切换开关置于 OFF，并将 Pr. 73、Pr. 267 选择为电流输入，且电源为 OFF 时，输入电阻为 $10k\Omega \pm 1k\Omega$。

表 4-5 控制回路通信信号端子功能说明

| 种类 | 端子符号 | | 端子名称 | 功能说明 |
|---|---|---|---|---|
| | — | | PU 接口 | 通过 PU 接口进行 RS-485 通信（仅 1 对 1 连接）。遵守标准：EIA-485（RS-485）。通信方式：多站点通信。通信速率：4800～38400bps。最长距离：500m |
| RS-485 | RS-485 端子 | TXD+ | 变频器传输端子 | 通过 RS-485 端子进行 RS-485 通信。遵守标准：EIA-485（RS-485）。通信方式：多站点通信。通信速率：300～38400bps。最长距离：500m |
| | | TXD− | | |
| | | RXD+ | 变频器接收端子 | |
| | | RXD− | | |
| | | SG | 接地 | |
| USB | | | USB 连接器 | 与计算机通过 USB 连接后，可以实现 FR-Configrator 的操作。接口：支持 USB1.1。传输速度：12Mbps。连接器：USB B 连接器（B 插口） |

### 三、FR-A700 系列变频器的参数及分类

除了接线以外，变频器应用中另一个重要的操作是变频器的参数，也叫功能码的设定。通用变频器设有数百甚至上千个参数，涉及变频器的控制方式、操作（运行）方式、功能设定、运行参数的设定及显示，是变频器使用中人机交互的重要窗口。其中较重要的有以下几类。

1. 变频器控制方式相关参数

使用者可以通过修改参数调整变频器的控制方式及参数。如与 $U/f$ 控制相关参数有上限频率（Pr. 1）、基准频率（Pr. 3）、转矩提升（Pr. 0）及矢量控制等参数。其中，上限频率是变频器及电动机可以运行的上限频率，基准频率是变频器对电动机进行恒功率控制及恒转矩控制的分界线。由于变频器的上限频率较高，上限频率应按电动机的额定频率设定。基准频率一般设定为工频 50Hz。转矩提升可以改善变频器启动时的低速性能，使电动机输出的转矩能满足生产机械启动的要求。异步电动机变频调速系统中，在频率较低时，要对电压适当补偿以提升转矩。矢量控制相关参数很多，可调节矢量控制的各种细节。

此外，加、减速时间设定（Pr. 7、Pr. 8、Pr. 20、Pr. 21）、加减速曲线选择（Pr. 29）及 PID 运行参数（Pr. 127～Pr. 134）等，也可以看作是变频器控制的相关参数。

2. 变频器操作（运行）相关参数

变频器操作相关参数含变频器输入端子功能设定参数（Pr. 178～Pr. 189）、变频器输出端子功能设定参数（Pr. 190～Pr. 196）、RS-485 通信参数、多段速速度设定参数及操作模式选择参数（Pr. 79）等。其中，操作模式选择参数很重要，涉及变频器频率控制命令来源是变频器操作面板（PU）还是外部（EXT），外部又分为模拟量还是多段速控制。变频器输入、输出端子设定则涉及端子的多功能选择，RS-485 通信则涉及通信参数的设定。

3. 系统协调及保护相关参数

变频器配用电动机的种类及参数对变频系统的性能影响很大。电动机参数（Pr. 80～

Pr. 85）都要输入到变频器中。此外，$U/f$ 控制的变频器驱动异步电动机时，在某些频率段电动机的电流、转速会发生振荡，严重时系统无法运行，甚至在加速过程中出现电流保护而不能正常启动。因此，变频器设置了频率跨跳（Pr. 31～Pr. 36）功能，用户可以根据系统出现振荡的频率点，在 $U/f$ 曲线上设置跨跳点及跨跳宽度。当电动机加速时可以自动跳过这些频率段，保证系统的正常运行。

变频器系统还设计了许多保护参数，如电子热继电器动作及开关互锁等。

表 4-6 是 FR-A740 系列变频器部分重要参数简表。表中可以看出，变频器的参数都有确定的控制功能，且在出厂时已根据变频器的一般工况作了初始值（缺省）设定。使用者在使用变频器时虽应尽可能详细地了解所有功能码的意义，但并不需要修改全部参数，因为许多参数在一般情况下是可以通用的。

表 4-6 FR-A740 系列变频器部分重要参数简表

| 项目 | 参数号 | 名称 | 设定范围 | 最小设定单位 | 初始值 |
|---|---|---|---|---|---|
| 基本功能 | 0 | 转矩提升 | 0～30% | 0.1% | 6/4/3/2/1%① |
| | 1 | 上限频率 | 0～120Hz | 0.01Hz | 120/60Hz② |
| | 2 | 下限频率 | 0～120Hz | 0.01Hz | 0Hz |
| | 3 | 基准频率 | 0～400Hz | 0.01Hz | 50Hz |
| | 4 | 多段速设定(高速) | 0～400Hz | 0.01Hz | 50Hz |
| | 5 | 多段速设定(中速) | 0～400Hz | 0.01Hz | 30Hz |
| | 6 | 多段速设定(低速) | 0～400Hz | 0.01Hz | 10Hz |
| | 7 | 加速时间 | 0～3600/360s | 0.1/0.01s | 5/15s |
| | 8 | 减速时间 | 0～3600/360s | 0.1/0.01s | 5/15s |
| | 9 | 电子过电流保护 | 0～500/0～3600A② | 0.01/0.1A② | 额定电流 |
| 加、减速时间 | 20 | 加、减速基准频率 | 1～400Hz | 0.01Hz | 50Hz |
| | 21 | 加、减速时间单位 | 0.1 | 1 | 0 |
| 多段速度及补偿设定 | 24～27 | 多段速设定(4～7速) | 0～400Hz,9999 | 0.01Hz | 9999 |
| | 28 | 多段速输入补偿选择 | 0.1 | 1 | 0 |
| 加、减速曲线 | 29 | 加、减速曲线选择 | 0～5 | 1 | 0 |
| 频率跳变 | 31 | 频率跳变1A | 0～400Hz,9999 | 0.01Hz | 9999 |
| | 32 | 频率跳变1B | 0～400Hz,9999 | 0.01Hz | 9999 |
| | 33 | 频率跳变2A | 0～400Hz,9999 | 0.01Hz | 9999 |
| | 34 | 频率跳变2B | 0～400Hz,9999 | 0.01Hz | 9999 |
| | 35 | 频率跳变3A | 0～400Hz,9999 | 0.01Hz | 9999 |
| | 36 | 频率跳变3B | 0～400Hz,9999 | 0.01Hz | 9999 |
| 报警代码 | 76 | 报警代码选择输出 | 0,1,2 | 1 | 0 |
| 参数写入 | 77 | 参数写入选择 | 0,1,2 | 1 | 0 |
| 操作模式 | 79 | 操作模式选择 | 0～7 | 1 | 0 |
| 电动机参数 | 80 | 电动机容量 | 0.4～55kW,9999/0～3600kW,9999② | 0.01/0.1kW② | 9999 |
| | 81 | 电动机极数 | 2,4,6,8,10,12,14,16,18,20,112,122,9999 | 1 | 9999 |

| 项目 | 参数号 | 名称 | 设定范围 | 最小设定单位 | 初始值 |
|---|---|---|---|---|---|
| 电动机参数 | 82 | 电动机励磁电流 | 0～500A,9999/0～3600kW,9999② | 0.01/0.01A② | 9999 |
| | 83 | 电动机额定电压 | 0～1000V | 0.1V | 200/400V |
| | 84 | 电动机额定频率 | 10～120Hz | 0.01Hz | 50Hz |
| | 85 | 速度控制增益 | 0～200%,9999 | 0.1% | 9999 |
| PID 运行 | 127 | PID 控制自动切换频率 | 0～400Hz,9999 | 0.01Hz | 9999 |
| | 128 | PID 动作选择 | 10,11,20,21,50,51,60,61 | 1 | 10 |
| | 129 | PID 比例带 | 0.1～1000%,9999 | 0.1% | 100% |
| | 130 | PID 积分时间 | 0.1～3600s,9999 | 0.1s | 1s |
| | 131 | PID 上限 | 0～100%,9999 | 0.1% | 9999 |
| | 132 | PID 下限 | 0～100%,9999 | 0.1% | 9999 |
| | 133 | PID 动作目标值 | 0～100%,9999 | 0.01% | 9999 |
| | 134 | PID 微分时间 | 0.01～1000s,9999 | 0.01s | 9999 |
| 第 2 功能 | 135 | 工频电源切换输出端子选择 | 0,1 | 1 | 0 |
| | 136 | MC 切换互锁时间 | 0～1000s | 0.1s | 1s |
| | 137 | 启动等待时间 | 0～100s | 0.1s | 0.5s |
| | 138 | 异常时的工频切换选择 | 0,1 | 1 | 0 |
| | 139 | 变频/工频自动切换选择 | 0～60Hz,9999 | 0.01Hz | 9999 |
| 输入端子功能的分配 | 178 | SIF 端子功能选择 | 0～20,22～28,37,42～44,60,62,64～71,9999 | 1 | 60 |
| | 179 | STR 端子功能选择 | 0～20,22～28,37,42～44,60,61,64～71,9999 | 1 | 61 |
| | 180 | RL 端子功能选择 | 0～20,22～28,37,42～44,62,64～71,9999 | 1 | 0 |
| | 181 | RM 端子功能选择 | | 1 | 1 |
| | 182 | RH 端子功能选择 | | 1 | 2 |
| | 183 | RT 端子功能选择 | | 1 | 3 |
| | 184 | AU 端子功能选择 | 0～20,22～28,37,42～44,62～71,9999 | 1 | 4 |
| | 185 | JOG 端子功能选择 | 0～20,22～28,37,42～44,62,64～71,9999 | 1 | 5 |
| | 186 | CS 端子功能选择 | | 1 | 6 |
| | 187 | MRS 端子功能选择 | | 1 | 24 |
| | 188 | STOP 端子功能选择 | | 1 | 25 |
| | 189 | RES 端子功能选择 | | 1 | 62 |

续表

| 项目 | 参数号 | 名称 | 设定范围 | 最小设定单位 | 初始值 |
|------|--------|------|----------|--------------|--------|
| 输出端子功能的分配 | 190 | RUN 端子功能选择 | 0～8,10～20,25～28,30～36,39,41～47,64,70,84,85,90～99,100～108,110～116,120,125～128,130～136,139,141～147,164,170,184,185,190～199,9999 | 1 | 0 |
| | 191 | SU 端子功能选择 | | 1 | 1 |
| | 192 | IPF 端子功能选择 | | 1 | 2 |
| | 193 | OL 端子功能选择 | | 1 | 3 |
| | 194 | FU 端子功能选择 | | 1 | 4 |
| | 195 | ABC1 端子功能选择 | 0～8,10～20,25～28,30～36,41～47,64,70,84,85,90,91,94～99,100～108,110～116,120,125～128,130～136,139,141～147,164,170,184,185,190,191,194～199,9999 | 1 | 99 |
| | 196 | ABC2 端子功能选择 | | 1 | 9999 |
| 多段速度设定 | 232～239 | 多段速度设定(8～15 速) | 0～400Hz,9999 | 0.01Hz | 9999 |
| RS-485 通信 | 331 | RS-485 通信站号 | 0～31(0～247) | 1 | 0 |
| | 332 | RS-485 通信速率 | 3,6,12,24,48,96,192,384 | 1 | 96 |
| | 333 | RS-485 通信停止位长 | 0,1,10,11 | 1 | 1 |
| | 334 | RS-485 通信奇偶校验选择 | 0,1,2 | 1 | 2 |
| | 335 | RS-485 通信再试次数 | 0～10,9999 | 1 | 1 |
| | 336 | RS-485 通信校验时间间隔 | 0～999,8s,9999 | 0.1s | 0s |
| | 337 | RS-485 通信等待时间设定 | 0～150ms,9999 | 1 | 9999 |
| 通信 | 549 | 协议选择 | 0,1 | 1 | 0 |
| | 550 | 网络模式操作权选择 | 0,1,9999 | 1 | 9999 |
| | 551 | PU 模式操作权选择 | 1,2,3 | 1 | 2 |

① 随容量不同设定值也各不相同（0.4kW、0.75kW/1.5kW～3.7kW、5.5kW、7.5kW/11kW～55kW/75kW 以上）。

② 随容量不同设定值也各不相同（55kW 以下/75kW 以上）。

变频器的参数修改可以通过操作面板或通过通信方式进行。

### 四、FR-A700 系列通用变频器的基本操作面板及参数修改操作

**1. 变频器的操作面板简介**

使用变频器前，首先要熟悉操作面板的显示及键盘操作。FR-A700 变频器操作单元有两种：一是型号为 FR-DU07 的操作面板，一是型号为 FR-PU07 的参数单元。后者具有数字单元按键，使用起来更加方便。

FR-A700 系列变频器的操作面板 FR-DU07 如图 4-6 所示。上半部为显示区，下半部为功能按键。各键的功能见表 4-7，显示区各指示灯的含义见表 4-8 所示。

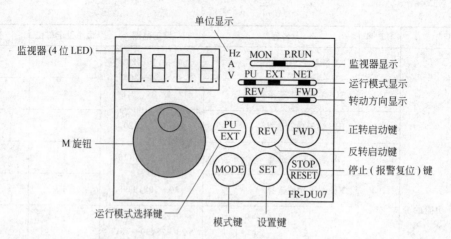

图 4-6 FR-A700 系列变频器操作面板 FR-DU07

**表 4-7 FR-DU07 按键功能说明**

| 按 键 | 功 能 说 明 |
|---|---|
| 模式键 | 模式切换。切换各个设定模式 |
| 设置键 | 如果在运行中按下,监视器将循环显示:运行频率—输出电流—输出电压 |
| 运行模式选择键 | PU 运行与外部运行模式间的切换。PU:PU 运行模式。EXT:外部运行模式 |
| M 旋钮 | 设置频率,改变参数的设定值 |
| 正转启动键 | 用于给出正转启动指令 |
| 反转启动键 | 用于给出反转启动指令 |
| 停止(报警复位)键 | 停止运行,也可以复位报警 |

**表 4-8 FR-DU07 指示灯状态说明**

| 运行指示灯 | 功 能 说 明 |
|---|---|
| 单位显示 | Hz:显示频率时亮。A:显示电流时亮。V:显示电压时亮 |
| 运行模式显示 | PU:PU 运行模式时灯亮。EXT:外部运行模式时灯亮。NET:网络运行模式时灯亮 |
| 转运方向显示 | FWD:正转时灯亮。REV:反转时灯亮。灯亮:正在正转或反转。闪烁:有正转或反转指令,但无频率指令的情况 |
| 监视器显示 | 监视器模式时灯亮 |

按键中最重要的是模式键(MODE),连续按它可以循环改变显示模式。模式共有以下几种:监视器/频率设定、参数设置及报警历史。

2. 用操作面板修改 FR-A700 变频器参数

以改变参数 Pr.1 为例,具体操作如图 4-7 所示。

操作面板的其他操作可查阅有关手册。

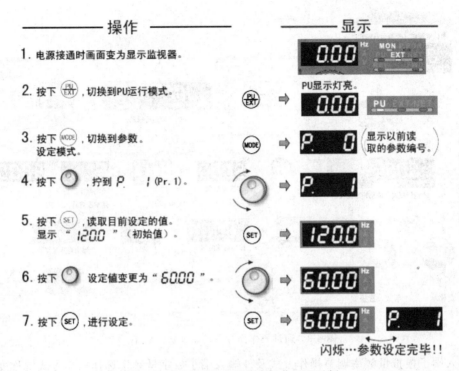

图 4-7 变更 Pr.1 上限频率操作过程示例

## 第三节 通用变频器的基本操控方式及应用举例

### 一、通用变频器输出频率的基本操作方式

通用变频器的输出频率控制有以下几种基本操作方法。

1. 操作面板（PU）手动操作方式

这是通过操作面板上的按键手动调节输出频率的操作方式。具体操作又有两种情况：一是按面板上频率上升或频率下降按键调节输出频率；二是通过直接设定频率数值调节输出频率。FR-A700 变频器使用 FR-DU07 操作面板的操作如图 4-8 所示。

图 4-8 上部为手动调频点动运行的按键情况，下部为手动调频连续运行的按键情况。图中显示，当变频器供电时进入外部模式，这时按下运行模式选择键（PU/EXT）切换到 PU 模式。这时可以旋动 M 旋钮设定所需的输出频率值，选好后按设定键（SET），在"F"与频率值闪烁后，按正转启动键（FWD）或反转启动键（REV），电动机按设置的频率运行，按停止键（STOP）停车。频率设定后如需点动运行，需再按模式选择键（PU/EXT），显示 JOG 后，按正转启动键（FWD）或反转启动键（REV）则为点动。

2. 外输入端子数字量频率选择操作方式

变频器通常具有多段固定频率选择操作功能。各频率值通过参数 Pr.4～Pr.6、Pr.24～Pr.27 及 Pr.232～Pr.239 设定，通过外部端子，如图 4-5 中的 RH、RM、RL 及它们的组合选择，配合正转启动（STF）及反转启动（STR）端子运行。本节例 4-1 是多段调速的应用过程。

3. 外输入端子模拟量频率选择操作方式

为了方便与输出量为模拟电流或模拟电压的调节器、控制器的连接，变频器还设有模拟量输入端，如图 4-5 中 1、4、2、5 及 10 端。当接在这些端口上的电流或电压量在一定范围内平滑变化时，变频器的输出频率在一定范围内平滑变化。本节例 4-2 给出了具体的应用过程。

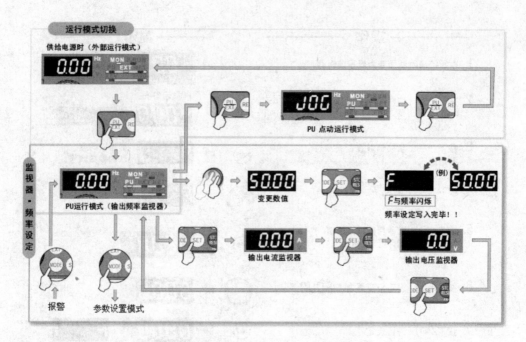

图 4-8 通过操作面板手动调节输出频率

外输入端子模拟量频率调节操作方式及外输入端子数字量频率选择操作方式统称变频器的外部（EXT）操作方式。

**4. 通信数字量操作方式**

为了方便变频器的网络控制，变频器一般都设有网络接口，可以通过通信方式接收频率控制指令。应用及实例在第十二章中介绍。

## 二、三菱系列变频器应用例

**【例 4-1】** 变频器分段速度控制系统——某检布机变频调速控制。

某检布机，依工艺要求共有四个工作速度，对应频率分别为 20Hz、30Hz、40Hz 和 50Hz。系统需设有正转点动及反转点动操作方式，其运行频率与正转运行时相同。

本例选取 FR-A740 变频器，主电路图如图 4-9 所示。图中 $C_1$ 及 $C_3$ 为工频供电正反序电源接触器，$C_2$ 为变频器供电接触器，图形符号间虚线上的"△"表示接触器间具有机械互锁。检布机分段频率控制电气原理图如图 4-10 所示，图中 $SW_1$ 为工频、变频选择开关。两个工位每次只有一路线路接通。$SW_2$ 为变频器输出频率选择开关。三个工位对应 20Hz、30Hz、40Hz 三种频率。本例中就是利用 $SW_2$ 控制 $R_1$、$R_2$、$R_3$ 三个继电器分别接通变频器 RH、RM、RL 三个频率控制端的。图 4-10 中 $BT_1$ 为停止按钮，$BT_2$ 为启动按钮，$BT_3$ 是正转点动按钮，$BT_4$ 为反转点动按钮。$R_0$ 为启动继电器。$R_4$ 及 $R_5$ 分别为正转及反转继电器，$R_6$ 为故障指示继电器。变频器的接线图如

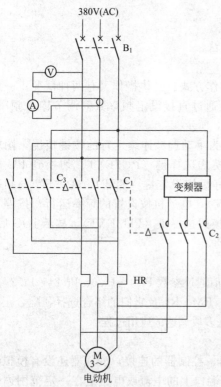

图 4-9 检布机分段频率控制主电路

图 4-11 所示。图中 STF 作为正转启动用，STR 作为反转启动用，RL 用于选取第一段速（20Hz），RM 及 RH 分别用于第二、第三段速（30Hz 及 40Hz）。变频器的输出口上还接有频率表及报警信号装置。

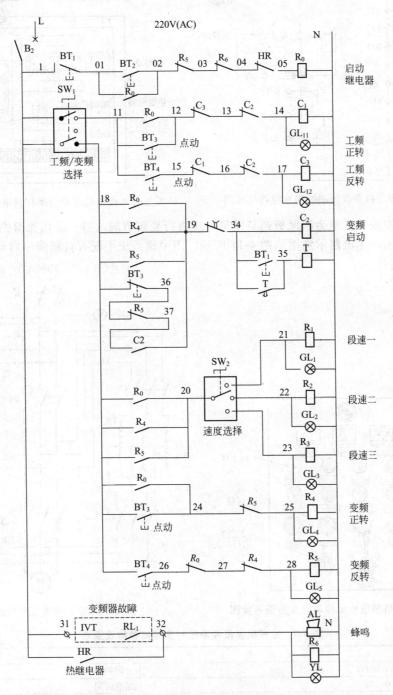

图 4-10　检布机分段频率控制电气原理图

图 4-12 及图 4-13 为本系统电控箱平面图及操作面板平面图。表 4-9 为本例变频器的参数设定表。其余参数与出厂设定值相同。

【**例 4-2**】　变频器连续调速控制系统——罗茨风机的变频调速控制。

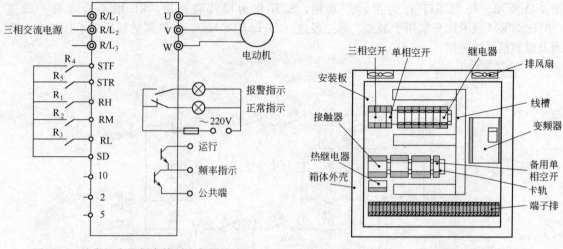

图 4-11 检布机多段频率控制变频器接线图　　图 4-12 检布机多段频率控制电控箱安装平面图

某水泥厂罗茨风机原为挡风板调节风量，现进行变频节能改造。采用保留原工频系统作为备用的变频方案，主电路示意图如图 4-14 所示，图中原系统中配有自耦降压启动设备。

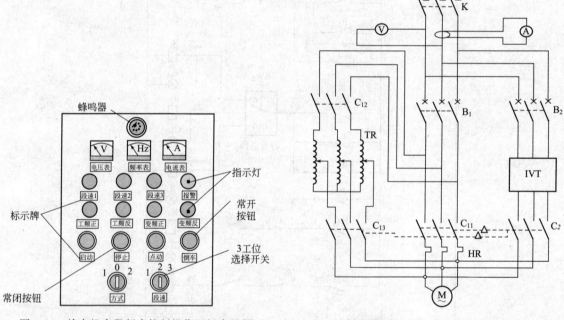

图 4-13 检布机多段频率控制操作面板布置图　　图 4-14 罗茨风机双主回路电路图

**表 4-9　检布机多段频率控制变频器参数设置表**

| 序号 | 功能码号 | 设　定　值 | 功　能　说　明 |
|---|---|---|---|
| 1 | Pr. 1 | 50.00Hz | 上限频率 |
| 2 | Pr. 7 | 20.00s | 加速时间 |
| 3 | Pr. 9 | 与电动机铭牌额定电流相同 | 电子过电流保护 |
| 4 | Pr. 4 | 40.00Hz | 多段速设定（高速） |
| 5 | Pr. 5 | 30.00Hz | 多段速设定（中速） |
| 6 | Pr. 6 | 20.00Hz | 多段速设定（低速） |
| 7 | Pr. 79 | 2 | 操作模式选择，2：外部 |
| 8 | Pr. 80 | 与电动机铭牌额定容量相同 | 电动机容量 |

续表

| 序号 | 功能码号 | 设 定 值 | 功 能 说 明 |
|---|---|---|---|
| 9 | Pr.81 | 与电动机铭牌极对数相同 | 电动机极对数 |
| 10 | Pr.82 | 视电动机容量及质量确定,一般为额定电流的 1/3～1/2 | 电动机励磁电流 |
| 11 | Pr.83 | 380.0V | 电动机额定电压(380V) |
| 12 | Pr.84 | 50.00Hz | 电动机额定频率 |

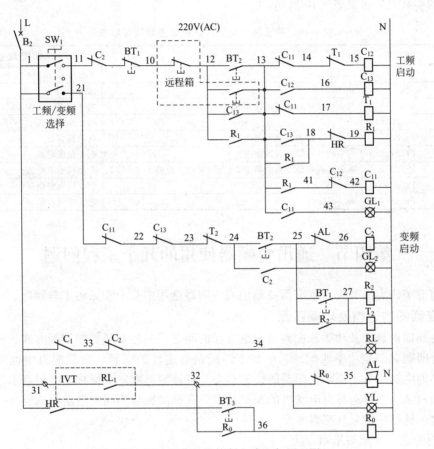

图 4-15  罗茨风机控制电路电气原理图

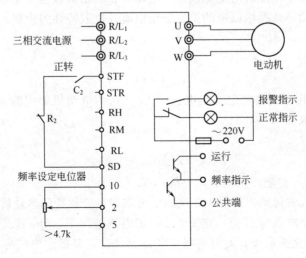

图 4-16  罗茨风机变频器接线图

本例选用风机水泵专用的 FR-F700 系列变频器。图 4-15 为电气控制原理图。$SW_1$ 为变频及工频运行选择开关。$BT_2$ 为启动按钮，$BT_1$ 为停车按钮。图 4-16 所示为变频器连接示意图。本例为模拟量电压控制的变频器平滑调速系统。图 4-16 中端子 2 及端子 5 连接电位器，可以手动调节电位器输出直流电压，实现变频器输出频率的变化。本例也可以通过变频器操作面板实现调速。去掉电位器改接入传感器及调节器的电压信号时，也可以实现闭环控制。

本例的参数设置可见表 4-10 所示。

**表 4-10  罗茨风机变频调速控制变频器参数表**

| 序号 | 功能码号 | 设　定　值 | 功能说明 |
|------|----------|------------|----------|
| 1 | Pr. 1 | 50.00Hz | 上限频率 |
| 2 | Pr. 7 | 30.00s | 加速时间 |
| 3 | Pr. 9 | 与电动机铭牌额定电流相同 | 电子过电流保护 |
| 4 | Pr. 79 | 0 | 操作模式选择，0：外部与 PU |
| 5 | Pr. 80 | 与电动机铭牌额定容量相同 | 电动机容量 |
| 6 | Pr. 81 | 与电动机铭牌极对数相同 | 电动机极对数 |
| 7 | Pr. 82 | 视电动机容量及质量确定，一般为额定电流的 1/3～1/2 | 电动机励磁电流 |
| 8 | Pr. 83 | 380.0V | 电动机额定电压（380V） |
| 9 | Pr. 84 | 50.00Hz | 电动机额定频率 |

# 第四节　通用变频器使用的几个工程问题

作为前三节内容的补充，本节简要地说明变频器选用中几个常见的工程问题。

## 一、变频器的选型及功率匹配

通用变频器的选型及功率匹配涉及两个方面的问题：一是变频器的控制方式、负载能力与负载的配合问题，二是功率匹配。其中功率匹配是普遍性的问题，负载能力中也涉及功率匹配。但与其他电器设备不同，变频器的标称功率具有特定的限定。标称功率只表示适配 4 极三相异步电动机满载连续运行时电动机的额定功率。在驱动极数不同的电动机或异步电动机以外的电动机时，标称功能只具有参考意义。

### 1. 通用变频器选型的原则方法

变频器的选型及功率匹配讲的是变频器、电动机在满足负载拖动要求时，都不能过载，也即是变频器的类型及功率选择应以电动机的额定电流及负载特性为依据。一般说来，以电流为选用依据时有以下公式。

驱动一台电动机时

$$I_{INVN} \geqslant k I_{MN}$$

式中，$I_{INVN}$ 为通用变频器额定输出电流，A；$I_{MN}$ 为电动机额定输入电流，A；$k$ 为电流波形补偿系数，一般取 1.05～1.1。

驱动多台电动机时

$$I_{INVN} \geqslant k \sum I_{MN} + 0.9 I_{MQ}$$

式中，$I_{MQ}$ 为最大一台电动机的启动电流，A。

如果电动机和负载的转动惯量很大，按以上公式初选变频器的容量后，还应进行适当的修正。例如三相异步电动机重载启动，在 200% 额定电流情况下，60s 能完成启动，而在 150% 额定电流下，80s 才能完成启动，此时选择变频器容量时，其额定电流应在原先计算的额定电流值上再增加 30% 左右。

除了通常的电流核算，选取变频器时还要考虑拖动系统的特殊要求。如使用变频器驱动压缩机、振动机等转矩波动大的负载及油压泵等有功率峰值的负载时，需考虑负载的峰值应用状态。如驱动有加速要求的负载时，要考虑加速时电流的大小。由于变频器的过载能力一般不能超过 200％，在这些情况下也要考虑放大变频器的容量。

**2. 从变频器的控制方式出发的通用变频器选择**

通用变频器与异步电动机构成的变频调速系统有开环及闭环两种方式。开环方式一般可采用普通功能的 $U/f$ 控制变频器及无速度传感器矢量控制变频器。开环方式结构简单、运行可靠，但调速精度与动态响应特性不高，尤其在低速区域较突出，电动机随负载大小变化发生速度波动，但对于风机、水泵类负载来说，足以满足工艺要求。无速度传感器矢量控制变频器性能优于前者，可以对异步电动机的磁通和转矩进行检测及控制，具有较好的静态精度及动态性能，转速精度可达 0.5％以上，可以满足一般要求的开环控制需要，但需在使用中注意变频器参数与电动机的配合。如用变频器以开环方式驱动同步电动机，转速精度可以大大提高。当变频器本身精度较高时，转速精度可达到 0.01％以上，适合于多电动机同步传动系统，用于纺织、化纤、造纸等行业。

闭环方式一般需采用带有 PID 控制器的 $U/f$ 控制变频器或有速度传感器的矢量控制变频器，适合于温度、流量、压力、张力、速度、位置等过程参数控制系统。这时需在电动机上安装速度传感器或编码器。闭环方式的优点是调速范围可达 1∶100、1∶1000 甚至更高，并可精确地进行转矩控制，系统响应快、性能好。闭环系统除了要注意电动机与变频器参数的配合外，还要精心地选择速度传感器或编码器。

**3. 从不同负载类型出发的通用变频器的选择**

根据负载机械的机械特性，人们将负载分为恒转矩负载、恒功率负载及风机、水泵类降转矩负载三类。选择变频器时需考虑负载的特性，即变频器的负载特性需与电动机所带负载的特性相匹配。只有这样，系统在正常工作的前提下才是最经济的。一般说来，恒转矩负载特性的变频器可以用于风机、水泵类负载，但降转矩特性的变频器不能用于恒转矩特性的负载。变频器的恒功率负载特性是以 $U/f$ 控制方式为基础的，并没有恒功率特性的变频器。变频器的控制方式与负载特性有密切的关联，但又没有明确划一的负载能力划分。有的变频器对三类负载都适合，而有的变频器应用范围就比较小。表 4-11 是通用变频器不同控制方式时的适应范围，可在选型时参考。值得说明的是，通用变频器最适合比较平稳的负载，冲击性负载及运行中可能有大的冲击性负载变动的场合要慎选变频器为动力源。一定需用变频器时，也要放大功率负担能力选用。

**表 4-11　通用变频器不同控制方式时的适应范围**

| 控制方式 | $U/f=$常数 | | 电压矢量控制 | 电流矢量控制 | | 直接转矩控制 |
|---|---|---|---|---|---|---|
| 反馈装置 | 开环 | PID 调节器 | PID 调节器 | 开环或闭环 | 带 PG 或编码器 | 不要 |
| 调速比 | 1∶40 | 1∶60 | 1∶100 | 1∶100 | 1∶1000 | 1∶100 |
| 启动转矩 | 3Hz 时 150％ | 3Hz 时 150％ | 3Hz 时 150％ | 3Hz 时 150％ | 零转速时 150％ | 零转速时 200％ |
| 速度精度/％ | ±(0.2～0.3) | ±(0.2～0.3) | 模拟控制 0.1<br>数字控制 0.01 | 模拟控制 0.1<br>数字控制 0.01 | 模拟控制 0.1<br>数字控制 0.01 | 模拟控制 0.1<br>数字控制 0.01 |
| 转速上升时间 | 响应速度慢 | 响应速度慢 | 100ms | 60ms | 响应速度快 | 响应速度快 |
| 转矩控制 | 不能 | 不能 | 能 | 能 | 能 | 能 |
| 适用场合 | 风机、泵类等流体机械 | 自动保持压力、温度、流量等恒定调速控制 | 一般工业设备调速控制 | 所有应用场合调速控制 | 伺服控制、转矩控制 | 重载启动、转矩控制、转矩波动大的负载 |

### 二、通用变频器的四象限运行

当电动机拖动位能性负载，如起重机、电梯、卷扬机等机械运转时，有可能出现以下几种运行状态。

1. 提升运行

此时电动机加正向电源，电动机正转，重物为负载，电源电能传向电动机，电动机运行。电动机工作在机械特性的第 1 象限。

2. 高速提升转低速提升运行

电动机加正向电源，电动机正转，但从高速向给定的低速转变时，电动机的反电势高于电源的电压，电动机为发电机，电能由电动机送回电源。电磁力矩为制动力矩。电动机工作在机械特性的第 2 象限。

3. 下放运行

重物不足以克服系统阻力，电动机加反向电源，电动机反转，电能从电源传至电动机。电动机工作在机械特性的第 3 象限。

4. 下放运行

电动机加反向电源且重力大于系统阻力，重物在重力及电动机的共同作用下加速，使电动机转速升高到超过电源对应的同步速度，此时电磁转矩为制动力矩。电动机工作在机械特性的第 4 象限。

以上四种情况中，电动机的工作点分别位于机械特性的四个对应象限中，称为电动机的四象限运行。其中第 2、4 象限运行时，电动机电流反向回馈给电网。因此，四象限运行的电动机采用变频器供电时，变频器必须提供电流回流的通道。这在变频器中有两种解决的办法：其一是在交-直-交变频器中，让负载侧变流器担任整流器的任务，电动机反馈的电能变成直流在中间环节上加装的电阻上消耗掉。这个电阻就是图 4-3 中的制动电阻；其二，是在交-交变频器中让网侧变流器成为逆变器，将电动机返回的能量输送回电网。但是不论是哪种办法，都将在很大程度上加大变频器硬件及控制的难度，因而只有具备以上功能的变频器才能承担四象限运行的任务。

### 三、通用频器对运行环境的要求

为了能使变频器稳定地工作，必须保证变频器的运行环境满足变频器技术文件中对环境的要求。一般地，通用变频器对环境的要求如下。

1. 温度

允许周围温度为 $-10 \sim +40 ℃$；通用变频器内部温度比周围温度高 $10 \sim 20 ℃$。变频器装在控制柜中时，一定要注意柜子的体积、变频器的具体安装位置、排气风扇的风量等，保证变频器在合适的温度下工作。

2. 湿度

$90\%$ 以下（无凝露）。如变频器周围湿度过高，当周围环境温度下降时，很容易产生凝露现象，这就存在电气绝缘降低和金属部分腐蚀问题，电路板的绝缘下降也有可能引起变频器的误动作。变频器不得已安装在湿度较大的位置时，可采用密封结构，或加装热通风机。

3. 通用变频器不应安装在有腐蚀性、爆炸性或可燃性气体、粉尘或油雾的地方

由于变频器内部装有易产生火花的继电器及接触器，所以有引起火灾的可能。有腐蚀性气体时，会对变频器的金属部分造成腐蚀，影响变频器的长期运行。

4. 海拔高度

通用变频器标准规定其安装于海拔高度 1000m 以下。当高于这个高度时，气压下降容易

引起绝缘破坏。另外海拔高了，冷却效果也会下降，会引起温升，一般应把负载率按每升高 1000m 减少 10％处理。

5. 振动

通用变频器安装场所不允许振动，其耐振性能根据机型不同而不同。当振动超过变频器的允许值时，可引起紧固件松动及继电器触点的误动作。当变频器安装在具有预见性振动的地点时，需采用防振垫片等防振处理。

### 四、通用变频器电磁干扰的防止

通用变频器是以计算机为核心的电力电子设备，它的工作怕电磁干扰，它本身也是很强的干扰源，因而在变频器的使用中，抗干扰工作十分重要。

通用变频器受到的电磁干扰含来自外部的干扰和来自内部的干扰。外部干扰指外部的高电压、电源通过绝缘体漏电造成的干扰，外部大功率设备在空间形成的强磁场干扰，空间电磁波的干扰，温度引起的变频器内部参数变化引起的干扰及通过供电传播的干扰等。防止外部干扰的方法：让变频器的安装位置远离干扰源，适当加大通用变频器供电的电缆截面并采用屏蔽电缆；将通用变频器的信号电缆独立走线，将通用变频器的金属安装板、变频器的金属外壳、变频器电缆的屏蔽层可靠接地等。

通用变频器内部干扰主要来自变频器内部各元件间的相互干扰。如内部工作电源通过线路分布电容和绝缘电阻产生漏电流的干扰，信号通过接地线、电源及传输导线阻抗耦合的干扰，内部元件发热引起参数变化的干扰及机内大功率器件产生磁场、电场的干扰等。防止内部干扰除了内部的科学设计外，主要是采取缩短与外部、内部的引线，加强信号线的屏蔽，加强各环节间的滤波及适当降低内部信号载波的频率等措施。

通用变频器接入电力线路时，输入电源可能含有大量的谐波。作为电力电子设备，变频器在工作时会产生谐波。谐波的防止是抗干扰的重要内容。通常在变频器的引入电源线路上装设进线电抗器，在通用变频器的中间回路中安装直流电抗器，在变频器的输出电路中装设输出电抗器以限制谐波干扰。

屏蔽、滤波、接地是抗干扰的主要措施。在变频器的使用中还要注意做好接地工作。金属机壳、底盘、机座的接地为保护接地，对电子设备的安全运行及人身安全具有十分重要的作用。屏蔽层接地才能真正起到屏蔽作用，为了使电子设备稳定可靠地工作，还应处理好等电位点接地，这称为系统接地。

## 习题及思考题

4-1　变频器工作时为什么既要变频又要同时改变输出电压？

4-2　以交-直-交变频器为例说明通用变频器的构成，各部分需完成哪些工作？

4-3　通用变频器常用哪些控制方式，各种控制方式基于什么原理？

4-4　通用变频器如何实现编程以适应各种负载？变频器的工作参数或叫功能码分成哪些类型？举例说明功能码的用途。

4-5　如何设定及修改变频器的功能码？以 FR-A700 变频器为例说明。

4-6　三菱 FR-A700 变频器有哪些频率操作方式？说明各种操作方式的用途及基本操作要求。

# 第三篇　三菱 FX 系列 PLC 及其应用技术

# 第五章　可编程控制器及其工作原理

**内容提要：**可编程控制器作为通用的工业控制计算机，是存储逻辑在工业中应用的代表性成果。本章介绍可编程控制器的硬件及软件构成，说明其工作原理，并秉承接线逻辑中器件及接线两条线索，介绍 PLC 编程元件及编程语言的概念及应用。

## 第一节　可编程控制器概述

### 一、可编程控制器的由来及发展

可编程控制器（Programmable Logic Controller）简称为 PLC。它是以微处理器为基础的通用的工业控制装置。只要装入不同的应用软件，就可以应用于不同的工业控制系统，完成不同的控制任务。

可编程控制器是生产力发展的必然产物。可编程控制器诞生之前，工业电气控制主要靠低压电器构成的继电器接触器电路，它是以接线逻辑实现控制功能的。这样的控制设备一经生产出来，功能就固定了，若要改变功能必须改变内部的硬件连接，操作起来十分麻烦。1968 年，美国最大的汽车制造商——通用汽车公司（GM）为了适应生产工艺不断更新的需要，要寻找一种比继电器更可靠、功能更齐全、响应速度更快的新型工业控制器，并从用户角度提出了新一代控制器应具备的十大条件，立即引起了开发热潮。这十大条件中比较重要的如下。

① 能用于工业现场。

② 编程方便，可现场修改程序以改变其控制逻辑，而不需要改变组成它的元件和修改内部接线。

③ 出现故障时易于诊断及维修。

条件中最根本的一条是采取程序修改方式改变控制功能，这是工业控制从接线逻辑向存储逻辑进步的重要标志。

1969 年，美国数字设备公司（DEC）研制出了第一台可编程控制器，在美国通用汽车公司的生产线上试用成功，并取得了满意的效果，可编程控制器由此诞生。

可编程控制器问世以来，发展极为迅速。1971 年，日本开始生产可编程控制器。1973 年，欧洲开始生产可编程控制器。目前世界各国的著名的电器工厂几乎都在生产可编程控制器。可编程控制器已作为一个独立的工业设备被列入生产，成为当代电控装置的主导。

特别是 20 世纪 80 年代以来，随着大规模集成电路和微型计算机技术的发展，以 16 位及 32 位微计算机为核心的 PLC 得到了迅速的发展，使 PLC 在设计、性能、价格以及应用等方面都有了重大的突破，不仅控制功能增强，功耗及体积减小，成本下降，可靠性提高，编程及故障检测更为方便灵活，而且随着远程 I/O 和通信网络、数据处理以及图像显示等技术的发展，PLC 的应用领域不断扩大。PLC 已成为现代工业生产自动控制的一大支柱设备。

### 二、可编程控制器的用途

简要概括 PLC 的用途如下。

① 开关量逻辑控制　这是 PLC 最基本的控制功能，用以取代传统的继电器逻辑控制。

② 运动控制　PLC 可以控制步进电动机、伺服电动机和交流变频器，可以用于各种机械的转速及定位控制。使用于机床、装配机械、机器人、电梯等。

③ 闭环过程控制　通过模拟量 A/D 和 D/A 转换，PLC 能控制大量的物理参数，例如温度、压力、速度和流量等。PID（Proportional-Integral-Derivative）功能的提供使 PLC 具有闭环控制能力，可用于过程控制，广泛地应用于塑料成型机、加热炉、热处理设备、锅炉及轻化工、冶金、电力等行业。

④ 数据处理　PLC 不仅能用于算术运算、数据传送、查表等，还可以进行数据比较、数据转换、数据通信、数据显示及打印等，具有极强的数据处理能力。数据处理一般用于大型控制系统，如过程控制系统、柔性控制系统等。

⑤ 通信及联网　PLC 通信包括主机与远程 I/O 之间的通信、多台 PLC 之间的通信、PLC 与其他智能设备（如计算机、变频器、数控装置）之间的通信，这些设备由网络组成集中管理分散控制的分布式控制系统，极大地提高了控制的可靠性。

### 三、可编程控制器的著名厂商及产品

在世界 200 多个 PLC 制造厂中，有几家举足轻重的公司。它们是德国的西门子（SIE-MENS）公司，美国 Rockwell 自动化公司所属的 A-B（Allen & Bradly）公司，GE-Fanuc 公司，法国的施耐德（Schneider）公司，日本的三菱（MITSUBISHI）及立石（OMRON）公司。它们都生产庞大系列的 PLC 产品。

三菱公司的可编程控制器在我国具有较高的占有率，其主要产品有 Q 系列及 FX 等几个大的系列。其中 Q 系列下含 Q00/Q01/Q02/Q06/Q12/Q25 等，是中高级性能的大中型 PLC，采用模块式结构。FX 系列则是小微型机，为基本单元加扩展型 PLC。本书以 FX 系列为例介绍 PLC 的应用技术。

了解各厂商的产品可以登录这些公司的网站。除了介绍产品性能外，这些网站都免费提供常用的编程软件下载，还有不少网站配有应用技术沙龙一类的网页，供学习及应用者交流。

图 5-1 为 Q 系列与 FX 系列可编程控制器外观对比图。图中可见基本单元加扩展型多个机箱中有一个箱体较大的，即为基本单元。基本单元是独立的、完整的 PLC，是电源、CPU 及接口的"综合体"，而扩展单元是为了加强其功能而增设的接口或功能部件。基本单元加扩展型是从早期的整体式 PLC 演变而来的。将扩展单元的外形尺寸制作得方便与整体式 PLC 安装

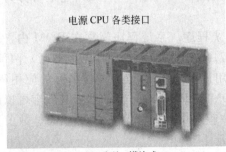

(a) Q 系列：模块式

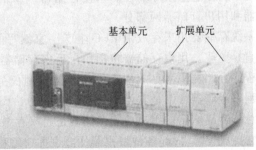

(b) FX 系列：基本单元加扩展型

图 5-1　模块式 PLC 与基本单元加扩展型 PLC 结构对比

在一起，便是基本单元加扩展型 PLC。而模块式 PLC 与基本单元加扩展型 PLC 的根本差别是模块式 PLC 的各种模块中没有完整的综合体。它的模块都是组成 PLC 的部件，或是电源，或是 CPU，或是各种接口及功能模块。

# 第二节 PLC 的硬件及软件

## 一、PLC 的硬件构成

可编程控制器是通用的工业控制计算机，其硬件由微处理器、存储器、输入输出单元、编程器及电源等部分组成，如图 5-2 所示。

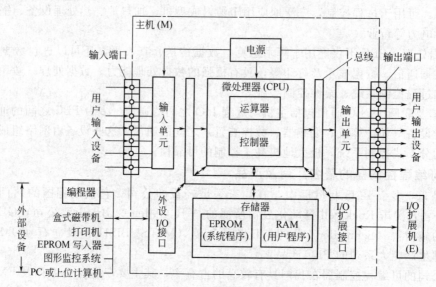

图 5-2 PLC 硬件结构简化框图

1. 微处理器（CPU）

微处理器是 PLC 的运算控制中心，一般由控制器、运算器及寄存器组成，并通过数据总线、地址总线及控制总线与存储单元、输入输出口电路连接。

CPU 控制及协调系统内部各部分的工作，执行监控程序及用户程序，进行信息及数据的运算处理，产生相应的内部控制信号，实现对现场各个设备的控制。

2. 存储器

PLC 使用的物理存储器与一般计算机相同，有随机存取存储器（RAM）、只读存储器（ROM）及可电擦除可编程的只读存储器（EEPROM 或 EPROM）等。从用途上可分为系统存储器和用户存储器两部分。

系统存储器用来存放由 PLC 生产厂家编写的系统程序。系统程序固化在 ROM 内，用户不能直接更改。用户存储器包括用户程序存储器（程序区）和功能存储器（数据区）两部分。用户程序存储器用来存放用户针对具体控制任务，用规定的 PLC 编程语言编写的应用程序。用户程序存储器可以是 RAM（有掉电保护）、EPROM 或 EEPROM 存储器，其内容可以由用户任意修改或增删。用户功能存储器是用来存放用户程序中使用的 ON/OFF 状态、数值数据等，它构成 PLC 内部各种编程器件，也称"编程软元件"。

3. 输入输出单元及端口

输入输出端口是 PLC 与工业控制现场设备连接的接口，有数字量及模拟量之分，传送一位数字量的接口也叫开关量接口。图 5-2 中输入单元、输出单元及端口即是开关量接口。

　　输入接口用来接收和采集现场输入信号。通过输入电路将输入元件，如按钮、选择开关、行程开关、继电器触点、接近开关、光电开关、数字拨码开关等的状态转变为 CPU 能够识别和处理的信号，并存储在输入映像寄存器中。开关量输入接口电路如图 5-3 所示。为了防止各种干扰信号进入 PLC，接口电路采用了光电隔离措施。

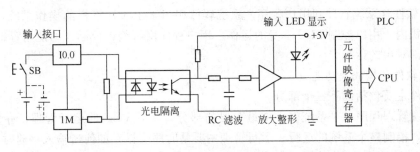

图 5-3　PLC 输入接口及隔离电路

　　输出接口是 PLC 的负载驱动电路，用来连接接触器线圈、电磁阀、指示灯等执行器件。如图 5-4 所示，通过输出接口将负载及负载电源接成一个回路，当输出接口接通时，负载得以驱动。

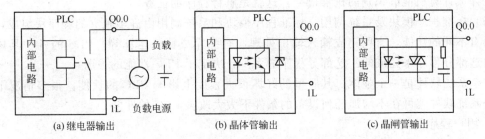

图 5-4　PLC 输出接口及隔离电路

　　PLC 输出接口可分为晶体管输出、晶闸管输出和继电器输出三种形式。为了防止各种干扰信号进入 PLC，每种输出也都采用了光电隔离措施。

　　PLC 三种输出接口中继电器输出可以接交、直流负载，且使用电压范围广，导通压降小，承受瞬时过电压和过电流能力较强。但受继电器触点开关速度限制，只能满足一般的控制要求。晶体管与双向晶闸管电路分别用于直流负载及交流负载，它们的可靠性高，反应速度快，寿命长，但过载能力较差。

　　4．电源

　　小型整体式可编程控制器内部开关电源除为机内各电路提供 DC5V 工作电源外，还为外部传感输入元件提供一定容量的 DC24V 电源。

　　5．扩展接口

　　扩展接口用于连接各类扩展单元。

　　6．通信接口（外设接口）

　　PLC 配有多种通信接口，可以与监视器、打印机，以及其他 PLC 或计算机系统相连。

　　7．编程工具

　　编程工具是机外硬件，供用户进行程序的编制、编辑、调试和监视。早期用得较多的是编程器，有简易型和智能型两类。简易型的编程器只能联机编程，且往往只能输入助记符（指令表）。智能型的编程器又称图形编程器，具有图形显示功能，可以直接输入梯形图和通过屏幕对话。

目前最常用的是采用计算机编程。PLC 厂家均开发了计算机辅助编程软件，运行这些软件可以编辑、修改用户程序，监控系统的运行，打印文件，采集和分析数据，在屏幕上显示系统运行状态，对工业现场和系统进行仿真等。

**二、PLC 的软件**

PLC 的软件含系统软件和用户程序。系统软件相当于个人计算机的操作系统，由 PLC 制造商固化在机内，用以控制 PLC 本身的运作。用户程序由可编程控制器的使用者编制并输入，用于控制外部对象的运行。

1. 系统软件的构成及功能

系统软件主要包括以下三个部分。

（1）系统管理程序 是系统软件中最重要的部分，主管 PLC 的运行管理、存储空间管理及系统自检，控制整个系统的运行。运行管理主要是时序安排，如何时输入、何时输出、何时计算、何时自检、何时通信等时间上的分配管理。存储空间管理指生成用户环境，规定各种参数、程序的存放地址。系统自检程序则包括各种系统出错检验、用户程序语法检验、句法检验、警戒时钟运行等。

（2）用户指令解释程序 用户指令解释程序把输入的应用程序（使用者直观易懂的梯形图等）翻译成计算机能够识别的机器语言，这就是解释程序的任务。

（3）标准程序模块及系统调用 标准程序模块和系统调用由许多独立的程序块组成，各程序块具有不同的功能，有些完成输入输出处理，有些完成特殊运算等。PLC 的各种具体工作都是由这部分程序来完成的。这部分程序的多少，决定了 PLC 性能的强弱。

整个系统软件是一个整体，其质量的好坏很大程度上影响 PLC 的性能。很多情况下，通过改进系统软件就可在不增加任何设备的条件下大大改善 PLC 的性能。

2. 用户程序的用途

用户程序即应用程序，是 PLC 的使用者针对具体控制对象使用厂商提供的编程语言编写的程序。根据不同的控制要求编制不同的程序，这相当于改变 PLC 的用途，相当于设计和改变继电器控制设备的硬接线线路，也就是所谓的"可编程"。用户程序既可由编程设备方便地送入到 PLC 内部的存储器中，也能方便地通过它读出、检查与修改。PLC 断电时，由锂电池等机内电源供电保存。

# 第三节 PLC 的编程元件及编程语言

在继电接触器组成的控制电路中，电器代表控制事件，接线反映控制事件间的联系。此为接线逻辑。继电器电路替代者的现代控制装置——可编程控制器，作为计算机，用存储逻辑代替接线逻辑，也即是用存储单元代替继电器电路的器件，用存储的程序代替继电器电路的接线。在这里，存储单元的首要特征是"机内器件"，也叫编程元件。

**一、PLC 的编程元件**

PLC 的编程元件从物理实质上来说是存储器。且不同使用目的的编程元件经系统软件赋予了不同的功能。PLC 诞生之初，考虑工程技术人员的习惯，用继电器电路中类似名称命名，称为输入继电器、输出继电器、辅助（中间）继电器、定时器、计时器等。为了明确它们的物理属性，称它们为"软继电器"。

编程元件的使用主要体现在程序中，可认为编程元件具有线圈和常开常闭触点。而且触点的状态随着线圈的状态而变化，即当线圈被选中（通电）时，常开触点闭合，常闭触点断开，当线圈失去选中条件时，常闭接通，常开断开。这样就可以用继电器电路设计的思路编制 PLC 的程序。和继电接触器器件不同的是，作为计算机的存储单元，从实质上来说，某个元件被选中，只是代表这个元件的存储单元置 1，失去选中条件只是这个存储单元置 0，由于元件只不过是存储单元，可以无限次地访问，PLC 的编程元件可以有无数多个常开、常闭触点。和继电接触器元件不同的另一个特点是，作为计算机的存储单元，编程元件可以成组使用。一般将在存储器中只占一位，其状态只有置 1 置 0 两种情态的元件称为位元件，用以存储逻辑状态，将组合使用的多位元件依组合位数不同称为字元件（16 位）、双字元件（32 位）或其他组合方式元件，并用来存储数字数据。

　　PLC 中编程元件的数量往往是巨大的。为了区分它们的功能，为了不重复地选用，存储器总是分区使用，且为编程元件编上号码。这些号码也即是计算机存储单元的地址。

## 二、PLC 常用的编程语言

　　国际电工委员会（IEC）编制的 PLC 国际标准 IEC 61131 中推荐了梯形图（LD）、功能块图（FBD）及顺序功能图（SFC）三种图形化编程语言及指令表（IL）、结构文本（ST）两种文本化编程语言。以下介绍三菱 FX 系列 PLC 常用的梯形图及指令表语言。

　　1. 梯形图 LD（Ladder diagram）

　　梯形图是以触点、线圈、功能框（也叫指令盒）及能流线为基本图形符号，以编程元件（存储单元）的地址或数据为文字符号，以图形符号的连接表达运算关系的图示化编程语言。无论是符号还是绘制法则都与继电器接触器电路图十分相似。图 5-5 中绘出了异步电动机正反转控制的梯形图，图中图形符号的意义见表 5-1。文字符号（存储单元的地址）对应的电路器件已列在了梯形图旁边。不难看出，梯形图与同功能的继电器电路除习惯横置绘出外，结构是相同的。

表 5-1　物理继电器与 PLC 继电器符号对照表

| 项　　目 | | 物理继电器 | PLC 继电器 |
|---|---|---|---|
| 线圈及功能框 | | | 线圈　　功能框 |
| 触点 | 常开 | | |
| | 常闭 | | |

　　梯形图的基本单元称为支路。典型支路最左边的竖线称为起始母线，也叫左母线。连接左母线的为触点区，而以线圈或功能框结束（线圈后还可连接右母线，一般忽略）。图 5-5 中梯形图有两个支路，分别为正转支路及反转支路。

　　理解 PLC 梯形图的一个关键概念是"能流"（Power Flow），一种假想的"能量流"。在图 5-5 中，把左边的母线假设为电源"火线"，而把右边的母线（未绘）假想为电源"零线"。如果有"能流"从左至右流到线圈，则线圈被激励。如没有"能流"流到线圈则线圈未被激励。

　　"能流"可以通过被激励（ON）的继电器的常开接点和未被激励（OFF）的继电器的常闭接点自左向右流，也可以通过并联接点中的任一个接点流向右边。"能流"在任何时候都不会通过接点自右向左流。这样就可以像解读继电器电路图那样理解梯形图了。

　　要强调指出的是，引入"能流"概念，仅仅是方便梯形图的分析，"能流"实际上是并不

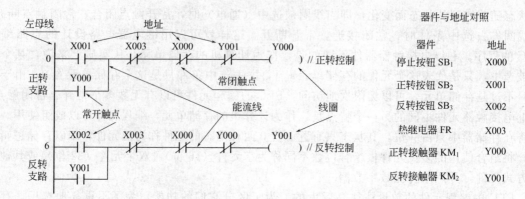

图 5-5 异步电动机正反转梯形图程序

| 器件与地址对照 | |
| --- | --- |
| 器件 | 地址 |
| 停止按钮 SB$_1$ | X000 |
| 正转按钮 SB$_2$ | X001 |
| 反转按钮 SB$_3$ | X002 |
| 热继电器 FR | X003 |
| 正转接触器 KM$_1$ | Y000 |
| 反转接触器 KM$_2$ | Y001 |

存在的。

引入了能流概念后，梯形图与继电器接触器电路图有类似的解读分析方法，因而在不少场合将梯形图支路称为电路。此外，梯形图除了沿用继电器电路的触点、线圈、串联、并联等基本概念外，比继电器电路图包括更多的信息。如梯形图中的功能框，功能类似于继电器电路的线圈，但可带有许多参数及特定的功能，比继电器电路具有更强的表现力，使用也更加灵活。

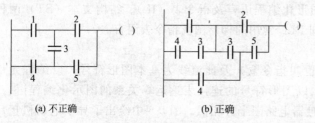

图 5-6 梯形图绘制举例

梯形图还有以下结构规则。

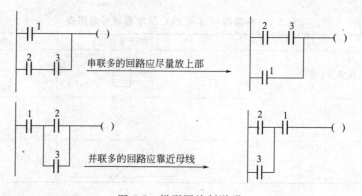

图 5-7 梯形图绘制说明

① 整体梯形图通常由若干支路组成，支路按自上而下顺序排列。

② 触点应画在水平线上，不能画在垂直分支线上。如图 5-6（a）中触点 3 被画在垂直线上，便很难正确识别它与其他触点的关系。因此，应根据自左至右、自上而下的原则画成如图 5-6（b）所示的形式。

③ 在有几个串联回路相并联时，应将触点最多的那个串联回路放在梯

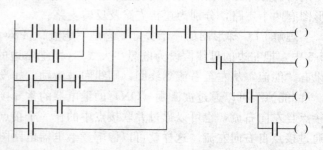

图 5-8 梯形图的推荐画法

形图的最上面。在有几个并联回路相串联时，应将触点最多的并联回路放在梯形图的最左面。这样，才会使编制的程序简洁明了，指令语句较少，如图 5-7 所示。图 5-8 给出了梯形图的推荐画法。

2. 指令表 IL（Instruction list）

指令表也称为语句表（Statement List，STL），指令类似于微机汇编语言的文本语句。每条指令由助记符与数据组成。如指令"LD X001"中，LD 为助记符，X001 为存储单元地址表示的数据。指令语句中的助记符多为指令功能的缩写词，方便使用指令的人了解指令的功能。在 PLC 基本指令中，指令的功能常常是编程元件触点性质的说明及触点在梯形图中位置的描述，因而指令表程序与梯形图程序有着明显的对应关系。图 5-9 中异步电动机正反转指令语句都加了注释，即"//"线后边的文

| 语句步 | 指令 | 地址 | 程序说明 |
|---|---|---|---|
| 0 | LD | X001 | //LD 表示常开触点 X001 与左母线相连 |
| 1 | OR | Y000 | //OR 表示常开触点 Y000 与前序触点并联 |
| 2 | ANI | X003 | //ANI 表示常闭触点 X003 与前序触点串联 |
| 3 | ANI | X000 | //ANI 表示常闭触点 X000 与前序触点串联 |
| 4 | ANI | Y001 | //ANI 表示常闭触点 Y001 与前序触点串联 |
| 5 | OUT | Y000 | // 线圈 Y000 输出 |
| 6 | LD | X002 | //LD 表示常开触点 X002 与左母线相连 |
| 7 | OR | Y001 | //OR 表示常开触点 Y001 与前序触点并联 |
| 8 | ANI | X003 | //ANI 表示常闭触点 X003 与前序触点串联 |
| 9 | ANI | X000 | //ANI 表示常闭触点 X000 与前序触点串联 |
| 10 | ANI | Y000 | //ANI 表示常闭触点 Y000 与前序触点串联 |
| 11 | OUT | Y001 | // 线圈 Y001 输出 |

图 5-9 异步电动机正反转指令表程序及说明

字，请读者对照图 5-5 了解指令助记符的意义。指令表语句中的数据多为存储数据的存储器地址，也可以用立即数或其他代号表示。也有没有数据的指令。

指令表用多条指令组成一个程序段（支路）。多个程序段组成全体指令表程序。指令表比较适合熟悉微机逻辑程序设计的程序员。

指令表是应用程序的根本形式，用梯形图编辑的应用程序需转换为指令表程序才能再次转换为计算机的机器码并下载到 PLC 中运行。

有许多场合需根据绘好的梯形图列写指令表。这时，需注意以下两点。

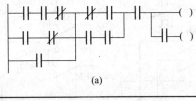

(a)

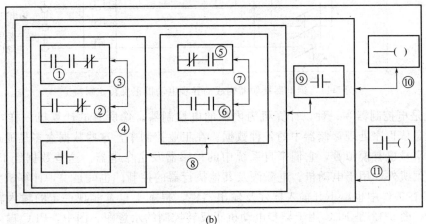

(b)

图 5-10 由梯形图列写指令表的顺序

① 列写指令的顺序务必按梯形图支路自上而下、从左到右的原则进行。图 5-10(a) 中梯形图在列写指令表时的编程顺序如图 5-10(b) 所示。

② 要由梯形图上的符号及符号间的位置关系正确地选取指令及注意正确的表达顺序。如在使用触点块的串联、并联或堆栈相关指令时，指令表的表达顺序为：先写出参与因素的内容，再表达参与因素间的关系。图 5-10(b) 中步骤③及⑧对应的指令为 OLD 及 ALD，在编写时不可遗漏。

# 第四节　PLC 的工业应用模式及工作原理

## 一、PLC 的工业应用模式

从结构及功能出发，PLC 是一种新型的通用的电控制器，一种以计算机为内核的电控制器。作为一个传统的名称，电控制器可定义为：电器及电路构成的用于电气控制的装置。

前边已经说过，继电器接触器系统是传统的电器控制器。20 世纪六七十年代，我国电器设备市场上常见各类启动器，如异步电动机正反转控制器、星-三角形启动器、自耦降压启动器等。以异步电动机正反转控制器为例，典型的应用接线如图 5-11 所示。图中的虚线框为控制器的箱体。箱内装有电路所需的接触器、熔断器、热继电器及线路。控制器使用时，在输入口接上 SB₁、SB₂、SB₃ 三只按钮及三相电源，在输出口接上电动机，控制器就可以工作了。不同的按钮被按下时，输出口连接的电动机就按控制要求动作。因此，电控制器可定义为将一定的输入信号转化为既定输出的电器。图 5-11 所示电控制器中实现转化的机构是箱体内的电器及接线。

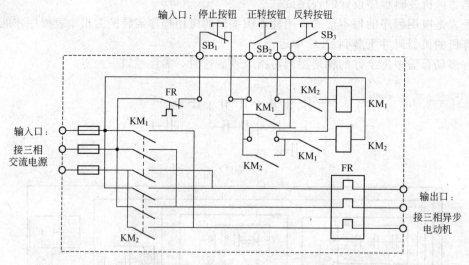

图 5-11　继电器接触器构成的异步电动机正反转控制器

PLC 也是电控制器，一种以计算机为内核的电控制器。像所有的计算机一样，PLC 工作的根本形式是依程序处理存储器中的各种数据。在工业控制中，这些数据大多是通过输入口送入的，有数字量也有模拟量，它们来自系统中的传感器及主令电器。这些数据经 PLC 处理后经输出口送到机外，用于电动机、电磁阀及其他执行器的控制。也就是说，计算机为内核的电控制器 PLC 在工作中也离不开输入器件及输出器件，根本上也是实现一定的输入转化为既定输出的装置。图 5-12 是 PLC 用于异步电动机正反转控制的示意图。图中，PLC 输入口上连接了按钮及热继电器的触点，输出口上连接了正反转接触器，而联系输入信号与输出状态的则是

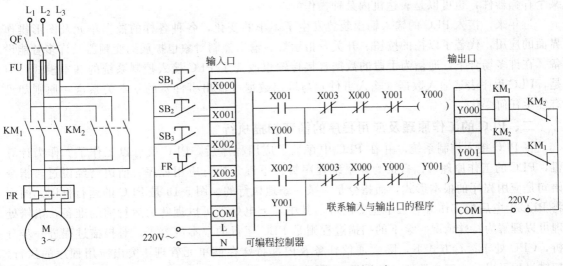

图 5-12　PLC 用于异步电动机正反转电路

存储在机内的应用程序。

由图 5-12 得出的 PLC 工业应用的基本模式可用以下两点概括。

① 像其他的电控制器一样，欲实现特定的控制任务，PLC 必须要接入控制系统电路，即是要与传感器、主令电器、执行电器、通信设备及其他需用的控制设备连接成一体。

② 为了实现输入信号对输出信号的控制，必须根据控制要求编制应用程序，反映输入事件与输出事件的联系。

讨论 PLC 工业应用模式对 PLC 应用规划具有重要意义。其一，模式提示 PLC 应用的第一步是硬件规划，安排输入输出口及存储单元，设计 PLC 的安装及接线。输入输出口连接的器件涉及系统的传感器及主令设备。存储单元则涉及程序所需的所有编程元件，如计数器、定时器及辅助继电器。由此，PLC 系统的设计及应用人员要注意PLC 的硬件及接线。其二，工业应用模式涉及对 PLC 程序的理解。由于程序表达的是控制系统输入事件与输出事件的关联，也即机内输入器件（数据）与输出器件（数据）的关联，指令表程序中每一个完整的段落，或者梯形图程序中的每一个完全的支路，原则上都是针对一定的输出写出的，其根本内容都是满足某些条件使某个输出成立。当然，这里输出的概念需要作一个扩展，可以是真正的输出口，也可以是机内的

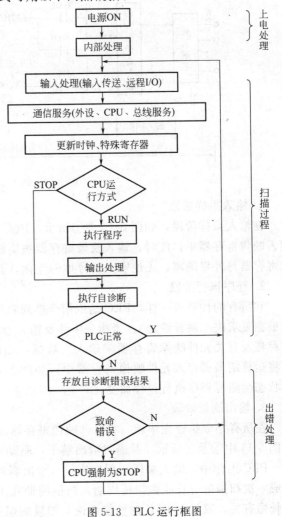

图 5-13　PLC 运行框图

某个存储器件，也可以是表达机内某种操作的功能框。

近年来，接入 PLC 的输入输出装置发生了不小的变化，各种各样的数据单元及图形操作界面的应用，代替了以往的按钮、开关及指示灯。输出控制对象也扩展到变频器及许多智能设备。在许多场合下，通信为手段的数据直接传输也改变了 PLC 接入控制系统的基本模式。但是，PLC 程序表达输入数据（输入事件）与输出数据（输出事件）的基本关系这一原则却没有发生任何变化。

### 二、PLC 的工作原理及应用程序的循环扫描执行

将 PLC 接入控制系统，并在 PLC 中存入了应用程序后，PLC 就可以工作了。作为计算机，PLC 的工作原理可以概括为在系统程序管理下逐条执行应用程序。前边已经说过，指令语句是应用程序的根本形式，而指令是一条一条地执行的。图 5-13 是 PLC 的运行框图。图中将 PLC 上电后的工作分为三个主要内容。其中，上电处理可以理解为运行前的准备，出错处理可以理解为特殊情况。余下的扫描过程则是 PLC 运行的根本内容了。对扫描过程进一步分析，CPU 处于运行方式下，除去通信任务及内部特殊存储单元管理，突出应用程序的执行，扫描过程可以分为三个阶段，如图 5-14 所示。

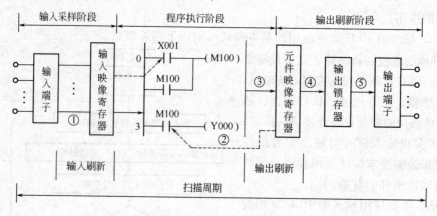

图 5-14　PLC 的扫描周期

#### 1. 输入采样阶段

在输入采样阶段，如图 5-14 中①所示，PLC 扫描所有输入的端子，并将各输入状态存入输入映像寄存器中。此时，输入映像寄存器被刷新。在程序执行阶段和输出刷新阶段，输入映像寄存器与外界隔离，无论输入信号如何变化，其内容保持不变。

#### 2. 程序执行阶段

和所有的计算机一样，PLC 是依指令排列顺序逐条执行的（遇到跳转等程序流程指令时，则根据要求决定跳转地址）。当指令中涉及输入及其他机内器件的状态时，PLC 就从输入映像寄存器及有关元件映像寄存器"读入"数据，如图 5-14 中②所示，并进行指令要求的运算，且将运算结果再存入元件映像寄存器中。如图 5-14 中③所示。对元件映像寄存器来说，元件的状态会随着程序执行过程而变化。

#### 3. 输出刷新阶段

在所有指令执行完毕后，将元件映像寄存器涉及输出继电器的状态转存到输出锁存器中，如图 5-14 中④及⑤所示，并通过输出端子，驱动外部负载。

PLC 工作中，输入采样、程序执行、输出刷新在周而复始地不断进行着，叫做循环扫描。完成一次扫描的时长叫做扫描周期。扫描周期在 PLC 的运行速度确定的前提下，与应用程序的长短有关。就目前 PLC 的性能而论，扫描周期一般为数十毫秒。

### 三、PLC 的串行工作方式与继电器电路的并行工作方式

通过以上介绍不难了解，PLC 的运行方式是串行方式，扫描一遍遍地进行，程序一条条地执行。无论是输入采样、输出刷新，还是每条指令的执行，都要占用时间，指令的功能是分时串联实现的。

这和继电器接触器控制系统的并行工作方式是大不相同的。图 5-15 中，由继电器线圈及指示灯组成的三条支路是并行工作的，当按下按钮 SB₁，中间继电器 KA 得电，KA 的两个触点闭合，接触器 KM 及指示灯 HL 同时得电工作。

但在 PLC 中情况就不一样了。图 5-15 右侧方框表示 PLC，方框中的梯形图代表 PLC 中装有的应用程序，经和左侧的继电器电路比较，知道两图的逻辑功能是一样的。图中 PLC 输入端口上接有按钮 SB₁、SB₂，输出端口上接有接触器 KM 及指示灯 HL，当 SB₂ 没有被按下 SB₁ 被按下时，输入继电器 X000 接通，X003 没接通，PLC 内部继电器 M100 工作并使 PLC 的继电器 Y000 及 Y001 接通。但是，M100 和 Y000、Y001 的接通工作不是同时的。以 X000 接通为计时起点，M100 接通要晚 3 条指令的执行时间，Y001 接通要晚 7 条指令执行的时间。

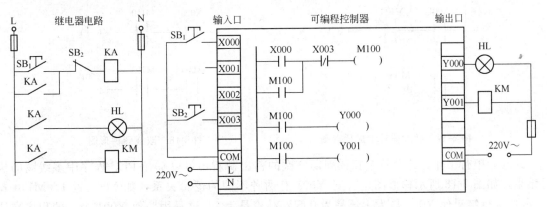

图 5-15　继电器电路与 PLC 控制方式比较

更加严重的滞后可能因采样、程序执行与输出的分时进行产生。如图 5-16 所示，梯形图中输入信号 X000 在第一个扫描周期错过了输入采样时间，就只能在第二个扫描周期中被执行。而因为梯形图中 Y000 的输出指令排在 X000 输入指令之前，在第二个扫描周期中也不可能产生输出，便只能在第三个扫描周期中输出了。也就是说，分时引起的输出滞后可能长达两个多扫描周期。改善图 5-16 中 Y000 输出滞后的办法是，只要将梯形图中第一个支路与第二个支路掉换一下就可以了。

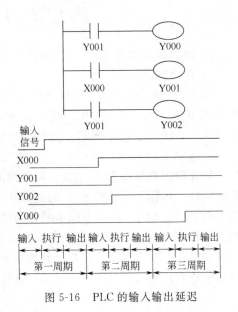

图 5-16　PLC 的输入输出延迟

这就是计算机的串行工作方式与继电器电路并行工作方式在输入与输出时间概念上的差别。前边已经提到过，通常认为继电器所有的触点，不论它们连接在电路的任何位置，都会在线圈得电的同时动作。

其实，继电器接触器的触点动作也是需要时间的，这个时间一般在 100ms 上下，而目前技术条件下，可编程控制器扫描周期一般也在 100ms 以下，这样串行工作的 PLC 代替继电器系统用于对响应时间要求不十分严格的逻辑控制应当是没有什么问题了。

为了提高抗干扰能力，PLC 的开关量信号输入端都采用了输入滤波技术，这使 PLC 的输入响应滞后时间远较以上所述要长。这在一般的逻辑控制中仍然不是问题，但在需快速响应的场合就要慎重对待了。解决这个问题一般借助于计算机的中断技术。PLC 的中断概念及处理思路与普通计算机系统基本是一样的。中断由系统程序控制，中断信号大多由输入引入，接收到的中断信号可以依中断优先级排队，执行中断时中断原来的扫描去执行中断程序。中断程序执行完成后再回到程序的原断点执行。这样就有了快速及时的输入输出响应。

其实，强调 PLC 的串行工作机制的根本的意义还在于 PLC 程序的编制及理解上。图 5-17 是利用 PLC 的定时器获得脉冲信号的梯形图程序。图中 T5 为延时 2s 的定时器。当触点 X001 接通时，定时器得电开始计时，计时时间到其常开触点接通，辅助继电器 M100 置 1，而 M100 的常闭触点会使 T5 线圈失电。这种结构的电路若由继电器元件组成是不会有稳定的工作状态的。但在计算机的串行工作机制中，由于执行指令使 M100 置 1 到 M100 的常闭断开 T5 线圈间有一个扫描周期的时间，则程序可用来产生 T5 计时间隔，宽度等于一个扫描周期的脉冲 M100，这个脉冲是可以被 PLC 检测并利用的。以上梯形图也称作 PLC 的脉冲生成电路。

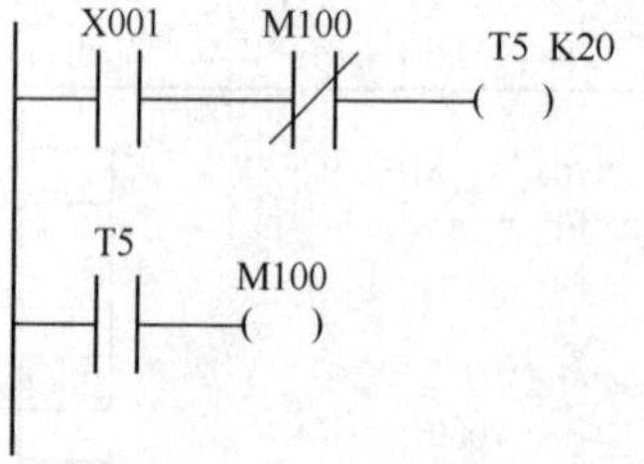

图 5-17 脉冲信号生成梯形图 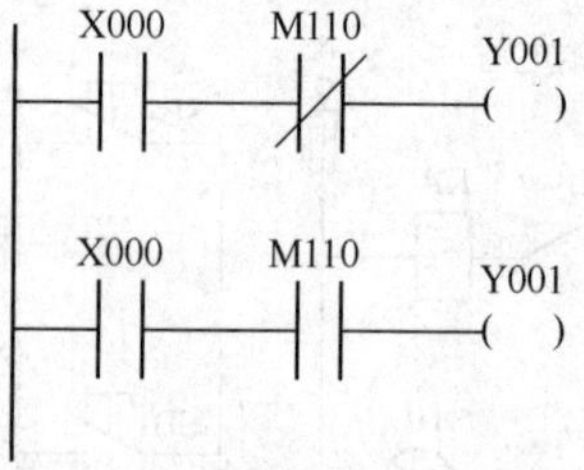　　　　图 5-18 双线圈梯形图

此外，串行工作方式及每个扫描周期一次的输出刷新还可以解释 PLC 程序中多线圈的执行结果。如图 5-18 所示梯形图中针对 Y001 有两种不同的逻辑关系，如 X000 置 1，M110 置 1，程序执行结果使 Y001 是为 1 还是为 0 呢？结论是为 1，这是因为使 Y001 为 1 的程序在使 Y001 为 0 的程序之后执行，前边也曾使 Y001 为 0，但最终还是被后序支路程序的执行而置 1。

# 第五节　PLC 的主要性能指标

为 PLC 控制系统选用 PLC 时涉及 PLC 的性能。PLC 的主要性能指标有以下几项。

1. 存储容量

指用户程序存储器的容量。该容量决定了 PLC 可以容纳的用户程序的长短，一般以字为单位来计算。中、小型 PLC 的存储容量一般在 8KB 以下，大型 PLC 的存储容量可达到 256KB～2MB。也有的 PLC 用存放用户程序的指令条数来表示容量。

2. 输入输出点数

输入输出点数指 PLC 组成控制系统时所能连接的输入输出信号的最大数量，是 PLC 控制规模指标。国际上流行将 PLC 的点数作为 PLC 依规模分类的标准，I/O 点总数在 256 点以下为小型 PLC，64 点及 64 点以下的称为微型 PLC，总点数在 256～2048 点之间的为中型 PLC，总点数在 2048 点以上为大型机等。在有些场合，输入输出点数也用来指 PLC 机箱上的输入端口及输出端口的物理端子总数。其数量远小于以上所称"最大数量"。这是因为"最大数量"是包括各类扩展装置接入的数量的，是依存储单元的容量标定的。

3. 扫描速度

扫描速度指 PLC 执行程序的速度。一般以执行 1K 字所用的时间来衡量扫描速度。PLC 用户手册一般给出执行各条程序所用的时间，可以通过比较各种 PLC 执行相同操作所用的时间，来衡量扫描速度的快慢。

4. 编程指令的种类和数量

编程指令种类及条数越多，PLC 功能越强，即处理能力、控制能力越强。

5. 扩展能力

PLC 的扩展能力表现在以下两个方面。大部分 PLC 可以用 I/O 扩展单元进行 I/O 点数的扩展；许多 PLC 可以使用各种功能模块进行功能扩展。

6. 智能（功能）单元的数量

PLC 不仅能完成开关量的逻辑控制，而且可以利用智能单元完成模拟量控制、位置和速度控制以及通信联网等功能。PLC 某系列产品中智能单元种类的多少和功能的强弱是衡量 PLC 产品水平高低的一个重要指标。

## 习题及思考题

5-1　PLC 的硬件由哪几部分组成？各有什么作用？

5-2　PLC 的软件有哪些，其作用是什么？

5-3　为什么称 PLC 的继电器是软继电器？和物理继电器相比，软继电器在使用上有何特点？

5-4　什么是晶体管型、晶闸管型、继电器型输出单元？使用上各有什么特点？

5-5　PLC 常采用哪些编程语言？各有何特点？

5-6　继电器控制电路图和 PLC 控制的梯形图在功能及绘制上有何区别？

5-7　说明 PLC 梯形图中的能流概念。

5-8　什么是 PLC 的扫描周期？其扫描过程分为哪几个阶段，各阶段完成什么任务？

5-9　PLC 控制系统与继电器控制系统的运行方式有何不同？

5-10　什么是 PLC 的输入输出滞后现象？造成这种现象的主要原因是什么？可采取哪些措施缩短输入输出滞后时间？

5-11　什么叫双线圈，梯形图中的双线圈有哪些执行规则？

5-12　PLC 主要性能指标有哪些？各指标的意义是什么？

5-13　什么是接线逻辑？什么是存储逻辑？各有什么特点？

5-14　PLC 工业控制应用的基本模式是什么？

# 第六章  三菱 FX 系列可编程控制器资源及配置

**内容提要**：FX 系列 PLC 是三菱公司 1981 年以来开发的小型 PLC 系列产品，适用于单机及简单网络控制，问世以来以其优良的可靠性及性价比，在全世界获得了广泛应用。本章介绍 FX 系列 PLC 的资源及配置，为学习 PLC 的应用技术作出铺垫。

## 第一节   FX 系列 PLC 规格及性能

FX 系列 PLC 产品的发展主要经历了第一代的 F 系列，第二代的 FX$_{1S}$/FX$_{1N}$/FX$_{2N}$ 系列到第三代 FX$_{3U}$ 系列的发展历程。第一代产品 1990 年起已逐步停止生产及销售。第 2 代产品的部分型号也已停产（FX$_{0S}$ 及 FX$_{0N}$ 系列），FX$_{1S}$/FX$_{1N}$/FX$_{2N}$ 系列产品还在销售中。FX$_{3U}$ 是三菱公司 2005 年开发的最新一代小型 PLC，在整个 FX 系列中可控制的 I/O 点数最多，功能最强，处理速度最快，是目前三菱小型 PLC 产品的首选品种。

### 一、FX 系列 PLC 产品的规格

FX 系列 PLC 除 FX$_{1S}$ 采用整体式固定 I/O 结构外，均采用基本单元加扩展结构。由基本单元（Basic Unit）、内置扩展板（Build-in Extension Doard）、扩展单元（Extension Unit）、扩展模块（Extension Module）、特殊功能模块（Special Function Unit）、编程设备及编程软件、专用人机界面设备及其他系统配件组成。其中，基本单元为带有电源、CPU、输入输出接口的完整装置，可独立完成控制任务，但集成的 I/O 端口数量是固定的。扩展单元、扩展模块用于增加 I/O 点数。依 FX 系列 PLC 命名习惯，扩展单元内部设有电源，扩展模块内部无电源，用电由基本单元或扩展单元供给。扩展单元及扩展模块无 CPU，必须与基本单元一起使用。特殊功能模块是一些专门用途的控制装置，如模拟量 I/O 模块、高速计数模块、位置控制模块、网络扩展模块等。这些模块具有独立的机箱，通过基本单元的扩展口连接基本单元（也可以通过主机上并接的适配器接入，且不影响原系统的扩展），配合基本单元共同工作。FX 系列 PLC 扩展器件还有内置式扩展板，是一种没有机箱的电路板，使用时安装在基本单元的机箱内，主要用于较低系列。如 FX$_{1S}$ 机型的端口扩展，也可以用于其他系列，但每个基本单元只能安装一块。

在庞大的系列产品中区分基本单元的参数有输入输出点数、电源类型及输出器件类别等。区分扩展单元及扩展模块的参数也有输入输出点数及输出器件类别等。区别特殊功能单元可因其功能不同。例如，FX$_{2N}$ 系列及 FX$_{3U}$ 系列 PLC 的基本单元根据配置的输入输出接线端子数，都有 16/32/48/64/80/128 共 6 种基本规格，每一种规格又有 AC100/200V 与 DC24V 两种电源输入方式的产品。由输出器件分类，FX$_{2N}$ 系列产品有继电器、晶体管、双向晶闸管三种输出形式（FX$_{2N}$-128 无晶闸管输出产品）；FX$_{3U}$ 系列产器则只有继电器、晶体管两种输出器件。但为了方便与外负载的连接，晶体管输出产品具有汇点输出及源输出两种形式（FX$_{2N}$ 系列产品晶体管输出只有汇点输出一种形式）。此外，还有 AC100V 开关量输入（UL 标准）的特殊输入规格。

具体了解一款 PLC 单元的规格可以查看型号，FX$_{3U}$ 系列 PLC 基本单元型号及 FX$_{2N}$ 系列

PLC 扩展单元型号及举例如图 6-1 所示，其他产品的型号编制法与其类似。本书附录 B 收录了 FX$_{1S}$/FX$_{1N}$/FX$_{2N}$/FX$_{3U}$ 系列 PLC 基本单元及扩展单元、扩展模块及特殊功能模块的产品规格，读者可在需要时查阅。

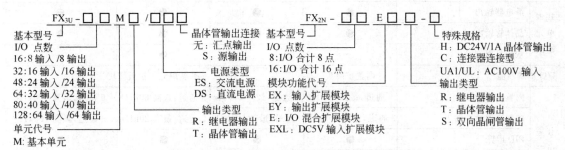

图 6-1　FX$_{3U}$ 基本单元及 FX$_{2N}$ 扩展模块型号及举例

此外，FX 系列 PLC 中还有采用接插连接器代替接线端口的产品，在型号后加"C"以区别，如 FX$_{2NC}$ 及 FX$_{3UC}$ 等，性能与采用接线端口的产品相同。本书不再另做讨论。

### 二、FX 系列 PLC 的主要性能指标

FX$_{1S}$/FX$_{1N}$/FX$_{2N}$/FX$_{3U}$ 系列产品的性能依次提升，主要性能指标的意义已在第五章中说明，性能指标比较如表 6-1 所示。表中主要看点有：I/O 总点数、最大程序存储器容量、指令的条数、指令功能、执行速度及基本单元的集成功能等。其中，集成功能主要指基本单元内置高速计数、脉冲输出的通道数、脉冲频率。指令功能指是否具有一些功能较复杂的指令，如能否完成浮点及函数运算及是否有综合性输入信号处理指令等。

PLC 输入输出端口的技术指标在 PLC 应用中也需注意。PLC 通常具有两类输入端口，即带有特殊功能，如高速计数功能的端口及普通端口。输出端口按输出器件不同可以分为三类，即继电器输出、晶体管输出及晶闸管输出。FX 系列 PLC 以上这些不同类别的输入输出端口技术指标基本一致，表 6-1～表 6-3 以 FX$_{2N}$ 系列为例给出了输入输出端口的技术指标。

表 6-1　FX 系列 PLC 性能比较表

| 项　目 | | 基 本 参 数 | | | |
| --- | --- | --- | --- | --- | --- |
| | | FX$_{1S}$ | FX$_{1N}$ | FX$_{2N}$ | FX$_{3U}$ |
| 最大输入点 | | 16＋4（内置扩展板） | 128 | 184 | 248 |
| 最大输出点 | | 14＋2（内置扩展板） | 128 | 184 | 248 |
| I/O 点总数 | | 30（34，内置扩展板） | 128 | 256 | 384（本地 I/O：256） |
| 最大程序存储器容量/步 | | 2000 | 8000 | 16000 | 64000 |
| 基本逻辑指令执行时间/μs | | 0.7 | 0.7 | 0.08 | 0.065 |
| 基本应用指令执行时间/μs | | 3.7 | 3.7 | 1.52 | 0.642 |
| 电源 | 交流电源输入 | AC 85～264V | AC 85～264V | AC 85～264V | AC 85～264V |
| | 直流电源输入 | DC 20.4～26.4V | DC 10.2～28.5V | DC 16.8～28.8V | DC 16.8～28.8V |
| 基本单元输入 | DC24V 输入 | ● | ● | ● | ● |
| | AC100V 输入 | — | — | ● | — |

续表

| 项　目 | | 基本参数 | | | |
|---|---|---|---|---|---|
| | | FX₁ₛ | FX₁ₙ | FX₂ₙ | FX₃ᵤ |
| 基本单元输出 | 继电器输出 | ● | ● | ● | ● |
| | 晶体管输出 | ● | ● | ● | ● |
| | 双向晶闸管输出 | — | — | ● | — |
| I/O 扩展性能 | | 内置扩展板 | | 扩展单元＋扩展模块 | |
| 基本单元功能 | 内置高速计数 | 6 通道,最高 60kHz | 6 通道,最高 60kHz | 6 通道,最高 60kHz | 6 通道,最高 100kHz |
| | 内置高速脉冲输出 | 2 通道,最高 100kHz | 2 通道,最高 100kHz | 2 通道,最高 20kHz | 3 通道,最高 100kHz |
| | PID 运算 | ● | ● | ● | ● |
| | 浮点运算 | — | — | ● | ● |
| | 函数运算 | — | — | ● | ● |
| | 简易定位控制 | ● | ● | ● | ● |
| 显示器单元 | | ● | ● | — | ● |
| 特殊功能模块 | 模拟量 I/O 模块 | 2 点(内置扩展板) | ● | ● | ● |
| | 温度测量与控制模块 | — | ● | ● | ● |
| | 高速计数模块 | — | — | ● | ● |
| | 定位控制模块 | — | — | ● | ● |
| | 网络定位控制模块 | — | — | — | ● |
| | 角度控制模块 | — | — | ● | ● |
| 网络链接 | CC-Link 主站 | — | ● | ● | ● |
| | CC-Link 从站 | — | ● | ● | ● |
| | CC-Link/LT 主站 | — | ● | ● | ● |
| | MIELSEC-I/O Link 主站 | — | ● | ● | ● |
| | AS-i 主站 | — | ● | ● | ● |
| | PLC 互联(N∶N 链接) | ● | ● | ● | ● |
| | 计算机/PLC 的 1∶N 链接 | ● | ● | ● | ● |
| 通信接口 | RS-232 接口与通信 | ● | ● | ● | ● |
| | RS-422 接口与通信 | ● | ● | ● | ● |
| | RS-485 接口与通信 | ● | ● | ● | ● |
| | USB 接口与通信 | — | — | — | ● |

注:"●"—功能可以使用;"—"—无此功能

**表 6-2　FX₂ₙ 输入技术指标**

| 输入电压 | 输入电流 | | 输入 ON 电流 | | 输入 OFF 电流 | | 输入阻抗 | | 输入隔离 | 输入响应时间 |
|---|---|---|---|---|---|---|---|---|---|---|
| | X000～X007 | X010 以内 | X000～X007 | X010 以内 | X000～X007 | X010 以内 | X000～X007 | X010 以内 | | |
| DC24V | 7mA | 5mA | 4.5mA | 3.5mA | ≤1.5mA | ≤1.5mA | 3.3kΩ | 4.3kΩ | 光电绝缘 | 0～60ms 可变 |

注:输入端 X0～X17 内有数字滤波器,其响应时间可由程序调整为 0～60ms。

表 6-3　FX$_{2N}$输出技术指标

| 项　　目 | | 继电器输出 | 晶闸管输出 | 晶体管输出 |
|---|---|---|---|---|
| 外部电源 | | AC 250V，DC 30V 以下 | AC 85～240V | DC 5～30V |
| 最大负载 | 电阻负载 | 2A/1 点；8A/4 点共享；8A/8 点共享 | 0.3A/1 点 0.8A/4 点 | 0.5A/1 点 0.8A/4 点 |
| | 感性负载 | 80V·A | 15V·A/AC 100V 30V·A/AC 200V | 12W/DC24V |
| | 灯负载 | 100W | 30W | 1.5W/DC24V |
| 开路漏电流 | | — | 1mA/AC 100V 2mA/AC 200V | 0.1mA 以下/DC30V |
| 响应时间 | OFF 到 ON | 约 10ms | 1ms 以下 | 0.2ms 以下 |
| | ON 到 OFF | 约 10ms | 最大 10ms | 0.2ms 以下① |
| 电路隔离 | | 机械隔离 | 光电晶闸管隔离 | 光电耦合器隔离 |
| 动作显示 | | 继电器通电时 LED 灯亮 | 光电晶闸管驱动时 LED 灯亮 | 光电耦合器隔离驱动时 LED 灯亮 |

　　① 响应时间 0.2ms 是在条件为 24V/200mA 时，实际所需时间为电路切断负载电流到电流为 0 的时间，可用并接续流二极管的方法改善响应时间。大电流时为 0.4mA 以下。

### 三、FX 系列 PLC 的扩展能力

　　扩展能力是 PLC 的重要性能。除了有没有丰富的扩展选件以外，还有以下因素影响 PLC 的扩展期能力。

　　1. 受相关存储器规模影响，最大输入点数、最大输出点数及 I/O 总点数都有一定限制

　　如表 6-1 有关栏目所列，FX$_{2N}$机型最大输入点数及最大输出点数均不能超过 184 点，I/O 总点数不能超过 256 点。FX$_{3U}$机型最大输入点数及最大输出点数均不能超过 248 点，I/O 总点数不能超过 384 点。PLC 使用的内置扩展板、网络扩展模块、特殊功能模块占用的 I/O 点数均需计算在内。各扩展板块所占用的点数可查阅本书附录 B。

　　2. 受相关存储器容量及安装位置影响，扩展选件有一定数量限制

　　例如，每个基本单元只能安装一块内置扩展板。FX$_{2N}$机型最多 8 台、FX$_{3U}$机型最多 10 台特殊功能模块（含网络扩展）。一些特定模块，如高速输入输出、转角测量及 AS-I 主站模块等也有具体的扩展台数要求。具体情况可查阅有关手册。

　　3. 系统规模扩展需做电源容量检验

　　基本单元、扩展单元提供的 DC24/5V 电源容量须大于全部扩展选件的 DC24/5V 电源实际消耗量。

　　FX$_{2N}$系列基本单元及扩展单元可以提供的 DC24/5V 电源容量如下。

　　（1）DC24V 供给　16 点、32 点基本单元可提供 250mA，48 点以上基本单元可提供 460mA；32 点扩展单元可提供 250mA，48 点扩展单元可提供 460mA。

　　（2）DC5V 供给　基本单元可提供 290mA，扩展单元可提供 690mA。

　　FX$_{3U}$系列基本单元及扩展单元可以提供的 DC24/5V 电源容量如下。

　　① DC24V 供给　16 点、32 点基本单元可提供 400mA，48 点以上基本单元可提供 600mA；32 点扩展单元可提供 250mA，48 点扩展单元可提供 460mA。

　　② DC5V 供给　基本单元可提供 500mA，扩展单元可提供 690mA。

　　各扩展板块所需的电源容量可查阅本书附录 B。

# 第二节 FX 系列 PLC 机箱配置及接线

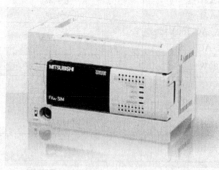

图 6-2 FX₃U系列 PLC 基本单元外观

为了方便扩展时的安装，FX 系列 PLC 都采用等高等宽的机箱，并在机箱顶部设置操作及接口器件。图 6-2 为 FX₃U机型的外观图。图 6-3 为 FX₃U机型的顶视图。

图 6-3(a) 中可见机箱顶部为基本单元的集中操作部位。除了装有外部设备接口、功能扩展接口、特殊适配器插口外，还装有 RUN/STOP 开关，电池盖下装有内存断电保持用电池。前盖上还装有输入输出端口的工作指示灯及 PLC 运行状态的指示灯。图 6-3(b) 为拆去了端子台盖板的情况，可见到输入输出及电源的接线端子。此外，顶视图中还可以看到机箱在 DIN 导轨上安装时的挂钩。

PLC 的安装固定常有两种方式：一是直接利用机箱上的安装孔，用螺钉将机箱固定在控制柜的背板或面板上；二是利用 DIN 导轨安装，这需先将 DIN 导轨固定好，再将 PLC 及各种扩展单元卡上 DIN 导轨，安装时还要注意在 PLC 周围留足散热及接线的空间。图 6-4 为 FX 系

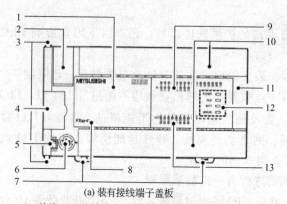

(a) 装有接线端子盖板

1—前盖；2—电池盖；3—特殊适配器连接用插孔 (2 处)；
4—功能扩展端口部虚拟盖板；5—RUN/STOP 开关；
6—外部设备连接用接口；7—DIN 导轨安装挂钩；
8—型号；9—输入显示 LED (红)；10—端子台盖板；
11—扩展设备连接用接口盖板；12—工作状态显示 LED；
13—输出显示 LED(红)

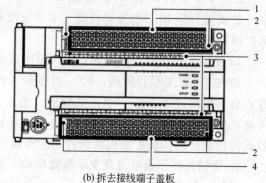

(b) 拆去接线端子盖板

1—输入及电源端子；2—端子台拆卸螺钉
3—端子标号；4—输出端子

图 6-3 FX₃U系列 PLC 基本单元顶视图

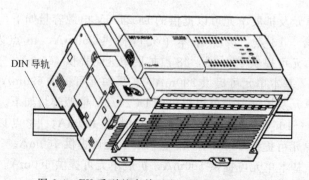

图 6-4 FX 系列基本单元在 DIN 导轨上安装

列基本单元装在 DIN 导轨上的情况。

PLC 在工作前必须正确地接入控制系统。和 PLC 连接的主要有 PLC 的电源接线、输入输出器件的接线、通信线、接地线等。

1. 电源接入及端子排列

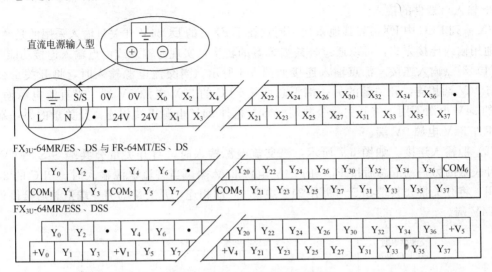

图 6-5　FX_{3U}-64M□接线端子图

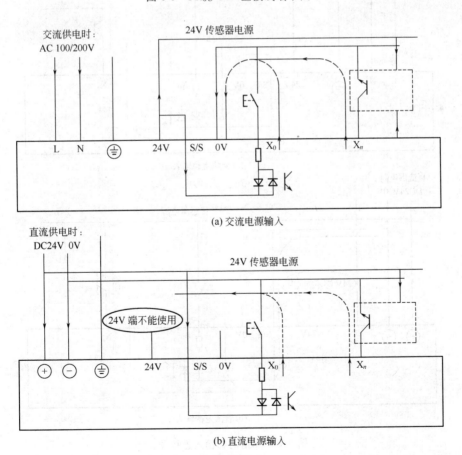

(a) 交流电源输入

(b) 直流电源输入

图 6-6　FX_{3U} 的汇点输入连接图

图 6-5 为 FX₃ᵤ-64M□接线端子图。接线端子（螺钉）在面板的上下两侧。图 6-5 中两种机型的输出端子对应的输入端子相同。输入端子（上条）中给出了交流及直流两种供电情况时的接线端子排列。交流端子排中标有 L 及 N 的接线位，为交流电源相线及中线的接入点。直流供电时⊕及⊖接电源的正负极。

2. 输入口器件的接入

FX 系列 PLC 中 FX₃ᵤ 与其他系列不同点在于 FX₃ᵤ 的 DC24V 开关量输入采用的是"汇点/源"通用输入连接方式，可以通过公共端 S/S 的转换，实现源输入或汇点输入连接功能。

（1）汇点输入连接　汇点输入连接如图 6-6 所示。当交流电源输入时，将开关量公共端 S/S 与 24V 端相连，开关量的另一端汇总后接 PLC 的 24V 电源 0V 端。当直流电源输入时，PLC 的 24V 电源不用，将开关量公共端 S/S 与机外 24V 电源正端相连，开关量的另一端汇总后接机外 24V 电源 0V 端。

（2）源输入连接　如图 6-7 所示，当交流电源输入时，将开关量公共端 S/S 与 0V 端相连，开关量的另一端汇总后接 PLC 的 24V 电源 24V 端。当直流电源输入时，PLC 的 24V 电源不用，将开关量公共端 S/S 与机外 24V 电源 0V 端相连，开关量的另一端汇总后接机外 24V 电源 24V 端。

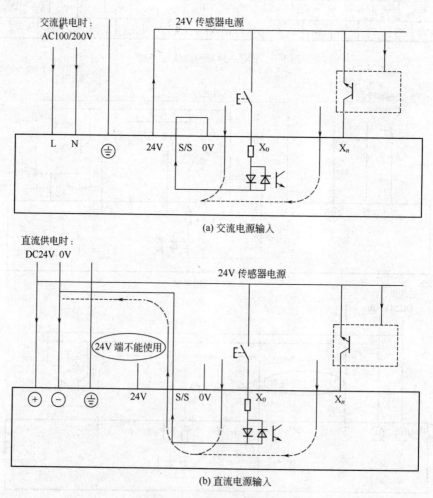

(a) 交流电源输入

(b) 直流电源输入

图 6-7　FX₃ᵤ 的源输入连接图

3. 输出口器件的接入

　　PLC 的输出口上连接的器件主要是继电器、接触器、电磁阀的线圈，这些器件均采用 PLC 机外的专用电源供电，PLC 内部不过是提供一组开关接点。接入时，线圈的一端接输出点螺钉，一端经电源接输出公共端。要注意的是，当输出器件为晶体管时，外电源的极性要符合晶体管的极性要求。图 6-8 为晶体管源输出时的接线情况。由于输出口连接线圈种类多，所需的电源种类及电压不同，输出口公共端常分为许多组，而且组间是隔离的。PLC 输出口的电流定额一般为 2A，大电流的执行器件须配装中间继电器。

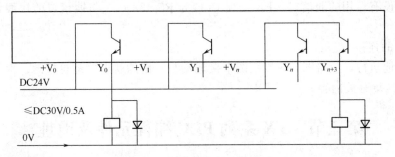

图 6-8　晶体管源输出连接图

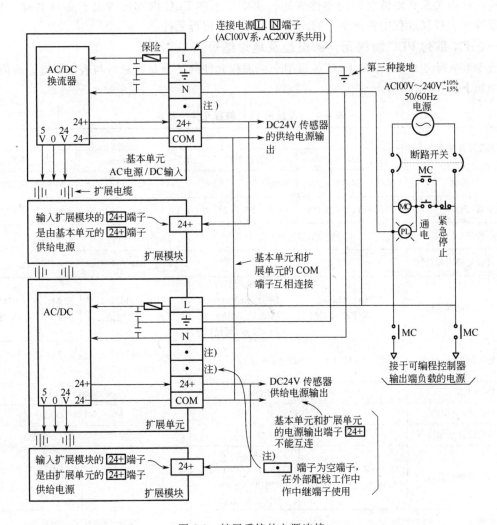

图 6-9　扩展系统的电源连接

**4. 扩展单元和模块的安装及电源连接**

除了内置扩展板需装入基本单元机箱内外，扩展单元及扩展模块要求与基本单元并列安装，横装时基本单元安装在最左边，竖立安装时基本单元安装在最上边。单元数量较多时也可以分多排安装，安装完成后各单元之间应通过专用电缆连接。图 6-9 为扩展系统的电源连接情况。

**5. 通信线的连接**

PLC 一般设有专用的通信口。FX 系列 PLC 为 RS-422 口，与通信口的接线常采用专用的接插件连接。

**6. 接地线的连接**

PLC 应接地运行，应将图 6-5 接线图中接地端与专用的就近接地桩接地。对接地桩的要求可见本书第十二章有关内容。

# 第三节　FX 系列 PLC 编程元件及地址

PLC 用于工业控制，其实质是用程序表达控制过程中事物间的逻辑或控制关系。而就程序来说，这种关系必须借助机内器件表达，这就要求在 PLC 内部设置具有各种各样功能的、能方便地代表控制过程中各种事物的元器件。这就是编程元件。

## 一、FX 系列 PLC 编程元件的类型及地址编号

表 6-4 中列出了 FX 系列 PLC 各机型全部编程元件的类型及数量。与表 6-4 相关的信息择要说明如下。

表 6-4　FX 系列 PLC 编程元件一览表

| 编程元件类别 | | PLC 型号 | | | |
|---|---|---|---|---|---|
| | | FX1S | FX1N/FX1NC | FX2N/FX2NC | FX3U/FX3UC |
| 输入继电器(最大) | | X000～X017(16 点) | X000～X177(128 点) | X000～X267(184 点) | X000～X367(248 点) |
| 输出继电器(最大) | | Y000～Y015(14 点) | Y000～Y177(128 点) | Y000～Y267(184 点) | Y000～Y367(248 点) |
| 辅助继电器 | 一般用(非保持) | M0～M383(384 点) | | M0～M499(500 点) | |
| | 可设定停电保持区 | — | | M500～M1023(524 点/电池) | |
| | 固定停电保持区 | M384～M511 (128 点/EEPROM) | M384～M511 (128 点/EEPROM)，M512～M1535 (1024 点/电容) | M1024～M3071 (2048 点/电池) | M1024～M7679 (6656 点/电池) |
| | 特殊继电器 | M8000～M8255(256 点) | | M8000～M8255 (256 点) | M8000～M8511 (512 点) |
| 状态继电器 | 初始状态 | S0～S9(10 点/EEPROM) | | S0～S9(10 点) | |
| | 一般用(非保持) | — | | S10～S499(490 点) | |
| | 可设定停电保持区 | — | | S500～S899(400 点/电池) | |
| | 固定停电保持区 | S10～S127 (118 点/EEPROM) | S10～S127 (118 点/EEPROM)，S128～S999 (872 点/电容) | — | S1000～S4095 (3096 点/电池) |
| | 报警用 | S900～S999(100 点/电池) | | | |

续表

| 编程元件类别 | | PLC 型号 | | | |
| --- | --- | --- | --- | --- | --- |
| | | FX$_{1S}$ | FX$_{1N}$/FX$_{1NC}$ | FX$_{2N}$/FX$_{2NC}$ | FX$_{3U}$/FX$_{3UC}$ |
| 定时器 | 100ms(0.1~3276.7s) | T0~T62(63 点) | T0~T199(200 点) | T0~T199(200 点) | |
| | 10ms(0.01~327.67s) | M8028 为 1,T32~T62 可变为 10ms 定时器 | T200~T245(46 点) | T200~T245(46 点) | |
| | 1ms(0.001~32.767s) | T63(1 点) | — | | T256~T511(256 点) |
| | 1ms 停电保持累积 | — | T246~T249 (4 点/电容) | T246~T249(4 点/电池) | |
| | 100ms 停电保持累积 | — | T250~T255 (6 点/电容) | T250~T255(6 点/电池) | |
| | 模拟电位器调整 | D8030/D8031(2 点) | | — | |
| 计数器 | 非保持 16 位增计数 | C0~C15(16 点) | | C0~C99(100 点) | |
| | 保持型 16 位增计数 | C16~C31 (16 点/EEPROM) | C16~C31 (16 点/EEPROM) C32~C199 (168 点/电容) | C100~C199(100 点/电池) | |
| | 非保持 32 位双向计数 | — | C200~C219(20 点) | C200~C219(20 点) | |
| | 保持型 32 位双向计数 | — | C220~C234 (15 点/电容) | C220~C234(15 点/电池) | |
| | 32 位高速输入专用 | C235~C255,与基本单元高速输入配套使用,见内置高速计数功能说明 | | | |
| 数据寄存器 | 一般用(非保持) | D0~D127(128 字) | | D0~D199(200 字) | |
| | 可设定保持区 | — | | D200~D511(312 字) | |
| | 固定保持区 | D128~D255 (128 字/EEPROM) | D128~D255 (128 字/EEPROM) D256~D7999 (7744 字/电容) | D512~D7999(7488 字/电池),从 D1000 起可设定成以 500 字为单位的文件寄存器 | |
| | 文件寄存器 | D1000~D2499 (1500 字/EEPROM) | D1000~D7999 (7000 字/EEPROM) | | |
| | 特殊寄存器 | D8000~D8255(256 字) | | D8000~D8195(196 字) | D8000~D8511(512 字) |
| | 保持型扩展数据寄存器 | — | | | R0~R32767 (32768 字/电池) |
| | 保持型扩展文件寄存器(需配存储卡) | — | | | ER0~ER32767 (32768 字/电池) |
| | 变址寄存器 | V0~V7,Z0~Z7(16 字) | | | |
| 指针 | 分支用 | P0~P63(64 点) | P0~P127(128 点) | P0~P127(128 点) | P0~P4095(4096 点) |
| | 输入中断 | I00□~I50□(6 点) | | | |
| | 定时中断 | — | | I6□□~I8□□(3 点) | |
| | 计数器中断 | — | | I010~I060(6 点) | |
| | 主控用 | N0~N7(8 点) | | | |
| 常数 | 十进制数(K) | 16 位:−32768~+32767。32 位:−2147483648~+2147483647 | | | |
| | 十六进制数(H) | 16 位:0~FFFF。32 位:0~FFFFFFFF | | | |
| | 实数(E) | — | | | 32 位:−2$^{128}$~2$^{128}$ |
| | 字符串(" ") | — | | | 最多 32 字符 |

注:表中带阴影影部分代表其范围可通过 PLC 参数设定改变。

## 1. 编程元件的编号

编程元件的编号，也即地址，分为两个部分：第一部分是代表功能（也即存储器的分区）的字母，如输入继电器用"X"表示，输出继电器用"Y"表示，辅助继电器用"M"表示；第二部分为数字，为该类器件的序号，其中输入继电器及输出继电器的序号为八进制，其余器件的序号为十进制。

## 2. 输入输出继电器的编号

表 6-4 中输入输出继电器的编号范围给出了系统可能的最大编号，并不是基本单元输入输出端子的最大编号。FX 系列 PLC 基本单元机箱上集成的输入输出端子的编号十分规律。由于输入端子数与输出端子数相等，且全都为 8 的倍数，因而可简单判断。例如一个 64 点的基本单元，有 32 个输入端子，编号为 X000～X007、X010～X017、X020～X027 三组，输出端子则为 Y000～Y007、Y010～Y017、Y020～Y027 三组。这里要强调的是基本单元扩展时扩展单元或模块上输入输出端子的编号方法。其实也很简单：扩展单元及扩展模块上输入输出端子的标号依据相对基本单元的安装位置，区分输入输出，以字节为单位依次排定即可，如图 6-10 中举例所示。

| X000～X007, X010～X017, X020～X027 | X030～X037　　X040～X047 | X050～X057 |
|---|---|---|
| 64 点基本单元 | 32 点输入输出扩展单元 | 8 点输入扩展模块 |
| Y000～Y007, Y010～Y017, Y020～Y027 | Y030～Y037　　Y040～Y047 | |

图 6-10　扩展单元的输入输出端编号

## 3. 编程元件的应用方式

从存储单元的占用上来看，FX 系列 PLC 编程元件可以分为位元件和字元件。位元件在存储器中只占一位，用于存储逻辑数据。一个字节可安排 8 个位元件。输入继电器及输出继电器是最典型的位元件。辅助继电器、状态器也是位元件。数据寄存器 D 则是字元件，一个字 16 位，用于存储数字数据。定时器及计数器是位复合元件，具有一个控制位及两个设定值数据区（16 位或 32 位）。此外，FX 系列 PLC 位元件也可以 4 位组合用于数字数据的存储。表达为 KnX、KnY、KnM、KnS 等。如 K2X003，表示 X012、X011、X010、X009、X006、X005、X004、X003 等两组 4 位 8 个位元件的组合。其中 X003 为首元件号。

## 二、FX 系列 PLC 主要编程元件及使用

编程元件的使用要素含元件的启动信号、复位信号、工作对象、设定值及掉电特性等，不同类型的元件涉及的使用要素不尽相同。以下对主要编程元件及使用方法作出说明。

## 1. 输入继电器（X）

输入继电器是接收机外信号的窗口。从使用来说，输入继电器的线圈只能由机外信号驱动，在反映机内器件逻辑关系的梯形图中并不出现。梯形图中常见的是输入继电器的常开、常闭触点，它们的工作对象是其他编程元件的线圈。图 6-11 中常开触点 X001 即是输入继电器应用的例子。

## 2. 输出继电器（Y）

输出继电器是 PLC 中唯一具有外部触点的继电器。输出继电器可通过外部触点接通该输出口上连接的输出负载或执行器件。输出继电器的线圈只能由程序驱动。输出继电器的内部常开、常闭触点可作为其他器件的工作条件出现在程序中。图 6-11 梯形图第一支路中 X001 是输出继电器 Y000 的工作条件，X001 接通，Y000 置 1，X001 断开，Y000 复位。第二支路中时间继电器 T0 在 Y000 的常开触点闭合后开始计时，T0 可以看做是 Y000 的工作对象。输出继

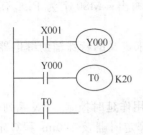

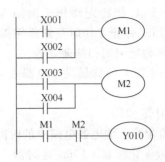

图 6-11　输入继电器与输出继电器应用　　　　图 6-12　通用型辅助继电器的应用

电器为无掉电保持功能的继电器，也就是说，若置 1 的输出继电器在 PLC 停电时，其工作状态将归 0。

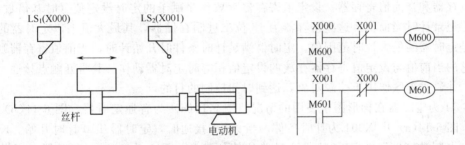

图 6-13　掉电保持辅助继电器的应用

### 3. 辅助继电器（M）

辅助继电器有通用辅助继电器及特殊辅助继电器两大类。

（1）通用型辅助继电器　表 6-4 中辅助继电器栏内除特殊继电器外均为通用型辅助继电器。

通用辅助继电器数量比较大，主要用途和继电器电路中的中间继电器类似，常用于逻辑运算的中间状态存储及信号类型的变换。辅助继电器的线圈只能由程序驱动，它只具有内部触点。图 6-12 中 X001 和 X002 并列为辅助继电器 M1 的工作条件，Y010 为辅助继电器 M1 和 M2 串联的工作对象。

一些通用辅助继电器具有掉电保持功能。在 PLC 外部电源停电后，由机内电池为部分存储单元供电，可以记忆它们在掉电前的状态。具有掉电保持功能的辅助继电器又分为固定停电保持区及自由设定停电保持区，设定通过专用的编程软件进行。

以下是掉电保持辅助继电器应用的一个例子。图 6-13 为滑块左右往复运动机构，若辅助继电器 M600 及 M601 的状态决定电动机的转向。且 M600 及 M601 为具有掉电保持的通用型辅助继电器，在机构掉电又来电时，电动机可仍按掉电前的转向运行，直到碰到限位开关才发生转向的变化。

（2）特殊辅助继电器　特殊辅助继电器具有 PLC 规定的特定功能。根据使用方式可以分为两类。

① 触点利用型特殊辅助继电器　也称为只读特殊辅助继电器。线圈由 PLC 自行驱动，用户只能利用其触点。这类特殊辅助继电器常用作时基、状态标志或专用控制元件出现在程序中。例如 M8000 为运行标志（PLC 运行中接通）；M8002 为初始脉冲（只在 PLC 开始运行的第一个扫描周期接通）；M8012 为 100ms 时钟脉冲，M8013 为 1s 时钟脉冲等。

② 线圈驱动型特殊辅助继电器　也称为读写特殊辅助继电器。这类继电器线圈由用户程

序驱动后，PLC 作特定动作。例如 M8030 为锂电池欠压指示灯（BATT LED）熄灭命令；M8033 为 PLC 停止工作时存储器保持；M8034 为禁止全部输出；M8037 为 PLC 强制停止命令；M8039 为定周期扫描命令等。

FX 系列 PLC 特殊辅助继电器表见附录 C。注意：表中未定义的特殊辅助继电器不可在程序中使用。

**4. 定时器（T）**

定时器相当于继电器电路中的时间继电器，可在程序中用作延时控制。FX 系列 PLC 定时器具有 100ms 定时器、10ms 定时器、1ms 定时器、1ms 积算定时器及 100ms 积算定时器等 5 种类型。各机型拥有的数量详情见表 6-4。

PLC 定时器是通过对机内 1ms、10ms、100ms 等不同规格的时钟脉冲计数实现计时的。时钟脉冲即定时器的计时单位，也称为时基。定时器除了占有自己编号的存储器位外，还配有设定值寄存器和当前值寄存器。设定值寄存器存放程序赋予的定时设定值（时基倍数）。当前值寄存器记录计时当前值。这些寄存器为 16 位二进制存储器，其最大值乘以定时器的计时单位值即是定时器的最大计时范围值。定时器满足计时条件时开始计时，当前值寄存器则开始计数，当它的当前值与设定值寄存器存放的设定值相等时定时器动作，其常开触点接通，常闭触点断开，并通过程序作用于控制对象，达到时间控制的目的。

图 6-14 为定时器在梯形图中使用的情况。图 6-14(a) 为普通定时器。图 6-14(b) 为积算定时器；图 6-14(a) 中 X001 为计时条件，当 X001 接通时，定时器 T10 计时开始。K20 为设定值。十进制数"20"为该定时器计时单位值的倍数。T10 为 100ms 定时器，当设定值为"K20"时，其计时时间为 2s。图中 Y010 为定时器的工作对象。当计时时间到，定时器 T10 的常开触点接通，Y010 置 1。在计时中，计时条件 X001 断开或 PLC 电源停电，计时过程中止且当前值寄存器复位（置 0）。若 X001 断开或 PLC 电源停电发生在计时过程完成且定时器的触点已动作时，触点的动作也不能保持。

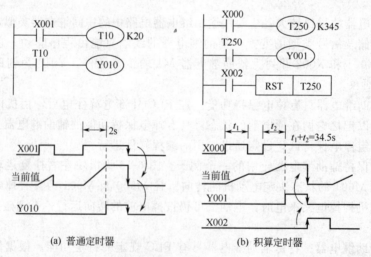

图 6-14 定时器的使用

若把定时器 T10 换成积算式定时器 T250，情况就不一样了。积算式定时器在计时条件失去或 PLC 失电时，其当前值寄存器的数据及触点状态均可保持，可在多次断续的计时过程中"累计"计时时间，所以称为"积算"。图 6-14(b) 为积算式定时器 T250 的工作梯形图。因积算式定时器的当前值寄存器及触点都有记忆功能，必须在程序中加入专门的复位指令。图中 X002 为复位条件。当 X002 接通执行"RST T250"指令时，T250 的当前值寄存器置 0，其触点复位。

定时器可采用十进制常数（K）作为设定值，也可用数据寄存器（D）的内容作间接指定。

5. 计数器（C）

计数器在程序中用作计数控制。FX 系列 PLC 计数器可分为通用计数器及高速计数器。通用计数器是对机内元件（X、Y、M、S、T 和 C）的信号计数的计数器。由于机内信号的变动频率低于扫描频率，通用计数器是低速计数器。现代 PLC 都具有对机外高于机器扫描频率的信号进行计数的功能，这时需用到高速计数器。本书第十章将介绍 PLC 基本单元集成高速计数器的使用。现将通用计数器分类介绍如下。

（1）16 位增计数器（设定值：1～32767）有两种 16 位二进制增计数器，通用的和掉电保持用的。

16 位指其设定值及当前值寄存器为二进制 16 位寄存器，其设定值在 K1～K32767 范围内有效。设定值 K0 与 K1 意义相同，均在第一次计数时，其触点动作。

图 6-15 所示为 16 位增计数器的工作情况。梯形图中计数输入 X011 是计数器的工作条件，X011 每接通一次驱动计数器 C0 的线圈时，计数器的当前值加 1。"K10" 为计数器的设定值。当第 10 次执行线圈指令时，计数器的当前值和设定值相等，触点就动作。计数器 C0 的工作对象 Y000 接通，在 C0 的常开触点置 1 后，即使计数器输入 X011 再动作，计数器的当前值状态保持不变。

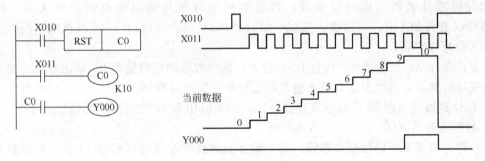

图 6-15　16 位增计数器的工作过程

由于计数器的工作条件 X011 本身就是断续工作的，外电源正常时，其当前值寄存器具有记忆功能，因而即使是非掉电保持型的计数器也需复位指令才能复位。图中 X010 为复位条件。当复位输入 X010 接通时，执行 RST 指令，计数器的当前值复位为 0，输出触点也复位。

设定值可直接用常数（K）或间接用数据寄存器（D）的内容。

使用掉电保持用的计数器时，即使停电，当前值和输出触点的状态也能保持。

（2）32 位增/减计数器（设定值：−2147483648～+2147483647）有两种 32 位的增/减计数器，通用的和掉电保持用的。

32 位计数器的设定值寄存器为 32 位。由于是双向计数，32 位的首位为符号位。设定值的最大绝对值为 31 位二进制数所表示的十进制数。计数区间为 −2147483648～+2147483647。设定值可直接用常数（K）或间接用数据寄存器（D）的内容。间接设定时，要用元件号紧连在一起的两个数据寄存器。

计数器 C2※※ 的计数方向（增计数器或减计数器）由特殊辅助继电器 M82※※ 设定。当 M82※※ 置 1 时为减法计数，置 0 时为加法计数。

图 6-16 为增/减计数器的工作情况。图中 X014 作为计数输入驱动 C200 线圈进行增计数或减计数。X012 为计数方向选择。计数器设定值为 −5。当计数器的当前值由 −6 增加为 −5 时，其触点置 1，由 −5 减少为 −6 时，其触点置 0。

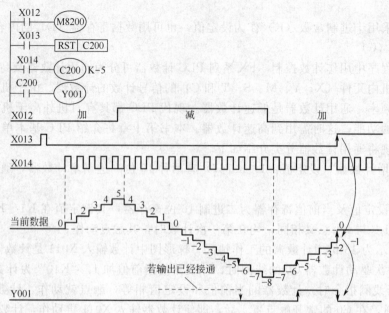

图 6-16　32 位增/减计数器的工作过程

32 位增减计数器为循环计数器。当前值的增减虽与输出触点的动作无关,但从＋2147483647 起再加 1 时,当前值就变成－2147483648,从－2147483648 起再减 1 时,当前值则变为＋2147483647。

当复位条件 X013 接通时,执行 RST 指令,则计数器的当前值为 0,输出触点也复位;使用掉电保持计数器,其当前值和输出触点状态皆能在掉电时保持。

32 位计数器可当做 32 位数据寄存器使用,但不能用做 16 位指令中的操作元件。

6. 数据寄存器 (D)

数据寄存器用来存储数据型数据。每一编号的数据寄存器可以存储 16 位二进制数据。如将相邻编号的数据寄存器组合使用,则可存储 32 位二进制数据。数据寄存器的存储格式如图 6-17 所示,最高位为符号位。

图 6-17　数据寄存器的存储格式

数据寄存器可分为非保持型、停电保持型和特殊数据寄存器三类。

数所寄存器用于大容量文件存储时称为"文件寄存器"。文件寄存器可以从数据寄存器 D1000 起,以 500 字为单位分配,并通过 PLC 进行参数设定。

变址寄存器是数据寄存器的一种,但它的存储内容可以直接加到其他编程元件的编号或数值上,以改变编程元件的地址。使用方法见本书第九章有关内容。

表 6-4 中有状态继电器及指针等元件,将分别在第八章及第九章有关章节中说明。

## 第四节　FX 系列 PLC 的指令系统

三菱 FX 系列 PLC 编程指令情况如表 6-5 所示。不难看出，从 FX$_{1S}$到 FX$_{3U}$，编程指令功能越来越强，指令条数越来越多。

**表 6-5　FX 系列 PLC 编程指令情况表**

| 项目 | 功　能 | | | |
| --- | --- | --- | --- | --- |
| | FX$_{1S}$ | FX$_{1N}$ | FX$_{2N}$ | FX$_{3U}$ |
| 编程语言 | 指令表、梯形图、步进梯形图(SFC 图) | | | |
| 用户存储器容量 | 内置 EEPROM：2000 步。<br>扩充存储器盒：8000 步(可使用 2000 步) | 内置 EEPROM：8000 步。<br>存储器盒：8000 步 | 内置 EEPROM：8000 步。<br>扩充存储器盒：16000 步 | 64000 步 |
| 基本逻辑控制指令 | 顺控指令：27 条。<br>步进梯形指令：2 条 | 顺控指令：27 条。<br>步进梯形指令：2 条 | 顺控指令：27 条。<br>步进梯形指令：2 条 | 顺控指令：27 条。<br>步进梯形指令：2 条 |
| 应用指令 | 85 种，167 条 | 89 种 | 132 种，309 条 | 209 种，486 条 |

FX 系列 PLC 编程指令可分为基本指令以及应用指令两大类。基本指令指逻辑控制指令，又可分为逻辑处理指令及逻辑功能指令，将在第七章介绍。应用指令也称功能指令，所含类别较多，如传送比较、数据处理、移位指令、程序流程控制及集成功能控制等，将在第八章及其后相关章节介绍。FX 所属各系列机型应用指令的数量及功能差别较大，详情见本书附录 D。

## 第五节　FX 系列 PLC 的编程环境

从最初的手持式编程器到计算机中运行的图示化编程软件，软件功能从单一的编程到监控到仿真，PLC 的编程环境在不断地进步着。FX 系列 PLC 目前有两款编程软件可用：一是 FX-GP/WIN-C，这是 FX 系列 PLC 的专用编程软件，但 FX$_{3U}$系列中有些新指令不能使用。另一款是三菱系列 PLC 的新版通用软件 GX Developer，主要用于 Q 系列等中大型机，也可以用于 FX 系列。GX Developer 软件可将 Excel、Word 等常用软件编辑的文字与表格复制、粘贴到 PLC 程序中，使用方便，适用面广，调试诊断方便。本节简要介绍 GX Developer 软件的使用方法。

### 一、软件的安装及设置

1. 安装环境

运行 GX Developer 软件的计算机最低配置如下：CPU 奔腾 300Hz 以上，内存 32MB 以上，硬盘空间 80MB 以上，显示器分辨率 800×600、16bit 以上，操作系统 Windows 95 以上。

2. 软件的安装

GX Developer 软件的安装过程与其他应用软件基本相同，具体操作如下。

① 退出其他运行中的 Windows 程序，在安装程序文件中双击"SETUP. EXE"文件，桌面就显示安装窗口，单击"下一步"，接下来依窗口要求依次填写公司名称及产品序列号等信息。

② 接下来是软件功能选择页面。可根据实际需要选择安装。

③ 在安装目标选择页面安排软件在计算机中的安装位置，单击"下一步"即可进入安装。

④ 安装中自动显示安装过程，并在安装结束后出现确认对话框，安装结束。

3. 软件的初始化设置

打开 GX Developer 软件，进行程序的初始化设定，操作步骤如下。

① 单击"工程"并选择"创建新工程"，打开软件设定页，如图 6-18 所示。

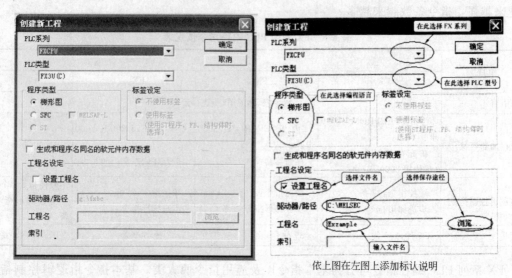

图 6-18 GX Developer 初始化设置

② 在"PLC 系列"下拉列表中选择"FXCPU"系列。

③ 在"PLC 类型"下拉列表中选择 PLC 型号（如 $FX_{3U}$ 等）。

④ 在"程序类型"选项区中选择编程语言（如梯形图等）

⑤ 选中"设置工程名"。

⑥ 在"驱动器/路径"文本框中通过"浏览"按钮选择程序保存位置。

⑦ 在"工程名"文本框中输入所需要的程序名称。

⑧ 输入完成后单击确定按钮保存设定内容。

4. PLC 的参数设置

由于 GX Developer 软件可用于三菱全部 PLC 产品的编程，原则上需进行 PLC 参数的设定。PLC 的参数可在"数据切换"栏中选择参数后，选择"PLC 参数"功能选项，打开图 6-19 所示参数对话框。结合所选 PLC 型号，逐项按编程需要进行内存容量、软元件、PLC 名、I/O 分配、PLC 系统及定位设置设定。

**二、操作界面及程序编辑**

GX Developer 软件的操作界面如图 6-20 所示。界面大致由主菜单、工具条、编程区、工程数据列表、状态条等部分组成。具体使用与其他编程软件类似。

1. 梯形图的输入

以梯形图语言说明编程过程，有以下两种输入方法。

方法一：直接输入指令第一个字母，例如 LD 的"L"后，自动弹出输入标记对话框，如图 6-21(a) 所示。输入指令后（LD X003），按 Enter 键，在光标位置即可出现输入指令的梯形图符号。

方法二：在梯形图编辑快捷按钮区选择编程元件，如常开、常闭触点及线圈按钮后，弹出梯形图输入对话框，如图 6-21(b) 所示。输入地址后确定，即在光标位置出现输入指令的梯形图符号。

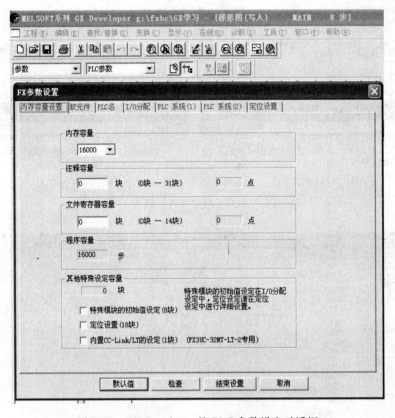

图 6-19　GX Developer 的 PLC 参数设定对话框

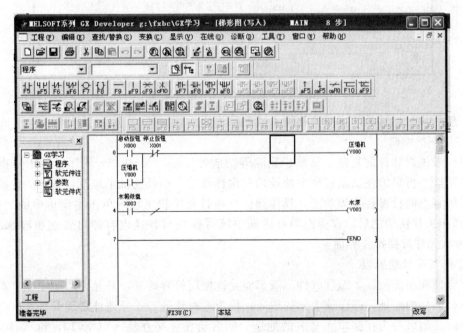

图 6-20　GX Developer 编程软件操作界面

梯形图绘制过程中需连线操作时可选"编辑"菜单中"划线写入"、"划线删除"编辑功能，如图 6-22 所示。选择"划线写入"或"划线删除"后，将光标移到需划线或删除线的起

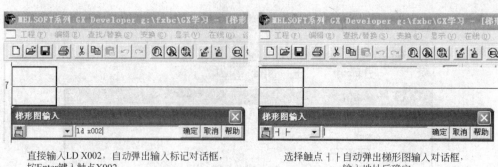

直接输入LD X002，自动弹出输入标记对话框，
按Enter键触点X002

(a) 直接输入指令

选择触点╂┠自动弹出梯形图输入对话框，
输入地址后确定

(b) 输入梯形图元件

图 6-21　编程元件的输入

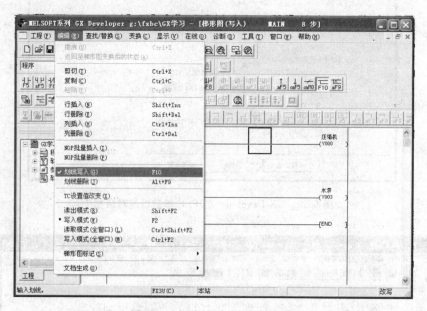

图 6-22　划线的写入与删除操作

始位置，然后用鼠标移动的方法直接输入或删除连线。

2. 梯形图的编辑

除了一般编辑软件的复制、粘贴、删除等功能外，GX Developer 软件也为用户提供了查找与替换功能，可以方便已编程序中地址的一次性修改，地址的批量修改，指令的替换，常开触点与常闭触点的批量替换等功能。具体操作可在打开编辑工程后单击主菜单中的"查找/替换"，选择相关替换功能后，在弹出的对话框中填写查找与替换内容即可实现相应修改功能。图 6-23 为软元件替换操作界面。

3. 注释与符号地址表

为了方便程序的阅读，编程软件一般都能允许使用符号地址，并允许增加注释。本章第三节所述编程元件的地址，即存储单元的编号，称为绝对地址，符号地址则是编程人员以存储单元所代表的控制事件为存储单元命名的地址。如启动按钮接在输入口 X010，给 X010 的符号地址为"启动按钮"，这样可以增加程序的可读性。但必须在编程软件中编写绝对地址与符号地址的对照表，以使编程软件能正确地识别存储单元。使用符号地址及注释的操作如下。

① 单击"显示"菜单，选择"工程数据列表"，并在工程数据列表窗口中单击"软元件注

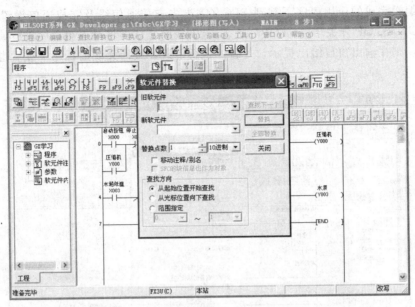

图 6-23　软元件的替换操作

释"，双击"COMMENT"打开注释表，可以自动弹出注释及符号地址编辑页面。

　　② 在软元件名栏中填写需注释及编写符号地址的软元件，并单击"显示"按钮。光标则下移到该软元件的注释及别名栏，在栏目中写入注释及符号地址，按 Enter 键，逐个完成所有软件的注释。

　　③ 在"显示"菜单中选择需在梯形图中显示的注释及别名等项目，则可实现注释及符号地址的显示。如图 6-24 所示。

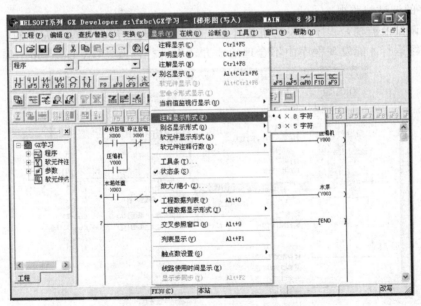

图 6-24　注释与符号地址的显示

## 三、程序的下载、上载及调试、监视

### 1. 下载及上载操作

编辑完成的程序可以单击"在线"菜单，在下拉菜单中选取"PLC 写入"，如图 6-25 所示，可将已编辑完成的应用程序下载到 PLC（需事先连接通信线及完成通信设置，接通 PLC 电源并置 RUN/STOP 开关于"STOP"状态）。下载前，软件将对下载程序进行编译，编译中若发现错误，则在输出窗口给出提示，并暂停执行下载，编译无误的程序下载后也会给出下载成功提示。

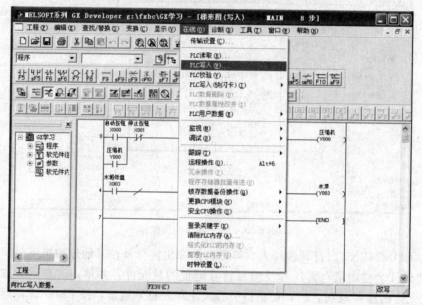

图 6-25 应用程序的写入

与下载对应的为上载，可在图 6-25 下拉菜单中选取"PLC 读取"操作，相关设置同下载。上载用于将已存储在 PLC 中的应用程序调出修改。

2. 程序的调试与监视

程序的调试及监视是程序开发的重要环节，很少有程序一经编制就是完善的，只有经过试运行甚至现场运行才能发现程序中不合理的地方，再进行修改。GX Developer 编程软件提供

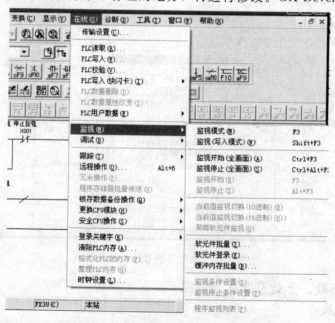

图 6-26 应用程序运行的调试与监视

了一系列工具，可使用户直接在软件环境下调试并监视用户程序的执行。具体操作可以点击"在线"菜单，并在下拉菜单中选择"监视"或"调试"，并选择相应工作方式，如梯形图监控或编程元件表监控，进入相应软件界面后，将 PLC 置运行状态，则可在软件界面上看到编程元件的工作状态，完成监控与调试，如图 6-26 所示。

## 习题及思考题

6-1　FX 系列 PLC 有哪些子系列？它们之间有些什么差别？

6-2　以 $FX_{2N}$ 系列 PLC 为例，有哪些工作单元？各有什么用途？

6-3　以 $FX_{3U}$ 系列 PLC 为例，说明基本单元面板上的设备及操作方法？

6-4　什么是基本单元集成的功能？举例说明。

6-5　基本单元和扩展单元在使用上有些什么差别？

6-6　画出 $FX_{3U}$ 源输入及汇点输入端子的接线图。

6-7　说明 FX 系列 PLC 主要编程元件的种类及用途。

6-8　举例说明 FX 系列 PLC 特殊辅助继电器的功能。

6-9　FX 系列 PLC 基本单元采用扩展配置时，应考虑哪些因素？I/O 是如何编址的？

6-10　说明 FX 系列 PLC 定时器、计数器的应用要素。图 6-14 中 X000、X001 与图 6-15 中 X011 有什么不同？

# 第七章 FX 系列 PLC 基本指令及逻辑控制应用技术

**内容提要**：在了解了 PLC 的软硬件资源后，用好 PLC 指令，编制科学的应用程序，是 PLC 应用的关键内容。本章介绍 PLC 程序中应用最广泛的指令——基本的指令，并以基本指令应用程序编制实例说明经验编程方法。

## 第一节 FX 系列 PLC 基本指令

FX 系列 PLC 基本指令可分为两类，即逻辑处理指令及逻辑功能指令。

### 一、逻辑处理指令

逻辑处理指令包括状态的读入，逻辑"与"、"或"、"非"运算，置位、复位等二进制操作指令。这些指令是程序中使用最广、编程最简单的指令，采用梯形图时可以直接用触点、线圈及连接线表示。在用指令表编程时，也可以通过梯形图中符号的连接方法及位置准确掌握指令的意义。

1. 指令格式

FX 系列 PLC 基本逻辑处理指令的代码、功能、操作数及在梯形图上的符号如表 7-1 所示。表中最右列梯形图中虚线框内的符号对应表最左列的指令代码。

**表 7-1 FX 系列 PLC 的基本逻辑处理指令**

| 指令代码 | 功　能 | 操　作　数 | 梯形图表示 |
|---|---|---|---|
| LD | 逻辑状态读入累加器 | X、Y、M、S、T、C 触点 | 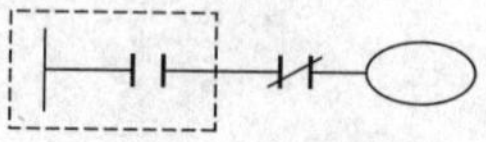 |
| LDI | 逻辑状态"取反"后读入累加器 | X、Y、M、S、T、C 触点 | 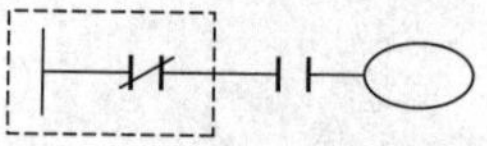 |
| AND | 操作数与累加器的内容进行"与"运算 | X、Y、M、S、T、C 触点 | 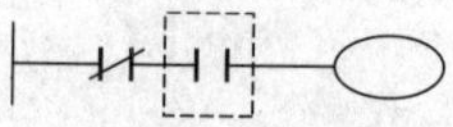 |
| ANI | 操作数状态"取反"后与累加器的内容进行"与"运算 | X、Y、M、S、T、C 触点 | 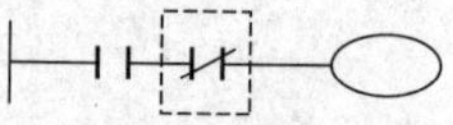 |
| OR | 操作数与累加器的内容进行"或"运算 | X、Y、M、S、T、C 触点 | 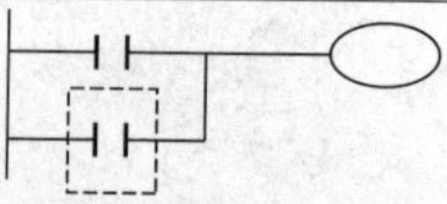 |
| ORI | 操作数状态"取反"后与累加器的内容进行"或"运算 | X、Y、M、S、T、C 触点 | 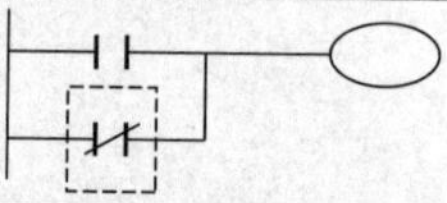 |
| OUT | 累加器内容输出到指定线圈 | Y、M、S、T、C 线圈 | 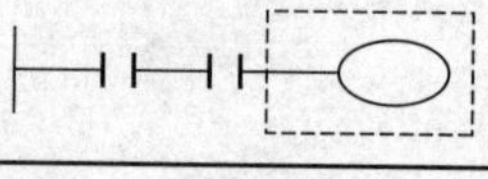 |

续表

| 指令代码 | 功　　能 | 操　作　数 | 梯形图表示 |
|---|---|---|---|
| INV | 累加器内容"取反" | — | 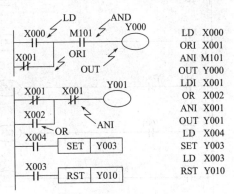 |
| SET | 置位,累加器为1,输入"1"并保持 | Y、M、S | |
| RST | 复数,累加器为1,输出"0"并保持 | Y、M、S | |
| NOP | 空操作,不进行任何处理 | — | — |

逻辑处理指令也叫触点线圈指令。其中触点含常开及常闭两类,又根据触点与梯形图其他部分的关联分为与母线连接的触点、与触点串联的触点及与触点并联的触点。触点指令关系到能流的到达与否,与此功能同类的还有取反指令。线圈指令含线圈输出指令及复置位指令,二者间的差别是线圈输出指令在有能流到达时线圈对应的存储单元置1,能流失去时置0,而复位指令在有能流到达时置1,在能流失去时还能保持置1,直到相关存储单元的复位指令被激励。

空操作指令可以理解为程序表中预留的"空档",可作为调试时增补指令使用。从指令本身的意义来说,空操作即是没有操作。

2.典型应用

(1)输出的基本表达电路　触点或者触点的组合(触点块)用来表达事件(输出)发生的条件,线圈输出则代表事件的发生,这是梯形图最常用的表达方式。图7-1为基本逻辑处理指令应用的一段梯形图程序,即是以梯形图的最常见结构表达的,指令表程序也列在图中了。

图 7-1　基本逻辑处理指令例

(2)启动优先及断开优先电路　第三章提到过的启-保-停电路,用梯形图表示如图7-2(a)所示,即为断开优先电路,图7-2(b)所示电路则为启动优先电路。图7-3为用复位置位指令实现的断开优先及启动优先电路。启动优先还是断开优先的区别在于当启动/断开信号同时为1时,其输出状态不同。

(3)边沿信号生成电路　第五章中介绍过的脉冲生成电路即是一种边沿信号生成电路,图7-4为使用复置位指令的边沿信号生成电路。

(4)二分频电路　控制系统有时需要用一个按钮交替控制执行器件的通断,即在输出断开时按钮使其接通,在输出接通时按钮使其断开,这种控制要求的输出动作频率为输入动作的1/2,故称为二分频电路。图7-5即为一种二分频电路。

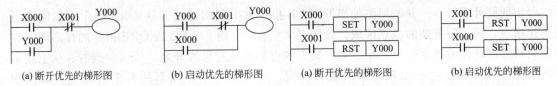

(a)断开优先的梯形图　　(b)启动优先的梯形图　　(a)断开优先的梯形图　　(b)启动优先的梯形图

图 7-2　断开优先及启动优先电路　　　　图 7-3　用复位置位指令实现的断开优先及启动优先电路

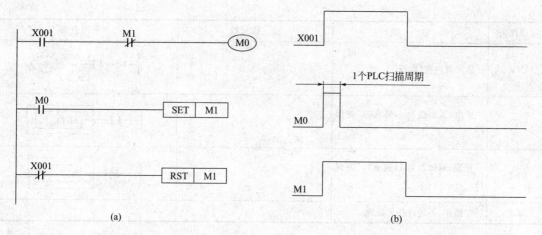

图 7-4 复位置位指令实现的边沿信号生成电路

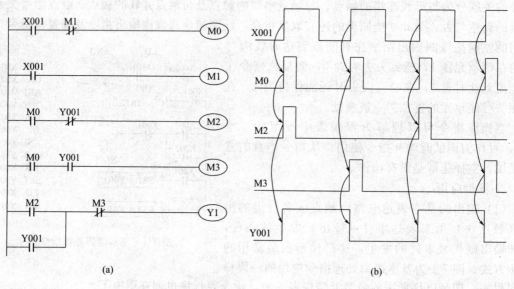

图 7-5 二分频电路

FX 系列 PLC 定时器、计数器也使用线圈输出指令。它们的工作情况已在第六章说明，本章不再重复。

## 二、逻辑功能指令

### 1. 指令格式

逻辑功能指令的代码、功能、操作数及在梯形图上的符号如表 7-2 所示。逻辑功能指令用于较复杂逻辑关系的处理，含回路运算、堆栈操作、边沿处理及主控操作等。在梯形图中，这些指令更强调符号间的相对位置及符号本身的特殊功能。

### 2. 典型应用

（1）回路处理指令 并联回路的串联 ANB 指令及串联回路的并联 ORB 指令也叫做触点块连接指令，用于较复杂的触点区域。如图 7-6 所示为使用了 ANB 与 ORB 指令的梯形图。在将这类梯形图转换为指令表时，除了遵守第五章讲到的从左母线开始，依从左到右、从上到下的转换次序外，还要注意先叙述触点块的构成，再说明与前序图形的关系的原则。如图中"ANB"指令排列在大圆环中触点块的表述之后。

表 7-2　**FX 系列 PLC 的逻辑功能指令**

| 指令代码 | 功　能 | 操　作　数 | 梯形图表示 |
|---|---|---|---|
| ANB | 并联回路的"与"运算 | 不需要 | |
| ORB | 串联回路的"或"运算 | 不需要 | |
| MPS | 累加器结果进堆栈 | 不需要 | |
| MRD | 读取堆栈内容 | 不需要 | |
| MPP | 堆栈移出到累加器 | 不需要 | |
| PLS | 上升沿输出 | Y、M 线圈 | |
| PLF | 下降沿输出 | Y、M 线圈 | |
| LDP | 上升沿读入累加器 | X、Y、M、S、T、C 触点 | |
| LDF | 下降沿读入累加器 | X、Y、M、S、T、C 触点 | |
| ANDP | 累加器内容与上升沿"与"运算 | X、Y、M、S、T、C 触点 | |
| ANDF | 累加器内容与下降沿"与"运算 | X、Y、M、S、T、C 触点 | |
| ORP | 累加器内容与上升沿"或"运算 | X、Y、M、S、T、C 触点 | |
| OPF | 累加器内容与下降沿"或"运算 | X、Y、M、S、T、C 触点 | |
| MC | 生成主控母线 | Y、M | |
| MCR | 主控母线复位 | 不需要 | |

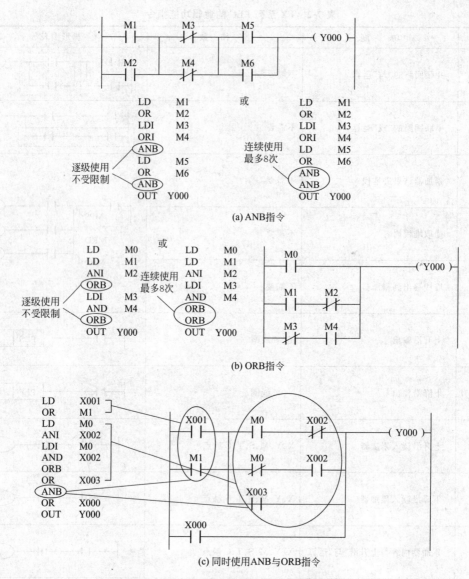

图 7-6 ANB、ORB 指令应用例

（2）堆栈指令 MPS、MRD、MPP 分别为入栈指令、读栈指令及出栈指令。从梯形图结构出发理解堆栈指令，可认为指令是用来描述能流线上的多分支节点。入栈为节点上的第一个分支，读栈为中间的分支，出栈为最后一个分支。FX 系列 PLC 最多可以使用 11 级堆栈。图 7-7 为堆栈指令应用例。图中指令箭头处为"能流线上的多分支节点"。

（3）主控触点指令 主控触点指令含主控触点指令（MC）及主控触点复位指令（MCR）两条指令。功能与栈指令类似，指以一个触点实现对多个梯形图分支的控制。不同之处在于栈指令是用"栈"建立一个分支结点（梯形图支路的分支点），而主控触点指令则用增绘一个实际的触点建立一个由这个触点隔离的区域。图 7-8 为主控触点指令的说明，图中 M100 为主控触点，该触点是触点后梯形图区域的"能流关卡"，因而称为"主控"。MC、MCR 指令需要成对使用，MC 指令可以嵌套 8 层。MC 指令中的"N0"为主控触点的嵌套编号（0～7）。当不嵌套时，编号可以都使用 N0，N0 的使用次数没有限制。另外，图 7-8 指令表中"SP"表示空格。

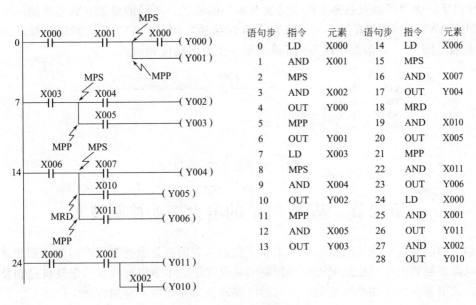

| 语句步 | 指令 | 元素 | 语句步 | 指令 | 元素 |
|---|---|---|---|---|---|
| 0 | LD | X000 | 14 | LD | X006 |
| 1 | AND | X001 | 15 | MPS | |
| 2 | MPS | | 16 | AND | X007 |
| 3 | AND | X002 | 17 | OUT | Y004 |
| 4 | OUT | Y000 | 18 | MRD | |
| 5 | MPP | | 19 | AND | X010 |
| 6 | OUT | Y001 | 20 | OUT | X005 |
| 7 | LD | X003 | 21 | MPP | |
| 8 | MPS | | 22 | AND | X011 |
| 9 | AND | X004 | 23 | OUT | Y006 |
| 10 | OUT | Y002 | 24 | LD | X000 |
| 11 | MPP | | 25 | AND | X001 |
| 12 | AND | X005 | 26 | OUT | Y011 |
| 13 | OUT | Y003 | 27 | AND | X002 |
| | | | 28 | OUT | Y010 |

图 7-7　堆栈指令应用例

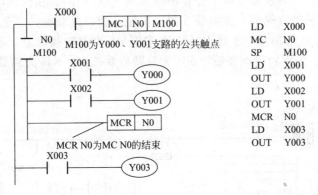

图 7-8　MC、MCR 指令说明

（4）边沿操作指令　边沿操作指令含边沿生成指令及边沿处理指令两类。

边沿生成指令 PLS、PLF 用来获得 M 或 Y 元件的上升沿或下降沿，生成的边沿信号只保持一个扫描周期。图 7-9 为边沿生成指令使用例。

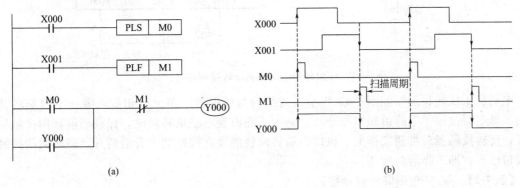

图 7-9　边沿生成指令应用例

边沿处理指令 LDP、LDF、ANDP、ANDF、ORP、ORF 从逻辑处理指令 LD、AND、

OR 变化而来，保留了触点在梯形图中位置及关联的概念，不同的是触点只能接通一个扫描周期。LDP、ANDP、ORP 在触点的上升沿出现时接通，LDF、ANDF、ORF 在触点的下降沿出现时接通。图 7-10 梯形图功能与图 7-9 最后一个支路功能相同。

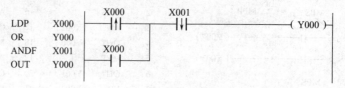

图 7-10　边沿处理指令应用例

## 第二节　基于 PLC 的电力拖动控制技术

电动机的启动、调速及制动电路是工业控制的基础内容，也是逻辑控制的典型领域。PLC 代替继电器接触器电路，也是电力拖动控制的常见课题。本节以交流异步电动机控制及机床控制为例，说明基本指令的基本应用及继电器电路转换为梯形图的常用方法。

【例 7-1】　三相异步电动机正反转控制。

三相异步电动机正反转控制应用十分普遍。采用 PLC 控制后保留继电器接触器控制电路的全部功能。如启动后的自保持、接触器互锁、按钮互锁、过载保护、正-反-停功能等。本例接线图如图 7-11 所示。采用 FX 系列 PLC，图中 $KM_1$ 为正转接触器，$KM_2$ 为反转接触器，$SB_1$ 为停止按钮，$SB_2$ 为正转启动按钮，$SB_3$ 为反转启动按钮，KH 为热继电器触点。

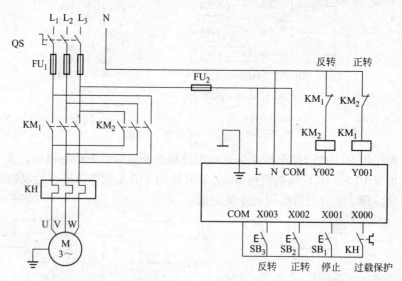

图 7-11　三相异步电动机正反转控制硬件接线图

电动机正反转梯形图如图 7-12 所示。其结构与继电器电路十分相似，唯一不同是启动按钮输入继电器使用了下降沿触点指令，这是为了在改变电动机转向时，保证当前转向接触器先断开，反转接触器后接通安排的。也即当前转向接触器在按钮的上升沿断开，新转向的接触器在按钮松开，即下降沿时接通。

【例 7-2】　星-三角形降压启动控制。

第三章介绍过的星-三角形降压启动工作过程如图 7-13 所示。关键点在于星-三角形换接是在主电源接触器 $KM_1$ 接通时进行的。这使换接用接触器较易损坏。理想的换接应保证换接在

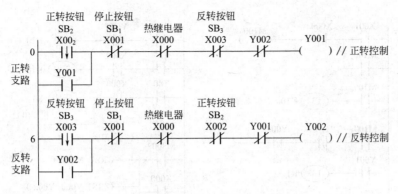

图 7-12　异步电动机正反转梯形图程序

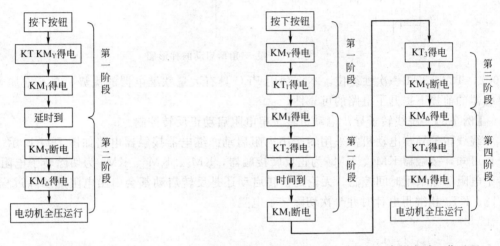

图 7-13　星三角形启动工作过程　　　　　图 7-14　改进的星三角形启动工作过程

无电的情况下完成，即启动时先接成星形再接通主电源接触器，换接为三角形接法时先断开主电源接触器再接成三角形，再接通主电源接触器。改进的工作过程如图 7-14 所示。电气原理图如图 7-15 所示，梯形图如图 7-16 所示。图中 ZRST 指令为批复位指令，可以将 Y000～

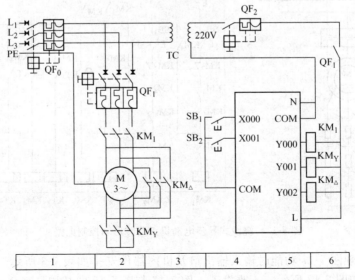

图 7-15　星-三角形启动电气原理

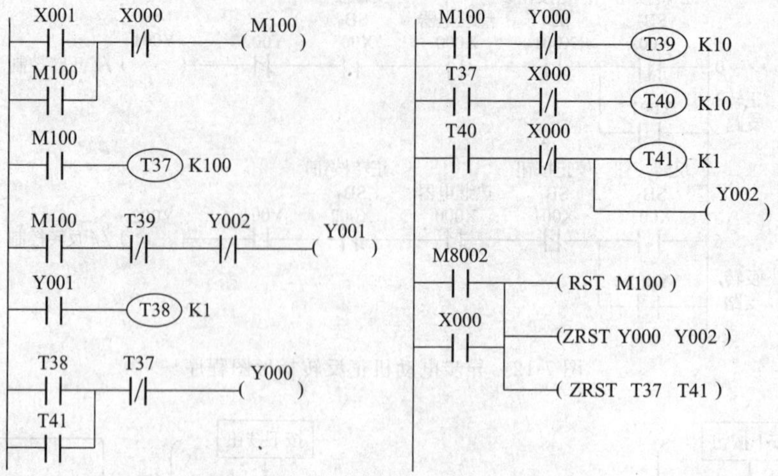

图 7-16 星-三角形启动的梯形图

Y002，T37～T41 一次性复位。本例利用 PLC 具有大量软继电器的优势，在不增加硬件时间继电器的前提下提升了电路的可靠性。

【例 7-3】 绕线转子异步电动机转子串电阻启动正反转控制。

绕线转子异步电动机常采用转子串电阻启动。继电器接触器电路如图 7-17 所示。由电路分析可知，接触器 KM₁、KM₂ 为正反转接触器，KM₃、KM₄、KM₅ 为切除转子电阻接触器，转子电阻切除采用时间控制。无论是正转启动还是反转启动都会引出电阻的切除过程。KT₁、KT₂、KT₃ 相继得电计时并分次切除转子电阻。

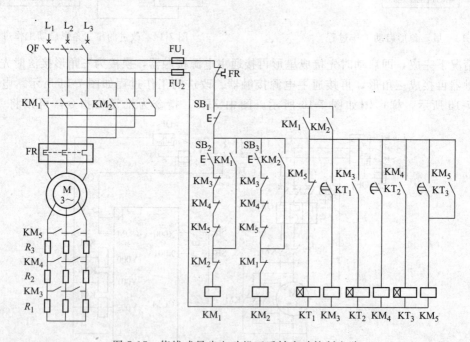

图 7-17 绕线式异步电动机正反转启动控制电路

采用 PLC 实现图 7-17 功能时输入输出口及机内器件安排如表 7-3 所示。直接由继电器电路改绘的梯形图如图 7-18 所示。不难发现，图 7-17 与图 7-18 的结构是完全一样的。

表7-3　绕线转子异步机转子串电阻启动正反转控制机内器件安排表

| 输入信号 | | | 输出信号 | | |
|---|---|---|---|---|---|
| 名　称 | 代号 | 元件编号 | 名　称 | 代号 | 元件编号 |
| 热继电器(常开触点) | FR | X000 | 正转接触器 | $KM_1$ | Y001 |
| 停止按钮(常开触点) | $SB_1$ | X001 | 反转接触器 | $KM_2$ | Y002 |
| 正转启动按钮(常开触点) | $SB_2$ | X002 | 切除电阻 $R_1$ 接触器 | $KM_3$ | Y003 |
| 反转启动按钮(常开触点) | $SB_3$ | X003 | 切除电阻 $R_2$ 接触器 | $KM_4$ | Y004 |
| | | | 切除电阻 $R_3$ 接触器 | $KM_5$ | Y005 |

| 其他机内器件 | | | | | |
|---|---|---|---|---|---|
| 名　称 | 代号 | 元件编号 | 名　称 | 代号 | 元件编号 |
| 时间继电器 | $KT_1$ | T37 | 时间继电器 | $KT_3$ | T39 |
| 时间继电器 | $KT_2$ | T38 | | | |

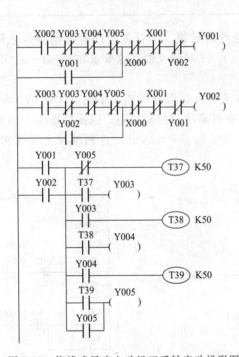

图7-18　绕线式异步电动机正反转启动梯形图

# 第三节　梯形图程序的经验设计法

可编程控制器应用的重要步骤是编制满足控制要求的应用程序。和继电器电路图设计相似，经验法可用于梯形图的设计过程。

经验法即是以编程者的"经验"为基础的编程方法，以下以实例说明经验法常用的编程线索。

**一、以典型的功能电路拼凑梯形图草图，再根据控制系统的要求不断修改及完善草图，直到取得满意的结果，其中，启-保-停电路是最常用的功能电路**

【例 7-4】 简单三组抢答器。

儿童 2 人、青年学生 1 人和教授 2 人分成 3 组抢答。儿童任一人按钮均可抢得，教授须两人同时按钮可抢得，在主持人按按钮同时宣布开始后 10s 内有人抢答则幸运彩球转动。

表 7-4 给出了本例 PLC 的端子分配及机内元件选用情况。其中 Y001～Y004 分别代表儿童抢得、学生抢得、教授抢得及彩球转动四个事件，是本例的输出线圈，绘梯形图时针对每个输出以启-保-停电路模式绘出草图，如图 7-19 所示，其后考虑各输出之间的制约。主要有以下几个方面。

**表 7-4 三组抢答器 PLC 端子分配表**

| 输 入 端 子 | 输 出 端 子 | 其 他 器 件 |
|---|---|---|
| 儿童抢答按钮：X001、X002<br>学生抢答按钮：X003<br>教授抢答按钮：X004、X005<br>主持人开始开关：X011<br>主持人复位按钮：X012 | 儿童抢得指示灯：Y001<br>学生抢得指示灯：Y002<br>教授抢得指示灯：Y003<br>彩球：Y004 | 定时器：T10 |

① 抢答器的重要性能是竞时封锁，也就是若已有某组按按钮抢答，则其他组再按无效，体现在梯形图上，是 Y001～Y003 间的互锁，这要求在 Y001～Y003 支路中互串其余两个输出继电器的常闭触点。

② 依控制要求，只有在主持人宣布开始的 10s 内 Y001～Y003 接通才能启动彩球，且彩球启动后，该定时器也应失去对彩球的控制作用。因而梯形图 7-20 中 Y004 支路中串入了定时器的常闭触点，且在 Y001、Y002、Y003 常开触点两端并上了 Y004 的自保触点。图 7-20 是程序设计的最终结果。

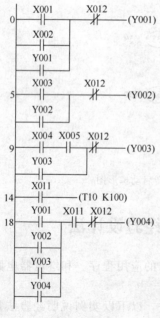

图 7-19 三组抢答器梯形图（草图）

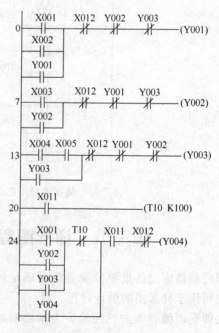

图 7-20 三组抢答器梯形图（完成）

**二、最终输出的表达可以分层次实现，先将代表"关键点"的机内器件作为输出，写出准备程序，再用这些关键点表达最终输出的条件，这里"关键点"为控制状态发生变化的节点。**

【例 7-5】　三彩灯循环工作控制。

三彩灯相隔 5s 启动，各运行 10s 停止，循环往复。绘出三彩灯一个周期运行时序，如图 7-21 所示。分析该图知，0s、5s、10s、15s、20s 为三彩灯运行周期中工作状态发生变化的时间点。据此设计控制梯形图如图 7-22 所示。编程思路可以概括为：先将三彩灯运行状态变化的时间点用机内器件表达出来，再用这些"点"表示各只彩灯的输出。

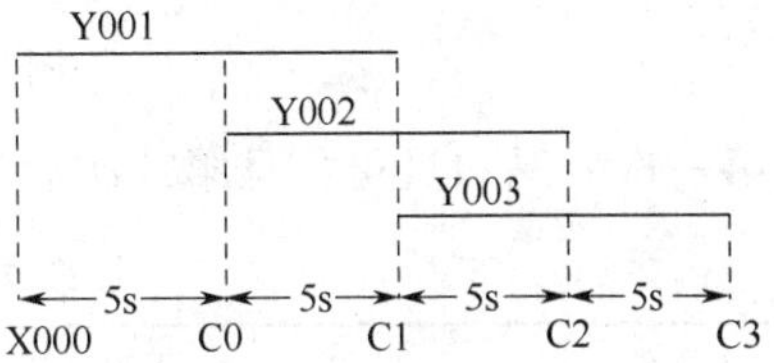

本例的输入输出及其他机内器件分配表见表 7-5 所示。

本例中采用定时器 T0 构成振荡电路及采用计数器配合定时器构成时间点的方法是很典型的方法，可作为单元电路在各种程序中使用。

图 7-21　三彩灯控制时序图

**三、引入合适的辅助继电器可以化解复杂的逻辑缠联，使程序简明易读**

【例 7-6】　运料小车的控制。

图 7-23 所示小车一个工作周期的动作要求如下。

按下启动按钮 SB（X000），小车电动机 M 正转（Y010），小车第一次前进，碰到限位开关 SQ$_1$（X001）后小车电动机 M 反转（Y011），小车后退。

小车后退碰到限位开关 SQ$_2$（X002）后，小车电动机 M 停转。停 5s 后，第二次前进，碰到限位开关 SQ$_3$（X003），再次后退。

第二次后退碰到限位开关 SQ$_2$（X002）时，小车停止。

该例梯形图设计步骤如下。

**1. 分析**

本例的输出较少，电动机正转输出 Y010 及反转输出 Y011，但控制工况比较复杂。由于分为第一次前进、第一次后退、第二次前进、第二次后退，且限位开关 SQ$_1$ 在两次前进过程中、限位开关 SQ$_2$ 在两次后退过程中所起的作用不同，想直接绘制针对 Y010 及 Y011 的启-保-停电路梯形图不太容易。为了将问题简化，可不直接针对电动机的正转及反转列写梯形图，而是针对第一次前进、第一次后退、第二次前进、第二次后退列写启-保-停电路梯形图。为此选 M100、M101 及 M110、M111 作为两次前进及两次后退的辅助继电器，选定时器 T37 控制小车第一次后退在 SQ$_2$ 处停止的时间，本例的输入输出口安排已标在图 7-23 中了。

**2. 绘梯形图草图**

针对两次前进及两次后退绘出的梯形图草图，如图 7-24 所示。图中有第一次前进、第一次后退、计时、第二次前进、第二次后退 5 个支路，每个支路的启动与停止条件都是清楚的，但是程序的功能却不能符合要求。分析以上梯形图可以知道，若依以上程序，第二次前进碰到 SQ$_1$ 时即会转

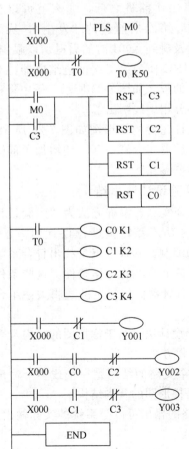

图 7-22　三彩灯控制梯形图

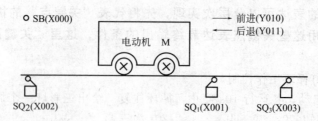

SB(X000) 电动机 M →前进(Y010) ←后退(Y011)

SQ2(X002)  SQ₁(X001)  SQ₃(X003)

图 7-23　小车自动往返工况示意图

入第一次后退的过程，且第二次后退碰到 SQ₂ 时还将启动定

表 7-5　三彩灯控制机内器件安排表

| 输入器件 | X000：开始工作开关 |
| --- | --- |
| 输出器件 | Y001、Y002、Y003：三彩灯 |
| 其他机内器件 | M0：上升沿继电器<br>T0：定时器，产生间隔 5s 脉冲<br>C0、C1、C2、C3：计数器，产生间隔 5s 时间点 |

时器，不能实现停车。

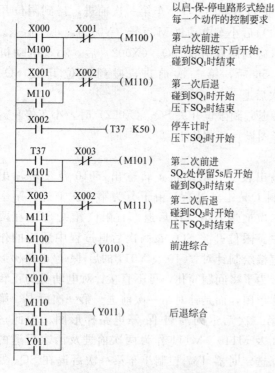

以启-保-停电路形式绘出每一个动作的控制要求

第一次前进 启动按钮按下后开始，碰到SQ₁时结束

第一次后退 碰到SQ₁时开始 压下SQ₂时结束

停车计时 压下SQ₂时开始

第二次前进 SQ₂处停留5s后开始 碰到SQ₃时结束

第二次后退 碰到SQ₃时开始 压下SQ₂时结束

前进综合

后退综合

图 7-24　小车往返控制梯形图草图 1

**3. 修改梯形图**

以上提及的不符合控制要求的两种情况都发生在第二次前进之后，那么就可以让 PLC "记住"第二次前进的"发生"，从而对停车计时及碰到 X001 时的后退加以限制。于是选择 M102 作为第二次前进继电器，对草图修改后的程序如图 7-25 所示。图中将程序修改的部分用虚线圈出了。

本例设计完善的梯形图如图 7-26 所示。图中将两次后退综合到一起，还增加了前进与后退的继电器互锁。

**四、经验设计法小结**

以上三个实例的编程方法为"经验设计法"，即依据设计者经验进行设计的方法。PLC 程序的编制，其根本点是找出符合系统控制要求的各个输出的工作条件，这些条件总是用机内各种器件按一定的逻辑关系组合实现的。

**1. 经验设计法是基于梯形图的结构及表达方法的编程方法**

① 梯形图支路的结构方法　梯形图由许多支路构成，每个支路的结尾是一个或多个输出线圈，线圈的前边是由触点及触点块组成的输出条件。这就是梯形图的基本结构。

梯形图支路的基本模式为启-保-停电路。每个启-保-停电路的输出可以是系统的实际输出，也可以是中间变量。

② 梯形图支路的表达方法　梯形图是计算机的编程语言。存储单元也即机内编程元件是计算机工作的对象，也是组成梯形图的基本元素，或者说，梯形图是用机内器件的关系表达控

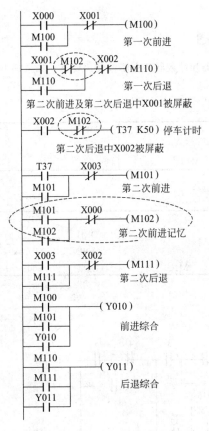

图 7-25　小车往返控制梯形图草图 2

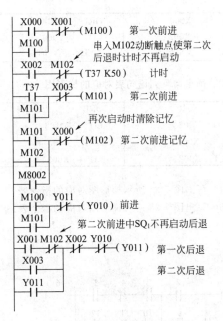

图 7-26　小车往返控制梯形图完成

制要求的。

2. 经验设计法编程步骤及要点

① 在准确了解控制要求后，合理地为控制系统中的事件分配输入输出口。选择必要的机内器件，如定时器、计数器、辅助继电器。

② 对于一些控制要求较简单的输出，可直接写出它们的工作条件，依启-保-停电路模式完成相关的梯形图支路。工作条件稍复杂的可借助辅助继电器（如例 7-6 中小车前进部分的 M100、M101 及 M102）。

③ 对于较复杂的控制要求，为了能用启-保-停电路模式绘出各输出口的梯形图，要正确分析控制要求，并确定组成总的控制要求的关键点。在空间类逻辑为主的控制中，关键点为影响控制状态的点（如抢答器例中主持人是否宣布开始，答题是否到时等），在时间类逻辑为主的控制中（如彩灯），关键点为控制状态转换的时间。

④ 将关键点用梯形图表达出来。关键点总是用机内器件来代表的，在安排机内器件时需要考虑并安排好。绘关键点的梯形图时，可以使用常见的基本环节，如定时器计时环节、振荡环节、分频环节等。

⑤ 在完成关键点梯形图的基础上，针对系统最终的输出，使用关键点综合出最终输出的控制要求。

⑥ 审查以上草绘图纸，在此基础上，补充遗漏的功能，更正错误，进行最后的完善。

最后需要说明的是"经验设计法"其实并无一定的章法可循。在设计过程中如发现初步的设计构想不能实现控制要求时，可换个角度试一试。当用户的设计经历多起来时，经验法就会得心应手了。

## 习题及思考题

7-1 结合本章实例中定时器及计数器的使用，分析定时器和计数器各有哪些使用要素？如果梯形图功能框前的触点是工作条件，定时器和计数器工作条件有什么不同？

7-2 画出与下列语句表对应的梯形图。

| | | | | | | | |
|---|---|---|---|---|---|---|---|
| LD | X000 | ORI | M100 | OR | M100 | OUT | Y010 |
| OR | X002 | LD | Y000 | ANB | | | |
| ANI | X003 | AND | X004 | ORI | M103 | | |

7-3 画出与下列语句表对应的梯形图。

| | | | | | | | |
|---|---|---|---|---|---|---|---|
| LD | X000 | ORB | | ANI | Y003 | AND | M105 |
| AND | X002 | LD | M102 | ORB | | ORB | |
| LD | X003 | AND | Y003 | ANB | | AND | M102 |
| AN I | X002 | LD | X003 | LD | M100 | OUT | Y003 |

7-4 写出图 7-27 所示梯形图对应的指令表。

7-5 写出图 7-28 所示梯形图对应的指令表。

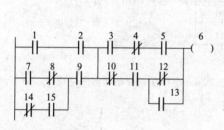

图 7-27 习题 7-4 图

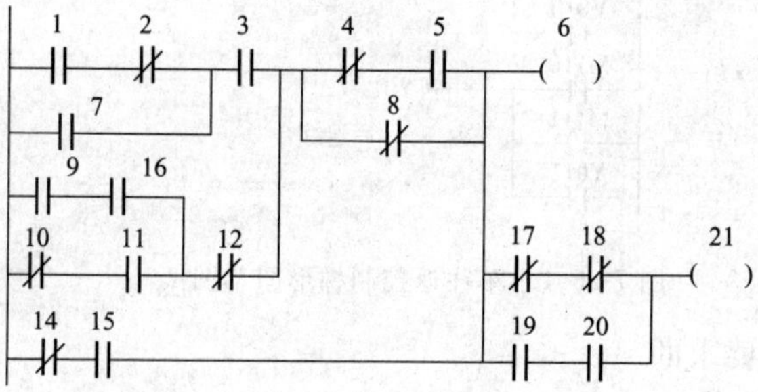

图 7-28 习题 7-5 图

7-6 写出图 7-29 所示梯形图对应的指令表。

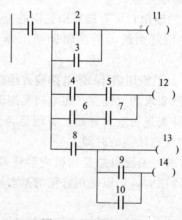

图 7-29 习题 7-6 图

7-7 如图 7-30 所示，若传送带上 20s 内无产品通过则报警，接通 Y000。试绘出梯形图并写出指令表。

7-8 如图 7-31 所示为一电动机启动的工作时序图，试绘出梯形图。

7-9 试将本书第三章图 3-17 改绘为梯形图。

7-10 试将本书第三章图 3-18 改绘为梯形图。

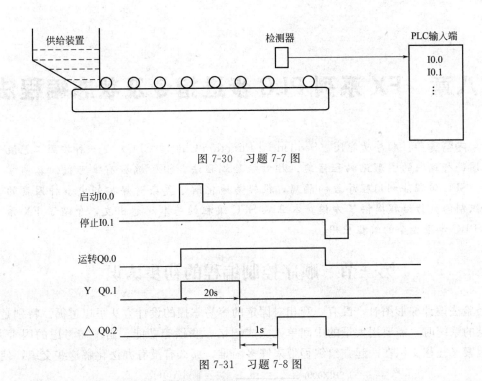

图 7-30　习题 7-7 图

图 7-31　习题 7-8 图

7-11　试设计二分频、三分频、六分频梯形图。

7-12　使用 PLC 完成第三章中习题 3-9。

7-13　使用 PLC 完成第三章中习题 3-15。

# 第八章 FX系列PLC步进指令及状态编程法

**内容提要：** 顺序功能图（Sequential Function Chart，SFC）是一种按照工艺流程图进行编程的图形化编程语言。相对经验编程法，SFC编程有章可循，容易掌握。SFC编程法利用程序段的隔离，很轻易地化解了复杂时序控制中多种因素的交织制约，为编程提供了方便。本章从SFC编程的基本思想出发，介绍了FX系列PLC步进指令的编程应用。

## 第一节 顺序控制编程的初步认识

用经验法设计梯形图时，没有一套相对固定的容易掌握的设计方法可以遵循。特别是在设计较复杂的系统时，需要用大量的中间单元完成记忆、联锁等功能。由于需考虑的因素太多，且这些因素又往往交织在一起，给编程带来许多困难。那么有没有办法化解这些交织，使编程

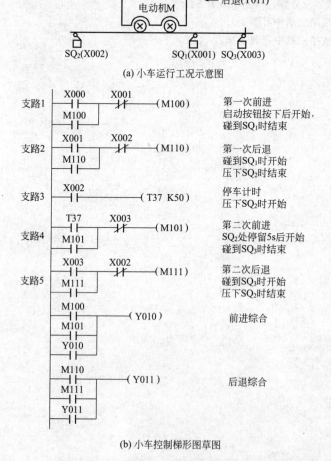

(a) 小车运行工况示意图

(b) 小车控制梯形图草图

图 8-1 使用经验设计法编制的小车程序

变得容易呢？下边仍以第七章讲述过的小车控制为例介绍顺序控制编程方法。

图8-1是第七章中使用经验设计法编制的小车程序，针对第一次前进、第一次后退、第二次前进、第二次后退绘出的梯形图草图。该图最主要的问题有两个：一是第二次前进时小车碰到SQ$_1$会和第一次前进碰到SQ$_1$时一样引出小车后退；二是第二次后退到SQ$_2$位置时还会引起定时器工作并引起小车前进。这主要是因为SQ$_1$及SQ$_2$的控制功能写在程序中了，程序又是全部要执行的，它就不能不起作用了。那么能不能让PLC在不同的控制阶段有选择地执行一些程序段落呢？例如在第二次前进时，只让该图的支路4工作，其他支路断开或被屏蔽，使第二次前进时，X002与X003都不再起作用，从而化解了两次前进和两次后退之间的交织呢？回答是肯定的。顺序控制编程正是一种建立在程序段的激活与屏蔽基础上的编程方法，能为时间顺序控制程序的编制提供方便。

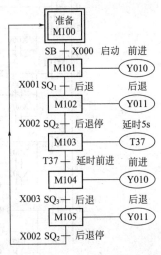

图8-2　小车往返运行系统步序图

具体的编程思路如下。首先将整个顺序控制过程分成几个步序，即准备、第一次前进、第一次后退、停车计时、第二次前进、第二次后退，并用辅继电器M101～M105作为步序号。要根据控制要求，也即步序之间的联系，绘出步序图。小车的步序图如图8-2所示。图中方框表示步序，代表不同步序的辅助继电器地址已写在各个方框中了。方框间的连线表示步序间的联系，方框连线上的短横表示步序转换的条件。与方框间连线的输出线圈或功能框表示步序的工作任务。图8-2中还标出了以上各项控制相关的编程元件的地址。

其次是要为每一个步序编一段独立的程序，并以步序号作为各段程序的"开关"，使程序运行时每次只有一个程序段处于开通状态，也就是实现程序段的激活及屏蔽。具体可有多种方法：一种是以启-保-停电路实现的梯形图程序，如图8-3所示。图中前6个支路对应于图8-2中的6个步序。每个程序支路的功能都包括：后一步序被激活时立即断本步序；本步序的工作任务及在什么条件下中止这一任务。这样，在由许多支路组成的梯形图中，某个时刻就只有一条支路被激活了。还有一种方法是用置位复位指令形成代表步序的辅助继电器中每次只有一个被置1，并以此为各程序支路的开关。采用这种方法编制的台车控制程序如图8-4所示。图中每一个支路中都有复位及置位指令。复位是针对上个步序的辅助继电器，置位则是针对下个步序

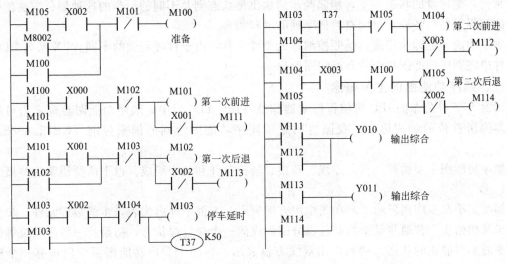

图8-3　采用启-保-停电路的状态法编程小车控制梯形图

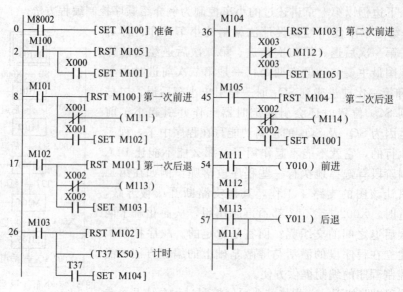

图 8-4　采用复位置位指令的状态法小车控制梯形图

的辅助继电器。当本步序的辅助继电器被置 1，上个步序的辅助继电器已置 0，而下个步序的辅助继电器还未被置 1 时，全部代表步序的辅助继电器就只一个处于激活状态了。而这个辅助继电器正是本步序梯形图支路的第一个且处于开关位置的触点。

用复位及置位指令编制顺控程序在解决了程序段的激活及屏蔽问题之后，也要安排各个步序要完成的任务。如第一次前进步序中要安排小车运行到 SQ$_1$ 之前电动机的正转，第一次后退步序中要安排小车运行到 SQ$_2$ 前电动机的反转等。这些只要在相应的步序开关后表达就可以了。

# 第二节　顺序功能图的基本类型及编程

顺控编程的基本思想是将系统的完整控制过程分解为若干个顺序相连的阶段。这些阶段称为步，也称为状态，并用编程元件代表它。步的划分主要根据输出量的状态变化。在一步内，一般来说，输出量的状态不变，相邻两步的输出量状态则是不同的。步的这种划分方法使代表各步的编程元件与各输出量间有着极明确的逻辑关系。

顺序功能图也即步序图，是顺控编程的重要工具，由于称呼习惯的不同，FX 系列 PLC 编程文件中将顺序功能图称作状态流程图。

## 一、顺序功能图的主要概念

1994 年 5 月公布的 IEC 可编程控制器标准（IEC 1131）中，顺序功能图被确定为可编程控制器位居首位的编程语言。我国也制定了顺序功能图绘制的国家标准（GB/T 6988.6—1993）。

顺序功能图主要由步、有向连线、转换、转换条件和动作组成。以下简要说明这些概念。

1. 步

如前文小车步序图所示，步在图中用方框表示。方框中标出代表该步的编程元件。步分为普通步及初始步，普通步是由控制过程分解而成的一个个过程状态，初始步一般是系统等待启动命令的相对静止的状态。初始步用双线方框表示，每一个顺序功能图至少应该有一个初始步。初始步的激活一般采用系统中的一些特殊信号，如初始化脉冲 M8002 等。

前边已经提到，顺序控制编程法的根本要点是程序段的激活及屏蔽，即在程序执行的某个具体时刻中，总是有选择地执行整体程序中的部分段落。这些段落对应的步称为活动步。而整个程序的执行过程则是活动步的顺序流转过程。

2. 有向连线

顺序功能图中，连接代表步的方框的连线称为有向连线。在画顺序功能图时，将方框按它们成为活动步的先后顺序排列，并用有向线段连接起来。步活动状态的习惯进展方向是从上至下、从左至右，在这两种方向上的有向连线上可以不画箭头，如不是这种方向时，则需标以箭头以明确方向（如图8-2中M105至M100间的有向线段）。

如顺序功能图规模较大，在一张图纸或同张图的一处绘制不完时，需在有向线段的中断处标明连接的图纸页码及标记。

3. 转换

转换用有向连线上与有向连线垂直的短划线表示，转换将相邻的两个步框分开，步的活动状态的变动是由转换的实现来完成的，并与控制过程的发展相对应。

4. 转换条件

顺序功能图表达转换的短划线旁应标明转换的条件。条件可用文字语言、器件符号、图形符号及地址等表示，如小车顺控功能图中SQ、T37等，在条件包含的因素较多时，可以用布尔表达式或图形表示，如图8-5所示。

5. 动作

动作指每个步序中的输出。在顺序功能图中，输出在代表步的方框旁用横线连接表示。输出可以具体为指令，如用梯形图中输出指令的图形符号，如小车顺控功能图中那样。也可以如图8-6所示，用方框表示输出，方框中标有输出器件的地址。当输出较多时，可用多个指令或多个方框，方框并列绘出与垂直方向上绘出意义相同。在选用输出指令时，普通输出在本步转为不活动步时输出即停止，但输出用置位指令，则输出将在本步变为不活动步时仍旧保持，直到在某个活动步中安排有相关复位指令。

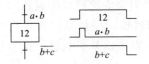

图8-5 转换与转换条件

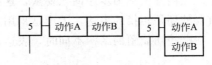

图8-6 动作表示法

## 二、顺序功能图的基本类型

当控制系统规模较大，步序多且转换比较复杂时，顺序功能图可能出现复杂的现象。顺序功能图的基本类型如下。

1. 单序列

单序列由一系列相继激活的步组成，每一步的后面仅有一个转换，每一个转换后面只有一个步，如图8-7(a)所示。

2. 选择序列

选择序列的开始称为分支，如图8-7(b)中步5所示。步5下的水平线称为分支线，转换条件符号标在水平线之下的分支上。如果步5是活动步，并且转换条件h＝1，则发生步5→步8的转换。如果步5是活动步，并且k＝1，则发生步5→步10的转换。选择序列中一次只能选择一个序列。

选择的结束称为合并，如图8-7(b)中步12所示。几个序列合并到一个公共序列时，用和需要重新组合的序列数量相同的转换和水平连线表示。转换符号只允许标在水平线之上的分

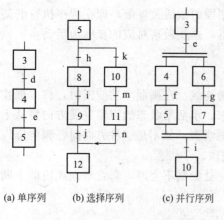

(a) 单序列　(b) 选择序列　(c) 并行序列

图 8-7　顺序功能图的基本类型

支上。在图 8-7(b) 中，如果步 9 是活动步，并且转换条件 j=1，则发生步 9→步 12 的转换。如果步 11 是活动步，并且 n=1，则发生步 11→步 12 的转换。

3. 并列序列

并列序列的开始称为分支，如图 8-7(c) 所示，当转换的实现导致几个序列同时激活时，这些序列称为并列序列。图 8-7(c) 中，当步 3 是活动步，并且转换条件 e=1，步 4 及步 6 被同时激活，同时步 3 变为不活动步，为了强调转换的同步实现关系，水平连线用双线表示。步 4 及步 6 被激活后，每个序列中活动步的进展是独立的。在表示同步的双水平线之上只允许有一个转换符号。并列序列用来表示系统的几个同时工作的独立部分的工作情况。

并列序列的结束称为合并，如图 8-7(c) 所示，在表示同步的水平双线下，只允许有一个转换符号。当直接连接在双线上的所有前级步都处于活动步状态，并且转换条件 i=1 时，才会发生步 5、步 7 到步 10 的转换，即步 5、步 7 变为不活动步，而步 10 变为活动步。

复杂的顺控功能图中还会有选择序列及并列序列混合存在及循环跳转等情况。但转换及有向连线的表达方法则是一致的。

### 三、较复杂顺序功能图的编程及举例

连带转换一起考虑，顺控程序中对应顺序功能图某一步序或称某一状态，在程序中要表达的有三方面的内容。

① 本步序要做什么？也即本步序的工作任务。

② 满足什么条件发生步序的转换？

③ 下个要激活的步序是哪一个？或称活动步将转到哪个步序。

以上三项内容被称为步序的三要素，这在每个步序程序中都是要通过程序表达的。但在编程中最重要的还是转换的表达，无论是采用启-保-停电路中的转换，还是复位置位指令编程中的转换，在顺控功能图的结构不同时，表达具有不同的方式。以下以某剪板机的控制程序为例说明。

【例 8-1】 图 8-8 是某剪板机工况示意图，开始时，压钳和剪刀在上限位置，限位开关 X000 和 X001 为 ON。按下启动按钮 X010 后工作过程开始。首先板料右行（Y000 为 ON）至限位开关 X003 动作，然后压钳下行（Y001 为 ON 并保持），压紧板料后，压力继电器 X004 为 ON，压钳保持压紧，剪刀开始下行（Y002 为 ON）。剪断板料后 X002 为 ON，压钳及剪刀同时上行（Y003 及 Y004 为 ON，Y001 和 Y002 为 OFF），它们分别碰到限位开关 X000 和 X001 后分别停止上行，都停止后，又开始下个周期的工作，剪完 10 块料后停止工作并停止在初始状态。系统的顺序功能图如图 8-9 所示。图中有选择序列、并列序列的分支与合并。步 M100 是初始步，C0 用来控制剪料的次数，每次工作循环中 C0 的当前值加 1；没有剪完 10 块料时，C0 的当前值小于设定值 10，其常闭触点闭合，转换条件 C0 满足，将返回步 M101 重新开始一个周期的工作。剪完 10 块料后，C0 的当前值等于设定值，其常开触点闭合，转换条件 C0

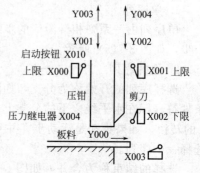

图 8-8　剪板机工况示意图

满足，将返回初始步 M100 等待下一次的启动命令。

步 M105 及步 M107 是等待步，它们用来结束两个并行序列。只要步 M105 及步 M107 都是活动步，且满足一定的条件，就会发生步 M105、步 M107 到步 M100 或步 M101 的转换，步 M105、步 M107 同时变为不活动步，而步 M100 或步 M101 变为活动步。

剪板机程序由顺序功能图绘梯形时仍采用两种方法：一为采用启-保-停电路方式；另一为采用复位置位指令。两种方法编程得到的梯形图如图 8-10 和图 8-11 所示。请特别注意分支汇合处转换的表达。要做到以下两点：

① 使所有由有向连线与相应转换符号相连的后续步都变为活动步。

② 使所有由有向连线与相应转换符号相连的前级步都变为不活动步。

具体到并列序列的分支处，转换有几个后续步，

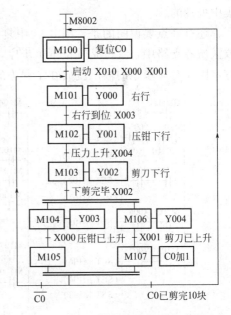

图 8-9　剪板机控制系统的顺序功能图

转换时应将它们对应的编程元件同时置位，在并列序列的汇合处，转换有几个前级步，它们均为活动步时才有可能实现转换，在转换实现时应当将它们对应的编程元件同时复位。在选择序列的分支与汇合处，一个转换只有一个前级步和一个后续步，但是一个步可能有多个前级步或多个后续步。

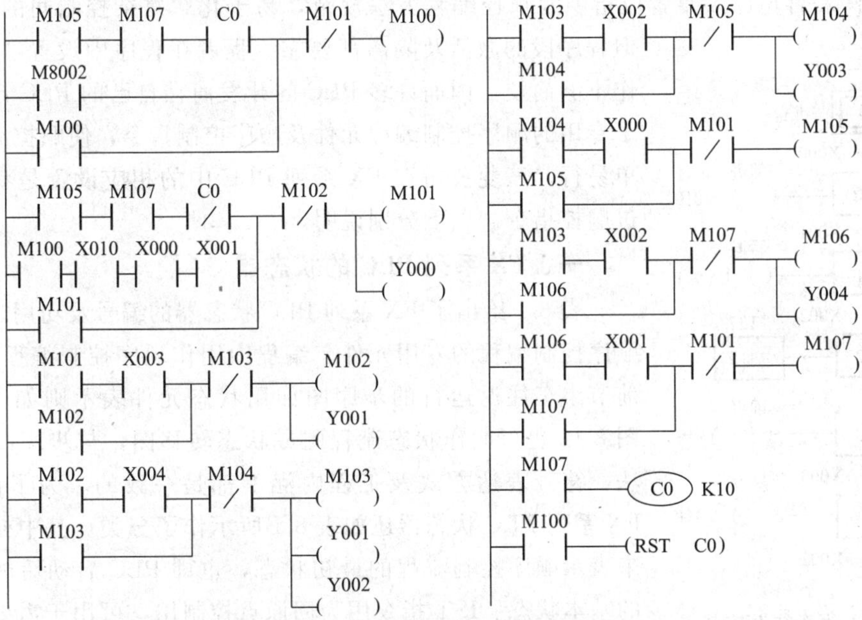

图 8-10　剪板机启-保-停电路梯形图

在启-保-停及复位置位两种编程方法中，实现以上两点的操作方式也有所不同。在图 8-10 中，原则上是一个步序对应一个梯形图支路，因而并列分支在 M104 及 M106 两个支路中表达。并列汇合对前步序的复位也在两处（M105 及 M107）表达。而在图 8-11 中，并列分支则在描述步序 M103 转换的支路中集中表达。并列汇合时对两个支路汇合前步序的复位处理也是

集中处理的。

还有一点要说明的是，图 8-11 中复位置位的组合对象也与图 8-4 不同。图 8-11 中复位置位区域各支路中，置位是置位下个步序，而复位是复位本步序。这样每个支路工作的时间就很短，因而对应步序的输出就放在了程序的末尾，而不是和复位置位线圈并联。

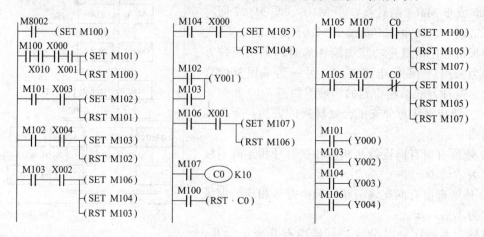

图 8-11　剪板机复位置位指令梯形图

# 第三节　FX 系列 PLC 步进指令及编程应用

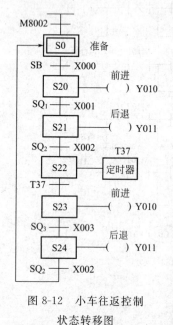

图 8-12　小车往返控制
状态转移图

使用启-保-停电路及复置位指令的顺控编程方法规范，易于化解复杂控制间的交叉联系，但程序段的激活及隔离都要靠编程者在程序中设置"开关"，操作不够简便，因而许多 PLC 的开发商在自己的 PLC 产品中引入了专用的顺序控制编程元件及顺序控制指令，使顺控编程更加简单易行。三菱公司在 FX 系列 PLC 中的相应设置是状态器及步进顺控指令。以下分别说明。

## 一、FX 系列 PLC 的状态器

表 8-1 给出了 FX 系列 PLC 状态器的编号及功用。状态器为顺序控制编程的专用元件。编程中用作顺序控制编程的步序号。前节小车往返运行的步序图如用状态元件表示则如 8-12 所示。图 8-12 也可叫作状态流程图或状态转移图，与步序图在绘制方法，符号表达方式及工程内涵上都是一致的。为了使用方便，FX 系列 PLC 状态器还如表 8-1 所示作了分类。其中初始状态用来表示顺序控制流程的最初状态，也即 PLC 启动后能自动进入的基本状态。IST 指令用为回原点控制用，可用于需要原点控制的系统中。通用则用来表示顺序控制的中间状态，为一般用元件。

状态器为位元件，使用特性与辅助继电器相同，它可以使用触点，也可以通过输出指令及复位置位指令控制其线圈。在不用作顺序控制器件时，状态器也可与一般位元件一样使用，即可当做辅助继电器，也可以组合为一定字长的元件用于数字数据的存储。

表 8-1  FX 系列 PLC 状态元件表

| PLC 型号 | 初始状态用 | ITS 指令用 | 通用 | 报警用 | 停电保持区 |
|---|---|---|---|---|---|
| FX$_{1S}$ | S0～S9 | S10～S19 | S20～S127 | — | S20～S127 |
| FX$_{1N}$ | S0～S9 | S10～S19 | S20～S899 | S900～S999 | S10～S127 |
| FX$_{2N}$ | S0～S9 | S10～S19 | S20～S899 | S900～S999 | S500～S899 |
| FX$_{3U}$ | S0～S9 | S10～S19 | S20～S4095 | | S500～S4095 |

## 二、FX 系列 PLC 的步进指令

如表 8-2 所示，FX 系列 PLC 有两条步进指令，步进接点指令 STL 和步进返回指令 RET。在梯形图中，步进接点指令 STL 表示生成状态母线，如图 8-13（b）所示，状态母线通过空心框绘制的常开步进触点与梯形图母线相连。在步进接点接通时，状态母线上连接的梯形图程序才得以执行，因而状态接点相当于其后的状态梯形图的公共"开关"（状态元件在用于非状态编程时，常开触点仍用普通符号表示）。

表 8-2  FX 系列 PLC 步进顺控指令功能及梯形图符号

| 指令助记符、名称 | 功能 | 梯形图符号 |
|---|---|---|
| STL<br>步进接点指令 | 步进接点驱动 | S □□ |
| RET<br>步进返回指令 | 步进程序结束返回 | RET |

## 三、FX 系列 PLC 的步进指令梯形图编程规则

在绘制了状态转移图后，采用步进顺控指令编程的关键是依步进指令编程的规则，由状态转移图绘制状态梯形图。图 8-13 为状态转移图的一个状态与状态梯形图对照。从图中不难看出，状态转移图中的一个状态在梯形图中用一条步进接点指令表示，本状态的输出及状态转移的表达与状态转移图有直接的对应关系，两图的转换十分简洁。图 8-13 中还给出了梯形图对应的指令表。表中常开触点 X001、M100、X003 相关的指令为"LD"，表示状态母线与梯形图原母线在编程上具有相同的意义。

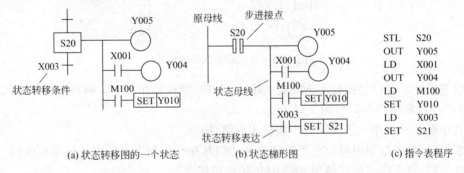

(a) 状态转移图的一个状态　　(b) 状态梯形图　　(c) 指令表程序

图 8-13  状态转移图与状态梯形图对照

状态编程每个状态程序段都由以下三要素构成。

### 1. 本状态作什么

如图 8-13 中"OUT Y005"，输入 X001 接通后的"OUT Y004"及 M100 接通后的"SET

Y010"。表达本状态的工作任务（输出）时，可以使用 OUT 指令，也可以使用 SET 指令。它们的区别是 OUT 指令驱动的输出在本状态关闭后自动关闭，但使用 SET 指令驱动的输出可保持到在程序的别的地方使用 RST 指令使其复位。

2. 满足什么条件实行状态转移

如 X003 接点接通时，执行"SET S21"指令，实现状态转移。

3. 转移到什么状态去

如"SET S21"指令指明下一个状态为 S21。这里有个要说明的问题是转移如发生在流程的跳跃及回转等非连续状态情况时，转移应使用 OUT 指令。图 8-14 给出了几种使用 OUT 指令实现状态转移的情况。

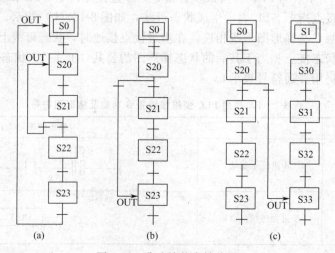

图 8-14 非连续状态转移图

除以上所述外，使用状态 STL 指令编绘梯形图时，还有以下几点需要注意。

① 状态三要素的表达要按先任务再转移的方式编程，顺序不行颠倒。

② 状态母线上需要直接输出的线圈应先编程，不可以在使用了 LD、LDI 等指令控制的输出后再回到直接输出，如图 8-15 所示。

图 8-15 直接输出线圈的编程

③ 状态母线不可以直接使用 MPS、MRD、MPP 等栈操作指令，但在使用了 LD、LDI 等指令后可以使用堆栈指令，如图 8-16 所示。

④ 在中断处理程序、子程序内不能使用 STL 指令。

⑤ 在 STL 指令范围内可以使用跳转指令，但其动作较复杂，厂家建议不要使用。

⑥ 在 STL 指令内不可以使用 MC、MCR 主控指令。

⑦ 允许同一编程元件的线圈在不同的 STL 接点后多次使用。但要注意，同一定时器不要用在相邻的状态中。在同一程序段中，同一状态继电器也只能使用一次。

在为程序安排状态继电器元件时，要注意状态器的分类功用，初始状态要从 S0～S9 中选择，原位控制用状态器在不需设置原位的控制中不要使用。在一个较长的程序中可能有状态程

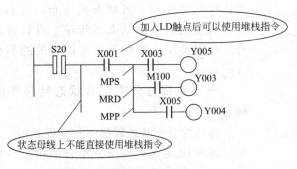

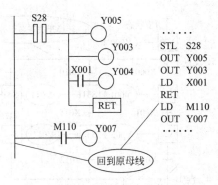

图 8-16 状态母线后堆栈指令的使用

图 8-17 RET 指令的使用

序段及非状态编程程序段。程序进入状态编程区间可以使用 M8002 作为进入初始状态的信号。在状态编程段转入非状态程序段时，必须使用 RET 指令。该指令的含义是从 STL 指令建立的状态母线返回到梯形图的原母线上去。图 8-17 为 RET 指令在梯形图中使用的情况。

对应小车往返运行状态转移，图 8-12 的状态梯形图如图 8-18 所示，图中同时给出了语句表程序，梯形图与语句表的对应关系，请读者自行分析。比较图 8-18 与启-保-停电路或复位置位指令编制的顺序控制梯形图。状态器及步进指令又使编程容易了一步，程序的可读性也更好了。图中步进接点指令的梯形图符号用普通常开触点符号中加 STL 表示，这是步进指令梯形图符号的另一种表示方法。

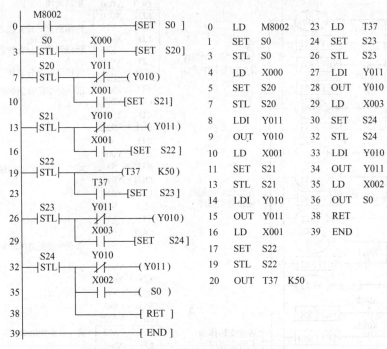

图 8-18 小车自动往返状态梯形图及指令表

# 第四节　步进指令在分支汇合状态转移图中的编程

和使用普通元件的顺序功能图相同，使用状态器及步进指令编程时，状态转移图也有单序列、选择序列、并列序列及它们的混合等结构，在将状态转移图转绘为梯形图编程时，除了注

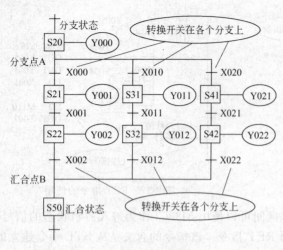

图 8-19 选择性分支状态转移图

意依状态转移图上各状态的分布，从上而下、从左至右逐个状态（步序）进行转绘外，特别要注意的是分支及汇合处的编程方式。

## 一、选择性分支汇合状态转移图的编程

选择性分支状态转移图及编程原则

图 8-19 为选择性分支汇合的状态转移图。和前述选择序列顺控功能图一样，分支与汇合状态的转换开关在各个分支线上。选择性分支汇合的状态转移图中每次只有一个分支被激活。

图 8-20 为图 8-19 对应的梯形图。选择性分支汇合程序在分支状态 S20 中集中表达分支情况。汇合程序则可在汇合前状态 S22、S32、S42 中分别表达，也可以集中表达。图 8-20 中为集中表达，即在分支前状态 S22、S32、S42 中不写转移相关程序，而在汇合状态 S50 前集中表达。图 8-20 中还给出了指令表程序，加方框的指令语句为转换相关的语句。

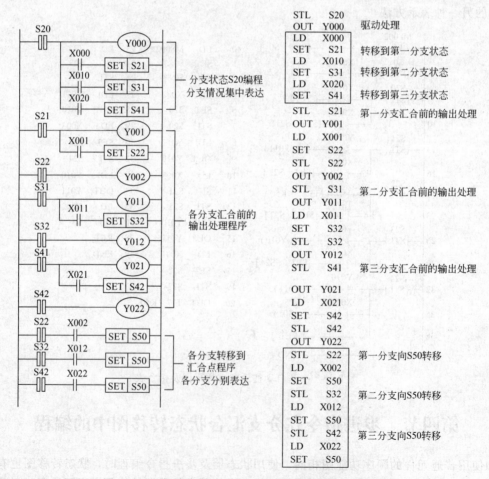

图 8-20 选择性分支 SFC 图对应的状态梯形图及指令表

## 二、并列性分支汇合的状态转移图的编程

图 8-21 为并列性分支汇合的状态转移图。和前述并列序列顺控功能图一样，转换开关在分支水平线上的公共通道上。并列性分支汇合的状态转移图中所有的并行分支同时被激活。

图 8-22 为图 8-21 对应的梯形图。并列性分支汇合程序在分支状态 S20 中集中表达分支情况。汇合程序也集中表达，也即在汇合前状态 S22、S32、S42 不写转移相关程序，而在汇合状态 S30 前集中表达。图 8-22 中还给出了指令表程序，加方框的指令语句为转换相关的语句。

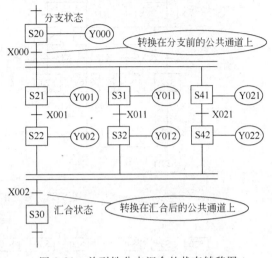

图 8-21　并列性分支汇合的状态转移图

## 三、分支、汇合的组合流程及虚设状态

选择性分支汇合及并列性分支汇合是状态转移图的典型结构，其编程原则也是步进编程的基础准则。但在一些复杂的工程中，设计出的状态转移图可能并不是典型的，例如是混合型的或不规范的。这时需要作出转换。如图 8-23 所示。左图中存在选择分支嵌套并列分支的情况。可转换为右图形式的标准选择分支编程。

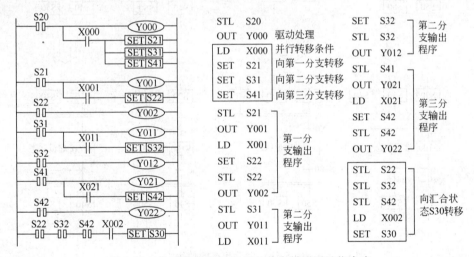

图 8-22　并列性分支 SFC 图的状态梯形图及指令表

如图 8-24 所示，如果状态转移图为选择性分支与并列分支的组合，也不能直接编程，这时需如图中所示增加虚设状态，或称为空状态，以方便程序的表达。

## 四、带有跳转与循环的状态转移图的编程

跳转与循环是选择性分支的一种特殊形式，有顺向与逆向之分。顺向指跨越一些状态的跳跃，逆向指回到前序状态中去，也即循环。图 8-25 为跳转与循环状态转移图的编程例子。

## 五、步进指令编程例

**【例 8-2】**　某种药片有 3 片、5 片、7 片三种包装规格。自动药片装瓶机可以在选择规格后，连续自动地完成药片装瓶任务，装瓶机的示意图如图 8-26 所示。

药片的装入规格由开关 $S_1$、$S_2$ 及 $S_3$ 选择，并通过指示灯 $H_1$、$H_2$、$H_3$ 显示当前每瓶装

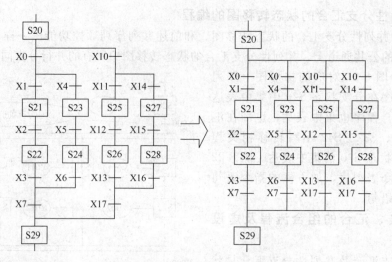

图 8-23 分支汇合流程的转换

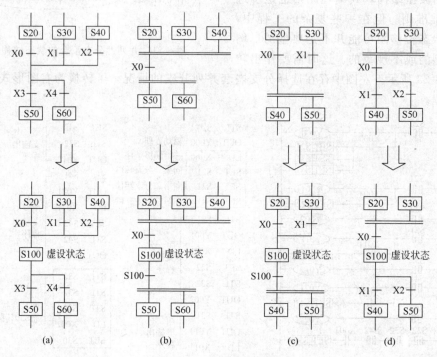

图 8-24 虚设状态的使用

药数量为 3 片、5 片或者 7 片。开关 $S_1$、$S_2$ 及 $S_3$ 每次只能有一只接通，否则设置报警指示灯 $H_4$ 点亮。当选定要装入瓶中的药片数量后，接通工作开关 K，电动机 M 驱动皮带机运转，当皮带机上的药瓶到达装瓶位置，位置检测开关 SF 发出到位信号，皮带机停止运转。接下来，电磁阀 Y 打开装有药片的装置后，通过光电传感器 $B_1$，对进入药瓶的药片进行计数，当药瓶中的药片达到预先选定的数量后，电磁阀 Y 关闭，皮带机重新启动，使药片装瓶过程自动连续地运行。

如果当前装药过程正在进行时，需要改变药片装入数量（例如由 7 片改为 5 片），则只有在当前药瓶装满后，从下一个药瓶开始装入改变后的数量。

如果在装药过程中断开工作开关 K，则在当前药瓶装满后，系统停止运行。

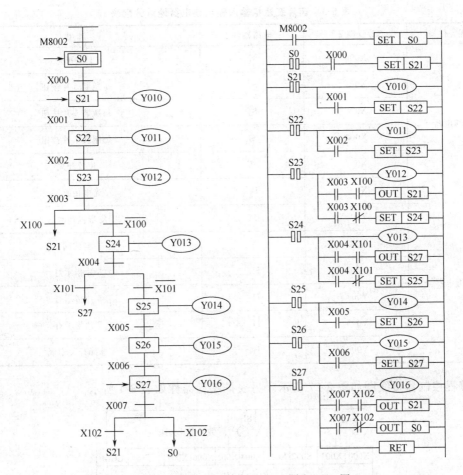

图 8-25　跳转与循环控制的 SFC 图和 STL 图

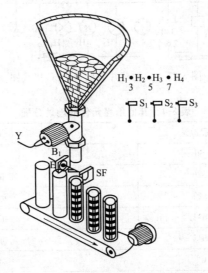

图 8-26　自动药片装瓶机示意图

清点主令器件、传感器、执行器数量，共需输入口 6 个，输出口 6 个，可知选 $FX_{2N}$-16MR 即可满足规模要求。PLC 输入输出端口安排如表 8-3 所示。

表 8-3　药片装瓶机输入输出继电器地址分配表

| 编程元件 | I/O 端子 | 电路器件 | 作用 |
|---|---|---|---|
| 输入继电器 | X000 | K | 工作开关 |
| | X001 | $S_1$ | 每瓶装 3 片按钮 |
| | X002 | $S_2$ | 每瓶装 5 片按钮 |
| | X003 | $S_3$ | 每瓶装 7 片按钮 |
| | X004 | SF | 位置开关 |
| | X005 | $B_1$ | 光电传感器 |
| 输出继电器 | Y001 | M | 皮带机接触器 |
| | Y002 | Y | 电磁阀 |
| | Y003 | $H_1$ | 3 片指示灯 |
| | Y004 | $H_2$ | 5 片指示灯 |
| | Y005 | $H_3$ | 7 片指示灯 |
| | Y006 | $H_4$ | 选择开关错误 |

可编程控制器接线图如图 8-27 所示。另安排编程器件如表 8-4 所示。

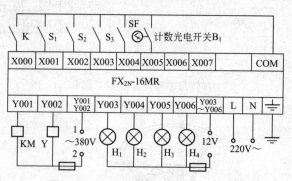

图 8-27　自动药片装瓶机 PLC 接线图

表 8-4　其他编程元件的地址分配

| 编程元件 | 编程地址 | 用　途 |
|---|---|---|
| 状态器 | S0 | 准备 |
| | S20 | 皮带机输送空瓶 |
| | S21 | 每瓶装 3 片 |
| | S31 | 每瓶装 5 片 |
| | S41 | 每瓶装 7 片 |
| 计数器 | C1 | 设定值 3 |
| | C2 | 设定值 5 |
| | C3 | 设定值 7 |

本例的状态转移图如图 8-28 所示。为带有选择性分支的状态转移图。梯形图及指令表程

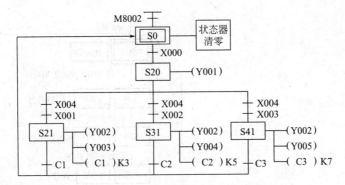

图 8-28 自动装药片机状态转移图

序如图 8-29 所示，图中分支及汇合相关的指令用方框标示出来了。

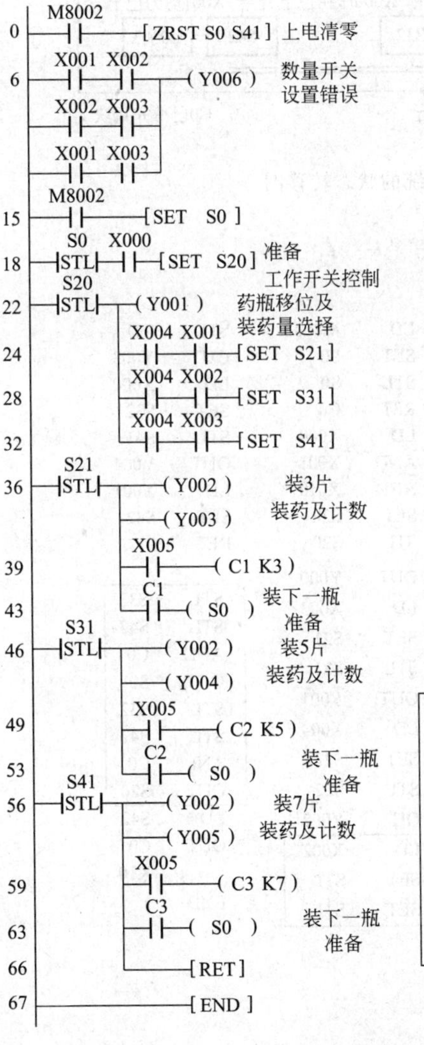

| | | | |
|---|---|---|---|
| 0 | LD | M8002 | |
| 1 | ZRST | S0 S41 | |
| 6 | LD | X001 | |
| 7 | AND | X002 | |
| 8 | LD | X002 | |
| 9 | AND | X003 | |
| 10 | LD | X001 | |
| 11 | AND | X003 | |
| 12 | ORB | | |
| 13 | ORB | | |
| 14 | OUT | Y006 | |
| 15 | LD | M8002 | |
| 16 | SET | S0 | |
| 18 | STL | S0 | |
| 19 | LD | X000 | |
| 20 | SET | S20 | |
| 22 | STL | S20 | |
| 23 | OUT | Y001 | |
| 24 | LD | X004 | |
| 25 | AND | X001 | |
| 26 | SET | S21 | |
| 28 | LD | X004 | |
| 29 | AND | X002 | |
| 30 | SET | S31 | |
| 32 | LD | X004 | |

| | | | |
|---|---|---|---|
| 33 | AND | X003 | |
| 34 | SET | S41 | |
| 36 | STL | X21 | |
| 37 | OUT | Y002 | |
| 38 | OUT | Y003 | |
| 39 | LD | X005 | |
| 40 | OUT | C1 K3 | |
| 43 | LD | C1 | |
| 44 | OUT | S0 | |
| 46 | STL | S31 | |
| 47 | OUT | Y002 | |
| 48 | OUT | Y004 | |
| 49 | LD | X005 | |
| 50 | OUT | C2 K5 | |
| 53 | LD | C2 | |
| 54 | OUT | S0 | |
| 56 | STL | S41 | |
| 57 | OUT | Y002 | |
| 58 | OUT | Y005 | |
| 59 | LD | X005 | |
| 60 | OUT | C3 K7 | |
| 63 | LD | C3 | |
| 64 | OUT | S0 | |
| 66 | RET | | |
| 67 | END | | |

图 8-29 自动药片装瓶机控制梯形图及指令表

【例 8-3】 本章例 8-1 剪板机控制也可以采用状态器及步进指令实现。图 8-30 为剪板机控制的状态转移图。所用的输入输出元件与例 8-1 时相同。图 8-31 为剪板机控制步进指令梯形图。

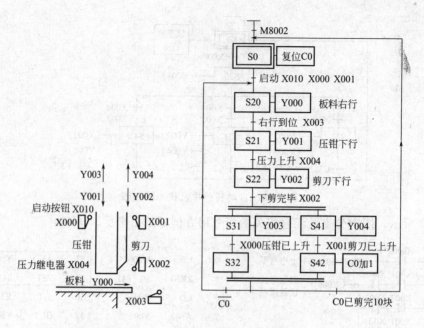

图 8-30 剪板机控制系统的状态转移图

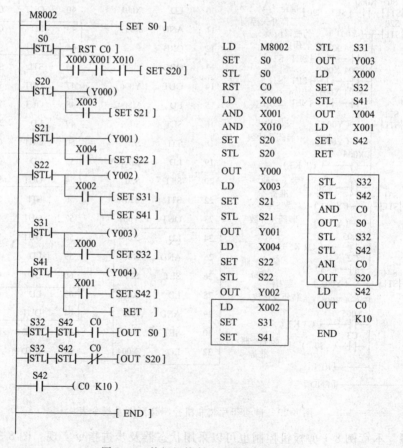

图 8-31 剪板机控制步进指令梯形图

## 习题及思考题

8-1 说明步进顺控编程思想的特点及适用场合。

8-2 状态三要素指什么？状态转移图中是如何表达状态三要素的？

8-3 为什么说状态隔离是化解步序间逻辑关联与制约的好办法？

8-4 有一小车运行过程如图8-32所示。小车原位在后退终端，当小车压下后限位开关 $SQ_1$ 时，按下启动按钮SB，小车前进，当运行至料斗下方时，前限位开关 $SQ_2$ 动作，此时打开料斗给小车加料，延时8s后关闭料斗，小车后退返回， $SQ_1$ 动作时，打开小车底门卸料，6s后结束，完成一次动作，如此循环。请用顺序控制编程思想设计其状态转移图。

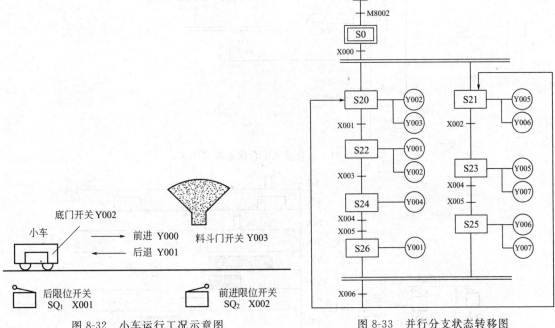

图 8-32 小车运行工况示意图　　　　图 8-33 并行分支状态转移图

8-5 某注塑机用于热塑性塑料的成型加工。它借助于8个电磁阀 $YV_1 \sim YV_8$ 完成注塑各工序。若注塑模在原点 $SQ_1$ 动作，按下启动按钮SB，通过 $YV_1$、$YV_3$ 将模子关闭，限位开关 $SQ_2$ 动作后表示模子关闭完成，此时由 $YV_2$、$YV_8$ 控制射台前进，准备射入热塑料，限位开关 $SQ_3$ 动作后表示射台到位，$YV_3$、$YV_7$ 动作开始注塑，延时10s后 $YV_7$、$YV_8$ 动作进行保压，保压5s后，由 $YV_1$、$YV_7$ 执行预塑，等加料限位开关 $SQ_4$ 动作后由 $YV_6$ 执行射台的后退，限位开关 $SQ_5$ 动作后停止后退，由 $YV_2$、$YV_4$ 执行开模，限位开关 $SQ_6$ 动作后开模完成，$YV_3$、$YV_5$ 动作使顶针前进，将塑料件顶出，顶针终止限位 $SQ_7$ 动作后，$YV_4$、$YV_5$ 使顶针后退，顶针后退限位 $SQ_8$ 动作后，动作结束，完成一个工作循环，等待下一次启动。设计PLC控制系统，编制控制程序。

8-6 有一并列分支状态转移图如图8-33所示，请对其进行编程。

8-7 有一混合分支状态转移图如图8-34所示，对其进行编程。

8-8 某一冷加工自动线有一个钻孔动力头，如图8-35所示。动力头的加工过程如下。

① 动力头在原位，加上启动信号（SB）接通电磁阀 $YV_1$，动力头快进。

② 动力头碰到限位开关 $SQ_1$ 后，接通电磁阀 $YV_1$、$YV_2$，动力头由快进转为工进。

③ 动力头碰到限位开关 $SQ_2$ 后，开始延时，时间为10s。

④ 当延时时间到，接通电磁阀 $YV_3$，动力头快退。

⑤ 动力头回原位后，停止。

8-9 图8-12小车往返运行状态转移图中，如要求小车在启动后可以自动连续地运行，且随时可以停止运行，应对状态转移图及程序做哪些修改？

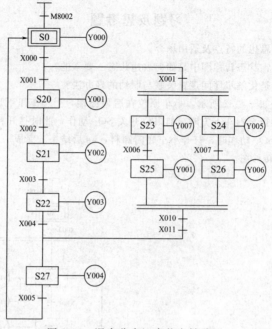

图 8-34 混合分支汇合状态转移图

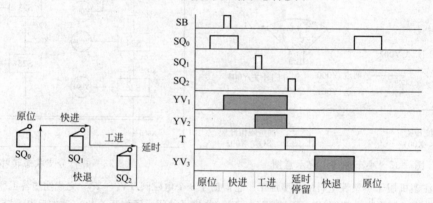

图 8-35 钻孔动力头工序及时序图

8-10 四台电动机动作进序如图 8-36 所示。电动机 $M_1$ 的循环周期为 34s，$M_1$ 动作 10s 后 $M_2$、$M_3$ 启动。$M_1$ 动作 15s 后，电动机 $M_4$ 动作，$M_2$、$M_3$、$M_4$ 的动作周期与 $M_1$ 相同，用步进指令完成梯形图程序。

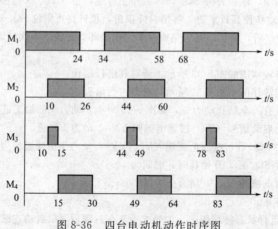

图 8-36 四台电动机动作时序图

# 第九章 FX 系列 PLC 应用指令及应用

**内容提要:** 应用指令大大地扩张了 PLC 的工业控制能力,也使 PLC 的编程工作更加接近普通计算机。相对于基本指令,应用指令有许多的特殊性。本章在介绍了应用指令的一般特点后,对程序控制、传送比较、数字及逻辑运算、数据处理等指令作了说明,并分别给出了应用实例。

## 第一节 应用指令的分类及使用要素

FX 系列 PLC 应用指令条目众多,功能较同类 PLC 复杂,且功能不能完全依编号区间划分。有资料将 FX 系列 PLC 应用指令分为直接在所有 PLC 上应用的,需与常规 I/O 部件配套使用的及需与特殊功能模块配套使用的三类。本章仅介绍第一类中常用的指令,意图仅在于了解应用指令的特点及使用方法。还有一些应用指令将在以后章节相关内容中说明。

### 一、应用指令的编程格式及使用要素

应用指令在编程时较普通逻辑指令复杂,操作数多、指令要素多,不能以简单的触点、线圈等图形符号表述。FX 系列 PLC 应用指令的基本编程格式如图 9-1 所示。

应用指令的使用要素有编号、助记符、源操作数、目标操作数等。其中,编号为应用指令的编号,这是应用指令在便携式编程器上使用时的代码,如图9-1 中①所示加法指令编号为 20。加法指令的助记符为 "ADD" 在图 9-1 中如②所示。应用指令可进行 16 位及 32 位处理,在进行 32 位处理时在助记符前加前缀 "D" 标记。如图 9-1 中③所示。应用指令即可在执行条件为 1 时连续执行,

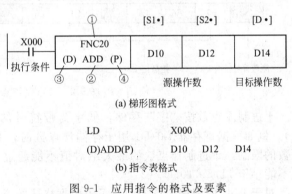

(a) 梯形图格式

```
LD              X000
(D)ADD(P)       D10   D12   D14
```

(b) 指令表格式

图 9-1 应用指令的格式及要素

也可以仅在执行条件信号的上升沿执行一个扫描周期,当指令只要边沿执行时,需在指令助记符后加后缀 "P" 标记,如图 9-1 中④所示。应用指令可能需较多的操作数,操作数分为源操作数、目标操作数及其他操作数。源操作数为指令执行后不改变的操作数,目标操作数为指令操作后变化的操作数,如加法指令中加数、被加数为源操作数,和为目标操作数(有时源操作数与目标操作数共用同一存储单元)。其他操作数视指令的功能需要对指令中的数据作其他说明。在指令中,源操作数、目标操作数及其他操作数分别用 [S]、[D]、m 或 n 表示,数量不止一个时可以编号,如 [S1]、[S2] 等;如操作数可以变址操作时在操作数标记后加 "·" 如 [S1·]、[S2·] 等。如图 9-1 所示,应用指令的操作数应在助记符后依序排列。

应用指令执行时有以下执行标记配合工作,这些标记都可以编程使用。

M8020:零标记。为 1 时表示指令执行的结果为 "0"。

M8021:借位标记。为 1 时代表减法运算的结果溢出,产生了借位。

M8022:进位标记。为 1 时代表加法运算的结果溢出,产生了进位。

M8029：为 1 时代表应用指令正常执行完成。

M8328：为 1 时代表应用指令正在执行中。

M8329：为 1 时代表应用指令执行出现错误。

还有一些执行标记可以查相关手册，不在此列出了。

## 二、应用指令操作数的格式及寄存器的使用

作为计算机，PLC 最根本的数据格式是二进制，PLC 中所有的运算都是以二进制形式完成的。但由于指令编写及输入操作等原因，PLC 使用中涉及的数据格式很多，如十进制、十六进制常数、BCD 码、十六进制码、二进制及十进制浮点数、ASCII 字符等。从存储状态来说，以上数据格式中 BCD 码为十进制数字 0～9 用 4 位二进制数字的 0～9 共 10 个状态表示。十六进制码为十六进制的 16 个数字用 4 位二进制数字的 16 个状态表示。ASCII 字符则依规定转换为代码后再转换为代码对应位的二进制数组合方式。

二进制浮点数的格式如图 9-2 所示，所表示的二进制浮点数的数值为：

$$数值 B = \pm(2^0 + A22 \times 2^{-1} + A21 \times 2^{-2} + \cdots + A0 \times 2^{-23}) \times 2^{b-127}$$

$$b = E0 \times 2^0 + E1 \times 2^1 + \cdots + E7 \times 2^7$$

由于 b 的范围为 0～255，故数值 B 的指数范围为 $-127$～128。

B 的尾数范围为 $[0, 1 \sim (2 - 2^{-23})]$。

由于全 "0" 与全 "1" 在 PLC 中均视为 "0"，故浮点数 B 的实际取值范围为 $-2^{128}$～$-2^{-126}$，0，$2^{-126}$～$2^{128}$。

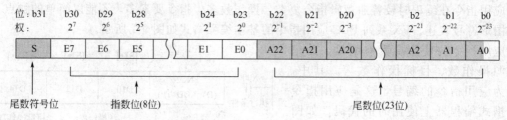

图 9-2 二进制浮点数的格式

十进制浮点数按 "字" 存储，低字为带符号的尾数（整数），高字为带符号的指数（整数）。例如数据寄存器 D0/D1 用于存储浮点数时，其值为 $D0 \times 10^{D1}$。由于受到二进制最大浮点数的限制，十进制浮点数的最大绝对值不能超过 $3402 \times 10^{35}$（$2^{128}$）。除 0 以外的最小绝对值不能小于 $1175 \times 10^{-41}$（$2^{-126}$）。

对于 PLC 的编程人员来说，了解数据格式的意义主要有以下几点。

① 不同的数据格式有不同的处理指令。如二进制运算指令处理的应当是二进制数。BCD 码处理指令处理的是 BCD 码，浮点数运算处理的是浮点数等，指令要与处理的数据格式配合。编程人员对存储器中数据的格式及指令生成的数据的格式要清楚。

② 不同长度的存储单元存储不同格式的数据时，有不同的数据存储范围，以便选用合适长度的存储元件。FX 系列 PLC 编程元件中数据存储器、数据寄存器、文件寄存器为 16 位字元件，双字使用为 32 位，要特别注意位组合元件的长度与存储数据范围之间的关系。图 9-3 给出了 16/32 位二进制数据的权值，以此可推算不同长度存储单元的存储数据范围。

③ 应用指令应用中许多情况需了解数据的位状态。如编译码指令、逻辑处理指令，及一些特殊应用或在一些特殊工作单元性能设定中，编程人员对存储单元的状态要清楚，因而对数据格式的了解是很重要的。

## 三、FX 系列 PLC 数据存储单元的变址寻址

变址寻址是计算机的一项重要功能。FX 系列 PLC 为此安排了变址寄存器 V0～V7、Z0～

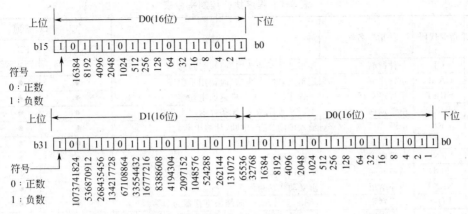

图 9-3　16/32 位二进制数据各位权值

Z7，共 16 只，其格式如图 9-4 所示。变址寄存器的内容可以直接加到其他编程元件的编号上，以改变编程元件的地址。

例如，当 V5＝10 时，地址 D20V5 相当于 D（20＋V5）＝D30；而当 Z5＝5 时，地址 D20Z5 相当于 D（20＋Z5）＝D25 等。变址寄存器的使用需注意以下问题。

① FX 系列 PLC 的基本逻辑指令（如 LD、LDI、OUT 等）与步进顺控指令不可以使用变址寄存器。

② 变址寄存器 V0～V7、Z0～Z7 均为 16 位寄存器，但 V 与 Z 可配对作为 32 位变址寄存器使用。

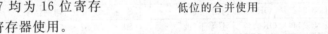

图 9-4　变址寄存器高位与低位的合并使用

③ 变址寄存器可以用于常数，如 V5＝10 时，常数 K20V5 相当于 K（20＋V5）＝K30。

④ 变址寄存器可以用于输入 X 与输出 Y 的地址，但需注意此时地址编号是八进制。如当 V0＝8，X0V0 相当于 X010。

变址寄存器可以用于复合操作数，但不能用于其位数定义常数 K，如当 Z0＝4 时，K4X0Z0 相当于 K4X004，但不可以用于 K0Z0X4。

# 第二节　程序控制指令及编程

FX 系列 PLC 程序控制指令包括跳转、子程序调用、循环、中断等流程控制指令及条件判断指令，如表 9-1 所示。

## 一、程序跳转、子程序调用与循环指令

### 1. 条件跳转指令

条件跳转指令 CJ（FNC00）在满足程序中的执行条件时，使程序跳转到标号"P□□"程序入口处执行。

"P□□"为跳转标号，为编程元件。跳转指令及标号 P 的使用如图 9-5 所示。图中，当 X000 为 1 时，程序跨过一些指令去执行 P1 处的"LD X002"指令。跳转标号 P63 代表程序结束。图中指令"CJ P63"意为跳转到 END。

使用跳转指令要注意以下问题。

① 如跳转指令条件始终为 1，则跳转成为无条件跳转，可用于子程序返回。

② 跳转目标 P□□在程序中必须是唯一的，但同一个 P□□可对应多条跳转指令。

表 9-1 程序执行控制指令表

| 指令号 | 指令代码 | 指令名称 | 功能 | PLC 系列 | | |
|---|---|---|---|---|---|---|
| | | | | FX₁S/FX₁N | FX₂N | FX₃U |
| FNC00 | CJ | 条件跳转 | 逻辑处理结果为"1"时执行跳转 | ● | ● | ● |
| FNC01 | CALL | 子程序调用 | 逻辑处理结果为"1"时调用子程序 | ● | ● | ● |
| FNC02 | SRET | 子程序返回 | 子程序结束,无条件返回主程序 | ● | ● | ● |
| FNC03 | IRET | 中断返回 | 中断子程序结束,无条件返回主程序 | ● | ● | ● |
| FNC04 | EI | 中断许可 | 输入中断、定时中断、计数中断允许 | ● | ● | ● |
| FNC05 | DI | 中断禁止 | 输入中断、定时中断、计数中断禁止 | ● | ● | ● |
| FNC06 | FEND | 主程序结束 | 主程序结束 | ● | ● | ● |
| FNC08 | FOR | 循环开始 | 重复执行动作开始与重复次数定义 | ● | ● | ● |
| FNC09 | NEXT | 循环结束 | 重复动作结束 | ● | ● | ● |
| FNC224 | LD= | 相等判别 | $[S1\cdot]=[S2\cdot]$时结果寄存器为"1" | ● | ● | ● |
| FNC225 | LD> | 大小判别 | $[S1\cdot]>[S2\cdot]$时结果寄存器为"1" | ● | ● | ● |
| FNC226 | LD< | 小于判别 | $[S1\cdot]<[S2\cdot]$时结果寄存器为"1" | ● | ● | ● |
| FNC228 | LD<> | 不等于判别 | $[S1\cdot]\neq[S2\cdot]$时结果寄存器为"1" | ● | ● | ● |
| FNC229 | LD<= | 小于等于判别 | $[S1\cdot]\leqslant[S2\cdot]$时结果寄存器为"1" | ● | ● | ● |
| FNC230 | LD>= | 大于等于判别 | $[S1\cdot]\geqslant[S2\cdot]$时结果寄存器为"1" | ● | ● | ● |
| FNC232 | AND>= | 相等"与" | $[S1\cdot]=[S2\cdot]$判别结果进行逻辑"与"运算 | ● | ● | ● |
| FNC233 | AND> | 大于"与" | $[S1\cdot]>[S2\cdot]$判别结果进行逻辑"与"运算 | ● | ● | ● |
| FNC234 | AND< | 小于"与" | $[S1\cdot]<[S2\cdot]$判别结果进行逻辑"与"运算 | ● | ● | ● |
| FNC236 | AND<> | 不等于"与" | $[S1\cdot]\neq[S2\cdot]$判别结果进行逻辑"与"运算 | ● | ● | ● |
| FNC237 | AND<= | 小于等于"与" | $[S1\cdot]\leqslant[S2\cdot]$判别结果进行逻辑"与"运算 | ● | ● | ● |
| FNC238 | AND>= | 大于等于"与" | $[S1\cdot]\geqslant[S2\cdot]$判别结果进行逻辑"与"运算 | ● | ● | ● |
| FNC240 | OR= | 相等"或" | $[S1\cdot]=[S2\cdot]$判别结果进行逻辑"或"运算 | ● | ● | ● |
| FNC241 | OR> | 大于"或" | $[S1\cdot]>[S2\cdot]$判别结果进行逻辑"或"运算 | ● | ● | ● |
| FNC242 | OR< | 小于"或" | $[S1\cdot]<[S2\cdot]$判别结果进行逻辑"或"运算 | ● | ● | ● |
| FNC244 | OR<> | 不等于"或" | $[S1\cdot]\neq[S2\cdot]$判别结果进行逻辑"或"运算 | ● | ● | ● |
| FNC245 | OR<= | 小于等于"或" | $[S1\cdot]\leqslant[S2\cdot]$判别结果进行逻辑"或"运算 | ● | ● | ● |
| FNC246 | OR>= | 大于等于"或" | $[S1\cdot]\geqslant[S2\cdot]$判别结果进行逻辑"或"运算 | ● | ● | ● |

注:● 表示可以使用。

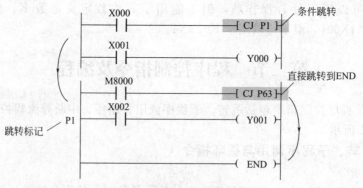

图 9-5 跳转指令的编程

③ 如跳转指令条件为边沿信号,跳转只在边沿信号出现时执行一次。

④ 处于被跳过程序段中的输出继电器、辅助继电器、状态器,由于该段程序不再执行,即使梯形图中涉及的工作条件发生变化,它们的工作状态将保持跳转发生前的状态不变。

⑤ 被跳过程序段中的定时器及计数器,无论其是否具有掉电保持功能,由于相关程序停止执行,它们的现实值寄存器被锁定,跳转发生后其计数、计时值保持不变,在跳转中止,程序接续执行时,计时计数将继续进行。另外,定时器、计数器如需及时复位,当定时器及计数

器为保持型器件时，复位指令应置于被跳过的程序段外。

⑥ 当跳转指令与主控指令 MC/MCR 同时使用时，应遵守以下规则。

a. 自主控区外跳转到主控区内时，跳转不受主控线圈限制，即使主控线圈 MC 为"OFF"跳转标记 P□□后的程序仍能正常执行。

b. 自主控区内跳转到主控区外时，如 MC 为"OFF"，跳转不可执行。

c. 如跳转指令在主控区内，而跳转目标 P□□在主控区外时，主控复位指令将无效。

【例 9-1】 某机床有手动与自动两种操作方式，用跳转指令安排手动自动程序段。图 9-6 为手动/自动转换程序。

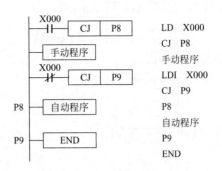

图 9-6 手动/自动转换程序

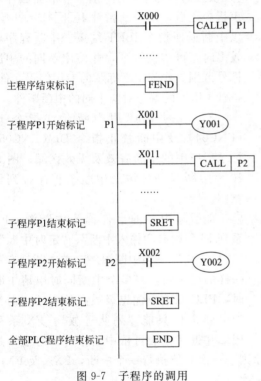

图 9-7 子程序的调用

**2. 子程序调用指令**

子程序调用指令 CALL（FNC01）调用相关的子程序。子程序是为了某种控制动作编排的专用程序。子程序在主程序结束指令后编排，用子程序标号 P□□开始，以子程序返回指令 SRET（FNC02）结束。子程序较多时，可依次排列。子程序调用梯形图例如图 9-7 所示。

子程序调用为边沿执行指令时，子程序只在控制信号出现的上升沿执行一次。

可以在子程序中再调用其他子程序，称为子程序的嵌套。FX 系列 PLC 的嵌套允许 5 层。

【例 9-2】 子程序适用于多次重复的控制动作，用作系统初始化的程序，如图 9-8 所示。

**3. 循环指令**

循环指令 FOR（FNC08）与 NEXT（FNC09）之间的程序可以多次反复执行，用于实现动作的重复，以简化程序的编制。程序循环的次数 $n$ 由 FOR 指令指定，如图 9-9 所示。次数 $n$ 的取值范围为 $1\sim32767$，如为 $-32767\sim0$ 则视为 $n=1$。循环次数 $n$ 可以由常数、数据寄存器 D、变址寄存器 Z/V 等指定。FOR/NEXT 指令可以使用最多 5 层嵌套，图 9-9 为二级嵌套的例子。

循环指令使用时应注意以下几点。

① 要考虑循环扫描周期的影响，过多的循环次数不仅会延长 PLC 扫描时间，还有可能导致定时监控出错。

② FOR/NEXT 指令要求成对顺序使用，如出现不成对或 NEXT 指令在 FOR 指令之前，或 NEXT 指令出现在 FEND、END 指令之后，都将导致 PLC 程序出错。

**二、中断控制指令**

中断指计算机中止进行中程序的执行，应急执行中断子程序。中断子程序是为必须立即应

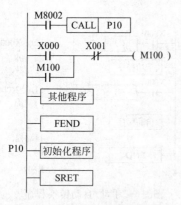

图 9-8 子程序用于初始化

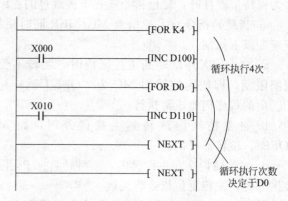

图 9-9 循环指令的编程

对的特殊事件处理而编制的子程序。中断子程序和前边谈过的普通子程序一样，排在主程序结束指令之后，用中断指针 I□□ 标示开始，以中断返回指令 IBET 结束。中断程序段较多时，可依次排列，并使用不同的中断标号区别。作为中断标示的专用编程元件，指针 I 用不同编号对应不同的中断事件。

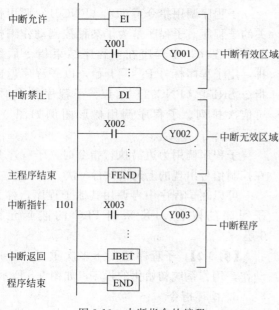

图 9-10 中断指令的编程

FX 系列 PLC 用中断允许指令 EI（FNC04）及中断禁止指令 DI（FNC05）标示程序中的中断有效及无效区域。图 9-10 为中断允许区域及中断子程序排列示意图。

能引起中断的事件称为中断源。FX 系列 PLC 中有"输入中断"、"定时中断"、"计数中断"三类中断源。三类中断具有不一样的优先级，当多个中断同时申请中断时，PLC 只响应优先级最高的中断，而其他中断事件只能"列队等候"。FX 系列 PLC 中断优先级可依中断指针 I 的编号判断，编号越小的中断优先级越高。FX 系列 PLC 原则上一次只能执行一个中断，$FX_{2N}$ 及 $FX_{3U}$ 系列允许在中断时再执行一次中断程序，即使用一次嵌套。

1. 输入中断与编程

输入中断用于 PLC 集成高速输入的处理，基本单元上的高速输入点 X000～X005 可用于中断控制。中断处理可以在输入的上升沿或下降沿进行，不同的输入点对应于不同的中断指针，图 9-11 为输入中断指针的格式。表 9-2 为

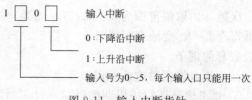

图 9-11 输入中断指针

输入中断指针一览表。该表还给出了中断禁止用继电器，当这些继电器置 1 时，对应的中断功能被禁止。

需注意，基本单元上的高速输入点 X000～X005 一旦被定义为中断信号，其输入滤波时间自动变更为最小值，滤波时间修改指令 REFE（FNC51）与特殊数据寄存器的设定将自动无效。

表 9-2　输入中断指针一览表

| 输入地址 | 中断指针 | | 中断禁止继电器 | 中断信号最小宽度/μs | | |
|---|---|---|---|---|---|---|
| | 上升沿中断 | 下降沿中断 | | $FX_{1S}/FX_{1N}$ | $FX_{2N}$ | $FX_{3U}$ |
| X0 | I001 | I000 | M8050 | 10 | 20 | 5 |
| X1 | I101 | I100 | M8051 | 10 | 20 | 5 |
| X2 | I201 | I200 | M8052 | 50 | 50 | 5 |
| X3 | I301 | I300 | M8053 | 50 | 50 | 5 |
| X4 | I401 | I400 | M8054 | 50 | 50 | 5 |
| X5 | I501 | I500 | M8055 | 50 | 50 | 5 |

还需注意高速输入点使用的唯一性，只能安排用于一种中断，如用作上升沿中断，就不能同时用于下降沿中断，如输入口用于中断就不能再用于高速计数输入及普通输入。

【例 9-3】　某控制系统需统计一高速外部信号置 1 的次数，可使用图 9-12 梯形图程序。图中 INC 指令为加 1 指令，每工作一次将向 D0 中加 1。如增加时间因素，可用于频率测量。

【例 9-4】　某控制系统需统计一外部脉冲信号的宽度，可使用图 9-13 梯形图程序。图中定时器的分辨率将影响到脉宽测量的精度。

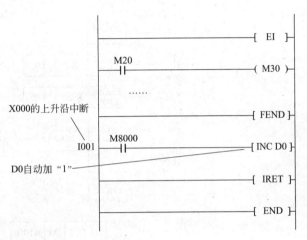

图 9-12　利用输入中断功能实现高速计数

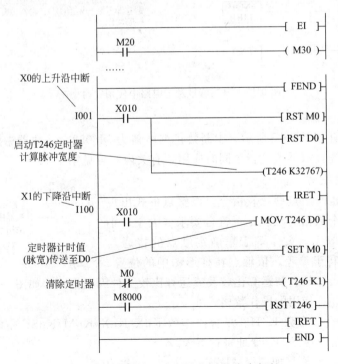

图 9-13　利用输入中断功能测量脉冲宽度

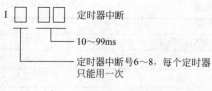

图 9-14　定时器中断指针

**2. 定时器中断与编程**

定时器中断是一种每隔一定的时间自动进行的周期性中断，时间周期不受 PLC 循环扫描周期影响，可用于模拟量输入的定时采样、模拟量输出的定时刷新等。

FX 系列 PLC 最多可设定定时器中断 3 个，标号如图 9-14 所示。中断禁止继电器为 M8056～M8058。

**【例 9-5】**　图 9-15 为用定时中断斜波信号产生的例子。程序中的定时中断用于保证斜波信号的线性。

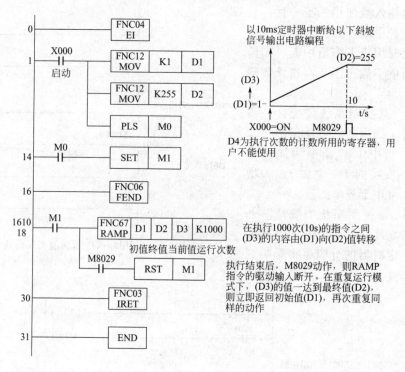

图 9-15　斜波信号发生电路中使用定时中断

**3. 计数器中断与编程**

计数器中断指针如图 9-16 所示。中断禁止继电器为 M8059。计数器中断是高速计数器相关中断程序，与高速计数器置位指令同时应用，有关内容可见第十章。

**三、条件判断指令**

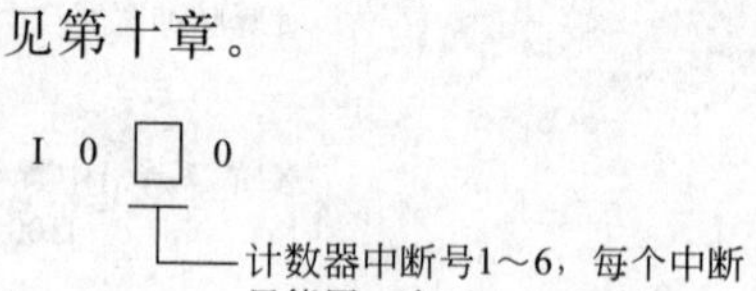

条件判断指令也叫触点型比较指令，以触点形式出现在梯形图中，以两个数据的状态是否符合要求（大于、小于、不等于、小于等于、大于等于）确定触点的接通与否，应用简洁，有利于编程。依触点在梯形图中的位置，条件判断指令有读入比较、与运算比较及或运算比较三种编程格式，如图 9-17 所示。

条件判断指令允许使用的操作数格式如下。

$[S1\cdot]$、$[S2\cdot]$：常数 K/H、复合操作数 KnX/KnX/KnM/KnS、定时器当前值 T、计数器当前值 C、数据寄存器 D、变址寄存器 V/Z。

32 位操作指令：允许（加前缀 "D"）。

```
I 0 □ 0
      └── 计数器中断号1～6，每个中断
          只能用一次
```

图 9-16　计数器中断指针

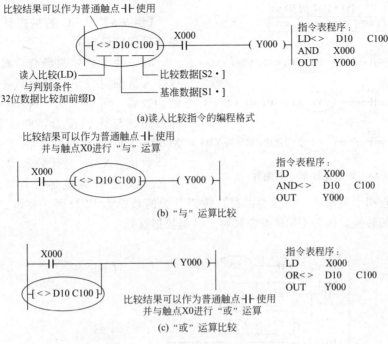

图 9-17 运算比较指令的编程格式

边沿执行指令：不允许。

# 第三节　数据比较、传送、移位指令及编程

## 一、数据比较指令

FX 系列 PLC 数据比较指令包括数据比较及区间比较，如表 9-3 所示。另有高速计数比较、高速计数成批比较等指令在第十章说明。

表 9-3　数据比较指令一览表

| 指令号 | 指令代码 | 指令名称 | 功　能 | PLC 系列 | | |
|---|---|---|---|---|---|---|
| | | | | FX$_{1S}$/FX$_{1N}$ | FX$_{2N}$ | FX$_{3U}$ |
| FNC10 | CMP | 数据比较 | 进行数据比较，基准数据为单一数据；一次性生成大于、小于、等于比较结果 | ● | ● | ● |
| FNC11 | ZCP | 区间比较 | 进行数据比较，基准数据为数据区间；一次性生成大于、小于、等于比较结果 | ● | ● | ● |

注：● 表示可以使用。

1. 数据比较指令

数据比较指令 CMP（FNC10）进行基准数据［S1·］与比较数据［S2·］的比较，将大于、等于、小于三种比较结果一次性写入指定的二进制编程元件［D·］中。图 9-18 为数据比较指令梯形图格式。指令允许的操作数格式如下。

［S1·］、［S2·］：常数 K/H、复合操作数 KnX/KnX/KnM/KnS、定时器 T、计数器 C、数据寄存器 D、变址寄存器 V/Z。

［D·］：二进制位元件 Y/M/S。

32 位操作指令：允许（加前缀"D"）。

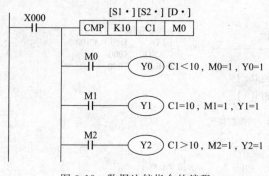

图 9-18　数据比较指令的编程

边沿执行指令：允许（加后缀"P"）。

【例 9-6】　PLC 的机内计数器的设定值是通过程序设定的。

在一些工业控制场合，希望计数值能由操作人员临时设定，这就需要一种机外设定的计数器。图 9-19 为一种机外设定计数器的梯形图。与该图配合，两位拨码开关接于 X000～X007，通过它可在 0～99s 间自由设定计数值，X010 为计数器件，X011 为启停开关。C5 的计数值是否与外部拨码开关一致，是借助比较指令判断的。需注意的是，拨码开关的数据为 BCD 码，要用二进制转换指令 BIN 进行数制的转换，因为 CMP 指令只对二进制数据有效。

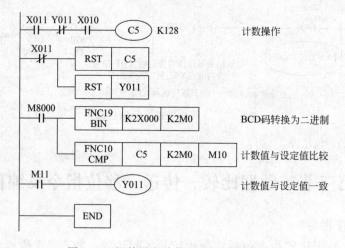

图 9-19　机外设定计数器的梯形图及说明

比较数据、基准数据均可以带符号，比较结果在指令执行后仍可保持，需清除时可用 RST 指令逐一清除或用 ZRST 指令一次性清除。

2. 区间比较指令

区间比较指令 ZCP（FNC11）与数据比较指令 CMP 的区别是基准数据以 [S1·] 到 [S2·] 的区间形式出现，实现比较数据 [S·] 在区间中的大于上限、小于下限的比较。图 9-20 为区间比较指令的梯形图编程格式。指令允许的操作数格式如下。

[S1·]、[S2·]、[S·]：常数 K/H、复合操作数 KnX/KnX/KnM/KnS、定时器 T、计数器 C、数据寄存器 D、变址寄存器 V/Z。

[D]：二进制位元件 Y/M/S。

32 位操作指令：允许（加前缀"D"）。

边沿执行指令：允许（加后缀"P"）。

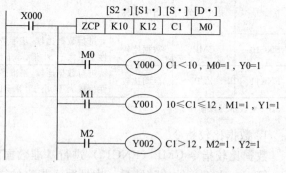

图 9-20　区间比较指令的编程

### 二、数据传送指令

FX 系列 PLC 数据传送指令包括数据的直接传送、成批传送及同时带有数据处理的复合传送、求反传送等数种，如表 9-4 所示。

表 9-4 数据传送指令一览表

| 指令号 | 指令代码 | 指令名称 | 功　能 | PLC 系列 | | |
|---|---|---|---|---|---|---|
| | | | | FX$_{1S}$/FX$_{1N}$ | FX$_{2N}$ | FX$_{3U}$ |
| FNC12 | MOV | 直接传送 | 将数据传送到指定位置 | ● | ● | ● |
| FNC13 | SMOV | 复合传送 | 在数据传送的同时进行转换与移位等处理 | × | ● | ● |
| FNC14 | CML | 求反传送 | 传送时将指定位求反 | × | ● | ● |
| FNC15 | BMOV | 块传送 | 数据成批传送 | ● | ● | ● |
| FNC16 | FMOV | 多点传送 | 将同一数据传送到连续的多个目标位置上 | × | ● | ● |
| FNC81 | PRUN | 二进制位元件传送 | 以字节为单位传送二进制位元件 | ● | ● | ● |
| FNC112 | EMOV | 浮点数传送 | 将二进制格式的浮点数传送到指定的区域 | × | × | ● |
| FNC182 | COMRD | 注释读出 | 将程序中的注释读入到指定区域 | × | × | ● |
| FNC189 | HCOMV | 高速计数器传送 | 将高速计数器的当前值传送到指定区域 | × | × | ● |

注：● 表示可以使用，× 表示不能使用。

**1. 数据直接传送指令**

数据直接传送指令 MOV（FNC12）可以将源数据 [S·] 直接送到目标数据 [D·] 中。梯形图编程格式如图 9-21 所示。指令允许使用的操作数格式如下。

[S·]：常数 K/H、复合操作数 KnX/KnX/KnM/KnS、定时器 T、计数器 C、数据寄存器 D、变址寄存器 V/Z。

[D·]：复合操作数 KnX/KnX/KnM/KnS、定时器 T、计数器 C、数据寄存器 D、变址寄存器 V/Z。

32 位操作指令：允许（加前缀 "D"）。

边沿执行指令：允许（加后缀 "P"）。

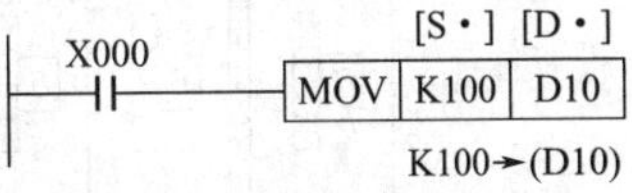

图 9-21 数据直接传送指令的编程格式

【例 9-7】 电动机的 Y/△启动控制。

在一些工业控制场合，可以用直接传送指令控制输出口。图 9-22 是异步电动机 Y/△启动控制的梯形图程序。图中启动按钮接于 X000，停止按钮接于 X001；电路主（电源）接触器 KM$_1$ 接于输出口 Y000，电动机 Y 接接触器 KM$_2$ 接于输出口 Y001，电动机△接接触器 KM$_3$ 接于输出口 Y002。程序的基本思想是在需要的时刻，让需要的输出口置 1，以改变电动机绕组的接线。

**2. 复合传送指令**

复合传送指令 SMOV（FNC13）用于特殊数据的转换与传送，如将地址不连续的 BCD 码开关信号转换为连续的二进制数据等。复合传送指令的梯形图编程格式如图 9-23 所示。指令允许使用的操作数格式

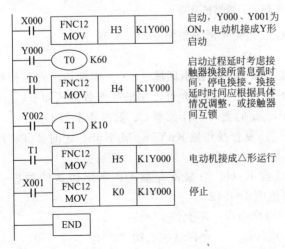

图 9-22 异步电动机 Y/△启动控制梯形图及说明

如下。

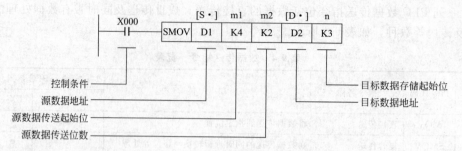

图 9-23　复合传送指令的编程格式

[S·]：复合操作数 KnX/KnX/KnM/KnS、定时器 T、计数器 C、数据寄存器 D、变址寄存器 V/Z。

[D·]：复合操作数 KnX/KnX/KnM/KnS、定时器 T、计数器 C、数据寄存器 D、变址寄存器 V/Z。

m1、m2、n：常数 K/H，范围 1～4。

32 位操作指令：不允许。

边沿执行指令：允许（加后缀 "P"）。

【例 9-8】　某 PLC 采用 3 只 BCD 开关作为 3 位十进制数输入。与 PLC 连接如图 9-24(a) 所示，输入地址不连续，要求将该输入转换为连续的二进制数，并存储在数据寄存器 D2 中。

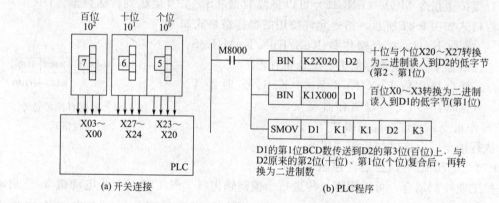

图 9-24　十进制编码开关数据转换例

以上控制要求可直接使用 SMOV 指令实现，相关梯形图如图 9-24(b) 所示。

3. 块传送指令

块传送指令 BMOV（FNC15）可以将长度为 n 的源数据由区域 [S·] 成批传送到目标数据区域 [D·]，指令的梯形图编程格式如图 9-25 所示。指令允许使用的操作数格式如下。

[S·]：复合操作数 KnX/KnY/KnM/KnS、定时器 T、计数器 C、数据寄存器 D。

[D·]：复合操作数 KnY/KnM/KnS、定时器 T、计数器 C、数据寄存器 D。

n：常数 K/H、数据寄存器 D，指定传送的数据长度，允许范围 1～512。

32 位操作指令：不允许。

边沿执行指令：允许（加后缀 "P"）。

使用块传送指令还需注意以下两点。

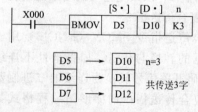

图 9-25　块传送指令的编程格式

① 数据长度 n 的单位与所传送的数据类型有关，从数据寄存器传送到数据寄存器 D 时，n 的单位为 "字"，从复合操作数传送到目标位置时，n 的单位为 "半字节（4 位二进制）"。

② 源数据与目标数据的地址范围可以重叠。

4. 其他传送指令

多点传送指令 FMOV（FNC16）可以将一个源数据写入到操作数 n 指定的连续多个目标位置中。FX$_{3U}$ 机型还有二进制浮点数传送指令、高速计数器传送指令及注释读出指令等，可参考有关资料。

### 三、数据转换与移位指令

FX 系列 PLC 数据转换与移位指令如表 9-5 所示。

表 9-5　FX 系列 PLC 数据转换与移位指令一览表

| 指令号 | 指令代码 | 指令名称 | 功　　能 | PLC 系列 | | |
| --- | --- | --- | --- | --- | --- | --- |
| | | | | FX$_{1S}$/FX$_{1N}$ | FX$_{2N}$ | FX$_{3U}$ |
| FNC17 | XCH | 数据交换 | 交换数据内容或高低字节互换 | × | ● | ● |
| FNC18 | BCD | BCD 转换 | 二进制转换为 BCD | ● | ● | ● |
| FNC19 | BIN | BIN 转换 | BCD 转换为二进制 | ● | ● | ● |
| FNC30 | ROR | 循环右移 | 指定位数据循环右移 | × | ● | ● |
| FNC31 | ROL | 循环左移 | 指定位数据循环左移 | × | ● | ● |
| FNC32 | RCR | 带进位的循环右移 | 指定位数据带进位的循环右移 | × | ● | ● |
| FNC33 | RCL | 带进位的循环左移 | 指定位数据带进位的循环左移 | × | ● | ● |
| FNC34 | SFTR | 二进制位右移 | 数据右移指定位 | ● | ● | ● |
| FNC35 | SFTL | 二进制位左移 | 数据左移指定位 | ● | ● | ● |
| FNC36 | WSFR | 字右移 | 数据右移指定字 | × | ● | ● |
| FNC37 | WSFL | 字左移 | 数据左移指定字 | × | ● | ● |
| FNC38 | SFWR | 移位写入 | 将数据依次写入到连续的存储单元上 | ● | ● | ● |
| FNC39 | SFRD | 先进先出移位读出 | 按 SFWR 指令的写入次序，先进先出 | ● | ● | ● |
| FNC147 | SWAP | 上下字节交换 | 将指定数据的上下字节进行互换 | × | ● | ● |
| FNC212 | POP | 后进先出移位读出 | 按 SFWR 指令的写入次序，后进先出 | × | × | ● |
| FNC213 | SFR | 含进位的任意位右移 | 将指定位的状态左移 n 位（含进位位） | × | × | ● |
| FNC214 | SFL | 含进位的任意位左移 | 将指定位的状态右移 n 位（含进位位） | × | × | ● |

注：● 表示可以使用，× 表示不能使用。

1. 数据交换指令

数据交换指令 XCH（FNC17）可以将源数据 [D1·] 与目标数据由区域 [D2·] 的内容互换，指令的梯形图编程格式如图 9-26 所示。指令允许使用的操作数格式如下。

[D1·]、[D2·]：复合操作数 KnY/KnM/KnS、定时器 T、计数器 C、数据寄存器 D、变址寄存器 V/Z。

32 位操作指令：允许（加前缀 "D"）。

边沿执行指令：允许（加后缀 "P"）。

<table>
<tr><td>图 9-26　数据交换指令的编程格式</td><td>(a) 二进制到BCD转换　　(b) BCD到二进制转换<br>图 9-27　BCD/BIN 转换指令的编程格式</td></tr>
</table>

**2. BCD 转换指令**

BCD 转换指令 BCD（FNC18）可将二进制格式的源数据〔S·〕转换为十进制格式的数据（BCD 码）并存储到目标数据〔D·〕中；而 BIN 转换指令 BIN（FNC19）则可将十进制格式的源数据（BCD 码）〔S·〕转换为二进制格式的数据并存储到目标数据〔D·〕中。BCD 与 BIN 转换指令的编程格式如图 9-27 所示。指令允许使用的操作数格式如下。

〔S·〕：复合操作数 KnX/KnY/KnM/KnS、定时器 T、计数器 C、数据寄存器 D、变址寄存器 V/Z。

〔D·〕：复合操作数 KnY/KnM/KnS、定时器 T、计数器 C、数据寄存器 D、变址寄存器 V/Z。

32 位操作指令：允许（加前缀"D"）。

边沿执行指令：允许（加后缀"P"）。

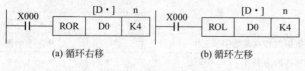

图 9-28　循环移位指令的编程

**3. 循环移位指令**

循环移位指令含循环右移位指令 ROR（FNC30）与循环左移位指令 ROL（FNC31）2 条。指令执行可以将指定的操作数向右或向左移动 n 位，被移出的数据将补入到空位上，最后移出的位同时保存到进位标志特殊辅助继电器 M8022 中。

循环右移 ROR 与循环左移 ROL 指令的编程格式如图 9-28 所示。执行 4 位循环右移一次的执行过程如图 9-29 所示。指令允许使用的操作数格式如下。

〔D·〕：复合操作数 KnY/KnM/KnS、定时器 T、计数器 C、数据寄存器 D、变址寄存器 V/Z；如为复合操作数，编程元件 X/Y/M/S 只能为 K4（16 位）或 K8（32 位）。

n：常数 K/H，范围 1～16（16 位指令），1～32（32 位指令）。

32 位操作指令：允许（加前缀"D"）。

边沿执行指令：允许（加后缀"P"）；如为连续执行，每个扫描周期移位一次。

**4. 二进制移位指令**

二进制移位指令含右移指令 SFTR（FNC34）与左移指令 SFTL（FNC31）2 条。执行指令可以将指定位数（操作数 n1 指定）的数据向右或向左移动指定位（由操作数 n2 指定），被移出的空位由操作数〔S·〕的内容补入，移走的数据被抛弃。指令允许使用的操作数格式如下。

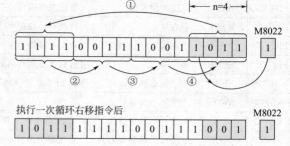

图 9-29　循环移位指令的编程

〔S·〕：二进制位编程元件 X/Y/M/S。

〔D·〕：二进制位编程元件 X/Y/M。

n1、n2：常数 K/H，范围 1～1024。

32 位操作指令：不允许。

边沿执行指令：允许（加后缀"P"）。

右移指令 SFTR 与左移指令 SFTL 编程格式与执行过程如图 9-30 所示。

**【例 9-9】**　可以用位移指令实现步进电动机正反转和调速控制。以三相单三拍步进电动机为例，脉冲列由 Y010～Y012（晶体管输出）送出，作为步进电动机驱动电源电路的输入。

程序中采用积算定时器 T246 为脉冲发生器，设定值为 K2～K500，定时为 2～500ms，则步进电动机可获得 500～2 步/s 的变速范围。X000 为正反转切换开关（X000 为 OFF 时，正

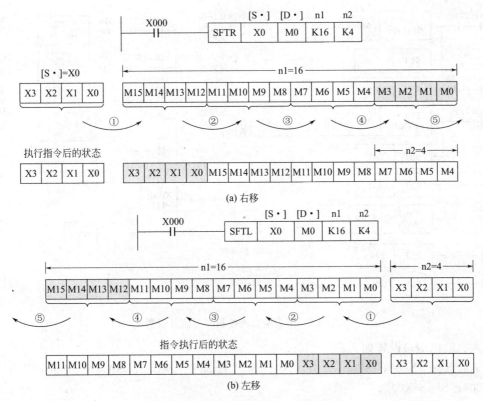

图 9-30　二进制移位指令的编程

转；X000 为 ON 时，反转），X002 为启动按钮，X003 为减速按钮，X004 为增速按钮。

梯形图如图 9-31 所示。以正转为例，程序开始运行前，设 M0 为零。M0 提供移入 Y010、Y011、Y012 的"1"或"0"，在 T246 的作用下最终形成 011、110、101 的三拍循环。T246 为移位脉冲产生环节，INC 指令及 DEC 指令用于调整 T246 产生的脉冲步率。T0 为频率调整时间限制。

调速时，按住 X003（减速）或 X004（增速）按钮，观察速度的变化，当达到所需速度时，释放。

**【例 9-10】**　橡胶机械的顺序控制。

某化工橡胶加工机械工序流程图如图 9-32 所示，工序表如表 9-6 所示。

表 9-6　橡胶加工机械工序表

| 步序 | YV1<br>Y000 | YV2<br>Y001 | YV3<br>Y002 | YV4<br>Y003 | YV5<br>Y004 | YV6<br>Y005 | YV7<br>Y006 | YV8<br>Y007 |
|---|---|---|---|---|---|---|---|---|
| 1 | × | × | — | — | — | — | — | — |
| 2 | × | × | × | × | — | — | — | — |
| 3 | — | — | — | — | × | × | — | — |
| 4 | — | — | — | — | × | × | × | × |

主机由 SB₁ 按钮启动，SB₂ 按钮停止，具有过载保护。

SA₁ 为控制状态选择开关，可选"自动"和"手动"控制。当为自动控制时，机械自动按工序进行，应具有断电保持功能；当为手动控制时，主要用于步进操作，按步进按钮 SB₃ 可逐步校验工步的动作。

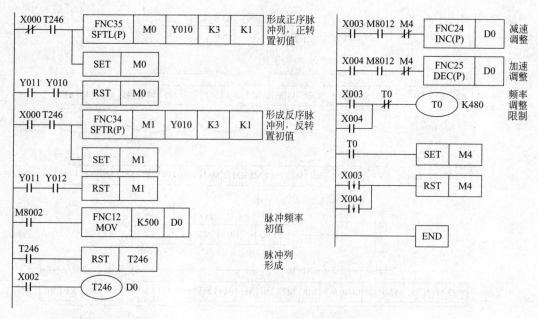

图 9-31 步进电动机控制梯形图及说明

输入、输出端口设置如下。

输入：$SB_1$—X000；$SB_2$—X001；$SA_1$ 置 "自动"—X002；$SA_1$ 置 "手动"—X003；FR—X004；$SB_3$—X005。

输出：$1^\#$电磁阀 $YV_1$—Y000；$2^\#$电磁阀 $YV_2$—Y001；$3^\#$电磁阀 $YV_3$—Y002；$4^\#$电磁阀 $YV_4$—Y003；$5^\#$电磁阀 $YV_5$—Y004；$6^\#$电磁阀 $YV_6$—Y005；$7^\#$电磁阀 $YV_7$—Y006；$8^\#$电磁阀 $YV_8$—Y007。

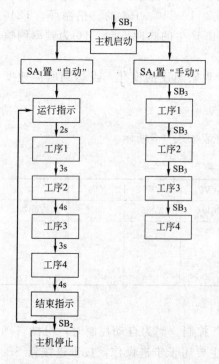

图 9-32 动作流程图

运行指示—Y010；停止指示—Y011；主电动机接触器 KM—Y012。

本例为用位左移指令实现状态编程的例子。梯形图如图 9-33 所示。图中移位初值为在移位通道中形成状态开关 "1"，其后在每个状态转移条件满足时，使 "1" 移动一位，并以此为输出的控制。

5. 字移动指令

字移动指令含字右移 WSFR（FNC36）与字左移 WSFL（FNC37）2 条指令。执行指令可以将指定长度（操作数 n1 指定）的数据向右或向左移动指定位（由操作数 n2 指定），被移出的空位由操作数 [S·] 的内容补入，移走的数据被抛弃。指令允许使用的操作数格式如下。

[S·]：复合操作数 KnX/KnY/KnM/KnS、定时器 T、计数器 C、数据寄存器 D。

[D·]：复合操作数 KnY/KnM/KnS、定时器当前值 T、计数器当前值 C、数据寄存器 D。

n1、n2：常数 K/H，范围 1～1024。

32 位操作指令：不允许。

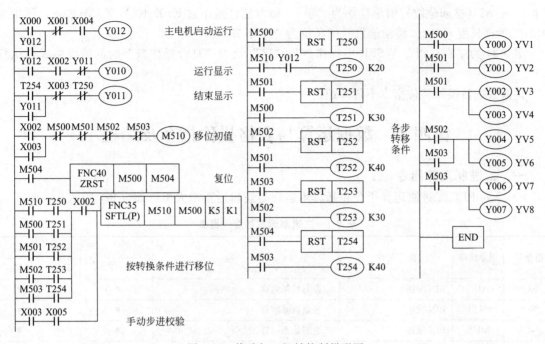

图 9-33　橡胶加工机械控制梯形图

边沿执行指令：允许（加后缀 "P"）。

如 WSFR/WSFL 指令中的操作数 [S·] 与 [D·] 都为数据寄存器 D，则指令中 n1（数

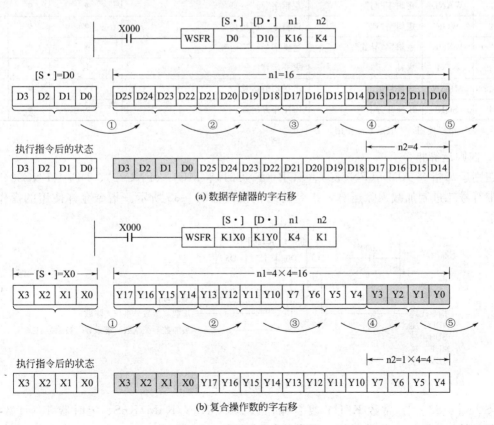

(a) 数据存储器的字右移

(b) 复合操作数的字右移

图 9-34　字移动指令的编程

据长度）、n2（移动位数）的单位均为"字"。如为复合操作数 KnX/KnY/KnM/KnS，则指令中 n1（数据长度）、n2（移动位数）的单位为"半字节"。

图 9-34 为字右移指令 WSFR 中操作数为"字"及为"复合操作数"时的编程格式与执行过程。

其他数据转换及移位指令不再介绍。

## 第四节 数据运算与表格操作指令及编程

### 一、二进制运算指令

FX 系列 PLC 二进制运算指令包括算术运算与逻辑运算两大类，如表 9-7 所示。

表 9-7 二进制运算指令一览表

| 指令号 | 指令代码 | 指令名称 | 功 能 | PLC 系列 | | |
| --- | --- | --- | --- | --- | --- | --- |
| | | | | FX₁S/FX₁N | FX₂N | FX₃U |
| FNC20 | ADD | BIN 加法 | 二进制数加运算 | ● | ● | ● |
| FNC21 | SUB | BIN 减法 | 二进制数减运算 | ● | ● | ● |
| FNC22 | MUL | BIN 乘法 | 二进制数乘运算 | ● | ● | ● |
| FNC23 | DIV | BIN 除法 | 二进制数除运算 | ● | ● | ● |
| FNC24 | INC | BIN 加"1" | 二进制数加"1"运算 | ● | ● | ● |
| FNC25 | DEC | BIN 减"1" | 二进制数减"1"运算 | ● | ● | ● |
| FNC26 | WAND | 逻辑字"与" | 逻辑字"与"运算 | ● | ● | ● |
| FNC27 | WOR | 逻辑字"或" | 逻辑字"或"运算 | ● | ● | ● |
| FNC28 | WXOR | 逻辑字"异或" | 逻辑字"异或"运算 | ● | ● | ● |
| FNC29 | NEG | 求补 | 求补运算 | × | ● | ● |
| FNC45 | MEAN | 求平均值 | 求平均值运算 | × | ● | ● |
| FNC48 | SQR | BIN 开方 | BIN 开方运算 | × | ● | ● |

注：●表示可以使用，×表示不能使用。

1. 四则运算指令

四则运算指令 ADD（FNC20）、SUB（FNC21）、MUL（FNC22）、DIV（FNC23）可以进行带符号二进制加减乘除运算，指令的编程格式如图 9-35 所示。指令允许使用的操作数格式如下。

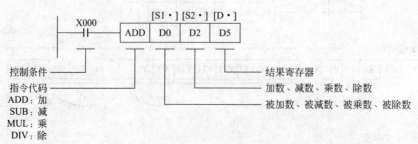

图 9-35 四则运算指令的编程格式

[S1·] [S2·]：常数 K/H、复合操作数 KnX/KnY/KnM/KnS、定时器 T、计数器 C、数据寄存器 D、变址寄存器 V/Z。

〔D·〕：复合操作数 KnY/KnM/KnS、定时器 T、计数器 C、数据寄存器 D、变址寄存器 V/Z。

32 位操作指令：允许（加前缀"D"）。

边沿执行指令：允许（加后缀"P"）。

使用四则运算指令时建议采用边沿执行，注意操作数长度与存数范围是否合适，还需注意结果标记的状态。

2. 加 1、减 1 指令

加 1、减 1 指令 INC（FNC24）、DEC（FNC25）可以对指定操作数进行加"1"、减"1"运算，运算结果保存在原操作数中，指令的编程格式如图 9-36 所示。指令允许使用的操作数格式如下。

〔D·〕：复合操作数 KnY/KnM/KnS、定时器 T、计数器 C、数据寄存器 D、变址寄存器 V/Z。

允 32 位操作指令：允许（加前缀"D"）。

边沿执行指令：允许（加后缀"P"）。

如指令的运算结果小于下限值时，如再减 1，将自动成为最大值。当运算结果大于

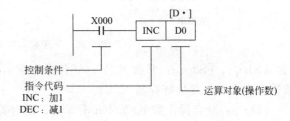

图 9-36　加 1 减 1 指令的编程格式

上限值时，如果再加 1，将自动成为最小值。无论加 1、减 1 指令出现什么结果，M8020/M8021/M8022 均不动作。

【例 9-11】　彩灯 12 盏，接于 Y000～Y013，要求工作时正序亮至全亮，反序熄至全熄。循环控制，时间间隔为 1s。

本例采用加 1、减 1 指令配合秒脉冲 M8013 实现。彩灯开关接于 X001，梯形图如图 9-37 所示。

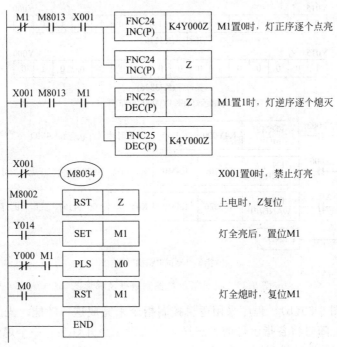

图 9-37　彩灯控制梯形图

### 3. 字逻辑运算指令

字逻辑运算指令包括字与 WAND（FNC26）、字或 WOR（FNC27）、字异或 WXOR（FNC28）三条。执行指令可以对操作数 [S1·]、[S2·] 进行逐位逻辑与、或、异或运算，运算结果写入 [D·] 中。

字逻辑运算的编程格式如图 9-38 所示。指令允许使用的操作数格式如下。

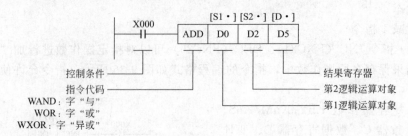

图 9-38　字逻辑运算指令的编程格式

[S1·]、[S2·]：常数 K/H、复合操作数 KnX/KnY/KnM/KnS、定时器 T、计数器 C、数据寄存器 D、变址寄存器 V/Z。

[D·]：复合操作数 KnY/KnM/KnS、定时器 T、计数器 C、数据寄存器 D、变址寄存器 V/Z。

32 位操作指令：允许（加前缀"D"）。

边沿执行指令：允许（加后缀"P"）。

【**例 9-12**】 机场灯集控。某机场装有 12 只指示灯，用于各种场合的指示，接于 K4Y000。一般情况下总是有的指示灯是亮的，有的指示灯是灭的。但机场有时候需将灯全部打开，也有时需将灯全部关闭。现需设计一种电路，用一只开关打开所有的灯，用另一只开关熄灭所有的灯。十二只指示灯在 K4Y000 的分布如图 9-39（a） 中开灯字中"1"所示。

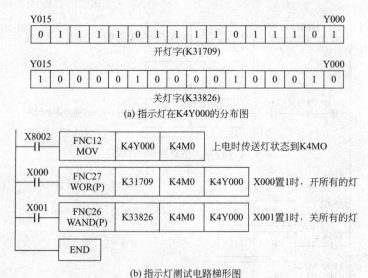

(a) 指示灯在 K4Y000 的分布图

(b) 指示灯测试电路梯形图

图 9-39　机场指示灯控制数据及梯形图

相关梯形图见图 9-39（b）。程序采用逻辑控制指令来完成这一功能。先为所有的指示灯设一个状态字 K4M0，随时将各指示灯的状态送入。再设一个开灯字，一个熄灯字。开灯字内置 1 的位和灯在 K4Y000 中的排列顺序相同。熄灯字内置 0 的位和 K4Y000 中灯的位置相同。开灯时将开灯字和灯的状态字相"或",熄灯时将熄灯字和灯的状态字相"与",即可实现所需控制的功能。

## 二、浮点数转换与运算指令

FX 系列 PLC 浮点数运算及转换指令如表 9-8 所示。

表 9-8　浮点数运算与转换指令一览表

| 指令号 | 指令代码 | 指令名称 | 功　能 | PLC 系列 | | |
|---|---|---|---|---|---|---|
| | | | | FX₁ₛ/FX₁ₙ | FX₂ₙ | FX₃ᵤ |
| FNC49 | FLT | 整数转换为浮点数 | 二进制整数转换为浮点数 | × | ● | ● |
| FNC110 | ECMP | 浮点数比较 | 同 CMP 指令 | × | ● | ● |
| FNC111 | EZCP | 浮点数区间比较 | 同 EZCP 指令 | × | ● | ● |
| FNC118 | EBCD | 二进制到十进制浮点数转换 | 二进制浮点数转换为十进制浮点数 | × | ● | ● |
| FNC119 | EBIN | 十进制到二进制浮点数转换 | 十进制浮点数转换为二进制浮点数 | × | ● | ● |
| FNC120 | EADD | 浮点数加法 | 同 ADD 指令 | × | ● | ● |
| FNC121 | ESUB | 浮点数减法 | 同 SUB 指令 | × | ● | ● |
| FNC122 | EMUL | 浮点数乘法 | 同 MUL 指令 | × | ● | ● |
| FNC123 | EDIV | 浮点数除法 | 同 DIV 指令 | × | ● | ● |
| FNC124 | EXP | 浮点数指数运算 | 对浮点数 $N$ 进行 $e^N$ 指数运算 | × | × | ● |
| FNC125 | LOGE | 浮点数自然对数运算 | 对浮点数 $N$ 进行 $\ln N$ 运算 | × | × | ● |
| FNC126 | LOG10 | 浮点数常用对数运算 | 对浮点数 $N$ 进行 $\lg N$ 运算 | × | × | ● |
| FNC127 | ESOR | 浮点数开方 | 同 SOR 指令 | × | ● | ● |
| FNC128 | ENEG | 二进制浮点数符号变换 | 二进制浮点数符号变换 | × | ● | ● |
| FNC129 | INT | 浮点数转换为整数 | 浮点数转换为二进制整数 | × | ● | ● |
| FNC130 | SIN | 浮点数正弦运算 | 浮点数正弦运算 | × | ● | ● |

注：● 表示可以使用，× 表示不能使用。

### 1. 浮点数转换指令

浮点数转换指令含二进制整数到浮点数转换 FLT (FNC49)，浮点数到二进制转换 INT (FNC129)，二进制浮点数到十进制浮点数转换 EBCD (FNC118)，十进制浮点数到二进制浮点数转换 EBIN (FNC119) 4 条。指令的编程格式如图 9-40 所示。指令允许使用的操作数格式如下。

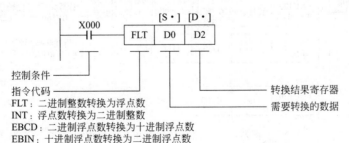

图 9-40　浮点数转换指令的编程格式

[S·]、[D·]：数据寄存器 D。

32 位操作指令：允许（加前缀"D"）。

边沿执行指令：允许（加后缀"P"）。

### 2. 浮点数比较与算术运算指令

浮点数比较与算术运算指令的功能与用途与对应的二进制指令一致，但其操作数要由二进制数变为浮点数格式，因此，操作数［S1·］、［S2·］只能是常数或数据寄存器 D，结果寄存器也只能是数据寄存器 D。详情不再介绍。

3. 三角函数运算指令

浮点数可以进行三角函数运算，三角函数指令包括 SIN（FNC130）、COS（FNC131）、TAN（FNC132）等 8 条，指令的编程格式如图 9-41 所示。指令允许的操作数格式如下。

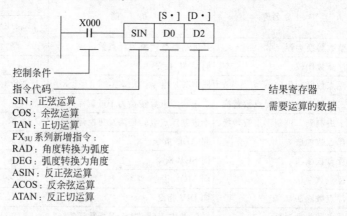

图 9-41 三角函数运算指令的编程格式

［S·］、［D·］：数据寄存器 D。

32 位操作指令：必须（加前缀"D"）。

边沿执行指令：允许（加后缀"P"）。

需注意的是，指令中的操作数［S·］的单位为弧度，如以角度给定时需进行转换，图 9-42 为转换相关的一段梯形图。

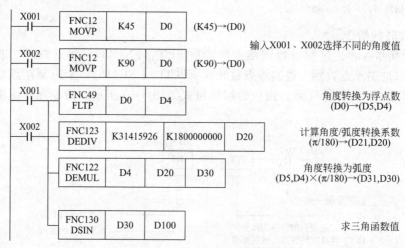

图 9-42 三角函数运算指令的编程

## 三、数据表操作指令

FX 系列 PLC 数据表操作指令如表 9-9 所示。

1. 数据查找指令

数据查找指令 SER（FNC61）可以对最多连续 256 字的数据进行相同数据与最大最小数据的检索。指令的编程格式如图 9-43 所示。指令允许使用的操作数格式如下。

表 9-9　PLC 数据表操作指令一览表

| 指令号 | 指令代码 | 指令名称 | 功　能 | PLC 系列 | | |
|---|---|---|---|---|---|---|
| | | | | FX$_{1S}$/FX$_{1N}$ | FX$_{2N}$ | FX$_{3U}$ |
| FNC61 | SER | 数据查找 | 进行相同数据与最大/最小数据检索 | × | ● | ● |
| FNC69 | SORT | 数据排列 | 按照升序重新排列数据表 | × | ● | ● |
| FNC149 | SORT2 | 数据排列 | 按照升序或降序重新排列数据表 | × | × | ● |
| FNC210 | FDEL | 数据表中的数据删除 | 删除数据表中指定位置的数据 | × | × | ● |
| FNC211 | FINS | 数据表中的数据插入 | 数据插入到数据表中的指定位置 | × | × | ● |

注：● 表示可以使用，× 表示不能使用。

　　[S1·] 复合操作数 KnX/KnY/KnM/KnS、定时器 T、计数器 C、数据寄存器 D、指定数据表存储器的起始地址。

　　[S2·]：常数 K/H、复合操作数 KnX/KnY/KnM/KnS、定时器 T、计数器 C、数据寄存器 D、变址寄存器 V/Z，指定需要查找的数据。

　　[D·]：复合操作数 KnY/KnM/KnS、定时器 T、计数器 C、数据寄存器 D、变址寄存器 V/Z；指定数据查找结果寄存器的起始地址，需要连续 5 个字。

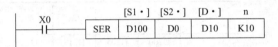

图 9-43　数据查找指令的编程格式

　　n：数据表长度，允许范围 1～256（16 位指令）或 1～128（32 位指令）。

　　32 位操作指令：允许（加前缀 "D"）。

　　边沿执行指令：允许（加后缀 "P"）。

　　指令执行完成后，数据查找结果寄存器的内容如下。

　　[D·]：表格中与所要查找的数据相同的数据的个数。

　　[D·]+1：第 1 个相同的数据在数据表中的序号（数据表首字的序号为 0，下同）。

　　[D·]+2：最后一个相同的数据在数据表中的序号。

　　[D·]+3：数据表中最小的数据在表中的序号，如存在多个，则指示最后一个最小的数据的序号。

　　[D·]+4：数据表中最大的数据在表中的序号，如存在多个，则指示最后一个最大的数据的序号。

### 2. 数据的升序排序指令

　　数据排序指令 SORT（FNC69）可以对最多 32 行×6 列的连续数据，按列进行数据从小到大的排序。指令的编程格式如图 9-44 所示。指令允许使用的操作数格式如下。

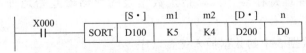

图 9-44　数据升序排序指令的编程格式

　　[S·]：只能为数据寄存器 D，指定源数据表的存储器起始地址。

　　m1：只能为常数 K/H，指定数据表的行数。

　　m2：只能为常数 K/H，指定数据表的列数。

　　[D·]：只能为数据寄存器 D，指定排序完成后新数据表的存储器起始地址。

　　n：常数 K/H、数据寄存器 D，指定需要进行排序的列，允许范围 1～m2。

　　32 位操作指令：不允许。

　　边沿执行指令：不允许。

指令执行的结果将生成一张按照要求重新排序的新数据表，其起始地址由操作数［D·］指定，数据表长度与原数据表一致，如图 9-45 所示。

原数据表 m2=4列

| 行\列 | 1 | 2 | 3 | 4 |
|---|---|---|---|---|
| 1 | D100 | D105 | D110 | D115 |
| | 1 | 150 | 45 | 20 |
| 2 | D101 | D106 | D111 | D116 |
| | 2 | 180 | 50 | 40 |
| 3 | D102 | D107 | D112 | D117 |
| | 3 | 160 | 70 | 30 |
| 4 | D103 | D108 | D113 | D118 |
| | 4 | 100 | 20 | 8 |
| 5 | D104 | D109 | D114 | D119 |
| | 5 | 150 | 50 | 45 |

m1=5行

指令n=2，按第2列进行排序后的新数据表

| 行\列 | 1 | 2 | 3 | 4 |
|---|---|---|---|---|
| 1 | D200 | D205 | D210 | D215 |
| | 4 | 100 | 20 | 8 |
| 2 | D201 | D206 | D211 | D216 |
| | 1 | 150 | 45 | 20 |
| 3 | D202 | D207 | D212 | D217 |
| | 5 | 150 | 50 | 45 |
| 4 | D203 | D208 | D213 | D218 |
| | 3 | 160 | 70 | 30 |
| 5 | D204 | D209 | D214 | D219 |
| | 2 | 180 | 50 | 40 |

指令n=3，按第3列进行排序后的新数据表

| 行\列 | 1 | 2 | 3 | 4 |
|---|---|---|---|---|
| 1 | D200 | D205 | D210 | D215 |
| | 4 | 100 | 20 | 8 |
| 2 | D201 | D206 | D211 | D216 |
| | 1 | 150 | 45 | 20 |
| 3 | D202 | D207 | D212 | D217 |
| | 2 | 180 | 50 | 40 |
| 4 | D203 | D208 | D213 | D218 |
| | 5 | 150 | 50 | 45 |
| 5 | D204 | D209 | D214 | D219 |
| | 3 | 160 | 70 | 30 |

图 9-45 数据升序排序指令的功能说明

**3. 数据插入指令**

数据表的插入指令 FINS（FNC211）可以在数据表的指定位置上插入一个数据，指令的编程格式如图 9-46 所示。指令允许使用的操作数格式如下。

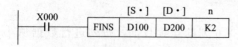

图 9-46 数据插入指令的编程格式

［S·］常数 K/H、定时器 T、计数器 C、数据寄存器 D、变址寄存器 V/Z，指定需要插入的数据。

［D·］：定时器 T、计数器 C、数据寄存器 D、变址寄存器 V/Z，指定数据表的存储器起始地址，数据表存储器的第 1 个字应为数据长度。

n：常数 K/H、数据寄存器 D，指定数据表中的数据插入位置（序号）。

32 位操作指令：不允许。

边沿执行指令：允许（加后缀"P"）。

执行图 9-46 指令的结果如图 9-47 所示。插入数据后自动将数据表中第 1 字（数据长度）加 1，后续数据全部下移。

数据表操作指令中还有指定位置的数据删除指令 FDEL（FNC210），为插入指令的逆向操作。

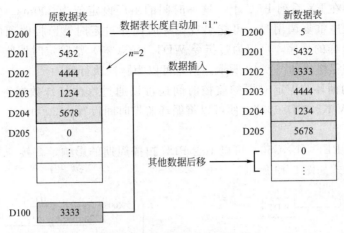

图 9-47　数据插入指令的功能说明

# 第五节　PLC 控制与时钟处理指令

## 一、PLC 控制指令

PLC 控制指令指能够直接控制或影响 PLC 操作系统工作参数的指令。FX 系列 PLC 的控制指令如表 9-10 所示。

表 9-10　PLC 控制及时钟处理指令一览表

| 指令号 | 指令代码 | 指令名称 | 功　能 | PLC 系列 | | |
| --- | --- | --- | --- | --- | --- | --- |
| | | | | FX$_{1S}$/FX$_{1N}$ | FX$_{2N}$ | FX$_{3U}$ |
| FNC07 | WDT | 监控定时器刷新 | 清除 PLC 循环时间监控定时器的计时值 | ● | ● | ● |
| FNC50 | REF | I/O 刷新 | 不受 PLC 循环时间约束,直接控制 PLC 的 I/O | ● | ● | ● |
| FNC51 | REFF | 输入滤波时间设定 | 直接设定特殊输入的滤波时间 | × | ● | ● |
| FNC167 | TWR | PLC 时钟设定 | 改变 PLC 内部时钟 | ● | ● | ● |
| FNC160 | TCMP | 时钟比较 | 比较时钟数据,产生比较结果信号 | ● | ● | ● |
| FNC161 | TZCP | 时钟区间比较 | 以区间的形式比较时钟数据,产生比较结果信号 | ● | ● | ● |
| FNC162 | TADD | 时钟数据加运算 | 按照时钟数据的进位规则,进行数据的加法运算 | ● | ● | ● |
| FNC163 | TSUB | 时钟数据减运算 | 按照时钟数据的进位规则,进行数据的减法运算 | ● | ● | ● |
| FNC164 | HTOS | 时钟数据换算 | 将时、分、秒换算到秒 | × | × | ● |
| FNC165 | STOH | 时钟数据换算 | 将秒换算到时、分、秒 | × | × | ● |
| FNC166 | TRD | 读取时钟数据 | 读出当前的 PLC 时钟数据 | ● | ● | ● |
| FNC169 | HOUR | 小时定时 | 进行小时为单位的定时 | ● | ● | ● |

注:●表示可以使用,×表示不能使用。

### 1. 监控定时器刷新指令

为了防止 CPU 在执行程序时陷入死循环,所有 PLC 均设计有循环时间监控功能,俗称"看门狗"功能。如果 CPU 在规定的时间内无法完成全部程序的扫描处理,PLC 将发生"定时器监控"报警。在 FX 系列 PLC 上，这一时间的出厂设定值为 200ms。但是，当程序较长或具有较多的子程序重复调用时，可能出现循环时间超过定时器监控时间的情况，为了保证 PLC 能正常执行这样的程序，可以通过指令 WDT（FNC07）清除定时器监控时间后并重新启动计时，指令的编程格式如图 9-48 所示。指令可以为脉冲执行型。

此外，PLC 的循环监控定时器的监控时间还可以通过修改特殊数据寄存器 D8000 实现。如利用指令"MOV K300 D8000"，便可以将循环监控时间设置为 300ms。

2. I/O 刷新指令

I/O 刷新指令 REF（FNC50）可以不受 PLC 扫描周期的影响，直接控制信号的输入与输出。指令的编程格式如图 9-49 所示。

图 9-48　定时器刷新
指令的编程格式

图 9-49　I/O 刷新指令
的编程格式

指令中的操作数 [D·] 只能为输入 X 与输出 Y，操作数 n 为常数 K/H，范围为 8～256 间 8 的倍数，可以用边沿执行形式。

执行指令 REF 可立即读入指定的 n 点输入信号状态，或立即进行 n 点输出信号的刷新。起始地址的个位必须为"0"。

3. 输入滤波时间设定指令

为了消除输入信号的抖动与干扰，PLC 的输入回路都安装有 RC 滤波器及数字滤波器。数字滤波器的滤波时间可以通过程序指令进行调整。

指令 REFF（FNC51）可以用于输入数字滤波器的时间调整，指令的编程格式如图 9-50 所示。

指令的操作对象固定为 X000～X017，滤波时间通过操作数 n 以常数 K/H 的形式设定，时间单位为 ms。

FX 系列 PLC 输入滤波时间出厂设定值为 10ms。输入滤波时间存在特殊数据寄存器 D8020 中，还可以采用传送指令修改输入滤波时间。例如，利用指令"MOV K2 D8020"便可直接将 X000～X017 的输入滤波时间设定为 2ms。

## 二、时钟指令

1. 时钟设定指令

PLC 的内部时钟可以通过指令 TWR（FNC167）进行修改。指令的编程格式如图 9-51 所示。

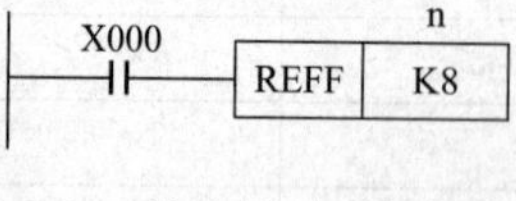

图 9-50　输入滤波时间调整
指令的编程格式

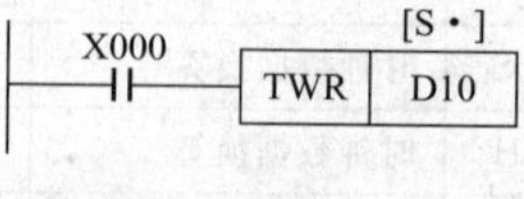

图 9-51　时钟设定指令
的编程格式

指令中的操作数 [S·] 一般应为数据寄存器 D，也可以使用 T 和 C。指令中的操作数 [S·] 所定义的是时钟数据存储器的首地址，修改时钟需要连续 7 个字的数据。TWR 指令可以一次性将时钟数据写入到 PLC 内部时钟用特殊寄存器 D8013～D8019 中。

指令中写入的数据应按照如下格式排列。

[S·] +0：年（写入 D8018），公历年的后 2 位，允许 00～99。

[S·] +1：月（写入 D8017），允许 01～12。

[S·] +2：日（写入 D8016），允许 01～31。

[S·] +3：时（写入 D8015），允许 00～23。

[S·] +4：分（写入 D8014），允许 00～59。

[S·] +5：秒（写入 D8013），允许 00～59。

[S·] +6：星期（写入 D8019），允许 0～6（0 对应星期日）。

此外，FX 系列 PLC 还可以利用 MOV 指令通过修改特殊数据寄存器 D8013～D8019 的内容来设定 PLC 的时钟，但只有通过特殊辅助继电器 M8015 的下降沿，才能写入新的时钟数据并启动时钟。

使用 MOV 指令的时钟设定程序格式如图 9-52 所示。

### 2. 时钟比较指令

时钟比较指令 TCMP（FNC160）的编程格式如图 9-53 所示。它与数据比较指令 CMP 的区别仅在于数据的格式不同。指令允许使用的操作数格式与作用如下。

[S1·]、[S2·]、[S3·]：复合操作数 KnX/KnY/KnM/KnS、定时器 T、计数器 C、数据寄存器 D、变址寄存器 V/Z。3 个操作数依次为时间比较基准时、分、秒的设定值。

[S·]：定时器 T、计数器 C、数据寄存器 D，需要连续 3 字的存储器用来存储作为比较的时钟数据（由起始地址开始，依次为时、分、秒）。

[D·]：二进制位元件 Y/M/S，用于比较结果，占连续的 3 位。

32 位操作指令：不允许。

边沿执行指令：允许（加后缀"P"）。

时钟比较后一次性获得大于、等于、小于三种比较结果，并写入到指定的二进制编程元件 [D·] 中。对于图 9-53 中指令，当

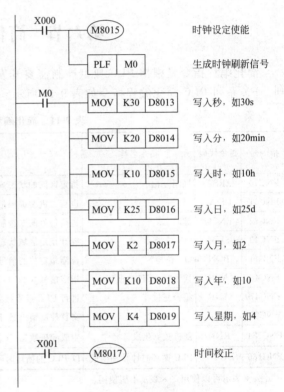

图 9-52　用特殊数据寄存器设定时间的程序

时钟数据小于比较基准 10h30min50s 时，M0 为 1，当时钟数据等于比较基准 10h30min50s 时，M1 为 1，当时钟数据大于比较基准 10h30min50s 时，M2 为 1。

### 3. 时钟区间比较指令

时钟比较指令 TZCP（FNC161）的编程格式如图 9-54 所示。它与数据比较指令 ZCP 的区别仅在于数据的格式不同。指令允许使用的操作数格式与作用如下。

[S1·]、[S2·]：定时器 T、计数器 C、数据寄存器 D，各需连续 3 字的存储器用于比较

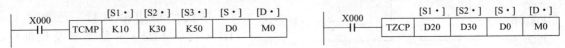

图 9-53　时钟比较指令的编程格式　　　　　　图 9-54　时钟区间比较指令的编程格式

区间的上限与下限时钟值,依次为时、分、秒。

[S·]:定时器 T、计数器 C、数据寄存器 D,需要连续 3 字的存储器用来存储作为比较的时钟数据(由起始地址开始,依次为时、分、秒)。

[D·]:二进制位元件 Y/M/S,用于比较结果,占连续的 3 位。

32 位操作指令:不允许。

边沿执行指令:允许(加后缀"P")。

时钟区间比较后一次性获得大于上限、在范围内、小于下限三种比较结果,并写入到指定的二进制编程元件 [D·] 中。对于图 9-54 中指令,如 D0/D1/D2 的时钟设定数据小于 D20/D21/D22 的下限设定,则 M0 为 1;如 D0/D1/D2 的时钟设定数据大于等于 D20/D21/D22 的下限设定,但小于上即设定,则 M1 为 1;如 D0/D1/D2 的时钟设定数据大于 D20/D21/D22 的上限设定,则 M2 为 1。

# 第六节 简化编程指令

简化编程指令是根据 PLC 典型控制需要开发的应用指令,适用面广,许多场合都可能用到。FX 系列 PLC 简化编程指令如表 9-11 所示。

表 9-11 简化编程指令一览表

| 指令号 | 指令代码 | 指令名称 | 功 能 | PLC 系列 | | |
|---|---|---|---|---|---|---|
| | | | | FX₁S/FX₁N | FX₂N | FX₃U |
| FNC40 | ZRST | 区间复位 | 指定区间的状态或数据一次性清零 | ● | ● | ● |
| FNC41 | DECO | 译码 | 进行二进制编码信号的译码处理 | ● | ● | ● |
| FNC42 | ENCO | 编码 | 进行信号的二进制编码处理 | ● | ● | ● |
| FNC43 | SUM | ON 位统计 | 统计指定区域状态为"1"的信号数量 | × | ● | ● |
| FNC44 | BON | ON 位检测 | 检测指定位的信号状态 | × | ● | ● |
| FNC46 | ANS | 信号"ON"延时报警 | 指定信号"ON"的时间超过产生 PLC 报警 | × | ● | ● |
| FNC47 | ANR | 报警复位 | 进行 PLC 报警状态继电器的复位 | × | ● | ● |
| FNC66 | ALT | 交替输出 | 交替控制输出通/断 | × | ● | ● |
| FNC184 | RND | 随机数据生成 | 生成随机数据 | × | × | ● |
| FNC186 | DUTY | PLC 循环时钟脉冲生成 | 以 PLC 的循环时间为基准生成时钟脉冲 | × | × | ● |

注:●表示可以使用,×表示不能使用。

1. 区间复位指令

区间复位指令 ZRST(FNC40)可以对指定区间的数据或信号状态进行清零,可用于初始化操作。指令的编程格式如图 9-55 所示。

指令允许允许使用的操作数格式如下。

[D1·]、[D2·]:二进制位元件 Y/M/S、定时器 T、计数器 C、数据寄存器 D。

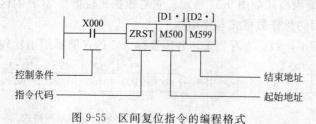

32 位操作指令:不需要。

边沿执行指令:允许(加后缀"P")。

建议使用边沿执行,还需注意 [D1·]、[D2·] 的类型及长度应一致。

图 9-55 区间复位指令的编程格式

2. 译码指令

译码指令 DECO（FNC41）可以将二进制或 BCD 编码形式的信号或数据转换为连续排列的二进制状态信号，如图 9-56 所示。执行 DECO 指令后，当［S·］中数据"010"等于二进制"2"，使［D·］中位号为"2"的位置 1，其余位为 0。如［S·］中数据为"011"等于"3"时，［D·］中位号为"3"的位置 1，其余位为 0。指令中 n 为［S·］的位数。

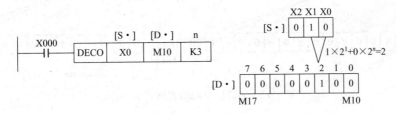

图 9-56　译码指令的编程格式与处理

指令允许使用的操作数格式如下。

［S·］：二进制位元件 X/Y/M/S、定时器 T、计数器 C、数据寄存器 D、变址寄存器 V/Z。

［D·］：二进制位元件 Y/M/S、定时器 T、计数器 C、数据寄存器 D。

n：常数 K/H，指定二进制编码信号的位数，范围 1～8（二进制位元件）、1～4（字元件）。

32 位操作指令：不允许。

边沿执行指令：允许（加后缀"P"）。

DECO 指令既可以用于二进制位编程元件的译码，也可用于定时器、计数器、数据寄存器等字型数据的译码，两者的要求有以下不同。

（1）二进制位编码元件的译码　操作数［S·］用来指定二进制（或 BCD）编码信号的首地址，编码信号的位数由 n 指定，译码结果存储于以操作数［D·］为首地址的 $2^n$ 个连续存储单元中，译码结果寄存器只有与编码输入对应的、唯一的 1 位信号状态为"1"。

（2）字型数据的译码　操作数［S·］用来指定存储二进制（或 BCD）编码信号存储器的地址，编码信号必须存储于从最低位（bit0）起的 n 个二进制位中（其他位无效），译码结果存储于操作数［D·］定义的字型存储器中，结果存储器只允许使用 1 字长（16 位）存储器，因此，编码信号的位数 n 最大值为 4。

3. 编码指令

编码指令 ENCO（FNC42）是译码指令的逆变换，执行指令可以将连续二进制位状态转换为二进制（或 BCD 码）编码信号。指令的编程格式如图 9-57 所示。

指令允许使用的操作数格式如下。

［S·］：二进制位元件 X/Y/M/S、定时器 T、计数器 C、数据寄存器 D、变址寄存器 V/Z。

［D·］：定时器 T、计数器 C、数据寄存器 D、变址寄存器 V/Z。

n：常数 K/H，指定二进制编码信号的位数，范围 1～8（二进制位元件）、1～4（字元件）。

32 位操作指令：不允许。

边沿执行指令：允许（加后缀"P"）。

ENCO 指令也分为二进制位编程元件和字型数据编程元件两种情况。

（1）二进制位编码元件的译码　操作数［S·］用来指定二进制位首地址，n 指定编码后的位数与需要进行编码的二进制位元件数量，如图 9-57(a) 中的 n＝3，意为编码后的位数为 3 位，对应需要编码的二进制位元件数量应为 $2^3＝8$，也即源信号为 M10～M17，由于 M13 为

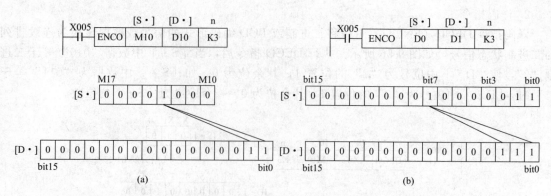

图 9-57 编码指令的编程格式与处理

1，编码结果"11"将存储在数据寄存器 D10 的 bit1、bit0 中，D10 的其他位自动清零。

（2）字型数据的译码 操作数〔S·〕用来指定存储二进制（或 BCD）编码信号的存储器的地址，编码后的结果存储于操作数〔D·〕定义的字型存储器中，并从最低位（bit0）起存储（其他位无效）。字型存储器只允许使用 1 字长（16 位）信号的编码，因此，编码后的位数 n 最大值为 4。图 9-57(b) 中的 n＝3，故需要编码的信号为数据寄存器 D0 的 bit0～bit7，由于 bit0、bit1、bit2 同时为 1，编码的结果取"111"（bit7）并被存储在数据寄存器 D1 的 bit0～bit2 中。

使用编码指令需注意，源数据应有唯一的一位信号为"1"。当源数据的所有位均为零时，指令将出错；如源数据有多位"1"，则只能进行最高状态位的编码，其他位被忽略。此外，编

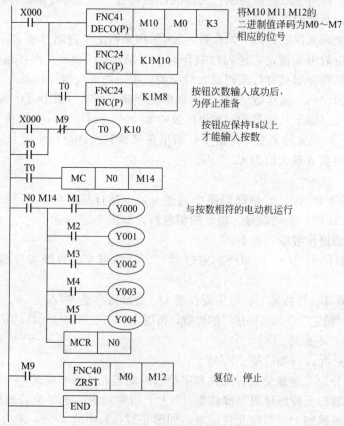

图 9-58 单按钮控制 5 台电动机梯形图

码位数 n 也应正确设定，若 n＝0，指令将不执行，如 n＞8（字型数据编码时 n＞4），则出现执行错误。

**【例 9-13】** 单按钮控制 5 台电动机运行。按按钮数次，最后一次保持 1s 以上，则号码与按下按钮次数相同的电动机运行，再按按钮，该运行的电动机停止，5 台电动机分接于 Y000～Y004。每次只有一台电动机运行。输入电动机编号的按钮接于 X000。

本例采用解码指令，电动机号用加 1 指令存储在 K1M10 中。DECO 将 K1M10 数据解码至 M0～M7，并分别对应不同号码电动机的运行。本例梯形图如图 9-58 所示。

## 习题及思考题

9-1 什么是应用指令？与基本逻辑指令相比有什么不同？

9-2 应用指令在梯形图中采用怎样的表达形式？有哪些使用要素？叙述它们的使用意义？

9-3 什么叫"位"软元件？什么叫"字"软元件？有什么区别？

9-4 FX 系列 PLC 复合元件是如何构成的？举例说明。

9-5 试问如下软元件为何类型软元件？由几位组成？
X001、D20、S20、K4X000、V2、X010、$K_2$Y000、M019。

9-6 数据寄存器有哪些类型？具有什么特点？32 位数据寄存器如何组成？试简要说明。

9-7 何为文件寄存器？分有几类？有什么作用？

9-8 什么是变址寄存器？有什么作用？试举例说明。

9-9 指针为何种类型软元件？有什么作用？试举例说明。

9-10 FX 系列 PLC 传送指令有哪些？简述这些指令的助记符、功能、操作数范围等。

9-11 上升沿指令及下降沿指令在编程中有什么用处？

9-12 三台电动机相隔 5s 启动，各运行 10s 停止，循环往复。使用传送比较指令编程完成控制要求。

9-13 试用比较指令，设计一密码锁控制电路。密码锁为四键，若按 H65 正确后 2s，开照明；按 H87 正确后 3s，开空调。

9-14 设计一台计时精确到秒的闹钟，每天早上 6 点提醒你按时起床。

9-15 用传送与比较指令设计简易四层升降机的自动控制。要求：

① 只有在升降机停止时，才能呼叫升降机；

② 只能接受一层呼叫信号，先按者优先，后按者无效；

③ 上升、下降或停止自动判别。

9-16 用拨动开关构成二进制数输入十进制数与 BCD 数字开关输入 BCD 数字有什么区别？应注意哪些问题？

9-17 试编写一个数字钟的程序。要求有时、分、秒的输出显示，应有启动、清除功能。进一步可考虑时间调整功能。

9-18 用 SFTL 位左移指令构成移位寄存器，实现广告牌字的闪耀控制。用 $HL_1$～$HL_4$ 四灯分别照亮"欢迎光临"四个字。其控制流程要求如表 9-12 所示，每步间隔 1s。

表 9-12 广告牌字闪耀流程

| 步序 灯号 | 1 | 2 | 3 | 4 | 5 | 6 | 7 | 8 |
|---|---|---|---|---|---|---|---|---|
| $HL_1$ | × | | | | × | | × | |
| $HL_2$ | | × | | | × | | × | |
| $HL_3$ | | | × | | × | | × | |
| $HL_4$ | | | | × | × | | × | |

注：×表示点亮。

9-19 试用编译码指令实现某喷水池花式喷水控制。第一组喷嘴 4s→第二组喷嘴 2s→两组喷嘴 2s→均停 1s→重复上述过程。

9-20 跳转发生后，CPU 还是否对被跳转指令跨越的程序段逐行扫描，逐行执行？被跨越的程序中的输出继电器、时间继电器及计数器的工作状态怎样？

9-21 某报时器有春冬季和夏季两套报时程序。请设计两种程序结构，安排这两套程序。

9-22 试比较中断子程序和普通子程序的异同点。

9-23 FX 系列可编程控制器有哪些中断源？如何使用？这些中断源所引出的中断在程序中如何表示？

9-24 试设计采用定时中断向存储单元加 1，实现时间控制的有关程序。

9-25 试设计采用定时中断实现接在 K2X000 上的 8 个彩灯循环左移程序。

9-26 某化工设备设有外应急信号，用以封锁全部输出口，以保证设备的安全。试用中断方法设计相关梯形图。

# 第十章  FX 系列 PLC 脉冲处理指令及运动控制技术

**内容提要：** 脉冲处理类指令含高速计数器指令及脉冲输出指令。高速计数器是对机外高频信号计数的计数器。工业控制领域中的许多物理量，如转速、位移、电压、电流、温度、压力等都很容易转变为频率随物理量量值变化的脉冲列。这就为这些物理量输入可编程控制器实现数字控制提供了新的途径。另一方面，脉冲列可用于定位控制，脉宽调制可用于模拟量控制。近年来，脉冲作为一种新的控制量形式，在工业控制中获得了广泛应用。

本章介绍 FX 系列 PLC 高速计数器指令及脉冲输出指令的功能，并结合运动控制给出了应用实例。

## 第一节  脉冲量与运动控制

脉冲量与运动控制的关联主要有以下两个方面。

### 一、脉冲量作为运动参数的检测手段

光电编码器是运动控制系统中常用的检测装置。它安装时与运动体同轴或联动，可将运动量转换为脉冲量。如将速度转换为脉冲的频率，或将线度、角度转换为脉冲的数量等。PLC 中感知光电编码器输出的是高速计数器。高速计数器统计输入脉冲的数量或频率，并通过运算获得运动物体的有关参数。

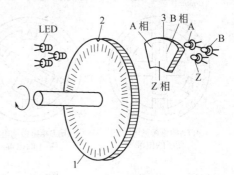

图 10-1  增量式光电编码器构造示意图
1—旋转圆盘；2—转盘缝隙；3—遮光板；
A 相、B 相、Z 相—遮光板缝隙；
A、B、Z—受光元件；LED—发光二极管

光电编码器有增量式及绝对式两大类。图 10-1 是增量式光电编码器的结构示意图。分置在转盘光栅码道两侧的发光及感光元件，利用光栅转动时对光的阻隔及透过，在感光器件上形成电脉冲。以脉冲的频率、数量及变化率感知运动体的运动参数。

增量式光电编码器的输出可以是单相脉冲信号，也可以是能够反映转动方向的两相脉冲信号。但它不能直接检测电动机轴的绝对角度。在启动或上电时需要执行回零操作以确定位置参数的起点，即使是很短时间的停电也会造成位置信息的丢失。与增量式光电编码器不同，绝对式光电编码器由如图 10-2 所示的有多个同心码道的码盘组成，采用数码指示转角的大小，具有固定的零位，对于一个转角位置，只有一个确定的数字代码。另有一种混合式光电编码器为带有简单磁极定位功能的增量式光电编码器，可以兼顾以上两种的功能。

图 10-3 是光电编码器的外观图。图 10-4 是增量式光电编码器的典型接线端。其中 DC 及 GND 是电源端，A、B 为脉冲输出端，Z 为零位端。

### 二、脉冲量用于运动系统执行器的控制

步进电动机及伺服电动机是运动控制系统常用的执行器件，它们都可以在脉冲量的控制下

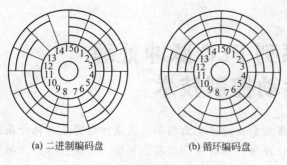

(a) 二进制编码盘　　　(b) 循环编码盘

图 10-2　绝对式光电编码器的码盘

图 10-3　光电编码器外观

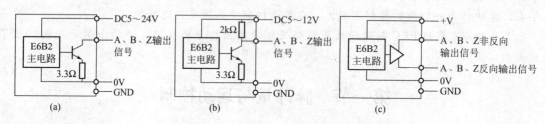

(a)　　　　　　　(b)　　　　　　　(c)

图 10-4　增量式光电编码器接线端示意图

工作。PLC 集成的特殊输出口或专用模块可以输出设定频率、设定数量的脉冲串或脉宽调制波，从而成为步进电动机或伺服电动机的驱动源。

(a) A相磁极通电时　　(b) B相磁极通电时　　(c) C相磁极通电时　　(d) 通电循环一周
　转子的位置　　　　　转子的位置　　　　　转子的位置　　　　　后转子的位置

图 10-5　步进电动机运行情况示意图

图 10-5 所示的步进电动机由三相对称绕组及永磁转子构成，当三相绕组每次只有一相通电且三相通电一周时，永磁转子转过了一个齿距角。图 10-6 是脉冲信号源、步进电动机驱动器及步进电动机的连接示意图。步进电动机驱动器将信号源送来的脉冲串依一定的规律分配给步进电动机的三相绕组，并完成脉冲的功率放大任务。这样，步进电动机的转速或转角就和脉冲信号源的频率或脉冲的数量具有了比例的关联。

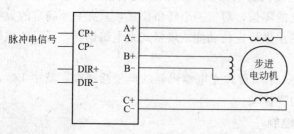

图 10-6　步进电动机驱动系统示意图

步进电动机可在运动控制系统中用作开环控制，伺服电动机在运动控制系统中则可用于闭环控制。伺服电动机配合伺服驱动器后可接收脉冲串形式的给定信号及反馈信号，经调节后，控制伺服电动机的转速。伺服电动机驱动器还可以接收脉宽调制信号并将其转换为模拟电压或电流用于电动机的调速控制。

# 第二节　FX系列PLC的高速计数器

## 一、高速计数器与集成输入端

高速计数器全称为"高速输入计数器"，是对较高频率的外部输入信号计数的计数器，与基本单元的高速输入端X000～X007配合使用。其中，X006、X007只能用于启动信号而不能用于高速计数。高速输入计数器均为32位双向计数器。

FX系列PLC高速输入计数器编号为C235～C255，有单相输入、两相输入两种基本输入方式，并以不同的计数器号区分。不同计数方式分配的高速输入端、最高工作频率如表10-1及表10-2所示。

**表 10-1　单相高速计数器**

| 高速输入 | 不使用复位信号 | | | | | | 使用复位信号 | | | | |
|---|---|---|---|---|---|---|---|---|---|---|---|
| | C235 | C236 | C237 | C238 | C239 | C240 | C241 | C242 | C243 | C244 | C245 |
| X000 | U/D | | | | | | U/D | | | U/D | |
| X001 | | U/D | | | | | R | | | R | |
| X002 | | | U/D | | | | | U/D | | | U/D |
| X003 | | | | U/D | | | | R | U/D | | R |
| X004 | | | | | U/D | | | | R | | |
| X005 | | | | | | U/D | | | | | |
| X006 | | | | | | | | | | S | |
| X007 | | | | | | | | | | | S |
| 最高计数频率 FX$_{1S/1N}$ | 60kHz | | 10kHz | | | | 10kHz | | | | |
| FX$_{2N}$ | 60kHz | | 10kHz | | | | 10kHz | | | | |
| FX$_{3U}$ | 100kHz | | | | | | 40kHz | | | | |

注：U表示增计数输入；D表示减计数输入；R表示复位输入；S表示启动输入。

**表 10-2　两相高速计数器**

| 高速输入 | 增/减脉冲输入 | | | | | 90°相位差脉冲输入 | | | | |
|---|---|---|---|---|---|---|---|---|---|---|
| | C246 | C247 | C248 | C249 | C250 | C251 | C252 | C253 | C254 | C255 |
| X000 | U | U | | U | | A | A | | A | |
| X001 | D | D | | D | | B | B | | B | |
| X002 | | R | | R | | | R | | R | |
| X003 | | | U | | U | | | A | | A |
| X004 | | | D | | D | | | B | | B |
| X005 | | | R | | R | | | R | | R |
| X006 | | | S | | | | | S | | |
| X007 | | | | | S | | | | | S |
| 最高计数频率 FX$_{1S/1N}$ | 30kHz | | 10kHz | | | 15kHz | | 5kHz | | |
| FX$_{2N}$ | 60kHz | | 10kHz | | | 30kHz | | 5kHz | | |
| FX$_{3U}$ | 100kHz | | 40kHz | | | 50kHz | | 40kHz | | |

注：U表示增计数输入；D表示减计数输入；R表示复位输入；S表示启动输入；A表示A相输入；B表示B相输入。

### 二、高速计数器的配置及编程使用

从表 10-1 中可知，不同编号的高速计数器必须与不同的输入口配合使用。两种基本输入方式的四种使用方法如下。

**1. 单相不使用复位信号高速计数器**

计数方式及触点动作与普通 32 位计数器相同。作增计数时，当计数值达到设定值时，触点动作并保持；做减计数时，到达计数值则复位。其计数方向取决于计数方向标志继电器 M8235～M8240。M8××× 后三位为对应的计数器号。

图 10-7 为单相不使用复位信号高速计数器工作时的连接配置及梯形图。这类计数器只有一个脉冲输入端。图中计数器为 C235，其输入端为 X000。图中 X012 为 C235 的启动信号，这是由程序安排的启动信号。X010 为由程序安排的计数方向选择信号，M8235 接通（高电平）时为减计数，X010 断开时为增计数（程序中无辅助继电器 M8235 相关程序时，机器默认为增计数）。X011 为程序安排的复位信号，当 X011 接通时，C235 复位。Y010 为计数器 C235 的控制对象，如果 C235 的当前值大于设定值，则 Y010 接通，反之小于设定值，则 Y010 断开。

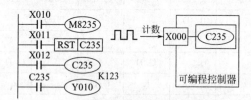

图 10-7 单相不使用复位信号高速
计数器连接配置与梯形图

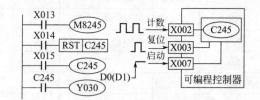

图 10-8 单相使用复位信号高速
计数器连接配置与梯形图

**2. 单相使用复位信号高速计数器**

单相带复位高速计数器编号为 C241～C245，计 5 点，这些计数器较单相不带复位信号的高速计数器增加了外部启动和外部复位控制端子。图 10-8 给出了这类计数器的使用情况。从图 10-8 中可以看出，单相使用复位信号高速计数器的梯形图和图 10-7 中的梯形图结构是一样的。不同的是这类计数器可利用 PLC 输入端子作为外启动及外复位信号。值得注意的是，X007 端子上送入的外启动信号只有在 X015 接通，计数器 C245 被选中时才有效。而 X003 及 X014 两个复位信号则并行有效。

**3. 增/减脉冲输入高速计数器**

增/减脉冲输入高速计数器的编号为 C246～C250，计 5 点。增/减脉冲输入高速计数器有两个外部计数输入端子。在一个端子上送入计数脉冲为增计数，在另一个端子上送入则为减计数。图 10-9 为高速计数器 C246 的信号连接情况及梯形图。X000 及 X001 分别为 C246 的增计数输入端及减计数输入端。C246 是通过程序安排启动及复位信号的，如图中的 X011 及 X010。也有的增减脉冲输入型高速计数器还带有外复位及外启动端。如高速计数器 C250，图 10-9（b）是 C250 的端子情况图。图中 X005 及 X007 分别为外启动及外复位端，它们的工作情况和单相带复位信号计数器的相应端子相同。

**4. 90°相位差脉冲输入高速计数器**

90°相位差脉冲输入高速计数器的编号为 C251～C255，计 5 点。90°相位差脉冲输入型高速计数器的两个脉冲输入端子是同时工作的，外计数方向控制方式由两相脉冲间的相位决定。如图 10-10 所示，当 A 相信号为 "1" 且 B 相信号为上升沿时为增计数，B 相信号为下降沿时为减计数。其余功能与增/减脉冲输入型相同。需要说明的是，采用外计数方向控制的高速计数器也配有与编号相对应的特殊辅助继电器，只是它们没有控制功能只有指示功能。当采取外部计数方向控制方式工作时，相应的特殊辅助继电器的状态会随着计数方向的变化而变化。例如图10-10中，当外部计数方向由两相脉冲的相位决定为增计数时，M8251闭合，Y003接通，表示高速计数器C251在增计数。

(a) 增/减脉冲输入　(b) 带外启动/复位的增/减脉冲输入

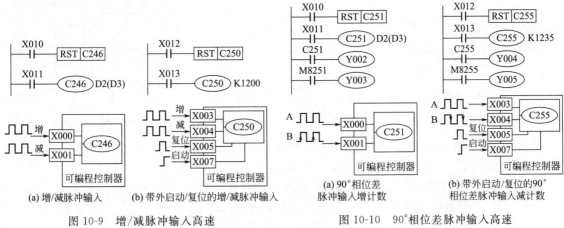

图10-9　增/减脉冲输入高速计数器C246连接配置与编程

(a) 90°相位差脉冲输入增计数　(b) 带外启动/复位的90°相位差脉冲输入减计数

图10-10　90°相位差脉冲输入高速计数器连接配置与编程

高速计数器设定值的设定方法和普通计数器相同，也有直接设定和间接设定两种方式。也可以使用传送指令修改高速计数器的设定值及现时值。

阅读高速计数器梯形图程序时，还需注意图中计数器线圈输入端不是高速计数器脉冲输入端，脉冲输入端不能在程序中出现。

## 第三节　FX系列PLC高速计数指令及应用

### 一、高速计数器处理指令

第二节所述高速计数器程序中，高速计数器是利用自身的触点进行工作的。这要受到PLC循环扫描的影响。为了尽快响应高速计数器相关事件，FX系列PLC设有如表10-3所列高速计数器处理指令。

**表10-3　高速计数器处理指令一览表**

| 指令号 | 指令代码 | 指令名称 | 功　能 | PLC系列 | | |
|---|---|---|---|---|---|---|
| | | | | $FX_{1S}/FX_{1N}$ | $FX_{2N}$ | $FX_{3U}$ |
| FNC53 | HSCS | 高速置位 | 在计数值到达时直接进行置位 | • | • | • |
| FNC54 | HSCR | 高速复位 | 在计数值到达时直接进行复位 | • | • | • |
| FNC55 | HSZ | 高速比较 | 根据比较区间的设定，高速输出比较结果 | × | • | • |
| | | 成批高速比较 | 用表格指定比较区间与结果输出，高速输出比较结果 | × | • | • |
| FNC56 | SPD | 速度测量 | 统计集成高速输入点X0～X5在指定时间内的输入脉冲数 | • | • | • |

注：•表示可以使用，×表示不能使用。

1. 高速计数器置位指令

高速计数器置位指令HSCS（FNC53）可以在高速计数器计数值到达时，不受PLC扫描周期影响，立即将指定的二进制位编程元件置1。指令的编程格式如图10-11所示。指令允许使用的操作数格式如下。

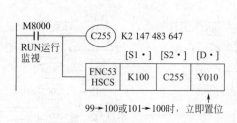

图 10-11　高速计数器置位指令的编程格式

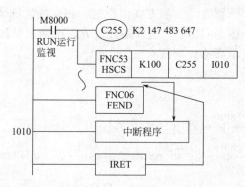

图 10-12　高速计数器置位指令的中断操作

［S1·］：常数 K/H、复合操作数 KnX/KnY/KnM/KnS、定时器 T、计数器 C、数据寄存器 D、变址寄存器 V/Z，用作指定比较基准值。

［S2·］：高速计数器 C235～C255，选择高速计数器。

［D·］：二进制位元件 Y/M/S，指定需置位的编程元件。

32 位操作指令：必然，C235～C255 为 32 位高速计数器。

边沿执行指令：不允许（直接执行指令，不受扫描周期影响）。

执行图 10-11 指令，可以在 C255 的计数值达到 100 时立即将输出 Y010 置 1。

此外，高速计数器置位指令中［D·］可以指定中断指针。如图 10-12 所示，如果计数中断禁止继电器 M8059＝OFF，图中［S2·］指定的高速计数器 C255 的当前值等于［S1·］指定值时，执行［D·］指定的 I010 中断程序；如果 M8059＝ON，则 I010～I060 均中断禁止。

2. 高速计数器复位指令

高速计数器复位指令 HSCR（FNC54）可以在高速计数器计数值到达时，不受 PLC 扫描周期影响，立即将指定的二进制位编程元件置 0。指令的编程格式如图 10-13 所示。HSCR 指令除指令代码与功能与 HSCS 指令不同外，其他要求一致。

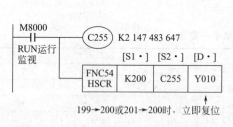

图 10-13　高速计数器复位指令的编程格式

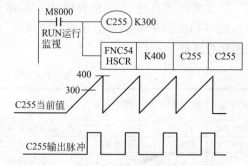

图 10-14　高速计数器自复位用以产生脉冲

高速计数器复位指令也可以用于高速计数器本身的复位。图 10-14 是用高速计数器自行复位产生脉冲的梯形图。图中计数器 C255 当前值为 300 时接通；当前值变为 400 时，C255 立即复位。这种采用一般控制方式和指令控制方式相结合的方法，使高速计数器的触点依一定的时间要求接通或复位便可形成脉冲波形。

3. 高速比较指令

高速比较指令 HSZ（FNC55）可以进行区间比较，输出连续 3 点二进制位元件的状态，指令执行同样不受 PLC 扫描周期影响。指令的编程格式如图 10-15 所示。指令允许使用的操作数格式如下。

[S1·]、[S2·]：常数 K/H、复合操作数 KnX/KnY/KnM/ KnS、定时器 T、计数器 C、数据寄存器 D、变址寄存器 V/Z，分别指定比较区间的上限及下限值。

[S·]：高速计数器 C235～C255，选择高速计数器。

[D·]：二进制位元件 Y/M/S，指定比较结果输出的起始地址，占用连续的 3 点。

32 位操作指令：必然，C235～C255 为 32 位高速计数器。

边沿执行指令：不允许（直接执行指令，不受扫描周期影响）。

执行图 10-15 指令，可以在操作数 [D·] 定义的二进制位 Y010/Y011/Y012 上立即输出以下状态信号。

C255 的计数值＜100：输出状态 Y010＝1，Y011＝0，Y012＝0。

100≤C255 的计数值≤200：输出状态 Y010＝0，Y011＝1，Y012＝0。

C255 的计数值＞200：输出状态 Y010＝0，Y011＝0，Y012＝1。

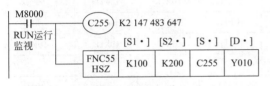

图 10-15 高速计数器比较指令的编程格式

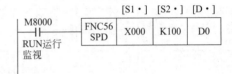

图 10-16 速度测量指令的编程格式化

需要注意的是，高速计数器比较指令只有在计数信号输入时才能改变比较结果，否则，即使计数值在比较区间范围，其输出状态也不能改变。为此，对于无计数输入时也需要使用比较结果的情况，应在程序中增加一条操作数与 HSZ 指令完全相同的区间比较指令 ZCP。

4. 速度测量指令

速度测量指令 SPD（FNC56）可以对来自基本单元集成高速输入点 X000～X005 的单位时间脉冲数进行统计。可以用作脉冲形式输入的速度测量。指令的编程格式如图 10-16 所示。指令允许使用的操作数格式如下。

[S1·]：只能为基本单元的高速输入。

[S2·]：常数 K/H、复合操作数 KnX/KnY/KnM/KnS、定时器 T、计数器 C、数据寄存器 D、变址寄存器 V/Z，指定统计高速输入脉冲的时间。

[D·]：定时器 T、计数器 C、数据寄存器 D、变址寄存器 V/Z，保存高速输入脉冲的统计结果（脉冲数）。

32 位操作指令：不允许。

边沿执行指令：不允许。

指令中的时间单位为 ms，如将操作数设为 K1000，则可以统计出每秒钟输入的脉冲数。

5. 使用高速计数器指令时的几点注意

① 比较置位、比较复位、区间比较三条指令是高速计数器的 32 位专用控制指令。使用这些控制指令时，梯形图应含有计数器设置内容，明确被选用的计数器。当不涉及计数器触点控制时，计数器的设定值可设为计数器计数最大值或任意高于控制数值的数据。

② 在同一程序中，如多处使用高速计数器控制指令，其控制对象输出继电器的编号的高 2 位应相同，以便在同一中断处理过程中完成控制。例如，使用 Y000 时，应为 Y000～Y007；使用 Y010 时，应为 Y010～Y017 等。

③ 特殊辅助继电器 M8025 是高速计数指令的外部复位标志。PLC 运行，M8025 就置 1，高速计数器的外部复位端 X001 若送来复位脉冲，高速计数比较指令指定的高速计数器立即复位。因此，高速计数器的外部复位输入点 X001 在 M8025 置 1，且使用高速计数器比较指令

时，可作为计数器的计数起始控制。

④ 高速计数器比较指令是在外来计数脉冲作用下以比较当前值与设定值的方式工作的。当不存在外来计数脉冲时，应该使用传送类指令修改现时值或设定值，指令所控制的触点状态不会变化。在存在外来脉冲时使用传送类指令修改现时值或设定值，在修改后的下一个扫描周期脉冲到来后执行比较操作。

⑤ 尽管以上高速计数指令不受 PLC 扫描周期的影响，但是由于计数器由硬件计数转换为软件处理，高速计数器的计数频率将受到影响。表 10-4 为高速计数指令的频率限制。

表 10-4 高速计数指令的频率限制

| 应用指令 | | 单相输入计数 | | 两相增/减脉冲输入 | | 90°相位差脉冲输入 | |
|---|---|---|---|---|---|---|---|
| | | C235、C236 | C237～C245 | C246 | C247～C250 | C251 | C252～C255 |
| HSCS/HSCR/SPD 指令 | FX$_{1S}$/FX$_{1N}$ | 30kHz | 10kHz | 30kHz | 10kHz | 15kHz | 5kHz |
| | FX$_{2N}$ | 10kHz | 10kHz | 10kHz | 10kHz | 5kHz | 4kHz |
| | FX$_{3U}$ | 40kHz | 40kHz | 40kHz | 40kHz | 40kHz | 40kHz |
| HSZ 指令 | FX$_{1S}$/FX$_{1N}$ | — | — | — | — | — | — |
| | FX$_{2N}$ | 5.5kHz | 5.5kHz | 5.5kHz | 5.5kHz | 4kHz | 4kHz |
| | FX$_{3U}$ | 最大 40kHz（决定于指令使用次数） | | | | | |

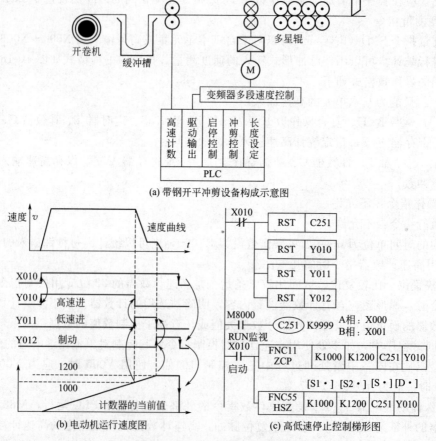

(a) 带钢开平冲剪设备构成示意图

(b) 电动机运行速度图

(c) 高低速停止控制梯形图

图 10-17 钢板开平冲剪流水线控制（一）

### 二、高速计数器应用实例

**【例 10-1】** 变频器多段速控制驱动的钢板开平冲剪生产线高速计数器定位控制。

脉冲输出及高速计数指令常用在定长控制中。图 10-17 为薄钢板的开平冲剪生产线，需要将带钢板整平后冲剪为等长的长方形板材包装起来。图 10-17(a) 为生产线设备结构及工作原理示意图。图中开卷机用来将带钢卷打开，多星辊用来将钢板整平，冲剪机用来将带钢冲剪成一定长度的钢板。缓冲坑为冲剪送料和开卷给料提供缓冲。图中动力装置可以为交流变频器及异步电动机。带钢板的冲剪长度由高速计数器测量。当采用变频驱动系统时，图 10-17(b) 中速度曲线为变频器每一冲剪过程的钢板送料速度变化情况。曲线与横轴包围的面积为剪切钢板的长度。为了实现速度曲线，PLC 设 X010 为启动点，Y010、Y011 为变频器多段速度控制点，Y012 为电动机制动控制点。从图 10-17(b) 中以上 4 点的时序曲线可以得知，Y010 为变频器高速控制，Y010 接通后，电动机转速不断升高并达到设定高速并保持。Y011 则对应变频器停车前的一个较低的速度，Y011 接通后，电动机速度下降直到速度曲线降速区的台肩处。Y012 则为制动控制，电动机转速在 Y012 接通后由台肩处速度制动到零。变频器输出频率需事先设定，而 Y010、Y011、Y012 的动作是用高速计数器检测钢板的运行长度完成的。图 10-17(c) 为两相高速计数器 C251 控制高低速及停止的梯形图。图中使用高速计数器区间比较指令 FNC55 实现对输出点 Y010、Y011、Y012 的控制。指令的控制功能为在 1000 脉冲以下时 Y010 接通，1000～1200 脉冲间 Y011 接通，脉冲大于 1200 时 Y012 接通。而高速计数器区间比较的设定值则是由速度曲线不同段所包含的面积计算得来的。

## 第四节 高速脉冲输出及脉冲输出指令

### 一、FX 系列 PLC 高速脉冲输出功能及脉冲输出指令

和脉冲输入计数情况不同，高速脉冲输出指由 PLC 集成的输出口或专用功能模块对机外设备输出一定参数的脉冲串或 PWM 脉冲波的功能。脉冲串可以用作步进电动机或伺服电动机的输入控制信号，完成定位及调速控制。PWM 脉冲可以转变为模拟量，用在模拟量控制的场合。

FX 系列 PLC 配有两个具有高速输出功能的输出口 Y000 及 Y001。相关应用指令如表 10-5 所示。使用高速脉冲输出功能时，必须选用晶体管输出型基本单元，并根据 PLC 晶体管输出的类型，即是汇点输出还是源输出正确连接 PLC 与外部控制器（步进电动机驱动器或伺服电动机驱动器）的接线。图 10-18 为典型连接接线示意图。

**表 10-5 高速脉冲计数器功能扩展指令一览表**

| 指令号 | 指令代码 | 指令名称 | 功 能 | PLC 系列 | | |
|---|---|---|---|---|---|---|
| | | | | FX$_{1S}$/FX$_{1N}$ | FX$_{2N}$ | FX$_{3U}$ |
| FNC57 | PLSY | 高速脉冲输出 | 按照指定的频率输出指定数量的脉冲 | • | • | • |
| FNC58 | PWM | 脉宽调制输出 | 连续输出指定占空比的脉宽调制信号 | • | • | • |
| FNC59 | PLSR | 带加/减速功能的高速脉冲输出 | 根据指定的加/减速时间，输出指定频率、数量的脉冲 | × | • | • |

注：•表示可以使用，×表示不能使用。

### 1. 高速脉冲输出指令

高速脉冲输出指令 PLSY（FNC57）可以在集成高速输出点 Y000 及 Y001 上输出指定频

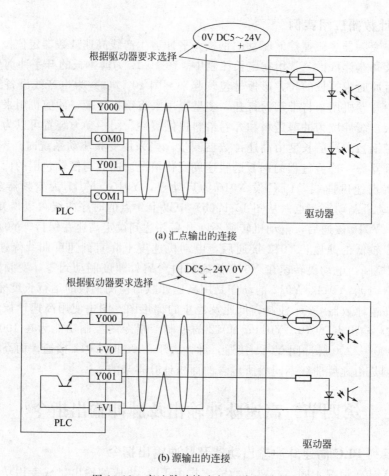

图 10-18 高速脉冲输出与驱动器的连接

率、指定数量、占空比为 50% 的脉冲，输出过程不受 PLC 扫描周期影响，指令的编程格式如图 10-19 所示。指令允许使用的操作数格式如下。

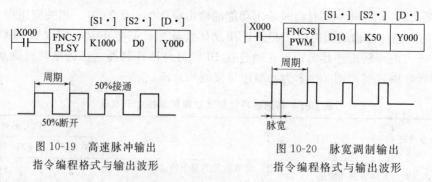

图 10-19 高速脉冲输出
指令编程格式与输出波形

图 10-20 脉宽调制输出
指令编程格式与输出波形

[S1·]：常数 K/H、复合操作数 KnX/KnY/KnM/KnS、定时器 T、计数器 C、数据寄存器 D、变址寄存器 V/Z。指定输出脉冲频率（单位 Hz），允许范围决定于 Y000/Y001 的最高允许频率，频率不能在脉冲输出过程中调整。

[S2·]：常数 K/H、复合操作数 KnX/KnY/KnM/KnS、定时器 T、计数器 C、数据寄存器 D、变址寄存器 V/Z。指定输出脉冲的数量，允许范围 1～32767（16 位指令）或 1～2147483647（32 位指令）。如设定为 0，则为连续输出，数量无限制。指令执行中不能改变脉冲数量。

[D·]：只能是PLC的高速输出口（晶体管输出型PLC）。

32位操作指令：允许（加前缀D）。

边沿执行指令：不允许。

对于图10-19所示指令，可以在Y000上输出频率为1000Hz、占空比为50%的等宽脉冲，数量存储在D0内，输出完成后特殊辅助继电器M8029置1。

如需要，指令PLSY可以通过特殊数据寄存器（32位）检查以下内容。

- D8136：Y000及Y001的输出脉冲总数。
- D8140：Y000的输出脉冲数。
- D8142：Y001的输出脉冲数。

为了保证输出脉冲的波形，应保证高速输出点Y000/Y001有足够的负载电流。

2. 脉宽调制输出指令

脉宽调制输出指令PWM（FNC58）可以在集成高速输出点Y000及Y001上输出占空比可变的脉冲，脉冲频率不受PLC扫描周期影响，PWM指令的编程格式如图10-20所示。指令允许使用的操作数格式如下。

[S1·]：常数K/H、复合操作数KnX/KnY/KnM/KnS、定时器T、计数器C、数据寄存器D、变址寄存器V/Z。指定输出脉冲宽度（单位ms），必须保证[S1·]≤[S2·]。

[S2·]：常数K/H、复合操作数KnX/KnY/KnM/KnS、定时器T、计数器C、数据寄存器D、变址寄存器V/Z。指定输出脉冲的周期（单位ms），必须保证[S1·]≤[S2·]。

[D·]：只能是PLC的高速输出口（晶体管输出型PLC）。

32位操作指令：不允许。

边沿执行指令：不允许。

3. 带有加/减速功能的高速脉冲输出指令

带有加/减速功能的高速脉冲输出指令PLSR（FNC59）与高速脉冲输出指令PLSY的区别在于：PLSR指令在脉冲输出的开始与结束阶段可以实现线性加速与减速，其余功能与要求类似。PLSR指令的编程格式如图10-21所示。指令允许使用的操作数格式如下。

[S1·]、[S2·]、[S3·]：常数K/H、复合操作数KnX/KnY/KnM/KnS、定时器T、计数器C、数据寄存器D、变址寄存器V/Z。特殊要求如下。

- [S1·]：最高输出脉冲频率$f_{MAX}$（单位Hz），允许范围决定于PLC型号，设定值不能超过高速输出的最高允许频率。

- [S2·]：输出脉冲总量$P$，$FX_{1S}$/$FX_{1N}$/$FX_{2N}$系列机允许范围为110～32767（16位指令）或110～2147483647（32位指令），总输出脉冲不能小于110。但$FX_{3U}$系列不受此限制（最小值可以到1）。PLSR指令的输出脉冲数必须在执行指令前设定，指令执行时不能改变脉冲量。

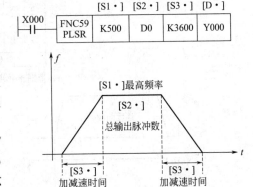

图10-21　带加/减速功能的高速脉冲
输出指令编程格式与加减速过程

- [S3·]：以ms为单位的加/减速时间$t$，允许设定范围根据机型不同有如下区别。

$FX_{1S}$/$FX_{1N}$/$FX_{3U}$系列：设定范围为50～5000ms。

$FX_{2N}$系列机：设定范围为$5 \times \dfrac{90000}{f_{max}} \leq t \leq 818 \times \dfrac{P}{f_{max}}$，加/减速时间$t$的设定上限为5s，设

定下限为 PLC 实际循环周期的 10 倍（PLC 的实际循环时间可以从特殊数据寄存器 D8012 中读取）。

此外，FX 不同系列 PLC 的加减速方式不一样。其中，FX$_{1S}$/FX$_{1N}$/FX$_{3U}$ 系列 PLC 按设定时间线性连续加/减速；而 FX$_{2N}$ 系列 PLC 按照指令设定的时间进行 10 级均匀、阶梯式加/减速。

［D·］：只能是 PLC 高速输出口（晶体管输出型 PLC）。

## 二、FX 系列 PLC 高速脉冲输出及指令应用实例

**【例 10-2】** 步进电动机驱动的钢板开平冲剪生产线定位控制。

脉冲输出在位置控制中可以用作驱动源，本章例 10-1 介绍的薄钢板开平冲剪生产线如改用步进电动机为动力，可以用输出定量脉冲串的方法控制冲剪钢板的长度。图 10-22（a）仍为生产线设备构成图。图中动力装置已换用步进电动机驱动器。本例使用 Y000 输出脉冲串驱动步进机，用带加/减速功能的脉冲输出指令 PLSR 获得图 10-22（b）所示速度曲线。图 10-22（c）为部分控制相关梯形图。带加减速脉冲输出指令中脉冲频率［S1·］根据带钢板所需运行速度结合步进电动机特性在 PLC 允许范围内选取。脉冲总量［S2·］根据传动系统脉冲当量结合每块钢板长度计算，［S2·］选用存储单元而不是直接给出脉冲数是为了改变钢板长度方便。加/减速时间［S3·］的确定除了考虑系统转动惯量及快速性外，还要考虑步进电动机不能失步。结合图 10-22（c）的系统控制过程可以是这样的：当系统具备带钢送料运行条件时 X010 置 1，启动脉冲输出，步进电动机带动带钢先加速，再匀速，再减速运行，直到指令规

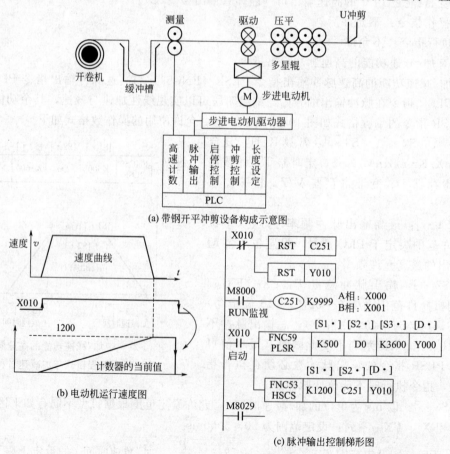

(a) 带钢开平冲剪设备构成示意图

(b) 电动机运行速度图

(c) 脉冲输出控制梯形图

图 10-22　钢板开平冲剪流水线控制（二）

定的脉冲数量发送完毕，M8029 置 1。可以用 M8029 启动下个动作，如将钢带压紧、冲剪的条件，或用来驱动显示信号。采用步进电动机开环控制的定位系统中也可以同时使用高速计数器，可以用作双重控制，如在压紧、冲剪条件中再增加高速计数器置位指令的置位对象等，并可以在钢板计数的同时完成高速计数器的复位及下次脉冲输出的准备工作。

【例 10-3】 变频器模拟量控制驱动的钢板开平冲剪生产线高速计数器定位控制。

脉宽调制输出可以用于模拟量控制。本章例 10-1 介绍的薄钢板开平冲剪生产线如以变频器加异步电动机为动力，采用变频器模拟量输入控制，可以用 PWM 指令实现模拟量的调节。图 10-23(a) 仍为生产线设备构成图。图中动力装置为变频器加异步电动机。图 10-23(b) 为控制所需速度曲线，与图 10-21(b) 是一样的。为了实现该速度图送给变频器的控制电压应先高，再低，再为零，这一变化的电压靠调节 PWM 指令的输出占空比实现。具体做法是先输出占空比小的 PWM 波，其对应电压高，变频器输出频率高，电动机转速对应速度图中高速段匀速速度值。电动机的变速由高速计数器控制，本例可以采用高速计数器置位指令。当钢带运行

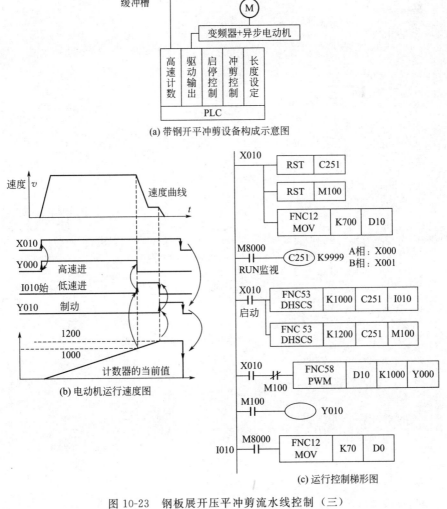

(a) 带钢开平冲剪设备构成示意图

(b) 电动机运行速度图

(c) 运行控制梯形图

图 10-23　钢板展开压平冲剪流水线控制（三）

到应当低速运行位置时,通过高速计数器启动中断,改变 PWM 输出的占空比并再次启动 PWM 输出。钢带运行长度达到时的制动也由类似动作完成。示意用梯形图如图 10-23(c) 所示。

## 习题及思考题

10-1 高速计数器与普通计数器在使用方面有哪些异同点?

10-2 高速计数器和输入口有什么关系? 使用高速计数器的控制系统在安排输入口时要注意些什么?

10-3 如何控制高速计数器的计数方向?

10-4 什么是高速计数器的外启动、外复位功能? 该功能在工程上有什么意义? 外启动、外复位和在程序中安排的启动复位条件间是什么关系。

10-5 FX 系列 PLC 采用什么方法实现高速计数器计数值与设定值相等时的控制功能,叙述控制过程。

10-6 某化工设备需每分钟记录一次温度值,温度经传感变换后以脉冲列给出,试安排相关设备及编绘梯形图程序。

10-7 脉宽调制及脉冲串输出功能在工程中有什么意义? 举例说明它们的应用。

10-8 试叙述脉宽调制及脉冲串输出功能的配置及规划过程。

10-9 在脉冲串输出操作中如何改变脉冲数,举例说明操作过程。

10-10 在脉宽调制操作中如何改变周期值,举例说明操作过程。

# 第十一章　FX 系列 PLC 模拟量处理及 PID 指令

**内容提要：** 模拟量扩展单元是 PLC 特殊功能单元中最常见的品种，学习其使用模式对学习 PLC 功能单元应用具有普遍性的意义。本章说明模拟量单元的使用，并结合 PID 指令说明 PLC 用于模拟量闭环调节的基本模式。

　　作为计算机，PLC 用于模拟量控制首先遇到的问题是要有合适的接口。包括 PLC 接收输入模拟量的 A/D 转换及 PLC 输出模拟量的 D/A 转换接口。其中，模拟量输入接口用于连接输出为模拟量的各类传感器及控制装置，模拟量输出接口用于连接需要模拟量的各类驱动装置，如变频器，或带有模拟量输入的伺服电动机驱动器等。

　　A/D 及 D/A 转换一般通过电子电路完成。PLC 产品系列中，A/D 或 D/A 模拟量转换模块实质上就是这样的一些电路。本书附录 B 中列出了 FX 系列 PLC 数十种模拟量功能模块及功能扩展板，大致可以分为两类：一类是通用型的，可输入通用仪表用标准电压、电流量，如 $FX_{2N}$-2DA，$FX_{3U}$-4AD 等。另一类为指定传感器的专用功能模块，如指定热电偶或热电阻的温度控制模块等。

　　可编程控制器的 A/D 及 D/A 模块一般是无源的，需从基本单元取得电源。它们一般也是非智能的，模块内不含 CPU。为了加强通用性，输入模块电路中设有衰减或增益调整电路，可通过硬件或编程设定，以便连接各类输出标准电流、电压量的传感变送器件。模拟量输出模块则可利用接线变更输出电量的电压或电流类型及改变输出量程。A/D 及 D/A 单元既有单独输入或输出的，也有混合的，一般都有多路，且多路的数据可分别存储。从工作过程来说，输

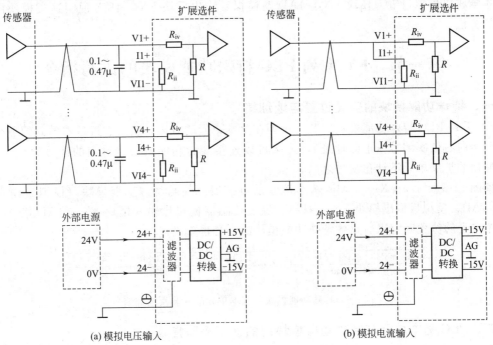

(a) 模拟电压输入　　　　　　　　　　(b) 模拟电流输入

图 11-1　模拟量输入的通用连接

入输出的数据依扫描周期自动更新，在程序中安排取用。

图 11-1 及图 11-2 为 FX 系列 PLC 模拟量模块输入及输出的通用接线方式图。图中"V1"、"I1"、"V4"、"I4"及"VOUT1"、"IOUT1"等表示不同通道的输入输出接点。

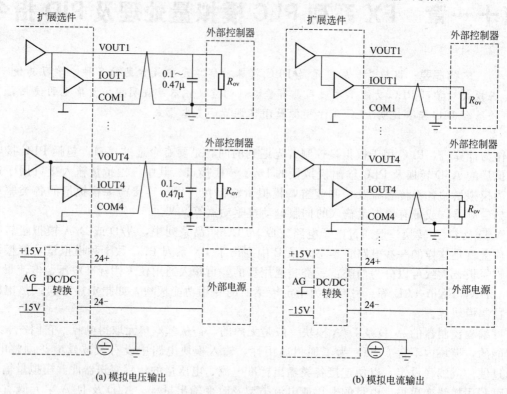

(a) 模拟电压输出　　　　　　　　　　(b) 模拟电流输出

图 11-2　模拟量输出的通用连接

本章将以模拟量输入模块 FX$_{2N}$-4AD 及模拟量输出模块 FX$_{2N}$-4DA 说明这类模块的构造及使用方法。

# 第一节　FX 系列 PLC 特殊功能模块的读写指令

### 一、特殊功能模块的安装位置与地址编号

FX 系列 PLC 特殊功能模块安装时排列在基本单元的右边，从最靠近基本单元的那个功能模块开始向右依次编号（也即地址），最多可以连接 8 台功能模块（对应的编号为 0～7 号），同时使用的扩展单元不计在编号之内。

如图 11-3 所示，FX$_{2N}$-48MR 基本单元通过扩展总线与特殊功能模块（模拟量输入模块 FX$_{2N}$-4AD、模拟量输出模块 FX$_{2N}$-4DA、温度传感器模拟量输入模块 FX$_{2N}$-4AD-PT）连接，当各个单元的位置确定以后，各特殊功能模块的编号也就确定了。

| FX$_{2N}$-48MR | FX$_{2N}$-4AD | FX$_{2N}$-16EX | FX$_{2N}$-4DA | FX$_{2N}$-32ER | FX$_{2N}$-4AD-PT |
|---|---|---|---|---|---|
| 地址编号 | K0 | | K1 | | K2 |

图 11-3　特殊功能模块与基本单元的安装及地址编号

### 二、PLC 基本单元与特殊功能模块间的读写操作指令

FX 系列 PLC 特殊功能模块带有独立的存储单元，与基本单元联机工作时通过专用读写指

令交换数据。其中，FROM 指令用于基本单元读取特殊功能模块中的数据，TO 指令用于基本单元将数据写入特殊功能模块中。

1. FROM 指令

FROM（FNC78）指令用于将特殊功能模块缓冲存储器中的数据读取到基本单元指定的区域。指令的编程格式如图 11-4 所示。指令允许使用的操作数格式与作用如下。

m1：常数 K/H，指定模块安装地址。

m2：指定需要读出的缓冲存储器的起始地址，地址范围取决于特殊功能模块的型号（存储容量）。

[D·]：复合操作数 KnY/KnM/KnS、定时器 T、计数器 C、数据寄存器 D、变址寄存器 V/Z，指定存储读出数据的存储器的起始地址（PLC 地址）。

n：常数 K/H，指定需要读出的数据长度。

32 位操作指令：允许（加前缀 D）。

边沿执行指令：允许（加后缀 P）。

一般而言，特殊功能模块缓冲存储器中的参数以"字"为单位存储，但在 FX 系列 PLC 中，目标存储器的起始地址也可以以"字节"形式指定，如 K2M、K2Y 等，在这种情况下，缓冲存储器参数 BFM♯□□中的高字节内容被自动忽略。

图 11-4　FROM 指令的编程格式

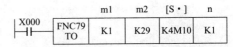

图 11-5　TO 指令的编程格式

2. TO 指令

TO（FNC79）指令用于向特殊功能模块指定的缓冲存储器参数区写入控制命令或控制参数。指令的编程格式如图 11-5 所示。指令允许使用的操作数格式与作用如下。

m1：常数 K/H，指定模块安装地址。

m2：指定需要写入的缓冲存储器的起始地址，地址范围取决于特殊功能模块的型号（存储容量）。

[S·]：复合操作数 KnX/KnY/KnM/KnS、定时器 T、计数器 C、数据寄存器 D、变址寄存器 V/Z，指定存储控制命令或控制参数存储的起始地址（PLC 地址）。

n：常数 K/H，指定需要读出的数据长度。

32 位操作指令：允许（加前缀 D）。

边沿执行指令：允许（加后缀 P）。

此外，FX 系列 PLC 还设有分批读写缓冲存储器指令 RBFM（FNC278）及 WBFM（FNC279），但仅能用于 FX$_{3U}$ 系列 PLC。

## 第二节　模拟量输入模块 FX$_{2N}$-4AD

### 一、技术指标及端子连接

FX$_{2N}$-4AD 可用于 4 通道、双极性模拟量输入的 A/D 转换。当模拟量输入为 $-10 \sim 10V$ 模拟电压时，A/D 转换结果为带符号的 12 位数字量。当模拟量输入为 $-20 \sim 20mA$ 模拟电流时，A/D 转换结果为带符号的 11 位数字量。4 个通道的模拟量输入类型可以不同。

FX$_{2N}$-4AD 的主要技术性能如表 11-1 所示，外观如图 11-6 所示。

表 11-1 FX$_{2N}$-4AD 主要技术性能一览表

| 项 目 | 参 数 | | 备 注 |
|---|---|---|---|
| | 电压输入 | 电流输入 | |
| 输入点数 | 4 通道 | | 4 通道输入类型可以通过参数选择 |
| 输入要求 | DC −10～10V | DC 4～20mA 或 −20～20mA | |
| 输入极限 | DC −15～15V | DC −32～32mA | 输入超过极限可能损坏模块 |
| 输入电阻 | 200kΩ | 250Ω | |
| 数字输出 | 12 位（带符号） | 11 位（带符号） | |
| 分辨率 | 5mV | 20μA | |
| 转换精度 | ±1%（全范围） | | |
| 处理时间 | 15ms/通道,高速时 6ms/通道 | | |
| 调整 | 偏移调节/增益调节 | | 数字调节（需要编程） |
| 输出隔离 | 光电耦合 | | 模拟电路与数字电路间 |
| 占用 I/O 点数 | 8 点 | | |
| 电源要求 | DC 24V/55mA,5V/30mA | | DC24V 需要外部供给 |

图 11-6 模拟量输入模块 FX$_{2N}$-4AD 外观

FX$_{2N}$-4AD 通过扩展电缆与 PLC 基本单元（或扩展单元）连接，并由 PLC 内部总线传送数据。模块需外部提供 DC24V 电源。

## 二、输出特性

FX$_{2N}$-4AD 的输出特性如图 11-7 所示。模块在 −10～10V 模拟电压输入时，A/D 转换结果为 12 位带符号的数字量，最高位为符号位，数字量输出范围为 −2048～2047。当模拟量输入为 −20～20mA 模拟电流时，A/D 转换结果为 11 位带符号的数字量，最高位为符号位，数字量输出范围为 −1024～1023。为了计算方便，一般将最大输入（DC10V 或 20mA）所对应的 A/D 转换输出分别设定为 2000/10V 与 1000/20mA。

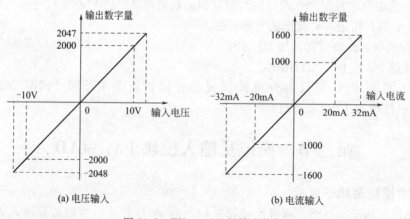

(a) 电压输入　　　　(b) 电流输入

图 11-7 FX$_{2N}$-4AD 的输出特性

## 三、缓冲存储器参数与设定

缓冲存储器用于 A/D 转换生成的数字量及模块工作参数的存储，是与基本单元通信的重要数据载体。FX$_{2N}$-4AD 缓冲存储器参数如表 11-2 所示。

**表 11-2　FX$_{2N}$-4AD 的缓冲存储器参数一览表**

| 参数号 | 名　称 | 作用与功能 | 参数类型 | 参数范围 |
|---|---|---|---|---|
| BFM♯0 | 模拟量输入类型选择 | 选择通道 1～4 的模拟量输入形式 | 控制命令（见后述） | 0000H～3333H |
| BFM♯1～BFM♯4 | 通道 1～4 的采样次数 | 计算 A/D 转换平均值的采样次数 | 控制参数 | 1～4095 |
| BFM♯5～BFM♯8 | 通道 1～4 的 A/D 转换平均值 | A/D 转换采样平均值输出 | 结果输出 | −2048～2047 |
| BFM♯9～BFM♯12 | 通道 1～4 的 A/D 转换瞬时值 | A/D 转换瞬时采样值输出 | 结果输出 | −2048～2047 |
| BFM♯13/BFM♯14 | 保留 | 不能改变 | — | — |
| BFM♯15 | A/D 转换速度选择 | 0：15ms/通道。1：6ms/通道 | 控制参数 | 0/1 |
| BFM♯16～BFM♯19 | 保留 | 不能改变 | — | — |
| BFM♯20 | 模块初始化 | 1：全部参数恢复为出厂设定 | 控制命令 | 0/1 |
| BFM♯21 | 增益与偏移调整禁止/使能 | 1：增益与偏移调整允许。2：增益与偏移调整禁止 | 控制命令 | 1/2 |
| BFM♯22 | 增益与偏移调整通道选择 | 选择增益与偏移调整通道 1～4 | 控制命令（见后述） | 00H～FFH |
| BFM♯23 | 偏移设定值 | 设定输出 0 对应的模拟量输入 | 控制参数 | 见后述 |
| BFM♯24 | 增益设定值 | 设定输出 1000 对应的模拟量输入 | 控制参数 | 见后述 |
| BFM♯25～BFM♯28 | 保留 | 不能改变 | — | — |
| BFM♯29 | 出错信息 | 模块错误报警输出 | 错误信息 | 见后述 |
| BFM♯30 | 模块 ID 代码 | 规定为 2010 | 状态输出 | 2010 |
| BFM♯31 | 保留 | 不能改变 | — | — |

　　其中，缓冲存储器参数 BFM♯0 用于模拟量输入类型选择，参数以 4 位十六进制数的形式设定，低位对应通道 1，由低到高依次为通道 2、通道 3、通道 4。设定值代表的意义如下。

　　0：−10～10V 模拟电压输入，初始增益为 5000（5V 输入对应的 A/D 转换值为 1000），初始偏移为 0（0V 输入时的 A/D 转换值为 0）。

　　1：4～20mA 模拟电流输入，初始增益为 20000（20mA 输入对应的 A/D 转换值为 1000），初始偏移为 4000（4mA 输入时的 A/D 转换值为 0）。

　　2：−20～20mA 模拟电流输入，初始增益为 20000（20mA 输入对应的 A/D 转换值为 1000），初始偏移为 4000（0mA 输入时的 A/D 转换值为 0）。

　　3：通道不使用。

　　例如，当通道 1 为−10～10V 模拟电压输入，通道 2 为−20～20mA 模拟电流输入，通道 3 为 4～20mA 模拟电流输入，通道 4 不使用时，应设定 BFM♯0=3120H。

　　模拟量输入类型一经选定，模块便可以按照正常的 A/D 转换速度自动启动转换功能，如需进行高速转换，应设定 BFM♯15=01H，这时，模拟量输入类型选择将被自动设置为初始值"0000H"，在恢复正常速度时需进行输入类型的重新设定。

### 四、增益与偏移调整

　　FX$_{2N}$-4AD 的增益与偏移调整可以在 PLC 程序上进行，调整方法如下。

① 设定 BFM♯21＝01H，使能增益与偏移调整功能。

② 在 BFM♯23 中写入偏移值。

参数中的偏移设定值是 A/D 转换数字量输出 "0" 时对应的模拟量输入值。对模拟量电压输入通道，参数的单位为 mV，输入范围为－15000～15000（－15～15V）；对模拟电流输入通道，设定值的单位为 $\mu$A，输入范围为－32000～32000（－32～32mA）。

③ 在 BFM♯24 中写入增益值。

参数中的增益设定值是 A/D 转换数字量输出 1000 时对应的模拟量输入值，输入单位、输入范围与 BFM♯23 相同。

④ 在 BFM♯22 中写入控制命令，选定需要进行增益与偏移调整的通道。

BFM♯22 以二进制位的形式进行设定，对应位为 "1" 的意义如下。

bit0/bit2/bit4/bit6：通道 1/2/3/4 的偏移调整有效。

bit1/bit3/bit5/bit7：通道 1/2/3/4 的增益调整有效。

当 BFM♯22 的对应位设定为 "1" 时，BFM23♯/BFM♯24 中的偏移/增益将被写入到指定的通道，设定为 "0" 的通道，其偏移/增益将保持不变。

偏移/增益值相同的多个通道可以一次性设定。例如，如果写入控制命令 BFM♯22＝FFH，则 BFM♯23/BFM♯24 中设定的偏移/增益值将被同时写入到通道 1～4。对于偏移值不同的通道，则应通过修改参数 BFM♯23/BFM♯24 的值进行逐一设定，例如，如果写入控制命令 BFM♯22＝03H，现行的 BFM♯23/BFM♯24 的偏移/增益值将被写入到通道 1，通道 2～4 的偏移/增益值保持不变。接着可以修改 BFM♯23/BFM♯24 的偏移/增益值，写入控制命令 BFM♯22＝0CH，则现行 BFM♯23/BFM♯24 的偏移/增益值将被写入到通道 2。

⑤ 偏移/增益调整完成，写入控制命令 BFM♯21＝02H，禁止偏移/增益调整功能。

## 五、模块出错信息

FX$_{2N}$-4AD 的工作状态（出错信息）保存在缓冲存储器参数 BFM♯29 上，参数为二进制位信号，正常工作时输出均为 "0"。对应位为 "1" 时代表意义如下。

bit0：A/D 转换出错，出错原因可通过 bit1～bit3 检查，只要 bit1～bit3 的任一位为 "1"，bit0 总为 "1"。

bit1：偏移/增益调整出错。

bit2：输入电源不正确。

bit3：模块硬件故障。

bit10：A/D 转换结果超出了允许范围。

bit11：采样次数设定错误。

bit12：偏移/增益调整被参数 BFM♯21 禁止。

## 六、编程实例

【例 11-1】 某控制系统通道 1、2 均为－10～10V 模拟电压输入，通道 3、4 不使用，试按照以下要求编写 PLC 程序。

① 检查模块安装信息（ID 代码），模块安装正确时进入 A/D 转换。

② 对通道 1、2 进行 A/D 转换，计算 4 次采样平均值，转换结果为－2000～2000 的数字量，转换速度为正常值。

③ 如果 A/D 转换正确，将转换结果存到 D0/D1 中。

根据以上要求设计的梯形图程序如图 11-8 所示。该程序可以在 PLC 的首个运行周期（M8002＝1）读出模块的 ID 代码，并与 FX$_{2N}$-4AD 代码 2010 比较，当两者一致时 M1 为 1。

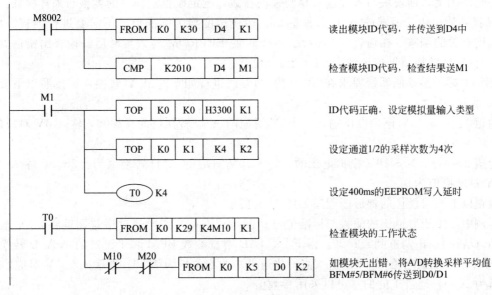

| M8002 | | | | | | 读出模块ID代码，并传送到D4中 |
|---|---|---|---|---|---|---|
| | FROM | K0 | K30 | D4 | K1 | |
| | CMP | K2010 | D4 | M1 | | 检查模块ID代码，检查结果送M1 |
| M1 | TOP | K0 | K0 | H3300 | K1 | ID代码正确，设定模拟量输入类型 |
| | TOP | K0 | K1 | K4 | K2 | 设定通道1/2的采样次数为4次 |
| | ( T0 | K4 | | | | 设定400ms的EEPROM写入延时 |
| T0 | FROM | K0 | K29 | K4M10 | K1 | 检查模块的工作状态 |
| M10 M20 | FROM | K0 | K5 | D0 | K2 | 如模块无出错，将A/D转换采样平均值<br>BFM#5/BFM#6传送到D0/D1 |

图 11-8　FX₂ₙ-4AD 编程例

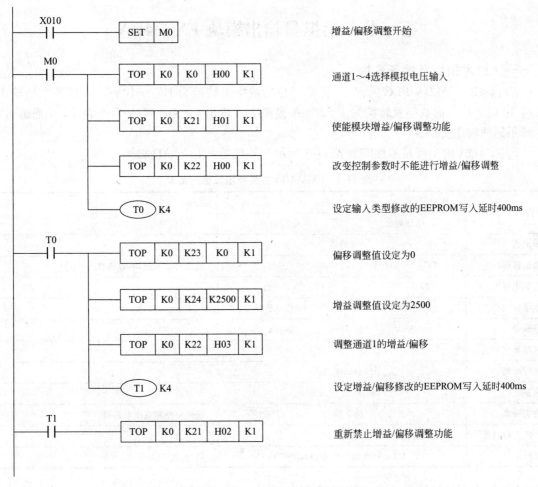

| X010 | SET | M0 | | | | 增益/偏移调整开始 |
|---|---|---|---|---|---|---|
| M0 | TOP | K0 | K0 | H00 | K1 | 通道1~4选择模拟电压输入 |
| | TOP | K0 | K21 | H01 | K1 | 使能模块增益/偏移调整功能 |
| | TOP | K0 | K22 | H00 | K1 | 改变控制参数时不能进行增益/偏移调整 |
| | ( T0 | K4 | | | | 设定输入类型修改的EEPROM写入延时400ms |
| T0 | TOP | K0 | K23 | K0 | K1 | 偏移调整值设定为0 |
| | TOP | K0 | K24 | K2500 | K1 | 增益调整值设定为2500 |
| | TOP | K0 | K22 | H03 | K1 | 调整通道1的增益/偏移 |
| | ( T1 | K4 | | | | 设定增益/偏移修改的EEPROM写入延时400ms |
| T1 | TOP | K0 | K21 | H02 | K1 | 重新禁止增益/偏移调整功能 |

图 11-9　FX₂ₙ-4AD 偏移/增益调整例

在这基础上，向模块写入控制命令与控制参数，选定模拟量输入的类型与采样次数，启动 A/D 转换功能。由于要求的 A/D 转换输出、转换速度均为标准值，不需要进行偏移、增益、采样速度有关的调整。在通过 T0 进行了 400ms 的 EEPROM 写入延时后，检查出错信息，无出错时将 A/D 转换结果传送到 D0/D1 上。

**【例 11-2】**　某控制系统要求在 X010 为 "1" 时进行如下的 A/D 转换，试按照以下要求编写 PLC 程序。

通道 1：$-5 \sim 5V$ 模拟电压输入，$\pm 5V$ 对应的 A/D 转换值为 $\pm 2000$，输入 0V 对应的 A/D 转换值为 0。

通道 $2 \sim 4$：$-10 \sim 10V$ 模拟电压输入，$\pm 10V$ 对应的 A/D 转换值为 $\pm 2000$，输入 0V 对应的 A/D 转换值为 0。

根据以上要求设计的梯形图程序如图 11-9 所示。

本例中，由于通道 1 的输入与标准值 $-10 \sim 10V$ 不符，需要通过增益调整将 $\pm 5V$ 输入对应的 A/D 转换输出调整到 $\pm 2000$。因 $FX_{2N}$-4AD 增益参数 BFM♯24 设定的是 A/D 转换输出 1000 所对应的模拟电压（mV）输入值，故通道 1 的增益应为 2500，即输入 2.5V 对应的 A/D 转换值为 1000，通道 1 的偏移可以采用参数值 0。

通道 $2 \sim 4$ 的增益/偏移可使用模块的初始设定值 5000，5V 输入所对应的 A/D 转换输出为 1000，偏移可以采用初始值 0。

# 第三节　模拟量输出模块 $FX_{2N}$-4DA

## 一、技术指标及端子连接

$FX_{2N}$-4DA 可以将 PLC 内部 12 位带符号的数字量转换为 DC $-10 \sim 10V$ 模拟电压输出，或将 10 位无符号的数字量转换为 $4 \sim 20mA$ 模拟电流输出。$FX_{2N}$-4DA 为 4 通道，4 通道可以选择不同的输出类型。

$FX_{2N}$-4DA 的主要技术性能如表 11-3 所示。外观与 $FX_{2N}$-4AD 相似。

表 11-3　$FX_{2N}$-4DA 主要技术性能一览表

| 项　目 | 参　数 | | 备　注 |
| --- | --- | --- | --- |
| | 电压输出 | 电流输出 | |
| 输出点数 | 4 通道 | | |
| 输出范围 | DC $-10 \sim 10V$ | DC $0 \sim 20mA$ | 输出可以不同,参数选择 |
| 负载电阻 | $2k\Omega \sim 1M\Omega$ | $\leqslant 500\Omega$ | |
| 数字输入 | 12 位带符号 | 10 位无符号 | |
| 分辨率 | 5mV | $20\mu A$ | |
| 转换精度 | $\pm 1\%$（全范围） | | |
| 处理时间 | 2.1ms/4 通道 | | |
| 调整 | 偏移/增益调节 | | 参数调节 |
| 输出隔离 | 光电耦合 | | 模拟电路与数字电路间 |
| 占用 I/O 点数 | 8 点 | | |
| 消耗电流 | 24V/200mA（外部电源供给）,5V/30mA | | 5V 需要 PLC 供给 |

$FX_{2N}$-4DA 通过扩展电缆与 PLC 基本单元（或扩展单元）连接，并由 PLC 内部总线传送

数据。模块需外部提供 DC24V 电源。

## 二、输出特性

FX$_{2N}$-4DA 的输出类型与输出特性可以通过缓冲存储器参数 BFM＃0 的设定进行选择。

模拟量电压输出的 D/A 转换输入为 12 位带符号数据，最高位（第 12 位）为符号位，对应的数字量输入范围为 −2048～2047。模拟量电流输出时的 D/A 转换输入为 10 位无符号数据，对应的数字量输入范围为 0～1024。

为了计算方便，一般将 DC10V 模拟电压输出所对应的数字量输入设定为 2000，而将 20mA 模拟电流输出所对应的数字量输入设定为 1000。

三种不输出方式的 D/A 转换输出特性如图 11-10 所示。

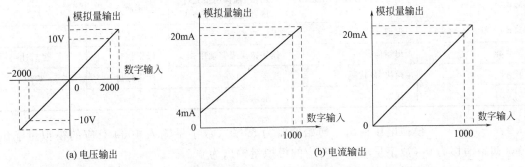

图 11-10　FX$_{2N}$-4DA 输出特性

## 三、缓冲存储器参数与设定

FX$_{2N}$-4DA 缓冲存储器参数如表 11-4 所示。其中，缓冲存储器参数 BFM＃0 用于模拟量输出类型选择，参数以 4 位十六进制的格式设定，低位对应通道 1，由低到高依次为通道 2～4。设定值代表的意义如下。

表 11-4　FX$_{2N}$-4DA 的缓冲存储器参数一览表

| 参数号 | 名　称 | 作用与功能 | 参数类型 | 参数范围 |
|---|---|---|---|---|
| BFM＃0 | 模拟量输出类型选择 | 选择通道 1～4 的模拟量输出形式 | 控制命令（见后述） | 0000H～3333H |
| BFM＃1 | 通道 1 的 D/A 转换输入 | 输入 D/A 转换的数字量 | 控制参数 | −2048～2047 |
| BFM＃2 | 通道 2 的 D/A 转换输入 | 输入 D/A 转换的数字量 | 控制参数 | −2048～2047 |
| BFM＃3 | 通道 3 的 D/A 转换输入 | 输入 D/A 转换的数字量 | 控制参数 | −2048～2047 |
| BFM＃4 | 通道 4 的 D/A 转换输入 | 输入 D/A 转换的数字量 | 控制参数 | −2048～2047 |
| BFM＃5 | D/A 转换输出保持功能 | 0：PLC-STOP 时保持 D/A 转换输出。<br>1：PLC-STOP 时清除 D/A 转换输出 | 控制命令 | 0000～1111H |
| BFM＃6/BFM＃7 | 保留 | 不能改变 | — | — |
| BFM＃8 | 通道 1/2 偏移/增益调整 | 0：偏移/增益不变。 | 控制命令 | 0000～1111H |
| BFM＃9 | 通道 3/4 偏移/增益调整 | 1：调整偏移/增益 | 控制命令 | 0000～1111H |
| BFM＃10 | 通道 1 偏移 | 通道 1 的偏移设定 | 控制参数 | 见后述 |
| BFM＃11 | 通道 1 增益 | 通道 1 的增益设定 | 控制参数 | 见后述 |
| BFM＃12 | 通道 2 偏移 | 通道 2 的偏移设定 | 控制参数 | 见后述 |
| BFM＃13 | 通道 2 增益 | 通道 2 的增益设定 | 控制参数 | 见后述 |

| 参数号 | 名　称 | 作用与功能 | 参数类型 | 参数范围 |
|---|---|---|---|---|
| BFM#14 | 通道 3 偏移 | 通道 3 的偏移设定 | 控制参数 | 见后述 |
| BFM#15 | 通道 3 增益 | 通道 3 的增益设定 | 控制参数 | 见后述 |
| BFM#16 | 通道 4 偏移 | 通道 4 的偏移设定 | 控制参数 | 见后述 |
| BFM#17 | 通道 4 增益 | 通道 4 的增益设定 | 控制参数 | 见后述 |
| BFM#18/BFM#19 | 保留 | 不能改变 | — | — |
| BFM#20 | 模块初始化 | 1：全部参数恢复为出厂设定 | 控制命令 | 0/1 |
| BFM#21 | 增益与偏移调整禁止/使用 | 1：增益/偏移调整允许。2：增益/偏移调整禁止 | 控制命令 | 1/2 |
| BFM#22~BFM#28 | 保留 | 不能改变 | — | — |
| BFM#29 | 出错信息 | 模块错误报警输出 | 错误信息 | 见后述 |
| BFM#30 | 模块 ID 代码 | 规定为 3020 | 状态输出 | 3020 |
| BFM#31 | 保留 | 不能改变 | — | — |

0：$-10\sim10V$ 模拟电压输出，初始增益为 5000（数字量输入 1000 对应的模拟量输出为 5V），初始偏移为 0（数字量输入 0 对应的模拟量输出为 0V）。

1：$4\sim20mA$ 模拟电流输出，初始增益为 20000（数字量输入 1000 对应的模拟量输出为 20mA），初始偏移为 0（数字量输入 0 对应的模拟量输出为 4mA）。

2：$0\sim20mA$ 模拟电流输出，初始增益为 20000（数字量输入 1000 对应的模拟量输出为 20mA），初始偏移为 0（数字量输入 0 对应的模拟量输出为 0mA）。

例如，当设定 BFM#0=2110H 时，通道 1 为 $-10\sim10V$ 模拟电压输出，通道 2 和通道 3 为 $4\sim20mA$ 模拟电流输出，通道 4 为 $0\sim20mA$ 模拟电流输出。

通过缓冲存储器参数 BFM#5 的设定，可以选择 PLC 从"RUN"转到"STOP"状态时是否保持 D/A 转换输出，BFM#5 以 4 位十六进制格式设定，低位对应通道 1，由低到高依次为通道 2~4，设定值的代表意义如下。

0：在 PLC 转入"STOP"状态后继续保持 D/A 转换输出。

1：在 PLC 转入"STOP"状态后清除 D/A 转换输出。

#### 四、增益与偏移调整

FX$_{2N}$-4DA 的增益与偏移调整需要通过 PLC 程序实现，调整方法如下。

① 设定 BFM#21=01H，使能模块增益与偏移调整功能。

② 在 BFM#10~BFM#17 中写入偏移/增益值。

偏移设定值是数字量输入 0 对应的模拟量输出。对模拟量电压输出通道，参数的单位为 mV，输入范围为 $-10240\sim10235$（$-10.24\sim10.235V$）；对模拟电流输出通道，设定值的单位为 $\mu A$，输入范围为 $0\sim20000$（$0\sim20mA$）。

③ BFM#8/BFM#9 用以选择需要进行增益/偏移调整的通道，BFM#8/BFM#9 以 4 位十六进制格式设定，对应位的意义如下。

BFM#8 低字节高 4 位/低 4 位：设定为"1"时，1 通道增益/偏移设定有效，设定为 0 时无效。

BFM#8 高字节高 4 位/低 4 位：设定为"1"时，2 通道增益/偏移设定有效，设定为 0 时无效。

BFM♯9 低字节高 4 位/低 4 位：设定为"1"时，3 通道增益/偏移设定有效，设定为 0 时无效。

BFM♯9 高字节高 4 位/低 4 位：设定为"1"时，3 通道增益/偏移设定有效，设定为 0 时无效。

当 BFM♯8/BFM♯9 的对应位设定为"1"时，BFM♯10～BFM♯17 中的增益/偏移值将被写入到对应的通道，而设定为 0 的通道增益/偏移值保持不变。

④ 增益/偏移调整完成，设定 BFM♯21＝02H，禁止增益/偏移调整。

### 五、模块出错信息

FX$_{2N}$-4DA 的出错信息可以通过缓冲存储器参数 BFM♯29 以二进制位信号形式显示，正常工作时输出均为"0"，对应位为"1"时代表意义如下。

bit0：模块出错，出错原因可通过 bit1～bit3 检查，只要 bit1～bit3 的任一位为"1"，bit0 总为"1"。

bit1：偏移/增益调整出错。

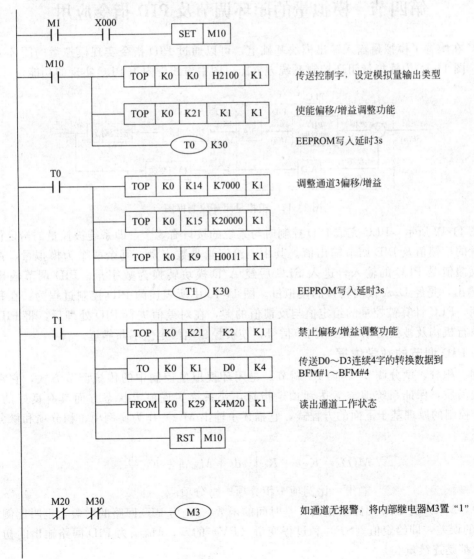

图 11-11　FX$_{2N}$-4DA 编程例

bit2：输入电源不正确。

bit3：模块硬件故障。

bit10：D/A 转换结果超出了允许范围。

bit12：偏移/增益调整被参数 BFM♯21 禁止。

### 六、编程实例

**【例 11-3】** 某控制系统要求在模块安装正确，输入 X000 为 1 时，1~4 通道进行如下 D/A 转换，试编写 PLC 程序。

① 通道 1、2：将 PLC 数据寄存器 D0/D1 中的数字量转换为−10~10V 模拟电压输出。

② 通道 3：将 PLC 数据寄存器 D2 中的数字量转换为 7~20mA 模拟电流输出。

③ 通道 4：将 PLC 数据寄存器 D3 中的数字量转换为 0~20mA 模拟电流输出。

本例中的通道 3 为非标准设定输出，因此需要将偏移调整为 7000，增益设定调整为 20000，其它通道可使用标准设定。根据以上要求设计的梯形图程序如图 11-11 所示。

## 第四节 模拟量的闭环调节及 PID 指令应用

PLC 在配置了模拟量输入输出模块基础上，可以通过 PID 指令实现模拟量的闭环 PID 调节功能。图 11-12 为模拟量闭环控制系统方框图，图中虚线框内为 PLC 实现的功能。

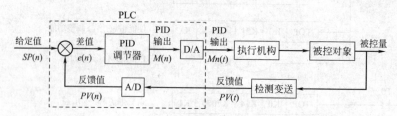

图 11-12　模拟量闭环控制框图

如图 11-12 所示，PLC 完成 PID 控制时与系统的接口有 3 个，即系统被控量的给定值、系统被控量的反馈值及 PID 调节输出值。其中，给定量是数字量，其余两个为模拟量。系统被控量的反馈值是 PLC 的输入，进入 PLC 后经 A/D 模块转换为数字量。PID 调节输出值是 PLC 的输出，是经 D/A 模块转换的模拟量。图 11-12 中所表述的 PID 控制过程为：在每一个采样周期，PLC 计算被控量的给定值与反馈值的差，在对差值进行 PID 处理后，将 PID 输出值作为执行机构及被控对象的驱动调节信号，使被控量向给定值不断靠近。

### 一、PID 调节的数学依据

比例、积分、微分调节（即 PID 调节）是闭环模拟量控制中的传统调节方式，它在改善控制系统品质，保证系统偏差 $e$ 达到预定指标，使系统实现稳定状态方面具有良好的效果。PID 调节控制的原理基于下面的方程式，它描述了输出 $M(t)$ 作为比例项、积分项和微分项的函数关系。

$$M(t) = K_C e + K_C \int_0^t e \mathrm{d}t + M_{\text{initial}} + K_C \frac{\mathrm{d}e}{\mathrm{d}t} \tag{11-1}$$

输出＝比例项＋积分项＋微分项

式中，$M(t)$ 为 PID 回路的输出，是时间的函数；$K_C$ 为 PID 回路的增益，也叫比例常数；$e$ 为回路的误差，即给定值（$SP$）和过程变量（$PV$）的差；$M_{\text{initial}}$ 为 PID 回路输出的初始值。以上各量都是连续量。

为了能使计算机完成上式的运算，连续算式必须离散化为周期采样偏差算式。改公式(11-

1）为离散表达式如下：

$$M_n = K_C e_n + K_I \sum_{i=1}^{n} e_{i+} M_{\text{initial}} + K_D(e_n - e_{n-1}) \tag{11-2}$$

$$输出＝比例项＋积分项＋微分项$$

式中，$M_n$为在第$n$采样时刻，PID回路输出的计算值；$K_C$为回路增益；$e_n$为在第$n$采样时刻的回路误差值；$e_{n-1}$为在第$n-1$采样时刻的误差值（偏差常项）；$K_I$为积分项的比例常数；$M_{\text{initial}}$为PID回路输出的初值；$K_D$为微分项的比例常数。

从公式(11-2)可以看出，积分项包括从第1个采样周期到当前采样周期所有的误差项；微分项由本次和前一次采样值所决定；比例项仅为当前采样的函数。在计算机中保存所有采样的误差值是不实际的，也是不必要的。由于从第一次采样开始，每获得一个误差，计算机都要计算出一次输出值，所以只需将上一次的误差值及上一次的积分项存储，利用计算机处理的迭代运算，并代入$e_n = SP_n - PV_n$，$K_I = K_C(T_S/T_I)$，$K_D = K_C(T_D/T_S)$，且假定给定值不变（$SP_n = SP_{n-1}$），整理后得到公式(10-3)，即用来计算PID回路输出值的实际公式。

$$M_n = K_C(SP_n - PV_n) + K_C(T_S/T_I)(SP_n - PV_n) + MX + K_C(T_D/T_S)(PV_{n-1} - PV_n) \tag{11-3}$$

式中，$K_C$为回路增益；$T_S$为采样时间间隔；$T_I$为积分时间常数；$T_D$为微分时间常数；$SP_n$为第$n$采样时刻的给定值；$PV_n$为第$n$采样时刻的过程变量值；$PV_{n-1}$为第$n-1$采样时刻的过程变量值；$MX$为积分项前值（图11-12中标出了部分参数）。

式(11-3)说明，只要知道了式中的参数，就可以利用计算机运算模拟电子电路组成的传统PID调节器的功能。

## 二、PID指令及应用要点

PID（FNC88）指令具有偏差计算、PID处理、输出限制、报警输出及自动调节等功能，编程格式如图11-13所示。指令允许使用的操作数格式与作用如下。

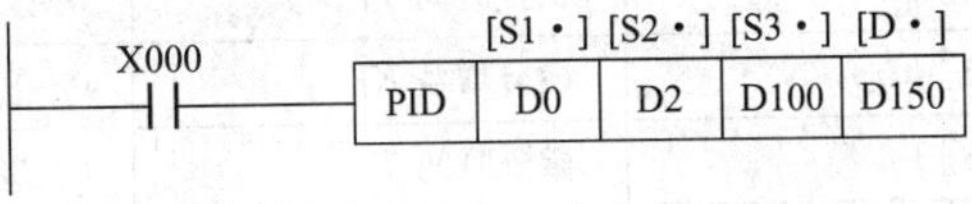

[S1·]：数据寄存器D，指定给定输入的存储器地址。

图11-13　PID指令的编程格式

[S2·]：数据寄存器D，指定反馈输入的存储器地址。

[S3·]：数据寄存器D，PID调节与控制参数，需要连续29字（FX$_{1S/1N//2N}$系列为25个字），说明见后述。

[D·]：数据寄存器D，PID运算结果的存储器地址。

32位操作指令：不允许。

边沿执行指令：不允许。

PID指令操作数[S1·]、[S2·]、[D·]的作用明确，不再进行说明。操作数[S3·]用于PID调节与控制参数的设定，长度为25～29字，需要事先在PLC程序上设定，操作数[S3·]的作用与设定要求如表11-5所示。

PID指令可以自动计算给定值与反馈值之间的偏差，并对偏差进行比例-积分-微分运算实现调节器的功能。但是用好PID指令却并不容易，因为指令使用涉及太多的参数，无论哪一个参数的选择不合适都会影响控制效果。以下说明参数选择要点。

### 1. 选择PID控制的类型

PID控制算法在实际应用中可以只使用比例项，或使用比例项＋积分项，或者比例项＋积分项＋微分项三项都用。比例项与误差在时间上是一致的，它能及时地产生消除误差的输出。

**表 11-5 PID 调节与控制参数设定表**

| 参数地址 | | 名 称 | 设定范围 | 作 用 | 备 注 |
|---|---|---|---|---|---|
| [S3] | | 采样周期 | 1～32767ms | PID 调节的采样周期 | 设定应大于循环时间 |
| [S3]+1 | bit0 | PID 调节器选择 | 0/1 | 0:正动作。1:逆动作 | 见后述 |
| | bit1 | 反馈输入变化率监控功能设定 | 0/1 | 0:反馈变化率监控功能无效。<br>1:反馈变化率监控功能有效 | 变化率监控阈值由[S3]+20、[S3]+21 设定 |
| | bit2 | PID 调节器输出变化率监控功能设定 | 0/1 | 0:输出变化率监控功能无效。<br>1:输出变化率监控功能有效(不能同时选择上/下极限监控) | 不能同时设定 bit5＝1,变化率监控阈值由[S3]+22、[S3]+23 设定 |
| [S3]+1 | bit3 | 不能使用 | — | — | |
| | bit4 | 自动调谐功能设定 | 0/1 | 0:自动调谐功能无效。<br>1:自动调谐功能有效 | 自动调谐完成后为"0" |
| | bit5① | PID 输出限制功能设定 | 0/1 | 0:PID 输出限制功能无效。<br>1:PID 输出限制功能有效(不能同时选择变化率监控) | 不能同时设定 bit2＝1,PID 输出限制值由[S3]+22、[S3]+23 设定 |
| | bit6② | 自动调谐方式选择 | 0/1 | 0:阶跃法。<br>1:极限循环法 | $FX_{1S/1N/2N}$ 不能设定本参数,自动调谐固定为阶跃法 |
| | bit7～bit15 | 不能使用 | — | — | |
| [S3]+2 | | 反馈输入滤波器常数 $L$ | 0～99% | 0:滤波器无效 | |
| [S3]+3 | | 比例增益 $K_P$ | 1～32767% | | |
| [S3]+4 | | 积分时间 $T_I$ | 0～32767 | 0:积分调节无效 | 单位:100ms |
| [S3]+5 | | 微分增益 $K_D$ | 0～100% | 0:微分调节无效 | |
| [S3]+6 | | 微分时间 $T_D$ | 0～32767 | 0:微分调节无效 | 单位:10ms |
| [S3]+7～[S3]+19 | | PID 处理用 | — | | 不能使用 |
| [S3]+20 | | 反馈输入变化率监控阈值 | 0～32767 | 正向变化率阈值 | ([S3]+1)bit1＝1 时的反馈输入变化率监控值 |
| [S3]+21 | | 反馈输入变化率监控阈值 | 0～32767 | 反向变化率阈值 | |
| [S3]+22① | | PID 输出变化率监控阈值 | 0～32767 | 正向变化率阈值 | ([S3]+1)bit2＝1 时的 PID 输出变化率监控值 |
| [S3]+23① | | PID 输出变化率监控阈值 | 0～32767 | 反向变化率阈值 | |
| [S3]+22① | | PID 调节器输出上限值 | 0～32767 | PID 调节器输出的最大值 | ([S3]+1)bit5＝1 时的 PID 输出限制值 |
| [S3]+23① | | PID 调节器输出下限值 | 0～32767 | PID 调节器输出的最小值 | ([S3]+1)bit5＝1 时的 PID 输出限制值 |
| [S3]+24 | bit0 | 反馈输入变化率超差报警 | — | 1:反馈输入正向变化率超差 | 报警输出,正常为"0" |
| | bit1 | 反馈输入变化率超差报警 | — | 1:反馈输入反向变化率超差 | 报警输出,正常为"0" |
| | bit2 | PID 输出变化率超差报警 | — | 1:PID 输出正向变化率超差 | 报警输出,正常为"0" |
| | bit3 | PID 输出变化率超差报警 | — | 1:PID 输出反向变化率超差 | 报警输出,正常为"0" |

① 表中的 PID 调节器输出变化率监控与 PID 输出限制值相同,两种功能不能同时选择。

② 参数在 $FX_{1S}/FX_{1N}/FX_{2N}$ 系列 PLC 上不能使用。

积分项的大小与误差的历史情况有关，能消除稳态误差，提高控制精度。而微分项可以改善系统的动态响应速度，有缓和输出值激烈变化的效果。

PID控制类型的选择需根据控制对象本身的特性进行。例如对于一些慢加热并保温的温度控制装置，控制对象是静态系统，一般用比例控制就能达到控制目的。而对一些惯性大的惰性动态系统，如恒压供水，使用比例加积分控制比较合适。而像速度跟踪控制、位置控制类装置，由于是惯性小的系统，需要用比例加积分再加微分控制。

选择PID指令的控制类型可以通过设定积分时间及微分增益进行。如设定积分时间为零可使积分作用无效；设定微分增益为零可以使微分作用为零；比例增益一般不为零，但可任意调节大小。

2. 选择PID调节器的调节方向

调节器的输出随着反馈的增加而减少的调节为逆向调节。与之相反，调节器的输出随着反馈的增加而增加的调节为正向调节。PID调节器的调节方向可以根据被控对象的调节需要在参数表11-5 [S3]+1项中设定。

3. 选择采样周期 $T_S$

采样周期 $T_S$ 为计算机进行PID运算的时间间隔。为了能及时反映模拟量的变化，$T_S$ 越小越好，但太小了会增加CPU的运算工作量，且相邻两次采样值几乎没有变化也是没有意义的。采样周期的经验数据如表11-6所示。

表11-6 采样周期的经验数据

| 被控制量 | 流量 | 压力 | 温度 | 液位 | 成分 |
|---|---|---|---|---|---|
| 采样周期/s | 1～5 | 3～10 | 15～20 | 6～8 | 15～20 |

4. 确定比例增益 $K_P$、积分时间 $T_I$、微分时间 $T_D$

比例增益 $K_P$、积分时间 $T_I$、微分时间 $T_D$ 是PID的主要参数。原则上要在建立被控系统的数学模型基础上通过理论计算确定，但这将是复杂而烦琐的事情。工程上常采用阶跃法现场测定后计算初值并最后通过调试确定。

阶跃法的具体作法如下。

① 断开系统反馈，将PID调节器设定为 $K_P=1$ 的比例调节器，在系统输入端加一个阶跃信号，测

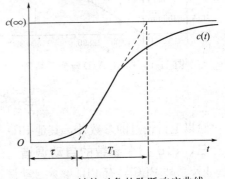

图11-14 被控对象的阶跃响应曲线

量并画出被控对象（包括执行机构）的开环阶跃响应曲线。绝大多数被控对象的响应曲线如图11-14所示。

② 在曲线的最大斜率处作切线，求得被控对象的纯滞后时间 $\tau$ 和上升时间常数 $T_1$。

③ 根据求出的值查表11-7可得比例增益 $K_P$、积分时间 $T_I$、微分时间 $T_D$ 的参考值。

表11-7 阶跃法PID参数经验公式

| 控制方式 | $K_P$ | $T_I$ | $T_D$ |
|---|---|---|---|
| PI | $0.84T_1/\tau$ | $3.4\tau$ | — |
| PID | $1.15T_1/\tau$ | $2.0\tau$ | $0.45\tau$ |

5. 监控及报警参数的设置

为了防止由于 PID 参数设置不当引起的系统输出剧烈变化，保障控制系统的安全，PID 指令设定了反馈输入变化率、PID 输出变化率及 PID 输出上下限等限幅阈值，并设定了专用的报警位。具体设置含两部分，一个相关功能的选择，通过 [S3] +1 的有关位设置，限幅值则需存储在 [S3] +20～[S3] +23 的存储单元中。报警输出可由 [S3] +24 有关位读出。

6. 参数设定中的工程量换算

PID 指令涉及许多工程量与数字量的换算问题。含工程量反馈传感器量程与 A/D 转换数字量范围，PID 调节数字量的变化范围，PID 输出模拟量及对应被控工程量量值等。这些量的换算一般是简单地遵从线性关系进行。以下以实例计算说明换算过程。

如锅炉水位 $L$ 由压差变送器检测，变送器输出信号为 4～20mA，模拟量输入模块将 0～20mA 的输入信号转换为 0～32000 的数字量，4～20mA 对应的 A/D 转换值为 6400～32000，如图 11-15 所示。由比例关系可得水位 $L$ 与转换数值 $X$ 间的关系式如下。

$$\frac{L-(-300)}{X-6400}=\frac{300-(-300)}{32000-6400}$$

又如水位测量范围为 -300～+300mm，但要求水位控制在 -100～+100mm 间，所以截取 14933～23466（对应 -100～+100mm）作为 PID 自动调节的范围，并对其进行线性化处理，将 14933～23466 区间数值扩大为 6400～32000，如图 11-16 所示。由比例关系可得检测值 $X$ 与 A/D 转换值 $Y$ 间的关系式如下。

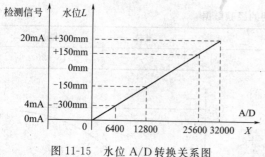

图 11-15 水位 A/D 转换关系图

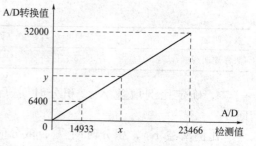

图 11-16 PID 调节范围 A/D 转换图

$$\frac{Y-6400}{X-14933}=\frac{32000-6400}{23466-14933}$$

除以上讨论过的参数外，其他 PID 参数的设定范围及单位可依照表 11-5 要求处理。

### 三、PID 指令参数的自动调谐

FX 系列 PLC 具有 PID 参数自动调谐功能。自动调谐可通过 PID 指令的试运行自动确定主要参数并写入 [S3·] 相关存储单元。FX$_{2N}$ 系列 PLC 自动调谐使用阶跃法进行。原理与以上讨论的阶跃法类似，通过在 PID 调节器输出上强制加入突变量，测量调节器输入的变化参数并以此计算比例增益 $K_P$、积分时间 $T_I$、微分时间 $T_D$，具体编程操作可见本节例 11-4。

### 四、PID 指令应用实例

**【例 11-4】** 某加热系统温度 PID 控制要求如下。

① 温度测量反馈信号来自 FX$_{2N}$-4AD-TC 特殊功能模块的通道 2（其余通道不用），传感器类型为 K 型热电偶，反馈输入滤波器常数为 70%。

② 系统目标温度为 50℃，加热器输出为周期 2s 的 PWM 型信号，输出"ON"为加热，PID 输出限制功能有效。

③ PLC 输入输出端及存储器地址分配如下。

X010：自动调谐启动输入。

X011：PID 调节启动输入。

Y000：PID 调节出错报警。

Y001：加热器控制。

D500：目标温度给定输入（单位 0.1℃）。

D501：温度反馈输入（单位 0.1℃）。

D502：PID 调节器输出（每一 PWM 周期的加热时间）。

D510～D538：PID 控制参数设定区。

④ 系统的 PID 调节参数通过自动调谐设定，自动调谐要求如下。

目标温度：50℃。

自动调谐采样时间：3s。

阶跃调谐时的 PID 输出突变量：最大输出的 90%。

⑤ 系统正常工作时的 PID 调节要求如下。

目标温度：50℃。

采样时间：3s。

根据以上控制要求编制的程序如图 11-17～图 11-20 所示。其中图 11-17 为初始设定程序，是自动调谐与正常 PID 调节的公共程序段。而图 11-18 及图 11-19 分别为自动调谐及正常 PID 调节程序段，图中 M0 及 M1 为自动调谐及正常 PID 调节标记，形成两个程序段的互锁。图 11-20 为输出程序段，输出是由 D502 的数据控制的。

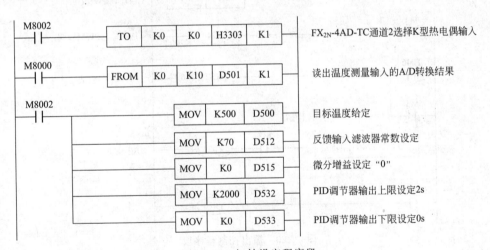

图 11-17　初始设定程序段

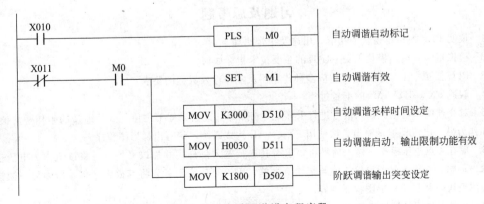

图 11-18　自动调谐设定程序段

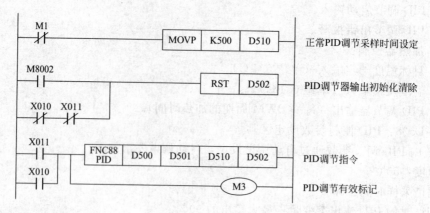

图 11-19 PID 调节程序段

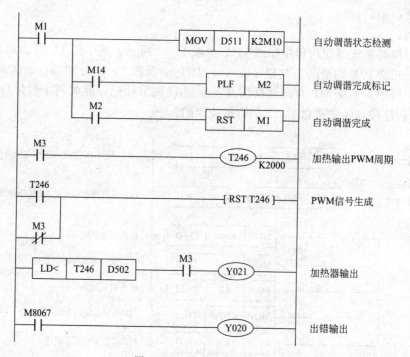

图 11-20 输出控制程序段

## 习题及思考题

11-1 说明 PLC 模拟量模块的功能、用途及工作原理。

11-2 模拟量输入输出模块 $FX_{2N}$-4AD 的主要技术指标如何？

11-3 PLC 模拟量工作单元如何适应多种传感器及多种输入量程的要求？

11-4 叙述 $FX_{2N}$-4DA 模块的配置过程。

11-5 对 2 点模拟量电流输入信号进行采样，并将 1 号通道的采样平均值与 2 号通道的采样平均值相加，然后将和作为另一电流模拟量输出。请使用 $FX_{2N}$-4AD 构成系统，编写出梯形图程序。

11-6 现有 4 点电压模拟量输入信号，要求对其进行输入采样，并加以平均，再将该值作为电压模拟量输出值输出；同时求得 1 号通道输入值与平均值之差，用绝对值表示后，将其放大 2 倍，作为另一模拟量输出。请选用模块，并叙述梯形图程序内容。

11-7 在模拟量闭环控制系统中，PLC 承担哪些工作？

11-8　PID 控制器的参数与系统的性能有什么关系?

11-9　叙述 PID 回路表中变量的意义及编程时的配置方法。

11-10　如何将 PLC 中的 PID 工作单元设置为 PI 或 PD 调节器?

11-11　如何将本章模拟量控制实例程序和 PID 指令控制实例程序合二为一，完成模拟量 PID 处理的全过程?

# 第十二章　FX 系列可编程控制器通信技术

**内容提要：**可编程控制器除了用于单机控制外，还能与其他 PLC、计算机或可编程设备，如变频器、打印机等连接，构成数据通信系统，还可以参与网络控制与管理。本章简要介绍 FX 系列 PLC 常用的通信方式，包括系统的配置、连接方式、通信指令及其应用，给出了简单的通信实例。

## 第一节　FX 系列 PLC 通信基础

PLC 通信指 PLC 与计算机、PLC 与 PLC、PLC 与现场设备或远程 I/O 口间的信息交换。这些信息都由"0"或者"1"组成，由一个设备的端口（发送）经传输通道（信道）传送到另一台设备的端口（接收）。传送过程的控制一般由配有端口的智能设备担任。通信的控制方式依据通信双方协议安排。

### 一、数据通信的传送

1. 并行通信与串行通信

并行通信是以字或者字节为单位，将所传送数据的各个位同时进行发送或接收的通信方式，如图 12-1(a) 所示。并行通信的特点是传送速度快。并行通信中，传送多少位二进制数就需要多少根数据传输线，将导致线路复杂，成本高。因此，并行通信仅适用于近距离通信。

如图 12-1(b) 所示，串行通信是以二进制的位（bit）为单位，将数据一位一位顺序发送或接收的，因而只要一根（两根）传送线。PLC 通信广泛采用串行通信技术。串行通信的特点是通信线路简单，成本低，但传送速度比并行通信慢。

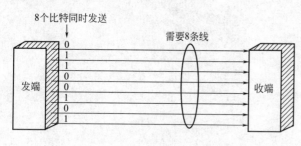

(a) 8 位数据并行传输示意图

(b) 8 位数据串行传输示意图

图 12-1　并行通信与串行通信

2. 同步传送和异步传送

串行通信中很重要的问题是使发送端和接收端保持同步，按同步方式可分为同步传送和异步传送。

异步传送以字符为单位发送数据，每个字符都用开始位和停止位作为字符的开始标志和结束标志，构成一帧数据信息。相邻两个字符的间隔为任意长。因此异步传送也称为起止传送，它是利用起止位达到收发同步的。

异步传送的帧字符构成如图 12-2(a) 所示。每个字符的起始位为 0，然后是数据位（有效数据位可以是 5 到 8 位），随后是奇偶效验位（可根据需要选择），最后是停止位（可以是 1 位或多位）。该图中停止位为两位 1。在停止位后可以加空闲位，空闲位也为 1，位数不限制，空闲位的作用是等待下一个字符的传送。有了空闲位及起始位，发送和接收可以连续或间断进行，而不受时间限制，这就是"异步"的含义。异步串行传送的优点是硬件结构简单，缺点是传送效率低，因为每个字符都要加上起始位和停止位。因此，异步串行通信主要用于中、低速的数据传送中。在进行异步串行数据传送时，要保证发送设备和接收设备有相同的数据传送格式和传送速率。

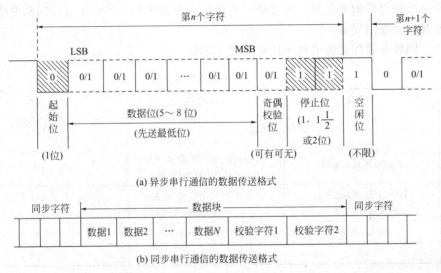

(a) 异步串行通信的数据传送格式

(b) 同步串行通信的数据传送格式

图 12-2　通信传送的格式

　　同步传送是以数据块（一组数据）为单位进行数据传送的，在数据开始处用同步字符来指示，同步字符后则是连续传送的数据。由于不需要起始位和停止位，克服了异步传送效率低的缺点，但所需的软件和硬件的价格比异步传送要高得多。同步传送的数据格式如图 12-2（b）所示。

　　3. 单工传送与双工传送

　　按照数据在设备间的传输方向，串行通信可以分为单工、全双工和半双工通信方式。

　　（1）单工通信　单工通信是指在通信线路上数据的传送方向只能是固定的，不能进行反方向的传送。

　　（2）半双工通信　半双工通信方式是指在一条通信线路上数据的传送可以在两个方向上进行，但是同一个时刻只能是一个方向的数据传送。

　　（3）全双工通信　全双工通信有两条传输线，通信的两台设备可以同时进行发送和接收数据。

　　4. 传输速率

　　在串行通信中，用"波特率"来描述数据的传输速率。波特率为每秒传送的二进制位数。即 bps（bits per second）。常用的标准传输速率为 300～38400bps。高速串行通信网络的传输速率可达 1000M（1G）bps。

　　5. 传送介质

　　在 PLC 通信网络中，传输媒介的选择是很重要的。传输媒介决定了网络的传输率、网络段的最大长度及传输的可靠性。目前常用的传送介质主要有双绞线、同轴电缆和光缆等。

　　（1）双绞线　双绞线是将两根绝缘导线扭绞在一起，一对线可以作为一条通信线路。这样可以减少电磁干扰，如果再加上屏蔽套，则抗干扰效果更好。双绞线的成本低，安装简单，串行通信口多用双绞线实现通信连接。

（2）同轴电缆 同轴电缆由中心导体、电介质绝缘层、外屏蔽导体及外绝缘层组成。同轴电缆的传送速率高，传送距离远，成本比双绞线高。

（3）光缆 光缆是一种传导光波的光纤介质，由纤芯、包层和护套三部分组成。纤芯是最内层部分，由一根或多根非常细的玻璃或塑料制成的绞合纤维组成，每一根纤维都由各自的包层包着，（包层是玻璃或塑料涂层），具有与光纤不同的光学特性，最外层则是起保护作用的护套。光缆传送经编码后的光信号，尺寸小，重量轻，传送速率及传送距离比同轴电缆好，但是成本高，安装需要专门设备。

双绞线、同轴电缆和光缆的性能比较见表 12-1。

**表 12-1 传送介质性能比较**

| 性能 | 双绞线 | 同轴电缆 | 光缆 |
|---|---|---|---|
| 传送速率 | 1～4Mbps | 1～450Mbps | 10～500Mbps |
| 连接方法 | 点对点,多点<br>1.5km 不用中继器 | 点对点,多点<br>1.5km 不用中继器(基带)<br>10km 不用中继器(宽带) | 点对点<br>50km 不用中继器 |
| 传送信号 | 数字信号、调制信号、<br>模拟信号(基带) | 数字信号、调制信号(基带)<br>数字、声音、图像(宽带) | 调制信号(基带)<br>数字、声音、图像(宽带) |
| 支持网络 | 星型、环型 | 总线型、环型 | 总线型、环型 |
| 抗干扰 | 好 | 很好 | 极好 |

## 二、串行通信接口标准

在工业控制网络中，PLC 常采用 RS-232C、RS-485 和 RS-422 标准的串行通信接口进行数据通信。表 12-2 为三种接口的参数比较表。

**表 12-2 RS-232C/RS-422/RS-485 接口参数的比较表**

| 参 数 | RS-232C | RS-422 | RS-485 |
|---|---|---|---|
| 接口驱动方式 | 单端 | 差分 | 差分 |
| 通信节点数 | 1 发、1 收 | 1 发、10 收 | 1 发、128 收 |
| 最大传输电缆长度(无 Modem) | 15m | 50m(三菱 PLC) | 50m(三菱 PLC) |
| 最大传输速率 | 20kbps | 10Mbps | 10Mbps |
| 驱动电压 | −25～+25V | −0.25～+6V | −7～+12V |
| 带负载时最小输出电平 | −5/+5V | −2/+2V | −1.5/+1.5V |
| 空载时最大输出电平 | −25/+25V | −6/+6V | −6/+6V |
| 驱动器共模电压 | — | −3/+3V | −1/+3V |
| 负载阻抗 | 3～7kΩ | 100Ω | 54Ω |
| 接收器最大允许输入电压 | −15/+15V | −10/+10V | −7/+12V |
| 接收器输入门槛电压 | −3/+3V | −200/+200mV | −200/+200mV |
| 接收器输入阻抗 | 3～7kΩ | ≥4kΩ | ≥12kΩ |
| 接收器共模电压 | — | −7/+7V | −7/+12V |

### 1. RS-232C 接口

RS-232C 串行通信接口标准是美国电子工业协会 EIA（Electronic Industries Association）公布的推荐标准（Recommend Standard），232 是标志号，C 为修改次数。表 12-3 为 RS-232C

信号一览表。图 12-3 为 RS-232C 最简单连接方式图。

### 表 12-3　RS-232C 信号一览表

| 引脚 | 信号名称 | 信号作用 | 信号功能 |
|---|---|---|---|
| 1 | CD 或 DCD(Data Carrier Detect) | 载波检测 | 接收到 Modem 载波信号时 ON |
| 2 | RD 或 RXD(Received Data) | 数据接收 | 接收来自 RS-232C 设备的数据 |
| 3 | SD 或 TXD(Transmitted Data) | 数据发送 | 发送传输数据到 RS-232C 设备 |
| 4 | ER 或 DTR(Data Terminal Ready) | 终端准备好(发送请求) | 数据发送准备好,可作为请求发送信号 |
| 5 | SG 或 GND(Signal Ground) | 信号地 | |
| 6 | DR 或 DSR(Data Set Ready) | 接收准备好(发送使能) | 数据接收准备好,可作为数据发送请求回答 |
| 7 | RS 或 RTS(Request to Send) | 发送请求 | 请求数据发送信号 |
| 8 | CS 或 CTS(Clear to Send) | 发送请求回答 | 发送请求回答信号 |
| 9 | RI | 呼叫指示 | 只表示状态 |

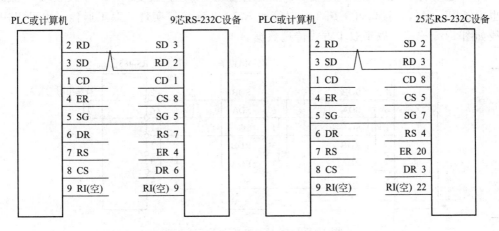

图 12-3　RS-232C 的最简单连接方式

RS-232C 接口为单端发送、单端接收,传送距离近(最大传送距离为 15m),数据传送速率低(最高传送速率为 20Kbps),抗干扰能力差,只能进行一对一的通信。

2. RS-422 接口

RS-422 接口采用两对平衡差分信号线,以全双工方式传送数据,支持 1 点对多点的通信,1 个发送端最多可以连接 10 个接收端,但接收设备间不能相互通信。RS-422 接口抗干扰能力较强,适合远距离传送数据。表 12-4 为 RS-422 信号一览表。图 12-4 为 RS-422 连接方式图。

### 表 12-4　RS-422 信号一览表

| PLC 侧引脚 | 信号名称 | 信号作用 | 信号功能 |
|---|---|---|---|
| 1 | SG 或 GND(Signal Ground) | 信号地 | |
| 2 | SDB 或 TXD-(Transmitted Data) | 数据发送一端 | 发送传输数据到 RS-422 设备 |
| 3 | RDB 或 RXD-(Received Data) | 数据接收一端 | 接收来自 RS-422 设备的数据 |
| 4 | SG 或 GND(Signal Ground) | 信号地 | |
| 5 | SDA 或 TXD+(Transmitted Data) | 数据发送+端 | 发送传输数据到 RS-422 设备 |
| 6 | RDA 或 RXD+(Received Data) | 数据接收+端 | 接收来自 RS-422 设备的数据 |

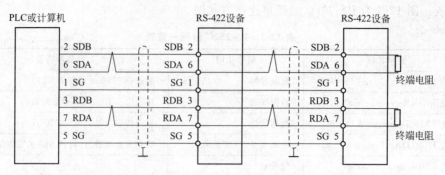

图 12-4 RS-422 的连接方式

### 3. RS-485 接口

RS-485 接口是在 RS-422 接口基础发展起来的一种标准接口，接口满足 RS-422 的全部技术规范，可以使用 9 芯连接器或接线端子连接，信号名称、作用、端子含义与 RS-422 相同。

RS-485 也支持 1 点对多点的通信，1 个发送端最多可以连接 32～128 个接收端，但接收设备间也不能相互通信。接口可采用 2 对双绞线 RS-422 连接，实现全双工通信，也可以用 1 对双绞线如图 12-5 连接，以半双工方式传送数据。

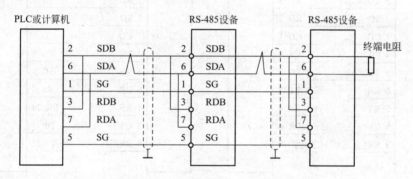

图 12-5 RS-485 的半双工连接方式

## 三、FX 系列 PLC 通信器件及通信协议

### 1. FX 系列 PLC 通信器件：通信扩展板

PLC 基本单元都配有通信口。例如，FX 系列 PLC 基本单元配有一个 RS-422 口。但有时为了方便与通信设备连接及扩展通信性能，需进行通信口的扩展。FX 系列 PLC 通信口扩展最常用的方法是在基本单元内直接加装通信功能扩展板。一台基本单元一般只能加装一块。FX$_{3U}$ 系列 PLC 还可以安装外置式串行通信接口功能扩展板。扩展板的功能如表 12-5 所示。通信扩展板的信号名称、含义与连接要求与标准接口相同。图 12-6 为扩展板的外观图。

表 12-5 RS-232C/RS-422/RS-485 接口板的功能与用途

| 型号 | 功能与用途 | 通信距离 | 适用 PLC | | | |
| --- | --- | --- | --- | --- | --- | --- |
| | | | FX$_{1S}$ | FX$_{1N}$ | FX$_{2N}$ | FX$_{3U}$ |
| FX$_{1N}$-232-BD | 1. PLC 与 RS-232C 设备间的无协议通信；<br>2. 连接编程器、触摸屏等标准外部设备；<br>3. 通过专用协议与计算机进行通信 | 15m | ● | ● | × | × |
| FX$_{2N}$-232-BD | | | × | × | ● | × |
| FX$_{3U}$-232-BD | | | × | × | × | ● |
| FX$_{3U}$-232-ADP | | | × | × | × | 2 |

续表

| 型号 | 功能与用途 | 通信距离 | 适用 PLC | | | |
|---|---|---|---|---|---|---|
| | | | $FX_{1S}$ | $FX_{1N}$ | $FX_{2N}$ | $FX_{3U}$ |
| $FX_{1N}$-422-BD | 1. 扩展 PLC 的标准 RS-422 接口； | | ● | ● | × | × |
| $FX_{2N}$-422-BD | 2. 增加编程器、触摸屏等标准外部设备接口 | 50m | × | × | ● | × |
| $FX_{3U}$-422-BD | | | × | × | × | ● |
| $FX_{1N}$-485-BD | | | ● | ● | × | × |
| $FX_{2N}$-485-BD | 1. PLC 与 RS-485 设备进行无协议通信； | | × | × | ● | × |
| $FX_{3U}$-485-BD | 2. 实现 PLC 间的简易连接； | 50m | × | × | × | ● |
| $FX_{3U}$-485-ADP | 3. 通过专用协议与计算机进行通信 | | × | × | × | 2 |

注：● 表示适用。× 表示不适用。

图 12-6　$FX_{2N}$-485-BD 扩展板外观

图 12-7　$FX_{2N}$-232IF 外观

2. FX 系列 PLC 通信器件：通信模块

通信模块是专用的独立的通信器件，目前只有 $FX_{2N}$-232IF 一种规格。

通信 $FX_{2N}$-232IF 具有独立的存储器与电源，模块可以通过 FROM/TO 指令设定缓冲存储器进行，控制方式与特殊功能模块类似。

$FX_{2N}$-232IF 的基本特点如下。

① 可以与带有 RS-232C 接口的外部设备，如计算机、打印机、条形码阅读器等进行无协议通信，或与带有 RS-232C 接口的计算机等外部设备进行专用协议的数据通信。

② 一台 PLC 最多可以安装 8 块 $FX_{2N}$-232IF，并同时与多个外部设备通信。

③ 通过 PLC 的 FROM/TO 指令，可以方便地控制模块数据的发送与接收。

④ 可以使用全双工、异步方式进行无协议通信，通信格式可以通过缓冲存储器设定。

⑤ 模块缓冲存储器可以存储 512 字节数据。

⑥ $FX_{2N}$-232IF 具有 ASCII/HEX 代码转换功能，方便 ASCII 码与十六进制数间的转换。

$FX_{2N}$-232IF 模块外观如图 12-7 所示。技术性能指标如表 12-6 所示。模块的使用方法可参考有关手册。

3. PLC 通信协议

在进行网络通信时，通信双方必须遵守约定的规程，规程包括通信设备的构造及标准，通信前的联络（握手）方式，通信数据的格式（帧格式），监控及出错处理等内容。这些为进行可靠的信息交换而建立的规程称为协议（Protocol）。国际标准化组织于 1978 年提出了开放系

**表 12-6 FX$_{2N}$-232IF 主要技术性能一览表**

| 项 目 | 参 数 | 备 注 |
|---|---|---|
| 接口标准 | RS-232C | 每模块 1 个接口 |
| 最大传输距离 | 15m | |
| 通信连接形式 | 1∶1 | |
| 通信格式 | 异步、无协议、全双工 | |
| 连接器形式 | 9 芯 D-SUB 型标准连接器 | |
| 波特率 | 300/600/1200/2400/4800/9600/19200bps | |
| 占用 I/O 点 | 8 点 | |
| 电源消耗 | DC 24V/80mA，DC 5V/40mA | DC 24V 需要外部供给 |

| 应用层 | ←应用层协议→ | 应用层 |
| 表示层 | ←表示层协议→ | 表示层 |
| 会话层 | ←会话层协议→ | 会话层 |
| 传输层 | ←传输层协议→ | 传输层 |
| 网络层 | ←网络层协议→ | 网络层 |
| 数据链路层 | ←数据链路层协议→ | 数据链路层 |
| 物理层 | ←物理层协议→ | 物理层 |

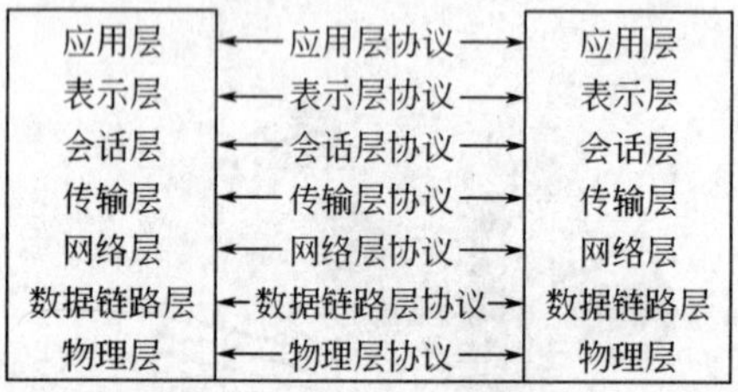

图 12-8 OSI 参考模型

统互连的参考模型 OSI（Open System Interconnection），它所用的通用协议一般分为 7 层，如图 12-8 所示。由此图可以设想通信协议包括内容的广泛及技术的复杂性。

OSI 模型的最底层为物理层，实际通信就是在物理层通过互相连接的媒体进行的。RS-232、RS-485 和 RS-422 等均为物理层协议。物理层以上的各层都以物理层为基础，在对等层设定相应协议，实现直接开放系统互连。目前工业控制网络常用的通用协议有两种：MAP 协议和 Ethernet 协议。

就 PLC 所涉及的通信层面而言，一般为用于物理层、数据链路层和应用层的公司专用协议。这些协议已在 PLC 生产过程中通过硬件设计及操作系统植入了 PLC 产品中，应用时可利用 PLC 已有的资源完成满足一定技术要求的数据通信。传送的数据多是过程数据和控制命令，信息短，实时性强，传送速度快。以下介绍的 FX 系列 PLC 通信基本上都属于这类情况。

# 第二节 并行链接与 N∶N 通信

并行链接与 N∶N 通信是 FX 系列 PLC 间的简易通信方式。因为配有相同的通信接口，安排有共同的通信协议，同系列 PLC 之间的通信很容易实现。

**一、并行链接通信**

并行链接通信是两台 FX 系列 PLC 间数据共享的通信。只需对机内特殊辅助继电器作些必要的设定，不需编制程序安排通信过程，通信由 PLC 自动完成。

并行链接通信为 1∶1 通信。如图 12-9 所示，两台 FX 系列 PLC 通过 FX$_{2N}$-485-BD 通信模块连接，一台为主站，一台为从站。在通信系统中，主站与从站是依功能划分的。主站可以对网络中的其他设备发出通信相关的请求，而从站只能响应主站的请求。

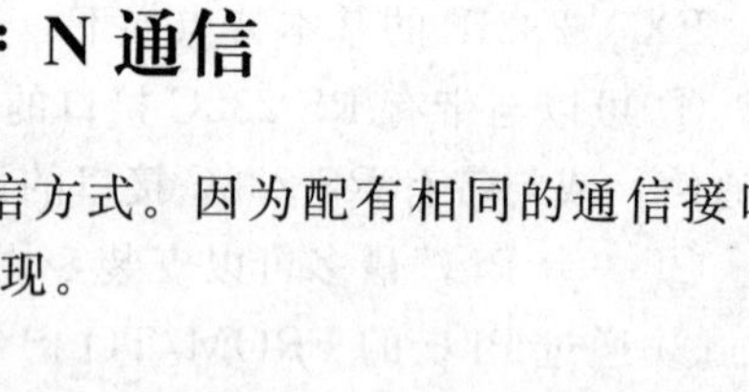

表 12-7 为并行通信相关特殊辅助继电器和寄存器。表中显示，并行链接通信的主站及从站需经 M8070 及

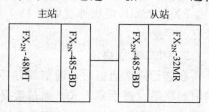

图 12-9 并行链接通信示意图

M8071 设定，并行链接通信具有标准及高速两种方式，需经 M8162 设定。图 12-10 给出了标准及高速两种通信方式中主站与从站共享数据存储单元及作用。以下以实例说明并行通信的设置过程。

表 12-7　并行通信特殊辅助继电器和寄存器功能

| 元件号 | 说　　明 |
|---|---|
| M8070 | M8070＝ON 时，表示该 PLC 为主站 |
| M8071 | M8071＝ON 时，表时该 PLC 为从站 |
| M8072 | M8072＝ON 时，表示 PLC 工作在并行通信方式 |
| M8073 | M8073＝ON 时，表示 PLC 在标准并行通信工作方式，发生 M8070/M8071 的设置错误 |
| M8162 | M8162＝ON 时，表示 PLC 工作在高速并行通信方式，仅用于 2 个字的读/写操作 |
| D8070 | 并行通信的警戒时钟 WDT(默认值为 500ms) |

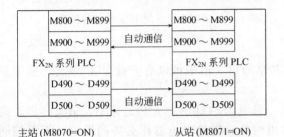

(a) 标准并行通信模式的连接示意图　　(b) 高速并行通信模式的连接示意图

图 12-10　并行通信的共享数据单元

【例 12-1】　两台 FX 系列 PLC 采用标准并行通信方式通信。要求完成如下的控制要求。

① 将主站的输入端口 X000～X007 的状态传送到从站，通过从站的 Y000～Y007 输出。

② 当主站的计算值（D0＋D2）≤100 时，从站的 Y010 输出为 ON。

③ 将从站的辅助继电器 M0～M7 的状态传送到主站，通过主站的 Y000～Y007 输出。

④ 将从站数据寄存器 D10 的值传送到主站，作为主站计数器 T0 的设定值。

满足以上控制要求的主站程序如图 12-11 所示。从站程序如图 11-12 所示。

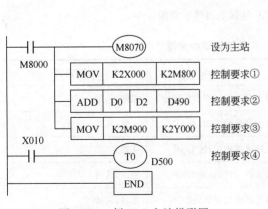
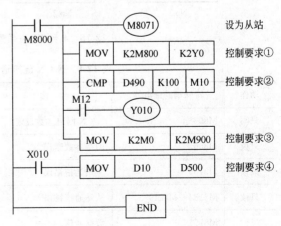

图 12-11　例 12-1 主站梯形图　　　　图 12-12　例 12-1 从站梯形图

【例 12-2】　两台 PLC 采用高速并行通信方式，要求两台 PLC 之间能够完成如下的控制要求。

① 当主站的计算值（D10＋D12）≤100 时，从站的 Y000 输出为 ON。

② 将从站数据寄存器 D100 的值传送到主站，作为主站计数器 T10 的设定值。

两台 PLC 的高速并行通信，主站程序如图 12-13 所示，从站程序如图 12-14 所示。

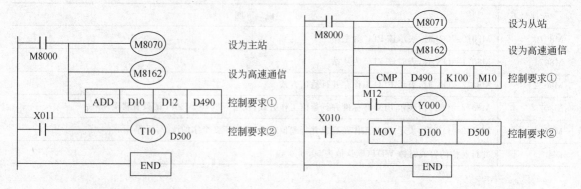

图 12-13　例 12-2 主站梯形图　　　　　图 12-14　例 12-2 从站梯形图

## 二、N∶N 通信

N∶N 通信是多台 FX 系列 PLC 间的数据共享通信，最多可以有 8 台 PLC 参与，其中只能有一台主站。

N∶N 通信也是基于 RS-485 的半双工通信，采用 38.4kbps 固定传送速率，最大传送距离 500m。和并行链接一样，N∶N 通信也只需对机内特殊辅助继电器作必要的设定，不需编制程序安排通信过程，通信由 PLC 自动完成。图 12-15 所示为 4 台 FX$_{2N}$ 系列 PLC 采用 FX$_{2N}$-485-BD 内置通信板和专用通信电缆连接，构成的 N∶N 网络的示意图。表 12-8 及表 12-9 分别为 N∶N 通信用辅助继电器及数据寄存器。以下为 N∶N 通信的设定内容。

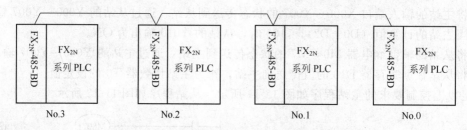

图 12-15　4 台 FX$_{2N}$ 系列 PLC 连接的网络示意图

表 12-8　N∶N 链接通信中相关的辅助继电器

| 动作 | 特殊辅助继电器 | 名　称 | 说　明 | 响应形式 |
|---|---|---|---|---|
| 只写 | M8038 | N∶N 网络参数设定 | 用于 N∶N 网络参数设定 | 主站,从站 |
| 只读 | M8063 | 网络参数错误 | 当主站参数错误,置 ON | 主站,从站 |
| 只读 | M8183 | 主站通信错误 | 主站通信错误,置 ON[①] | 从站 |
| 只读 | M8184～M8019[②] | 从站通信错误 | 从站通信错误,置 ON[①] | 主站,从站 |
| 只读 | M8191 | 数据通信 | 当与其他站通信,置 ON | 主站,从站 |

① 表示在本站中出现的通信错误数,不能在 CPU 出错状态、程序出错状态和停止状态下记录。

② 表示与从站号一致。例如：1 号站为 M8184，2 号站为 M8185，3 号站为 M8186。

表 12-9　N：N 链接通信中相关的数据寄存器

| 动作 | 特殊数据寄存器 | 名　称 | 说　明 | 响应形式 |
|---|---|---|---|---|
| 只读 | D8173 | 站号 | 存储从站的站号 | 主站，从站 |
| 只读 | D8174 | 从站总数 | 存储从站总数 | 主站，从站 |
| 只读 | D8175 | 刷新范围 | 存储刷新范围 | 主站，从站 |
| 只写 | D8176 | 设定站数 | 设定本站号 | 主站，从站 |
| 只写 | D8177 | 设定总从站数 | 设定从站总数 | 主站 |
| 只写 | D8178 | 设定刷新范围 | 设定刷新范围 | 主站 |
| 只写 | D8179 | 设定重试次数 | 设定重试次数 | 主站 |
| 只写 | D8180 | 超时设定 | 设定命令超时 | 主站 |
| 只读 | D8201 | 当前网络扫描时间 | 存储当前网络扫描时间 | 主站，从站 |
| 只读 | D8202 | 最大网络扫描时间 | 存储最大网络扫描时间 | 主站，从站 |
| 只读 | D8203 | 主站通信错误数 | 主站中通信错误数[1] | 从站 |
| 只读 | D8204～D8210[2] | 从站通信错误数 | 从站中通信错误数[1] | 主站，从站 |
| 只读 | D8211 | 主站通信错误码 | 主站中通信错误码 | 从站 |
| 只读 | D8212～D8218[2] | 从站通信错误码 | 从站中通信错误码 | 主站，从站 |

① 表示在本站中出现的通信错误数，不能在 CPU 出错状态、程序出错状态和停止状态下记录。

② 表示与从站号一致。例如：1 号从站为 D8204、D8212，2 号从站为 D8205、D8213，3 号从站为 D8206、D8214。

### 1. 站号的设置

将数值 0～7 写入相应 PLC 的数据寄存器 D8176 中，就完成了站号设置。站号设为"0"的为主站，从站号为 1～7。

### 2. 从站数的设置

将数值 1～7 写入主站的数据寄存器 D8177 中，数值对应从站的数量，默认值为 7（7 个从站）。从站不需要进行此设置。

### 3. 设置数据更新范围

将数值 0～2 写入主站的数据寄存器 D8178 中，选择 N：N 通信的模式，默认值为模式 0，不同模式参与数据共享的存储元件如表 12-10 所示。该设置不需要从站的参与。

表 12-10　3 种刷新模式对应的辅助继电器和数据寄存器

| 站号 | 刷新范围 | | | | | |
|---|---|---|---|---|---|---|
| | 模式 0 | | 模式 1 | | 模式 2 | |
| | 位元件 | 4 点字元件 | 32 点位元件 | 4 点字元件 | 64 点位元件 | 8 点字元件 |
| 1 | — | D10～D13 | M1064～M1095 | D10～D13 | M1064～M1127 | D10～D17 |
| 2 | — | D20～D23 | M1128～M1159 | D20～D23 | M1128～M1191 | D20～D27 |
| 3 | — | D30～D33 | M1192～M1223 | D30～D33 | M1192～M1255 | D30～D37 |
| 4 | — | D40～D43 | M1256～M1287 | D40～D43 | M1256～M1319 | D40～D47 |
| 5 | — | D50～D53 | M1320～M1351 | D50～D53 | M1320～M1383 | D50～D57 |
| 6 | — | D60～D63 | M1384～M1415 | D60～D63 | M1384～M1447 | D60～D67 |
| 7 | — | D70～D73 | M1448～M1479 | D70～D73 | M1448～M1511 | D70～D77 |

### 4. 通信重试次数的设置

将数值 0～10 写入主站的数据寄存器 D8179 中，数值对应通信重试次数，默认值为 3。该设置不需要从站的参与。当主站向从站发出通信信号，如果在规定的重试次数内没有完成连接，则网络发出通信错误信号。

5. 设置公共暂停时间

将数值 5～255 写入主站的数据寄存器 D8180 中，数值对应公共暂停时间，默认值为 5（单位：10ms），例如数值 10 对应的公共暂停时间为 100ms。该等待时间的产生是由于主站和从站通信时引起的延迟等待。

**【例 12-3】** 3 台 FX$_{2N}$ 系列 PLC 采用 FX$_{2N}$-485-BD 内置通信板连接，构成 N∶N 网络。要求将 FX$_{2N}$-80MT 设置为主站，两台 FX$_{2N}$-48MT 为从站，数据更新采用模式 1，重试次数为 3，公共暂停时间为 50ms。试设计满足下列要求的主站和从站程序。

（1）主站 No.0 的控制要求

① 将主站的输入信号 X000～X003 作为网络共享资源。

② 将从站 No.1 的输入信号 X000～X003 通过主站的输出端 Y014～Y017 输出。

③ 将从站 No.2 的输入信号 X000～X003 通过主站的输出端 Y020～Y023 输出。

④ 将数据寄存器 D1 的值，作为网络共享资源；当从站 No.1 的计数器 C1 接点闭合时，主站的输出端 Y005＝ON。

⑤ 将数据寄存器 D2 的值，作为网络共享资源；当从站 No.2 的计数器 C2 接点闭合时，主站的输出端 Y006＝ON。

⑥ 将数值 10 送入数据寄存器 D3 和 D0 中，作为网络共享资源。

⑦ 适当配置通信系统出现错误的提示。

（2）从站 No.1 的控制要求 首先要进行站号的设置，然后完成以下控制任务。

① 将主站 No.0 的输入信号 X000～X003 通过从站 No.1 的输出端 Y010～Y013 输出。

② 将从站 No.1 的输入信号 X000～X003 作为网络共享资源。

③ 将从站 No.2 的输入信号 X000～X003 通过从站 No.1 的输出端 Y020～Y023 输出。

④ 将主站 No.0 数据寄存器 D1 的值，作为从站 No.1 计数器 C1 的设定值；当从站 No.1 的计数器 C1 接点闭合时，使从站 No.1 的 Y005 输出，并将 C1 接点的状态作为网络共享资源。

⑤ 当从站 No.2 的计数器 C2 接点闭合时，从站 No.1 的输出端 Y006＝ON。

⑥ 将数值 10 送入数据寄存器 D10 中，作为网络共享资源。

⑦ 将主站 No.0 数据寄存器 D0 的值和从站 No.2 数据寄存器 D20 的值相加，结果存入从站 No.1 的数据寄存器 D11 中。

（3）从站 No.2 的控制要求 首先要进行站号的设置，然后完成以下控制任务。

① 将主站 No.0 的输入信号 X000～X003 通过从站 No.2 的输出端 Y010～Y013 输出。

② 将从站 No.1 的输入信号 X000～X003 通过从站 No.2 的输出端 Y014～Y017 输出。

③ 将从站 No.2 的输入信号 X000～X003 作为网络共享资源。

④ 当从站 No.1 的计数器 C1 接点闭合时，从站 No.2 的输出端 Y005＝ON。

⑤ 将主站 No.0 数据寄存器 D2 的值，作为从站 No.2 计数器 C2 的设定值；当从站 No.2 的计数器 C2 接点闭合时，使从站 No.2 的 Y006 输出，并将 C1 接点的状态作为网络共享资源。

⑥ 将数值 10 送入数据寄存器 D20 中，作为网络共享资源。

⑦ 将主站 No.0 数据寄存器 D3 的值和从站 No.1 数据寄存器 D10 的值相加结果存入从站 No.2 的数据寄存器 D21 中。

配置 N∶N 网络时首先要根据通信信息量的要求选择数据更新模式，配置站号及网络的一

**表 12-11 例 3 通信参数设置**

| 寄存器号 | 主站 No.0 | 从站 No.1 | 从站 No.2 | 说　明 |
|---|---|---|---|---|
| D8176 | K0 | K1 | K2 | PLC 站号的设置 |
| D8177 | K2 | | | 从站的数量设置 |
| D8178 | K1 | | | 数据的更新范围设置 |
| D8179 | K3 | | | 网络中通信的重试次数 |
| D8180 | K5 | | | 网络中的通信公共等待时间 |

图 12-16 例 12-3 的网络参数设置梯形图

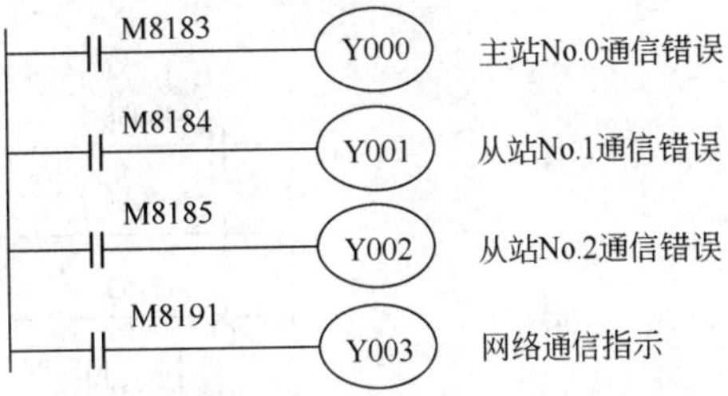

图 12-17 例 12-3 网络通信错误的报警程序

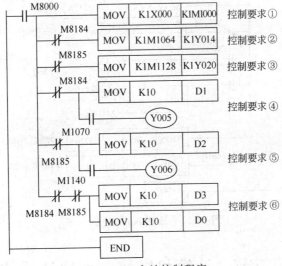

图 12-18 主站控制程序

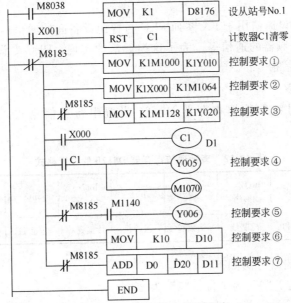

图 12-19 从站 No.1 控制程序

些公共参数。本例中网络通信参数的设置见表 12-11。设置程序见图 12-16，程序写入 FX$_{2N}$-80MT 主站中。通信系统的错误报警程序如图 12-17 所示。也写入 FX$_{2N}$-80MT 主站中。

主站和从站满足以上控制要求的程序主要参照数据共享安排。主站 No.0 的控制程序如图 12-18 所示。从站 No.1 的控制程序如图 12-19 所示。从站 No.2 的控制程序如图 12-20 所示。

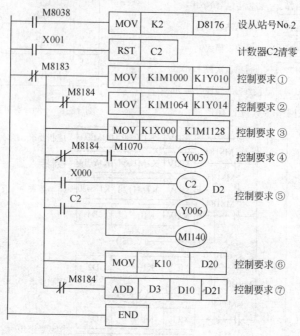

图 12-20 从站 No.2 控制程序

# 第三节 计算机链接与无协议通信

计算机链接与无协议通信用于 FX 系列 PLC 与智能设备间的通信，如计算机与 PLC 的通信，PLC 与打印机或变频器的通信等。为了这类通信的实现，PLC 专设了串行通信协议，计算机链接协议及 RS 通信指令。

## 一、串行通信协议

PLC 可通过程序对特殊数据寄存器 D8120 设置串行通信格式。格式内容如表 12-12 所示。

表 12-12 串行通信寄存器 D8120 的设置格式

| bit15 | bit14 | bit13 | bit12~bit10 | bit9 | bit8 | bit7~bit4 | bit3 | bit1,bit2 | bit0 |
|---|---|---|---|---|---|---|---|---|---|
| 传输控制 | 协议 | 校验和 | 控制线 | 结束符 | 起始符 | 传输速率 | 停止位 | 奇偶校验 | 数据长度 |

D8120 各位的具体设置方法如下。

bit0：数据长度设定，"0"为 7 位，"1"为 8 位。

bit2/bit1：奇偶校验设定，"00"为无校验，"01"为奇校验，"11"为偶校验。

bit3：停止位设定，"0"为1位，"1"为2位。

bit7 ~ bit4：传输速率，设定值 0011 ～ 1001 对应 300/600/1200/2400/4800/9600/19200bps。

bit8：起始符设定，"0"为无起始符，"1"为起始符由 D8124 设定，默认值为 02H（STX），计算机链接时设置为 0。

bit9：终止符设定，"0"为无终止符，"1"为终止符由 D8125 设定，默认值为 03H（ETX），计算机链接时设置为 0。

bit 11/bit10：通信模式选择，也称为控制线，设定如下。

00：模式 1，不使用控制信号的 RS-232 接口通信。

01：模式 2，使用控制信号的 RS-232 接口通信（单独发送与接收）。

10：模式 3，RS-232 互锁模式通信。

11：模式 4，RS-232、RS-485 Moden 通信；在不使用 RS 通信指令时，本 2 位设定为"00"为 RS-485 通信，"01"为 RS-232C 通信。

bit12：不使用。

bit13："0"为无和校验码，"1"为附加和校验码，RS 通信时须设定为"0"。

bit14："0"为无协议通信，"1"为专用协议通信协议，RS 通信时须设定为"0"。

bit15："0"为通信方式 1（无回车换行符），"1"为通信方式 4（有回车换行符），RS 通信时须设定为"0"。

如某通信格式的要求如下：数据长度为 8 位，偶校验，1 个停止位，传输速率为 19200bps，无起始位和结束位，无校验和，计算机链接协议，RS-232C 接口，控制协议格式 1。

对照表 12-13 及以上设置规定，可以确定 D8120 的二进制值为 0100 1000 1001 0111，对应的十六进制数为 4897H。

D8120 设置好后需关闭 PLC 电源，然后接通电源时设置才能生效。

除 D8120 外，通信中还会用到一些其他的特殊辅助继电器及特殊数据寄存器，这些器件的功能如表 12-13 所示。

**表 12-13 通信用特殊辅助继电器及特殊数据寄存器**

| 特殊辅助继电器 | 功能描述 | 特殊数据寄存器 | 功能描述 |
|---|---|---|---|
| M8121 | 数据发送延时(RS 命令) | D8120 | 通信格式(RS 命令、计算机链接) |
| M8122 | 数据发送请求标志(RS 命令) | D8121 | 站号设置(计算机链接) |
| M8123 | 接收结束标志(RS 命令) | D8122 | 未发送数据数(RS 命令) |
| M8124 | 载波检测标志(RS 命令) | D8123 | 接收的数据数(RS 命令) |
| M8126 | 全局标志(计算机链接) | D8124 | 起始字符(初始值为 STX,RS 命令) |
| M8127 | 请求式握手标志(计算机链接) | D8125 | 结束字符(初始值为 ETX,RS 命令) |
| M8128 | 请求式出错标志(计算机链接) | D8127 | 请求式起始元件号寄存器(计算机链接) |
| M8129 | 请求式字/字节转换(计算机链接)<br>超时判断标志(RS 命令) | D8128 | 请求式数据长度寄存器(计算机链接) |
| M8161 | 8/16 位转换标志(RS 命令) | D8129 | 数据网络的超时定时器设定值(RS 命令和计算机链接，单位为 10ms，为 0 时表示 100ms) |

### 二、RS 通信指令与无协议通信

#### 1. RS 通信指令

FX 系列 PLC 串行异步通信指令 RS（FNC80）用于 PLC 与其他智能设备间的无协议通信。指令编程格式如图 12-21 所示。指令允许使用的操作数格式与作用如下。

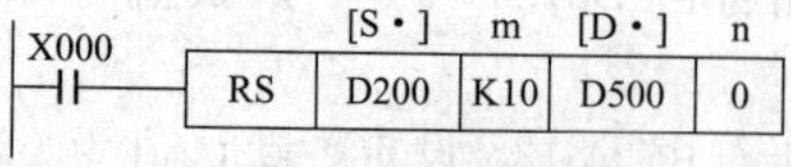

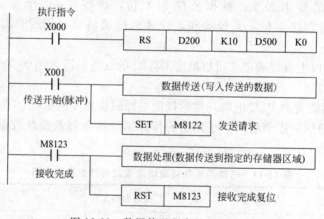

图 12-21 RS 指令的编程格式

$[S\cdot]$：数据寄存器 D，指定发送数据在 PLC 中的起始地址。

m：常数 K/H，发送数据的长度，允许范围 0～4096，接收数据时应设为"0"。

$[D\cdot]$：数据寄存器 D，指定接收数据在 PLC 中的起始地址。

n：常数 K/H，接收数据的长度，允许范围 0～4096，发送数据时应设为"0"。

32 位操作指令：不允许。

边沿执行指令：不允许。

#### 2. 无协议通信

由图 12-21 的编程格式及操作数说明可知，RS 指令仅仅是规定了接收及发送数据在 PLC 中的存储位置，通信过程还需另外设置。这也正是无协议通信的特点。无协议通信也叫做"自由口"通信，即是根据公开的通信条件自由设定通信过程的通信。具体到 RS 通信指令，通信设置需通过 D8120 进行，通信过程可以借助表 12-13 中的特殊辅助继电器。图 12-22 为数据传送程序的基本格式。

图 12-22 数据传送程序的基本格式

至于传送数据的识别及应用，也可以算作通信协议的内容，需要是公开的或协议好了的。以下是 PLC 使用 RS 指令向打印机及变频器传送数据的例子。对于打印机，从传输线送入的数据就是要打印的数据，只要格式正确，就可以打印出来。对于变频器就要复杂一点。传送数据的格式要符合变频器的"要求"，这个"要求"即是变频器公开的"指令代码"。如果是 PLC 与计算机间的通信，则需在计算机中建立接收识别及处理相关数据的环境。

【例 12-4】 FX 系列 PLC 与 RS-232C 串行打印机连接，试编制 PLC 按照以下通信格式发送 ASCII 字符"testing line"在打印机上打印的程序。

通信格式：数据长度 8 位，偶校验，1 位停止位，波特率 2400bps。

安排打印机准备好输入为 X001，X000 为 1 时启动打印。

根据以上要求，确定以下参数。

① 通信格式 D8120＝0000 0000 0110 0111（67H）。

② 选择字符发送数据存储器地址为 D200～D210。

③ 根据 ASCII 代码表，可查得字符"testing line"的 ASCII 代码依次为 74 65 73 74 69 6E 67 6C 69 6E 65。因打印机需要回车及换行处理，发送数据时需增加回车符与换行符 0D 及 0A。

设计的 PLC 通信程序如图 12-23 所示。

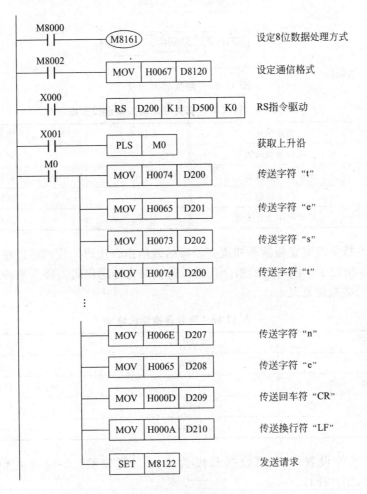

图 12-23　打印机输出程序

【例 12-5】　FX 系列 PLC 配 485-BD 板及触摸屏蔽，与 FR-A540 变频器通信，控制变频器的启动、停车及频率调整。设备配备及接线示意图如图 12-24 所示。触摸屏画面设计如图 12-25 所示。触摸屏画图关联及输入输出口安排如表 12-14 所示。需设计 PLC 通信程序。

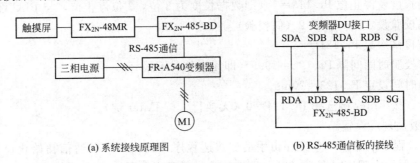

(a) 系统接线原理图　　　　　(b) RS-485通信板的接线

图 12-24　系统接线图

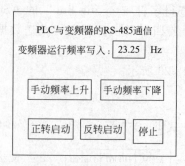

图 12-25 触摸屏画面设计

**表 12-14 触摸屏画面关联及输入输出口安排**

| 存储单元 | 控制用途 | 存储单元 | 控制用途 |
|---|---|---|---|
| M0 | 正转启动按钮 | M4 | 手动频率下降按钮 |
| M1 | 反转启动按钮 | Y0 | 正转指示 |
| M2 | 停止按钮 | Y1 | 反转指示 |
| M3 | 手动频率上升按钮 | Y2 | 停止指示 |

PLC 通过 RS 指令控制变频器需知道变频器的通信指令代码，代码可以在变频器的说明书中查到。表 12-15 给出了本例需用的指令代码。通信时先传送代码，接下来传送代码内容，变频器即可识别通信数据的意义。

**表 12-15 变频器指令代码**

| 操作 | 指令代码 | 数据内容 |
|---|---|---|
| 正转 | HFA | H02 |
| 反转 | HFA | H04 |
| 停止 | HFA | H00 |
| 运行频率写入 | HED | H000～H2EE0 |

(1) 通信格式的设置 本例数据长度为 8 位，偶校验，2 位停止位，通信速率为 19200bps，则 D8210=9FH。

(2) 变频器设置参数

- 操作模式选择（PU 运行）Pr. 79=1。
- 站号设定 Pr. 117=0。
- 通信速率 Pr. 118=192（即 19200bps，与 PLC 设定一致）。
- 数据长度及停止位 Pr. 119=1（即数据长度为 8 位，2 位停止位，与 PLC 设定一致）。
- 奇偶校验设定 Pr. 120=2（偶校验）。
- 通信再试次数 Pr. 121=1。
- 通信校验时间间隔 Pr. 122=9999（即无通信时不报警）。
- 等待时间设定 Pr. 123=20ms。
- 换行、按 Enter 键选择 Pr. 124=0（无换行、按 Enter 键）。

其他参数按现厂设置。

(3) PLC 程序设计 PLC 程序由手动加减速程序（图 12-26）、通信初始化设置程序（图 12-27）、变频器运行程序（图 12-28）、发送频率代码程序（图 12-29）及子程序（图 12-30）组

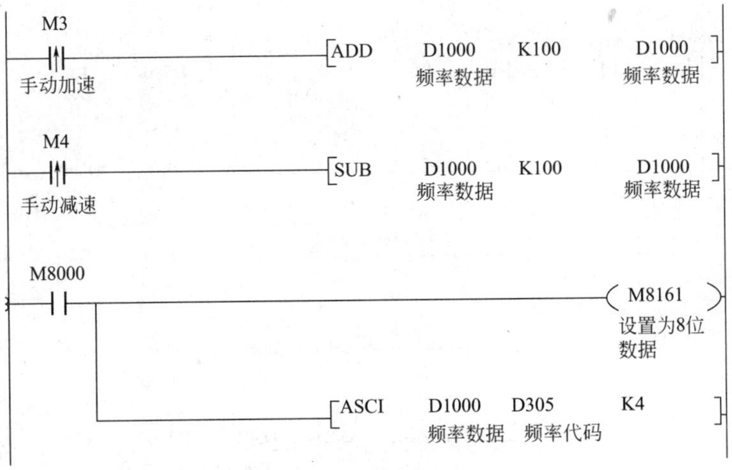

```
   M3
───┤↑├──────────────────────────┤ADD    D1000      K100        D1000  ├
  手动加速                                频率数据                频率数据

   M4
───┤↑├──────────────────────────┤SUB    D1000      K100        D1000  ├
  手动减速                                频率数据                频率数据

  M8000
───┤├─────────────────────────────────────────────────────────( M8161 )
  │                                                              设置为8位
  │                                                              数据
  │
  └────────────────────────────┤ASCI   D1000    D305       K4    ├
                                        频率数据   频率代码
```

图 12-26  手动加减速程序

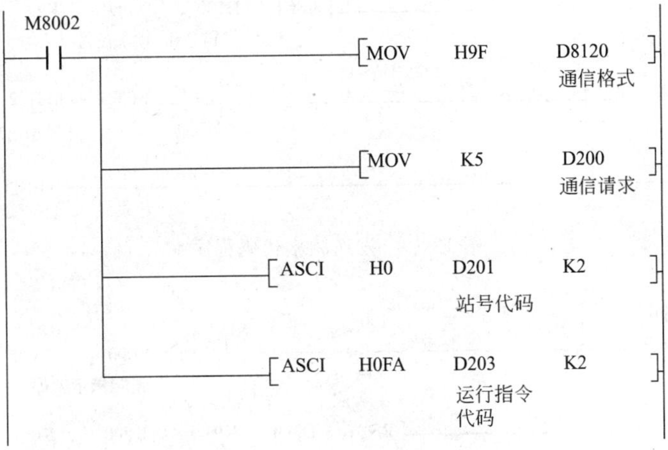

```
  M8002
───┤├───┬──────────────────────┤MOV    H9F       D8120   ├
   │    │                               通信格式
   │    │
   │    ├──────────────────────┤MOV    K5        D200    ├
   │    │                               通信请求
   │    │
   │    ├──────────────────┤ASCI   H0      D201      K2  ├
   │    │                          站号代码
   │    │
   │    └──────────────────┤ASCI   H0FA    D203      K2  ├
   │                               运行指令
   │                               代码
```

图 12-27  通信初始化设置程序

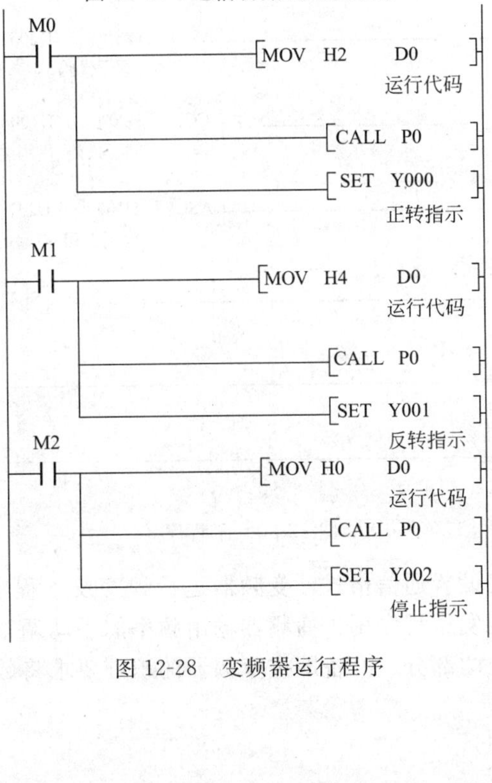

```
   M0
───┤├───┬──────────────────┤MOV  H2     D0  ├
   │    │                         运行代码
   │    │
   │    ├──────────────────┤CALL  P0  ├
   │    │
   │    └──────────────────┤SET  Y000 ├
   │                              正转指示
   M1
───┤├───┬──────────────────┤MOV  H4     D0  ├
   │    │                         运行代码
   │    │
   │    ├──────────────────┤CALL  P0  ├
   │    │
   │    └──────────────────┤SET  Y001 ├
   │                              反转指示
   M2
───┤├───┬──────────────────┤MOV  H0     D0  ├
   │    │                         运行代码
   │    │
   │    ├──────────────────┤CALL  P0  ├
   │    │
   │    └──────────────────┤SET  Y002 ├
                                  停止指示
```

图 12-28  变频器运行程序

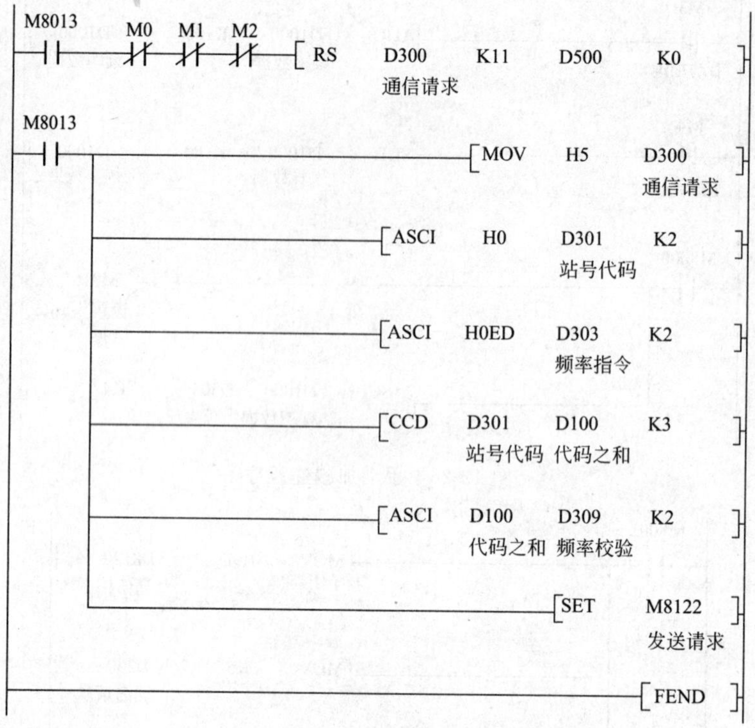

图 12-29  发送频率代码程序

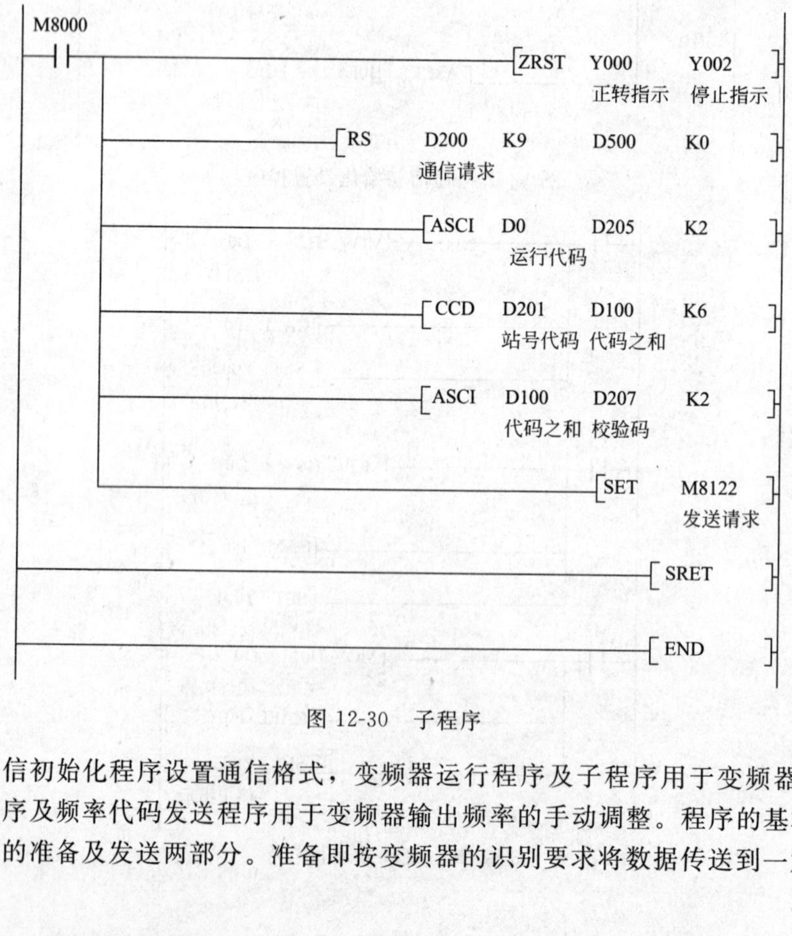

图 12-30  子程序

成。其中，通信初始化程序设置通信格式，变频器运行程序及子程序用于变频器的启停操作，手动加减速程序及频率代码发送程序用于变频器输出频率的手动调整。程序的基本功能可以理解为发送数据的准备及发送两部分。准备即按变频器的识别要求将数据传送到一定的存储单元排列。程序中用到的 ASCI (FNC82) 指令为 ASCII 码转换指令。

### 三、FX 系列 PLC 的计算机链接通信

计算机链接为计算机与 PLC 间的串口通信。所使用的设备及接线可以如图 12-31 所示。采用 RS-485 接口时，计算机配接 FX-485PC-IF，FX 系列 PLC 配接 $FX_{2N}$-485-BD 内置通信板进行连接（最大距离 50m）或配用 $FX_{2N}$-CNV-BD 和 $FX_{0N}$-485ADP 特殊功能模块进行连接（最大距离 500m）。一台计算机最多可连接 16 台 PLC（也可以采用一台 FX 系列 PLC 配 232-BD 与计算机通信）。

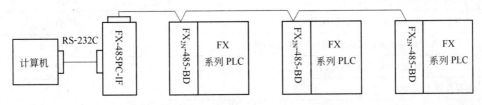

图 12-31　计算机与 3 台 PLC 链接

计算机链接通信建立在 PLC 公开的专用协议基础上，数据传输格式如图 12-32 所示。图中各项的说明如下。

| 控制代码 | PLC站号 | PLC标识号 | 命令 | 报文等待时间 | 数据字符 | 校验和代码 | 控制代码CR/LF |
|---|---|---|---|---|---|---|---|
| ① | ② | ③ | ④ | ⑤ | ⑥ | ⑦ | ⑧ |

图 12-32　计算机链接通信的数据传输格式

① 控制代码　控制代码如表 12-16 所示，可以根据需要选用。

表 12-16　控制代码

| 信　号 | 代　码 | 功能描述 | 信　号 | 代　码 | 功能描述 |
|---|---|---|---|---|---|
| STX | 02H | 文本开始 | LF | OAH | 换行 |
| ETX | 03H | 文本结束 | CL | OCH | 清除 |
| EOT | 04H | 发送结束 | CR | ODH | 回车 |
| ENQ | 05H | 请求 | NAK | 15H | 不能确认 |
| ACK | 06H | 确认 | | | |

② PLC 站号　计算机访问的那台 PLC 的站号。PLC 站号通过特殊数据存储器 D8121 设定。

③ PLC 标识号　FX 系列 PLC 的标识号用十六进制数 FF 对应的两个 ASCII 字符 46H、46H 来表示。

④ 命令　计算机链接中命令如表 12-17 所示。PLC 可以识别这些命令并执行相应的操作。

⑤ 报文等待时间　PLC 接收到计算机发送过来的命令后，向计算机回复报文发送的最小等待时间。

⑥ 数据字符　数字字符是命令相关的数据，如读命令的读对象存储器地址等。

⑦ 校验和代码　用来校验接收到的信息是否正确的代码。

⑧ 控制代码 CR/LF　D8120 的 bit15 位为 1 时，选择控制协议 4，PLC 在报文末尾增加控制代码 CR/LF（回车、换行符）。

计算机链接通信一般都由计算机发起，主要为计算机从 PLC 读数据及计算机向 PLC 发送

表 12-17 计算机链接中的命令

| 命令 | 描 述 | 数据量 |
|---|---|---|
| BR | 以点为单位读位元件(X、Y、M、S、T、C)组 | 256 点 |
| WR | 以 16 点为单位读位元件组或读字元件组 | 32 字,512 点 |
| BW | 以点为单位写位元件(Y、M、S、T、C)组 | 160 点 |
| WW | 以 16 点为单位写位元件组 | 10 字/160 点 |
| | 写字元件组(D、T、C) | 64 点 |
| BT | 对多个位元件分别置位/复位(强制 ON/OFF) | 20 点 |
| WT | 以 16 点为单位对位元件置位/复位(强制 ON/OFF) | 10 字/160 点 |
| | 以字元件为单位,向 D、T、C 写入数据 | 10 字 |
| RR | 远程控制 PLC 启动 | |
| RS | 远程控制 PLC 停机 | — |
| PC | 读 PLC 的型号代码 | |
| GW | 置位/复位所有连接的 PLC 的全局标志 | 1 点 |
| — | PLC 发送请求式报文,无命令,只有用于 1 对 1 系统 | 最多 64 字 |
| TT | 返回式测试功能,字符从计算机发出,又直接返回到计算机 | 254 个字符 |

数据两种方式。图 12-33 及图 12-34 为这两种方式的传输过程。过程可以分为几个阶段,以图 12-33 为例,图中 A 阶段为计算机发送读数据请求,B 阶段为 PLC 将计算机所要求数据发送给计算机,C 阶段为计算机回复的通信结果。

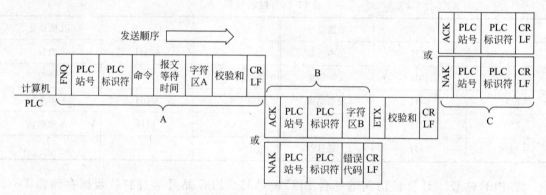

图 12-33 计算机从 PLC 读取数据的数据传输格式

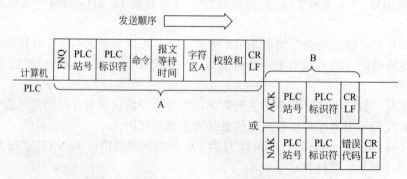

图 12-34 计算机向 PLC 写数据的数据传输格式

为实现以上通信过程，计算机需编写通信程序。通信程序可使用通用计算机语言的一些控件编写（如 BASIC 语言的控件等），或者在计算机中运行工业控制组态程序，如组态王、FIX 等。

为了实现以上通信，PLC 不需编写通信过程程序，只需在 D8120 中进行通信相关设定，并依控制要求处理通信数据即可。

# 第四节　变频器通信指令及应用

三菱 FR-500/FR-700 系列变频器可以直接利用 RS-485 接口，通过 FX$_{3U}$ 系列变频器控制指令 FNC270～FNC274 进行异步、半双工、串行通信控制，变频器控制指令的作用与含义如下。

1. 变频器状态读出指令

可以用 IVCK（FNC270）指令将变频器的工作状态参数读到 PLC 中。指令的编程格式如图 12-35 所示。指令允许使用的操作数格式如下。

[S1·]：常数 K/H、数据寄存器 D，指定变频器从站地址，允许 0～31。

[S2·]：常数 K/H、数据寄存器 D，变频器通信指令代码，允许 6D～7F（见后述）。

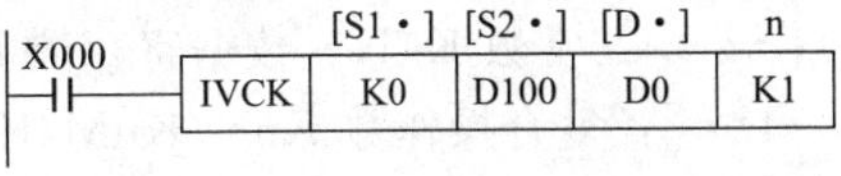

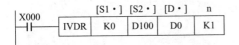

图 12-35　IVCK 指令的编程格式

[D·]：复合操作数 KnY/KnM/KnS、定时器 T、计数器 C、数据寄存器 D、变址寄存器 V/Z，存储变频器状态的数据寄存器地址（PLC 地址）。

n：通信接口选择，1 或 2。

32 位操作指令：不允许。

边沿执行指令：不允许。

2. 变频器运行控制指令

变频器的运行命令可以用 IVDR（FNC271）指令写到变频器中。指令的编程格式如图 12-36 所示。指令允许使用的操作数格式如下。

图 12-36　IVDR 指令的编程格式 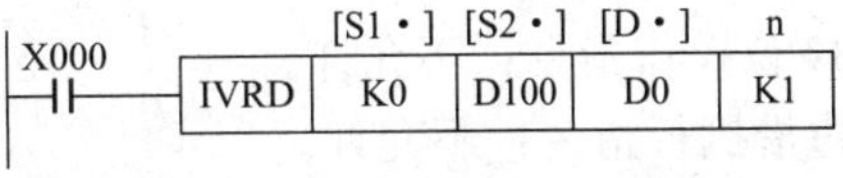　　　　图 12-37　IVRD 指令的编程格式

[S1·]：常数 K/H、数据寄存器 D，指定变频器从站地址，允许 0～31。

[S2·]：常数 K/H、数据寄存器 D，变频器通信指令代码，允许 ED～FF（见后述）。

[D·]：复合操作数 KnY/KnM/KnS、定时器 T、计数器 C、数据寄存器 D、变址寄存器 V/Z，存储变频器运行控制命令的数据寄存器地址（PLC 地址）。

n：通信接口选择，1 或 2。

32 位操作指令：不允许。

边沿执行指令：不允许。

3. 变频器参数读出指令

可以用 IVRD（FNC272）指令将变频器的参数读到 PLC 中。指令的编程格式如图 12-37 所示。指令允许使用的操作数格式如下。

[S1·]：常数 K/H、数据寄存器 D，指定变频器从站地址，允许 0～31。

[S2·]：常数 K/H、数据寄存器 D，变频器通信指令代码，允许 00～63（见后述）。

［D·］：复合操作数 KnY/KnM/KnS、定时器 T、计数器 C、数据寄存器 D、变址寄存器 V/Z，存储变频器状态的数据寄存器地址。

n：通信接口选择，1 或 2。

32 位操作指令：不允许。

边沿执行指令：不允许。

4. 变频器参数写入指令

可以用 IVWR（FNC273）指令将变频器的工作状态参数从 PLC 写入到变频器中。指令的编程格式如图 12-38 所示。指令允许使用的操作数格式如下。

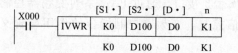

图 12-38　IVWR 指令的编程格式

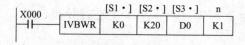

图 12-39　IVBWR 指令的编程格式

［S1·］：常数 K/H、数据寄存器 D，指定变频器从站地址，允许 0～31。

［S2·］：常数 K/H、数据寄存器 D，变频器通信指令代码，允许 80～E3（见后述）。

［D·］：复合操作数 KnY/KnM/KnS、定时器 T、计数器 C、数据寄存器 D、变址寄存器 V/Z，存储变频器参数的数据寄存器地址（PLC 地址）。

n：通信接口选择，1 或 2。

32 位操作指令：不允许。

边沿执行指令：不允许。

5. 变频器参数的成批写入指令

可以用 IVBWR（FNC274）指令一次性将多个变频器参数从 PLC 写入到变频器中。指令的编程格式如图 12-39 所示。指令允许使用的操作数格式如下。

［S1·］：常数 K/H、数据寄存器 D，指定变频器从站地址，允许 0～31。

［S2·］：常数 K/H、数据寄存器 D，需要成批写入的参数数量。

［S3·］：数据寄存器 D，存储变频器参数的数据表起始地址。

n：通信接口选择，1 或 2。

32 位操作指令：不允许。

边沿执行指令：不允许。

参数成批写入时，需要在［S3·］开始的数据表中按以下格式事先设定数据表。

- ［S3·］：需要写入的第 1 个变频器参数的参数号（0～63）。
- ［S3·］＋1：需要写入的第 1 个变频器参数的参数值。
- ［S3·］＋2：需要写入的第 2 个变频器参数的参数号（0～63）。
- ［S3·］＋3：需要写入的第 2 个变频器参数的参数值。

……

- ［S3·］＋2［S2·］：需要写入的第［S2·］个变频器参数的参数号（0～63）。
- ［S3·］＋2［S2·］＋1：需要写入的第［S2·］个变频器参数的参数值。

6. 变频器通信指令应用实例

【例 12-6】　FX$_{3U}$ 系列 PLC 配 485-BD 板及触摸屏蔽，与 FR-A740 变频器通信，控制变频器的启动、停车及频率调整。设备配备及接线示意图、触摸屏屏面设计图、触摸屏画面关联及输入输出口安排及变频器指令代码与例 12-5 相同，请设计使用变频器通信指令的 PLC 通信程序。

所设计通信程序如图 12-40 所示。

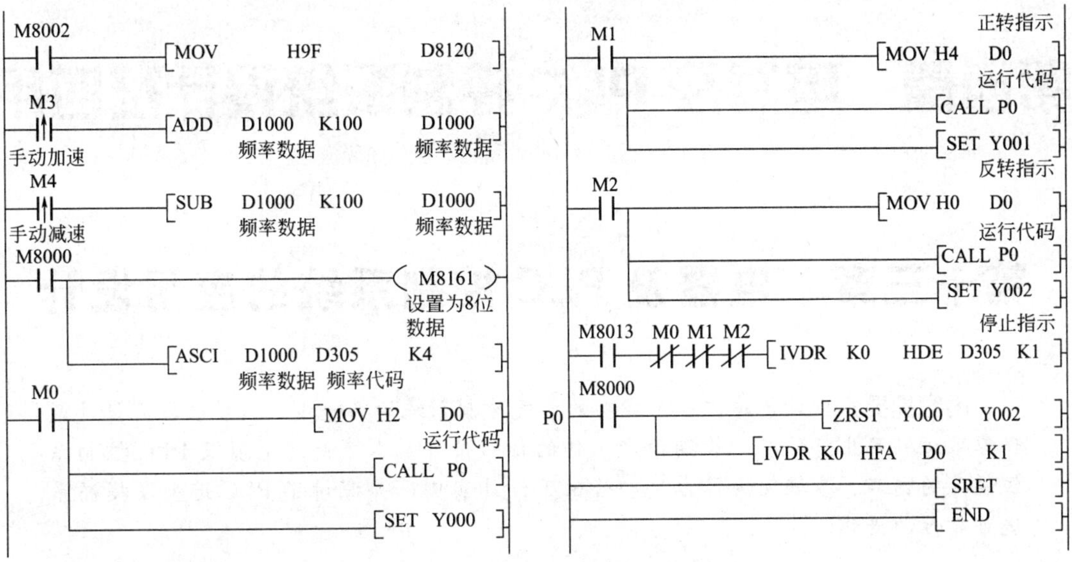

图 12-40 使用变频器通信指令的变频器通信程序

## 习题及思考题

12-1 并行通信和串行通信各有哪些优缺点？

12-2 异步串行数据通信有哪些常用的通信参数？

12-3 两台 $FX_{2N}$ 系列可编程控制器采用并行通信，要求将从站的输入信号 X000～X027 传送到主站，当从站的这些信号全部为 ON 时，主站将数据寄存器 D10～D20D 的值传送给从站并保存在从站的数据寄存器 D10～D20D 中。通信方式采用标准模式。

12-4 组成 N∶N 网络的基本条件有哪些？在 $FX_{2N}$ 系列可编程控制器构成的 N∶N 网络中允许有多少个从站和主站？

12-5 $FX_{2N}$ 系列 PLC 构成的 N∶N 网络中有哪几种数据共享模式，模式间有哪些不同，如何进行模式的选择？

12-6 在由 5 台 $FX_{2N}$ 系列可编程控制器构成的 N∶N 网络中，试编写所有各站的输出信号 Y0～Y7 和数据寄存器 D10～D17 共享，各站都将这些信号保存在各自的辅助继电器 M 和数据寄存器 D 中的程序。

12-7 为什么 RS 通信称为无协议通信，为了达成通信协议，RS 通信要知道通信双方的哪些信息？

# 第四篇　电器及 PLC 控制系统设计及应用

## 第十三章　电器及 PLC 控制系统的应用设计

**内容提要**：设计是建造一个成功的电气控制系统的第一步，科学合理的设计是保障系统满足生产要求、长期稳定工作的核心条件。本章简述电器及 PLC 控制系统设计的内容、步骤及设计方法，给出了设计实例，并探讨了 PLC 选型及提高系统可靠性的措施。

### 第一节　工业电气控制系统规划设计的基本原则

由于构成系统的核心设备及关键技术上的差别，工业电气控制系统规划设计的中心内容可以有很大的不同。例如传统的继电器接触器控制系统设计中，原理电路的设计固然重要，但工艺设计却可能花费大量的精力。即便是同属于计算机控制的 PLC 系统与单片机系统在设计的重心上也有不小的差别。单片机系统设计中须进行单片机本身的结构配置，而 PLC 这方面的任务就几乎没有。PLC 与继电控制系统也有根本的区别，硬件和软件可分开进行设计是 PLC 设计的特点。

但是，就工业电气控制系统规划设计的基本原则来说，各类系统则都是一致的。这些原则如下所述。

① 最大限度地满足被控对象的控制要求。不能满足被控对象控制要求的系统是毫无用处的。能最大限度地满足被控对象要求的设计，才是最好的设计。因而在设计前，应深入现场进行调查，搜集资料，并与控制对象相关的其他人员如机械部分的设计人员及实际操作者密切配合，汇总控制要求，共同拟定电气控制方案，协同解决设计及设备实际运行中可能出现的各种问题。本条即设计成果必须"适用"。

② 在满足控制要求的前提下，力求使控制系统操作简单、使用及维修方便。本条即设计出来的系统必须"好用"。

③ 控制系统安全可靠，具有合理的使用寿命。本条即设计出来的系统必须"耐用"。

④ 在满足以上各点的基础上，尽量少花钱，多办事。本条即设计出来的系统必须"经济"。

考虑到生产的发展和工艺进步，在选择控制系统设备时，设备能力应适当留有裕量。此外，设计还应符合国家及安全管理部门的各种相关规定，设计选用的各种器件、器材应满足国家的各种相关标准。

### 第二节　继电器接触器控制系统设计的步骤与内容

#### 一、继电器接触器控制系统的设计

继电器接触器控制系统设计的内容分为两大部分，即原理设计和施工设计。原理设计的目

标是控制系统电气原理图，施工设计的目的是设计出由电气原理图到生产出实际控制装置所需的所有工艺图纸及技术文件。往往先进行原理设计，再进行施工设计。

1. 原理设计

原理设计首先是设计及绘制控制系统电气原理图，含进行电气元件的选择，并列出电器元件明细表。

电气原理图的设计又分为两个部分，首先是主电路的设计，其后是控制电路的设计。主电路反映系统整体的拖动及操作方案，控制电路涉及系统的控制功能及安全保障。

主电路的设计一般涉及系统有多少台执行设备，如电动机、电磁阀、电热器和这些电动机、电磁阀电源供给及线路保护间的特殊要求，以及电网供电能力及电动机的容量决定的有无降压启动方式及电动机控制要求决定的有无调速、制动设备及这些设备间的连接等。以上这些因素决定了主电路设备的数量、主电路的结构及主电路设备的工作逻辑关系，只有主电路设计完成后才可以进入控制电路的设计。

控制电路原理图的设计可采用经验设计法和逻辑设计法等方法。

经验设计法是以继电器接触器电路的基本结构规范及常用单元电路为基础的设计方法。设计时根据主电路及生产机械对电气控制的要求，针对各个执行器件选择通用的单元电路，如各种启停电路，各种时延电路，各种调速电路等。然后完成这些单元电路在总的控制功能下的组合。在进行电路的组合后，完成各单元电路间的逻辑制约，如互锁、顺序控制等。最后还需为电路考虑必要的指示及保护环节。以上的几个步骤，即主电路的设计及单元电路的设计及组合等需反复斟酌，努力达到最佳效果。在没有现成单元电路可利用的情况下，可按照生产机械工艺要求，采取边分析边画图的方法。

经验设计法易于掌握，但也存在以下缺点。

① 对于试画出来的电气控制电路，当达不到控制要求时，往往采用增加电气元件或触点数量来解决，设计出来的电路往往不是最简单经济的。

② 设计中可能因考虑不周出现差错，影响电路的可靠性及工作性能。

③ 设计过程需反复修改，设计进度慢。

④ 设计步骤不固定。

逻辑设计法克服了经验设计法的缺点。它从机械设备的工艺资料（工作循环图，液压系统图）出发，根据控制电路中的逻辑关系并经逻辑函数式化简，再画出相应的电路图，这样设计出的控制电路较易达到工艺要求，电路简单、可靠、经济。但较复杂的控制系统现大多已不再采用继电器控制系统，故有关逻辑设计的具体方法和步骤不再详述（本书第十四章例14-3为逻辑设计方法的应用实例）。

原理设计完成后，要对控制系统中的有关参数进行必要的计算，如主电路中的工作电流、各种电气元件额定参数及其在电路中常开或常闭触点的总数等。然后再根据计算结果，选择电器及元件。常用电器额定参数选择的原则及方法见本书前三章有关内容。

2. 施工设计

原理设计完成后，进行施工设计。施工设计也称为工艺设计，设计的主要依据是电气控制原理图和电气元件明细表。电气设备施工设计的内容和步骤如下。

（1）电气设备安装分布总体方案的拟定　按照国家有关标准规定，生产设备中的电气设备应尽可能地组装在一起，装置在一台或几台箱柜中。只有那些必须安装在特定位置的器件，如按钮、手动控制开关、行程开关、电动机等才允许分散安装在设备的各处。所有电气设备应安装在方便接近的位置，以便于维护、更换、识别与检测。根据上述规定，首先应根据设备电气原理图和操作要求，决定电气设备的总体分布及布置哪些控制装置，如控制柜、操纵台或悬挂操纵箱等。然后确定各电气元件的安装方式等。在安排电气控制箱时，需经常操作和查看的箱体应放在操作方便、统观全局的地方。悬挂操纵箱应置于操作者附近。发热或噪声大的电气设备要置于远离操作者的地方。

（2）电气控制装置的结构设计　根据所选用电器的分布、尺寸，所选控制装置（控制柜、操纵台或悬挂操纵箱等）外形，设计出电气控制装置的结构。设计时一定要考虑电器及元件的安装空间。结构设计完成后，结合电器安装板图设计，最终应绘出电气控制装置的施工图纸。

（3）设计及绘制电气控制装置的电器布置图　电气控制装置的电器布置图是电器安装工作依据的技术文件，它表明各个电器及元件具体的安装部位及尺寸。因此，绘制电器布置图时，应按电器及元件的实际尺寸及位置按同一比例画出，并在图上标注出电器及元件的型号。布置控制柜内电器时，必须留出规定的间隔和爬电距离，并考虑维修空间。接线端子、线槽及电器都必须离开柜壁一定的距离。按照用户技术要求制作的电气装置，最少要留出 10％的面积作备用，以供控制装置改进或局部修改用。除了人工控制开关、信号和测量器件外，电气控制柜门上不得安装任何器件。由同一电源直接供电的电器最好安装在一起，与不同控制电压供电的电器分开。电源开关最好装在电气控制柜内右上方，且上方最好不再安装其他电器。作为电源隔离开关的胶壳开关，一般不要安装在控制柜内。体积大或较重的电器置于控制柜的下方。发热元件安装在控制柜上方，并将发热元件与感温元件隔开。弱电部分应加屏蔽和隔离，以防强电及外界干扰。应尽量将外形与结构尺寸相同的电器及元件安装在一起，既便于安装，又整齐美观。为利于电气维修工作，经常需要更换或维修的器件要安装在便于更换和维修的高度。电器布置还要尽可能对称，以便整个柜子的重心与几何中心尽量重合。和电器布置图类似的还有电器控制板图。电器控制板是安装电器的底板，电器控制板图上标绘的是各电器安装脚孔的位置及尺寸。

（4）绘制电气控制装置的接线图　电气控制装置的接线图标绘安装板上各电器间线路的连接，是提供给接线工人的技术文件。不懂电气原理图的接线工人也可根据电气控制装置的接线图完成接线工作。绘制电气控制装置接线图应遵循：图中各电气元件应按实际相互位置绘制，但外形尺寸的要求不像电气布置图那么严格；图中各电器及元件应标注与电气控制电路图一致的文字符号、支路标号、接线端号。图一律用细线绘制，应清楚地表明各电气元件的接线关系和接线去向。当电器系统较简单时，可采用直接接线法，直接画出元件之间的接线关系。当电器系统比较复杂时，采用符号标注接线法，即仅在电气元件端口处标注符号以表示相互连接关系。板后配线的接线图，应按控制板翻转后方位绘制电器，以便施工配线，但触点方向不能倒置。应标注出配线导线的型号、规格、截面和颜色。除接线板或控制柜的进、出线截面较大的外，其余都必须经接线端子连接。接线端子上各接点按接线号顺序排列，并将动力线、交流控制线、直流控制线等分类排开。

（5）绘制总电气接线图　总电气接线图标绘系统各电气单元间线路的连接。绘制总的电气接线图时可参照电气原理图及上面提到的各电气控制部件的接线图。

## 二、继电接触器控制系统设计实例

以下为继电接触器控制系统原理设计实例（施工设计从略）。

某冷库要求对压缩机电动机、冷却塔电动机、蒸发器电动机、水泵电动机及电磁阀进行控制。需要开启制冷机组时，必须先打开水泵电动机、蒸发器电动机、冷却塔电动机，延时一段时间后再启动压缩机，再延时一段时间后再开启电磁阀。停机时，以上电器同时停止。

### 1.主电路设计

这里需要控制的对象有：水泵电动机、冷却塔电动机、蒸发器电动机、压缩机电动机和电磁阀共 5 个对象。启动机组时，因水泵电动机、冷却塔电动机、蒸发器电动机可同时启动，鉴于它们的容量较小，可将其接于同一供电回路，而压缩机电动机及电磁阀因需依次延时一段时间，故需分开接线，此设计的主电路如图 13-1 所示。

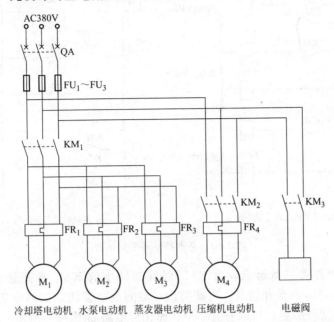

图 13-1 冷库主电路

**2. 列出主电路中电气元件动作的要求**

根据控制对象的要求和主电路的布局，列出电气元件动作的要求如下。

① 按下启动按钮 SBQ 后，$KM_1$ 首先吸合。

② 延时一段时间后，$KM_2$ 吸合。

③ 再延时一段时间后，$KM_3$ 吸合。

④ 按下停止按钮后，所有电动机立即停止。

⑤ 电路具有一定的指示及保护功能。

**3. 选择基本控制环节，并进行初步的组合**

根据上述要求，至少应选择一个自保持环节及两个延时环节，如图 13-2 所示。

基本电路组合时，应理清动作顺序关系。首先是自保持电路动作，带动延时电路（1）动作，然后是延时电路（1）带动延时电路（2）动作，也可以自保持电路动作后，同时带动延时电路（1）和延时电路（2）动作，不过延时电路（2）的延时时间长一些。

选用各环节中的接触器直接控制主回路和各电动机，并选自保持电路的停止按钮 SBT 控制整个电路，作为总停开关，则电路演变为图 13-3。

**4. 简化线路**

对图 13-3 的电路，可以将一些功能上相同、接法上相似的触点合二为一，从而使电路简化。

时间继电器 $KT_1$ 线圈回路中的 $KM_1$ 的常开触点与 $KM_1$ 线圈回路中的 $KM_1$ 的常开触点的一端均

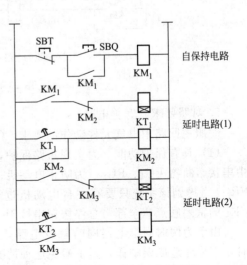

图 13-2 基本控制环节的选择

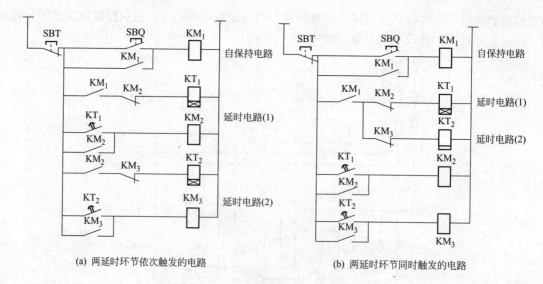

(a) 两延时环节依次触发的电路　　　　(b) 两延时环节同时触发的电路

图 13-3　基本控制环节的组合

接于一点，因此可以省去一对触点，将 $KM_1$ 线圈回路中的 $KM_1$ 常开触点省去，直接借用
$KT_1$ 线圈回路中的 $KM_1$ 的常开触点。与此类似，时间继电器线圈回路中还有与 $KM_2$ 线圈回
路中相同的 $KM_2$ 的常开触点，可以省去一个。简化后电路如图 13-4 所示。

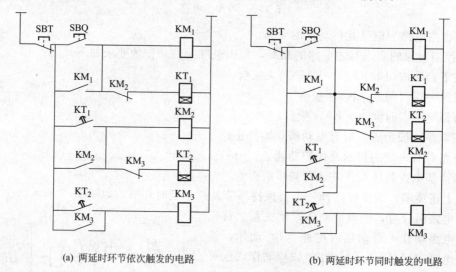

(a) 两延时环节依次触发的电路　　　　(b) 两延时环节同时触发的电路

图 13-4　控制电路的简化

### 5. 对照要求，完善电路

对照主回路中电气元件动作的要求，①～④四条均已满足要求，下面完善第⑤条功能。

（1）具有保护功能　为实现短路保护，可在主电路中串接熔断器 $FU_1$～$FU_3$，在控制线路
中串接熔断器 $FU_4$、$FU_5$，为防止电动机过载，可在每组电动机主电路中加装热继电器 $FR_1$～
$FR_4$。考虑到该系统只要有一台电动机过载，整个系统便不能正常工作，故热继电器 $FR_1$～
$FR_4$ 的常闭触点应全部与总停按钮串接于一起。

由于为两时间继电器同时触发电路，在时间继电器 $KT_1$ 损坏时，$KT_2$ 同样能被触发延
时，有可能造成误动作，为了避免这种情况，故选择了两时间继电器依次触发电路，这样在时
间继电器 $KT_1$ 损坏时，时间继电器 $KT_2$ 不能被触发，提高了系统的安全性。

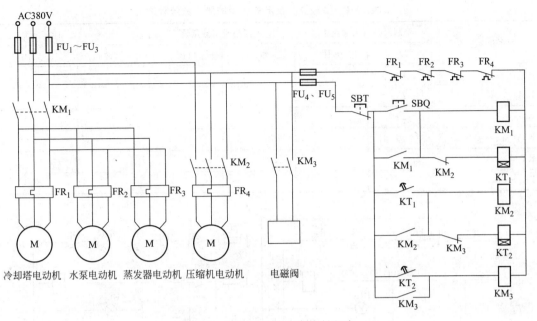

图 13-5  初步完善的冷库控制电路

此时，控制电路如图 13-5 所示。

（2）具有机组运转状态指示  机组运转状态有三种：风机、水泵、冷却塔电动机启动，压缩机启动和电磁阀打开进入制冷状态。外加电源指示灯，共设四个指示灯。指示灯可与相应接触器常开触点串接后，并联于电源之间即可，这样在接触器动作后，相对应的指示灯亮。

（3）冷库控制电路应具有自动停机功能  在冷库温度低于规定值后，制冷机组应停转。为了实现这一功能，可在冷库内安装温度控制器，在达到设定温度后，温度控制器触点自动动作。此时可将其常闭触点串接在控制电路总支路中，与停止按钮功能相同。完善后的控制电路如图 13-6 所示。四个灯依次标志：电源、机组启动、压缩机启动、制冷。

6．统计继电器接触器及触头数，并进行合理安排

本电路中，使用的接触器及继电器有 $KM_1 \sim KM_3$、$KT_1$、$KT_2$、热继电器 $FR_1 \sim FR_4$ 所用的触点数见表 13-1。

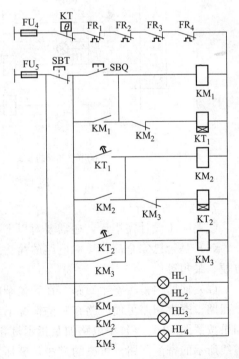

图 13-6  控制电路指示灯和
温度控制器的加装

从表中可以看出，无论接触器还是继电器，所用触点数量都不是太多，对于辅助触点中既具有常开触点又具有常闭触点的接触器和继电器来说是够用的，因此该电路不用改动。

如果触点的数量不够使用，可另加一中间继电器扩展触点，但该方法增加了元件的数量，如能简化线路，减少触点的使用数量，则尽量简化线路，使所用的元件数尽可能地少。例如本例中，将指示灯并接于相应接触器的线圈两端，可省去一对触点。

表 13-1 接触器、继电器所用的触点数统计表

| 名 称 | 控制回路所用触点数 | | 主回路所用触点数 | | 合 计 | |
|---|---|---|---|---|---|---|
| | 常开 | 常闭 | 常开 | 常闭 | 常开 | 常闭 |
| $KM_1$ | 2 | | 3 | | 5 | |
| $KM_2$ | 2 | 1 | 3 | | 5 | 1 |
| $KM_3$ | 2 | 1 | 3 | | 5 | 1 |
| $KT_1$ | 1 | | | | 1 | |
| $KT_2$ | 1 | | | | 1 | |
| $FR_1 \sim FR_4$ | 各 1 | | | | 各 1 | |

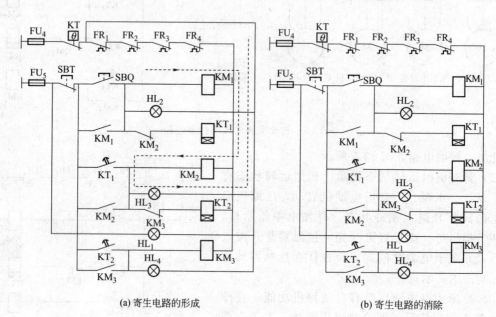

(a) 寄生电路的形成　　　　　　　　(b) 寄生电路的消除

图 13-7　寄生电路的形成与消除

### 7. 线路的分析与完善

线路初步设计完毕后，还需要对以下各项进行完善。

（1）是否已完全简化　对电路的简化应再进行一次，检查触点是否使用过多，连线是否最方便、最短等。

（2）回路内是否寄生回路　在较复杂的线路下，有时会产生不期望的电流回路，这就是寄生回路。寄生回路可使电路在某些情况下误动作，或产生电器的振动，造成能源无谓的消耗。如果按照图 13-7（a）中电路加装指示灯，当 SBQ 按下而热继电器 FR 动作时，就会产生图中虚线所示的寄生回路。解决的方法是破坏该通路产生的条件，或改变线路接线方式使该通路被切断，如图 13-7（b）所示。

（3）防止误操作　每个电路都应分析按钮在各种情况下按下时的动作情况。例如在电动机正反转电路中，当正转时按下反转按钮，电路如何反应？正反转按钮同时按下时，是正转还是反转？应仔细分析，以防止操作失误对设备造成损坏。

### 8. 实践验证

设计后的电路，应进行一次可行性验证。试验时可采取一定的保护措施，以验证各种特殊情况下的反应，确无问题后方可认为设计方案可投入运行。

## 第三节 PLC 控制系统设计的步骤与内容

与继电器接触器控制系统设计的步骤与内容相同，PLC 控制系统设计也可分为原理设计及施工设计。以下主要介绍原理设计及 PLC 系统设计中的一些特殊问题。施工设计内容与继电器接触器有关内容相似，不再赘述。

### 一、PLC 控制系统设计的一般步骤

图 13-8 是 PLC 控制系统设计流程图，具体设计步骤如下。

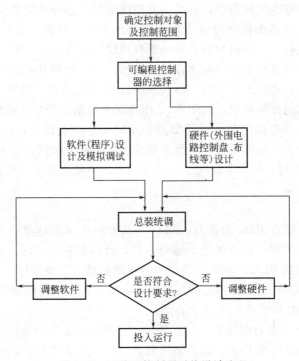

图 13-8 可编程控制器系统设计流程

① 根据生产的工艺过程分析控制要求。如需要完成的动作（含动作顺序、动作条件、必须的保护和连锁等），操作方式（手动、自动、连续、单周期、单步）等。

② 根据控制要求确定所需要的用户输入输出设备，据此确定 PLC 的 I/O 点数。

③ 根据控制规模及系统性能选择 PLC。

④ 分配 PLC 的 I/O 点，设计 I/O 连接图。这一步也可以结合第②步进行。

⑤ 进行 PLC 程序设计，同时可进行施工设计，如控制台（柜）的设计和现场施工。在继电接触器控制系统设计时，必须在原理线路设计完后，才能进行控制台（柜）的设计和现场施工。可见，采用 PLC 控制可以使整个工程的周期缩短。

⑥ 调试，修改程序，必要时调节硬件有关安排。

PLC 程序设计是 PLC 控制系统原理设计的核心内容，其步骤如下。

① 列写系统占用的输入输出点及机内各软元件的分布及用途。

② 根据控制要求列写控制操作的各种要求。对于较复杂的控制系统，需绘制控制流程图，以清楚地表明动作的顺序和条件。对于简单的控制系统，也可省去这一步。

③ 设计梯形图。这是程序设计的关键一步，也是比较困难的一步。要设计好梯形图，除了十分熟悉控制要求外，还要有一定的电气设计经验。对于特别熟悉指令的人，也可以直接列

写指令表。

④ 将编制的程序下载到 PLC 中。

⑤ 对程序进行调试和修改，具备条件时可联机现场调试，直到全面满足控制要求。

⑥ 结合硬件及工艺设计，编制技术文件。

## 二、PLC 控制系统设计中的几个重要环节

以下就上述步骤中的一些重要环节做出说明。

### 1. 控制方案的决策及分工

工业控制系统往往是一个综合的控制系统，系统中某些功能可能由机械装置实现，也可能由电气控制装置实现。在电气控制中，有的功能用继电器接触器系统实现，有的功能用电子电路实现，有的功能用计算机类控制设备实现。因而在电气控制设计之初，要详细分析被控对象、控制过程、工艺流程，并列出控制系统的所有功能和指标要求。然后要在机械控制、继电器控制系统和工业控制计算机系统中做出分工及选择。如果控制对象的工业环境较差，而安全性、可靠性要求特别高，系统工艺复杂，输入输出以开关量过多，用继电器接触器难以实现，或工艺流程要经常变动的控制对象，选用 PLC 作为主要控制设备是合适的。

控制对象确定后，PLC 的控制范围还要进一步确定。一般而言，能用传感器直接测量参数，用人工控制工作量大、操作复杂、容易出错或者操作过于频繁、人工操作不容易满足工艺要求的，往往由 PLC 控制。对于系统的一些特殊功能，如紧急停车，是由 PLC 控制还是手动控制，可视具体情况决定。

### 2. PLC 的选择

（1）机型的选择　随着 PLC 的普及，PLC 产品的种类越来越多，而且功能也日趋完善。PLC 结构形式、性能、容量、指令系统、编程方法、价格等各不相同，适用场合也各有侧重。合理选择 PLC，对于提高 PLC 控制系统的经济技术指标具有重要作用。

机型的选择的基本原则应是在功能满足要求的情况下，追求性能可靠、维护使用方便以及最佳的性能价格比。具体应考虑以下几个方面。

① 结构合理。对于工艺过程比较固定、环境条件较好（维修量较小）、控制规模不太大的场合，选用基本单元加扩展型 PLC；其他情况则选用模块式结构 PLC。

② 功能合理。对于开关量控制的工程项目，控制速度无须考虑，一般的低档机就能满足要求。对于以开关量为主、带少量模拟量控制的工程项目，可选用带 A/D、D/A 转换，加减运算，数据传送功能的低档机。对于控制比较复杂、控制功能要求高的工程项目，例如要求实现 PID 运算、闭环控制、通信联网等，可视控制规模及复杂的程度选用中档或高档机。中高档机除了指令功能强大外，具有较高的运算速度，可用于大规模过程控制系统等场合。

③ 机型统一。因为同一机型的 PLC，其模块可互为备用，便于备品备件的采购和管理；其功能及编程方法统一，有利于技术力量的培训、技术水平的提高和功能的开发；其外部设备通用，资源可共享，配以上位计算机后，可把多台 PLC 连成一个多级分布式控制系统，相互通信、集中管理。因而，规模较大的控制系统中的 PLC 机型尽量统一。

④ 是否在线编程。PLC 的特点之一是被控设备的工艺过程改变时，只需修改程序，就能满足新的控制要求，给生产带来很大方便。

PLC 的编程分为离线编程和在线编程两种。离线编程的 PLC 主机和编程器共用一个CPU，在编程器上有一个"编程/运行"选择开关或按键，选择编程状态时，CPU 将失去对现场的控制，只为编程器服务。程序编好后，再选择运行状态，CPU 则去执行程序并对现场进行控制。此类 PLC，由于编程器和主机共用一个 CPU，因此节省了大量的硬件和软件，价格

比较便宜。中、小型 PLC 多采用离线编程。

在线编程的 PLC，主机和编程器各有一个 CPU，编程器的 CPU 可以随时处理由键盘输入的各种编程指令。主机的 CPU 则完成对现场的控制，并在一个扫描周期末尾和编程器通信，编程器把编好或改好的程序发送给主机，在下一个扫描周期主机将按照新送入的程序控制现场，这就是所谓的"在线"编程。此类 PLC，由于增加了硬件和软件，价格较高，但应用领域较宽。大型 PLC 多采用在线编程。

是否在线编程，应根据被控设备工艺要求来选择。对于产品定型的设备和工艺不常变动的设备，应选用离线编程的 PLC；反之，可考虑选用在线编程的 PLC。

（2）输入输出的选择

① 控制系统对 PLC I/O 点数量需求的估算　系统对 PLC 的 I/O 点的要求与接入的输入输出设备类型有关。如一个单线圈电磁阀用 PLC 控制时需要 2 个输入及 1 个输出；一个双线圈电磁阀需 3 个输入及 2 个输出；按钮需 1 个输入；而波段开关，有几个波段就需几个输入。

对 PLC 输入输出规模的要求还与系统中设备的操控方式有关。如同样是交流异步电动机，单向运行，需占用 4 个输入点及一个输出点；如需 Y-△启动，则要 4 个输入点及 3 个输出点。表 13-2 给出了典型传动设备及电气元件对 PLC 输入输出点的需求参考数量，可在设计时参考。

表 13-2　典型传动设备及电气元件所需可编程控制器 I/O 点数参考表

| 序号 | 电器设备、元件 | 输入点数 | 输出点数 | I/O 总点数 |
|---|---|---|---|---|
| 1 | Y-△启动的笼型电动机 | 4 | 3 | 7 |
| 2 | 单相运行的笼型电动机 | 4 | 1 | 5 |
| 3 | 可逆运行的笼型电动机 | 5 | 2 | 7 |
| 4 | 单相变极电动机 | 5 | 3 | 8 |
| 5 | 可逆变极电动机 | 6 | 4 | 10 |
| 6 | 单相运行的直流电动机 | 9 | 6 | 15 |
| 7 | 可逆运行的直流电动机 | 12 | 8 | 20 |
| 8 | 单线圈电磁阀 | 2 | 1 | 3 |
| 9 | 双线圈电磁阀 | 3 | 2 | 5 |
| 10 | 比例阀 | 3 | 5 | 8 |
| 11 | 按钮开关 | 1 | — | 1 |
| 12 | 光电开关 | 2 | — | 2 |
| 13 | 信号灯 | — | 1 | 1 |
| 14 | 拨码开关 | 4 | — | 4 |
| 15 | 三挡波段开关 | 3 | — | 3 |
| 16 | 行程开关 | 1 | — | 1 |
| 17 | 接近开关 | 1 | — | 1 |
| 18 | 抱闸 | — | 1 | 1 |
| 19 | 风机 | — | 1 | 1 |
| 20 | 位置开关 | 2 | — | 2 |

作为一种资源，I/O 点需节约使用。现已有许多不增加 PLC 硬件规模扩展 PLC 的 I/O 点的方法，读者可参考有关的书籍。确定 I/O 点数一般是首先要解决的问题，估算出所需的 I/O

点数后，才可选择点数相当的 PLC。选择时一般还需留有 10%～15% 的 I/O 余量。

② 输入输出口其他性能的考虑 输入输出口的选择还需考虑输入电流的种类及输入信号传送距离的远近。有些传感器需要直流电，某些器件适合交流电，PLC 的输入口则有交流输入及直流输入。输入信号传送距离远时可选高电压输入。PLC 输入点有内部供电及外部供电两种供电方式，直流电压 5V、12V、24V、60V、68V，交流 115V 和 220V 可选。一般说来，5V 输入电压时最远不能超过 10m，其他电压时传送距离可由输入口最低输入电压结合器件及配线压降计算。另外，在对输入响应有要求时，还要考虑输入滤波时间的影响。

输出口类型的选择考虑开关速度及执行器件供电电流的种类。对于开关频率要求高、电感性、低功率因数的负载，推荐使用晶闸管输出模块，缺点是模块价格高，过载能力稍差。继电器输出模块的优点是适用电压范围宽，导通压降损失小，价格低。其缺点是寿命较短，响应速度慢。输出模块同时接通点数的电流累计值必须小于公共端所允许通过的电流值。输出点的电流负载能力必须大于负载电流的额定值。

（3）程序存储器容量估计 用户程序所需内存容量受内存利用率、开关量输入输出点数、模拟量输入输出点数、用户的编程水平等因素的影响。有以下估算公式。

所需存储容量(KB)$=(1\sim2.5)\times[DI\times10+DO\times8+(AI/AO)\times100+CP\times300]/1024$

式中，DI 为开关量输入总点数；DO 为开关量输出总点数；AI/AO 为模拟量 I/O 通道总数；CP 为通信接口总数。

近年来，新型 PLC 都配置了较大容量的程序存储器。在控制规模不是很大，运算类功能不是很强时，也可不做程序存储器相关的估算。

（4）响应时间 对过程控制，扫描周期和响应时间必须认真考虑。PLC 顺序扫描的工作方式使它不能可靠地接收持续时间小于扫描周期的输入信号。例如某产品有效检测宽度为 3cm，产品传送速度为 30m/min，为了确保不会漏检经过的产品，要求 PLC 扫描周期不能大于产品通过检测点的时间间隔 60ms $[T=3cm/(30m/min)]$。

系统响应时间是指输入信号产生时刻与因此使输出信号状态发生变化时刻的时间间隔。

系统响应时间＝输入滤波时间＋输出滤波时间＋扫描时间

**3. 硬件与程序设计**

在确定了控制对象的控制任务并选择了 PLC 机型后，可进行控制流程图设计，进一步明确各信息流之间的关系，并具体安排输入输出配置，分配输入输出口地址。在进行输入点、输出点分配时，应注意先安排具有特殊要求的输入输出信号，如高速计数、脉冲输出等。其次要注意输入输出点的性质、类型及归属，以形成一定的规律。如可将所有的按钮、限位开关分别集中配置输入点，将电动机与电磁阀分类配置输出点等。输入输出地址分配确定后，可绘出 PLC 端子和现场信号连接图表，以便后续设计工作参照使用。

PLC 的控制功能是以程序来体现的，编写程序的过程就是软件设计过程。程序设计通常采用逻辑设计法、经验设计法、步进顺控等方法。PLC 的辅助继电器、定时器、计数器、状态器数量相当大，且这些器件的触点为无限多个，给程序设计带来很大方便，只要程序容量和扫描时间允许，程序的复杂程度并不影响程序的可靠性。经验设计法及步进顺控等设计方法前面各章中已有介绍。

**4. 总装统调**

总装统调是 PLC 控制系统设计的最后一个步骤。用户程序在总装统调前需进行模拟调试。用装在 PLC 上的模拟开关模拟输入信号的状态，用输出点的指示灯模拟被控对象，目前不少 PLC 厂商提供自己产品的模拟调试软件，也可以使用。程序检查无误后便可把 PLC 接到系统里去，进行总装统调。

首先对 PLC 外部接线做仔细检查，外部接线一定要准确、无误。为了安全可靠起见，常常将主电路断开，进行预调，当控制电器动作无误再接通主电路调试，直到各部分功能都正常并能协调一致工作为止。

调试完成后，设计工作还要完成设计文件的整理。图纸、设计说明、使用说明都必须认真完成。

必须指出，在 PLC 设计中，外部设备及外围电路的设计也是很重要的。还有施工设计，如控制盘/柜的设计也是不可缺少的。

### 三、PLC 应用中的可靠性技术

PLC 是专门为工业生产环境设计的控制装置，通常不需要采取什么措施，就可以直接在工业环境中使用。但是，当生产环境过于恶劣，电磁干扰特别强烈，或安装使用不当，也会影响 PLC 的正常运行，因此使用时应注意以下问题。

1. 工作环境

（1）温度　PLC 一般要求环境温度在 0～55℃。安装时不能放在发热量大的元件上面，四周通风散热的空间应足够大，分行水平排列时单元之间要有 30mm 以上间隔。开关柜上、下部应有通风的百叶窗，防止太阳光直接照射。如果环境温度超过 55℃，要强迫通风或采取其他降温措施。

（2）湿度　为了保证 PLC 的绝缘性能，空气的相对湿度应小于 85％（无凝露）。

（3）振动　应使 PLC 远离强烈的振动源，防止振动频率为 10～55Hz 的频繁或连续振动。当使用环境不可避免振动时，必须采取减振措施，如采用减振胶等。

（4）空气　避免有腐蚀和易燃的气体，例如氯化氢、硫化氢等。对于空气中有较多粉尘或腐蚀性气体的环境，可将 PLC 安装在封闭性较好的控制室或控制柜中，并安装空气净化装置。

（5）电源　PLC 供电电源为 50Hz 或 60Hz、220V ±10％的交流电。对于电源引入的干扰，PLC 本身具有足够的抵制能力。对于可靠性要求很高的场合或电源干扰特别严重的环境，可以安装一台带屏蔽层的变比为 1:1 的隔离变压器。还可以在电源输入端串接 LC 滤波电路。如图 13-9 所示。

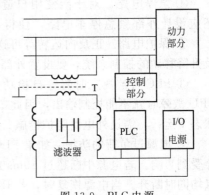

图 13-9　PLC 电源

FX 系列 PLC 可提供直流 24V 电源输出，可为输入端接入的传感器（如光电开关或接近开关）等器件提供电源。如不用机内电源而采用外接直流电源时，应选用直流稳压电源。因为普通的整流滤波电源，由于纹波的影响，容易使 PLC 接收到错误信息。

2. 安装与布线

① 动力线、控制线以及 PLC 的电源线和 I/O 线应分别配线，隔离变压器与 PLC 和 I/O 之间应采用双绞线连接。

② PLC 应远离强干扰源如电焊机、大功率硅整流装置和大型动力设备，不能与高压电器安装在同一个开关柜内。

③ PLC 的输入与输出最好分开走线，开关量与模拟量线路也要分开设置。模拟量信号的传送应采用屏蔽线，屏蔽层应一端或两端接地，接地电阻应小于屏蔽层电阻的 1/10。

④ PLC 基本单元与扩展单元以及功能模块的连接线缆应单独设置，以防外界信号干扰。

⑤ 交流输出线和直流输出线不要用同一根电缆，输出线应尽量远离高压线和动力线，且避免并行。

3. I/O端的接线

（1）输入接线

① 输入接线一般不要超过 30m。但如果环境干扰较小，电压降不大时，输入接线可适当长些。

② 输入、输出线不能用同一根电缆，输入、输出线要分开。

③ 尽可能采用常开触点形式连接到输入端，使编制的梯形图与继电器原理图一致，便于阅读。

（2）输出连接

① 输出端接线分为独立输出和公共输出。在不同组中，可采用不同类型和电压等级的输出电压。但在同一组中的输出只能用同一类型、同一电压等级的电源。

② 由于 PLC 的输出元件被封装在印制电路板上，并且连接至端子板，若将连接输出元件的负载短路，将烧毁印制电路板，因此，应用熔丝保护输出元件。

③ 采用继电器输出时，所连接的电感性负载的电感量大小，会影响到继电器的工作寿命，因此使用电感性负载时需选择继电器工作寿命的长的 PLC。

④ PLC 的输出负载可能产生干扰，因此要采取措施加以控制，如直流输出的续流管保护、交流输出的阻容吸收电路、晶体管及双向晶闸管输出的旁路电阻保护等。

输入输出端口的保护可见有关书籍。

4. 外部安全电路

为了确保整个系统能在安全状态下可靠工作，避免由于外部电源发生故障、PLC 出现异常、误操作以及误输出造成的重大经济损失和人身伤亡事故，PLC 外部应安装必要的保护电路。

① 急停电路。对于能使用户造成伤害的危险负载，除了在程序中考虑安保措施之外，还应设计外部紧急停车电路，使得 PLC 发生故障时，能将引起伤害的负载电源可靠切断。

② 保护电路。正反向运转等可逆操作的控制系统，要设置外部电器互锁保护；往复运行及升降移动的控制系统，要设置外部限位保护。

③ PLC 有监视定时器等自检功能，检测出异常时，输出全部关闭。但当可编程控制器 CPU 故障时就不能控制输出，因此，对于能使用户造成伤害的危险负载，为确保设备在安全状态下运行，需设外电路防护措施。

④ 电源过负荷的防护。如果 PLC 电源发生故障，中断时间少于 10ms，PLC 工作一般不会受到影响。若电源中断超过 10ms 或电源下降超过允许值，则 PLC 停止工作，所有的输出点均同时断开。当电源恢复时，若 RUN 输入接通，则操作自动进行。因此，对系统中一些易过载的设备应设置必要的失压保护及限流保护电路。

⑤ 重大故障的报警及防护。对于易发生重大事故的场所，为了确保控制系统在重大事故发生时仍可靠地报警及防护，应将与重大故障有联系的信号通过外电路输出，以使控制系统在安全状况下运行。

5. PLC 的接地

良好的接地可以避免偶然发生的电压冲击危害，是保证 PLC 可靠工作的重要条件。为了抑制加在电源及输入端、输出端的干扰，PLC 应配置专用地线。接地线与 PLC 接地端相接，接地线的截面积应不小于 $2mm^2$，接地电阻小于 $100\Omega$；如果要用扩展单元，其接地点应与基本单元的接地点接在一起。接地点应与动力设备（如电动机）的接地点分开；若达不到这种要求，也必须做到与其他设备公共接地，禁止与其他设备串连接地。接地点应尽可能靠近 PLC。

### 四、PLC 控制系统设计实例

**【例 13-1】** 机械手控制系统设计过程。

机械手的动作示意图如图 13-10 所示。它是一个水平/垂直位移的搬运机械，用来将工件由左工作台搬运到右工作台。

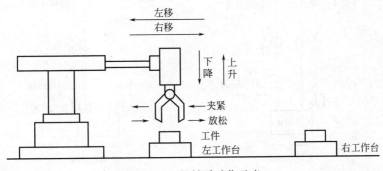

图 13-10 机械手动作示意

#### 1. 工艺过程与控制要求

机械手的全部动作由气缸驱动，而气缸又由相应的电磁阀控制。其中，上升/下降和左移/右移分别由双线圈两位电磁阀控制。例如，当下降电磁阀通电时，机械手下降；当下降电磁阀断电时，机械手下降停止。当上升电磁阀通电时，机械手上升，当上升电磁阀断电时，机械手上升停止。同样，左移/右移分别由左移电磁阀和右移电磁阀控制。机械手的放松/夹紧由一个单线圈两位电磁阀（称为夹紧电磁阀）控制。当该线圈通电时，机械手夹紧；当该线圈断电时，机械手放松。

当机械手右移到位并准备下降时，为了确保安全，必须在右工作台无工件时才允许机械手下降。也就是说，若上一次搬运到右工作台上的工件尚未搬走时，机械手应自动停止下降，用光电开关 X005 进行无工件检测。

机械手的动作过程如图 13-11 所示。从原点开始，按下启动按钮，下降电磁阀通电，机械手下降。下降到底时，碰到下限位开关，下降电磁阀断电，下降停止。同时接通夹紧电磁阀，机械手夹紧。夹紧后，上升电磁阀通电，机械手上升。上升到顶时，碰到上限位开关，上升电磁阀断电，上升停止。同时接通右移电磁阀，机械手右移。右移到位时，碰到右限位开关，右移电磁阀断电，右移停止。若此时工作台上无工件，则光电开关接通，下降电磁阀通电，机械手下降。下降到底时，碰到下限位开关，下降电磁阀断电，下降停止；同时夹紧电磁阀断电，机械手放松。放松后，上升电磁阀通电，机械手上升。上升到顶时，碰到上限位开关，上升电磁阀断电，上升停止；同时接通左移电磁阀，机械手左移。左移到原点时，碰到左限位开关，左移电磁阀断电，左移停止。至此，机械手经过 8 个动作完成了一个工作周期。

机械手的操作方式分为手动操作（单操作）方式和自动操作方式。自动操作方式又分为步进、单周期和连续操作方式。

手动操作：用按钮对机械手的每一步运动单独进行操作控制。例如，当选择上/下运动时，按下启动按钮，机械手下降；按下停止按钮，机械手上升。当选择左/右运动时，按下启动按钮，机械手右移；按下停止按钮，机械手左移。当选择夹紧/放松运动时，按下启动按钮，机械手夹紧；按下停止按钮，机械手放松。

步进操作：每按一次启动按钮，机械手完成一个动作后自动停止。

单周期操作：机械手从原点开始，按一下启动按钮，机械手自动完成一个周期的动作后

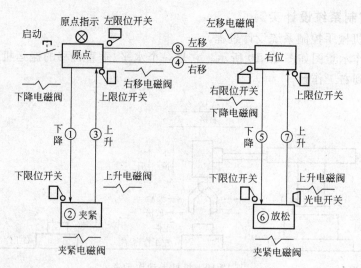

图 13-11　机械手的动作过程

停止。

连续操作：机械手从原点开始，按一下启动按钮，机械手的动作将自动的、连续不断的周期性循环。在工作中若按一下停止按钮，则机械手将继续完成一个周期的动作后，回到原点自动停止。

2. 操作面板布置

根据控制要求，需安排一些操作开关，并设计控制箱面板布置图，如图 13-12 所示。

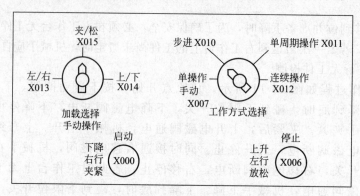

图 13-12　操作面板布置图

图中，接通 X007 是单操作方式。按加载选择开关的位置，用启动/停止按钮选择加载操作。当加载选择开关打到左/右位置时，按下启动按钮，机械手右行；若按下停止按钮，机械手左行。上述操作可用于使机械手回到原点。

接通 X010 是步进方式。机械手在原点时，按下启动按钮，机械手下降。以后每按启动按钮一次，机械手依序操作一步。

接通 X011 是单周期操作方式。机械手在原点时，按下启动按钮，机械手自动操作一个周期。

接通 X012 是连续操作方式。机械手在原点时，按下启动按钮，连续执行自动周期操作，当按下停止按钮，机械手完成此周期后自动回到原点并不再动作。

3. 输入输出端子地址分配

该机械手控制系统共需使用了 14 个输入量，6 个输出量，均为开关量。可选用

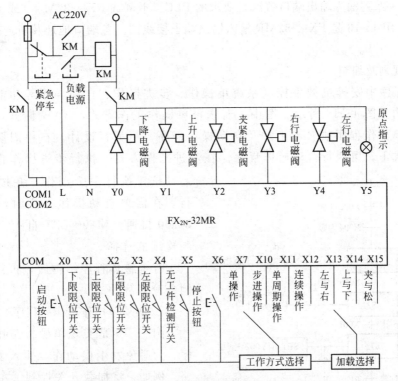

图 13-13 FX₂ₙ-32MR 输入输出端子接线图

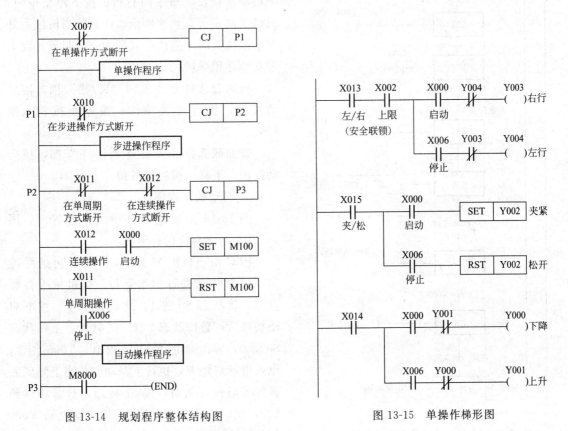

图 13-14 规划程序整体结构图

图 13-15 单操作梯形图

FX$_{1N/2N/3U}$ 任一系列输入输出端口数满足要求的 PLC。本例选 FX$_{2N}$-32MR（或 FX$_{2N}$-16MR＋FX$_{0N}$-8EX），图 13-13 是 FX$_{2N}$-32MR 输入输出端子接线图。各端口地址及所连接的器件都已标示在图中。

### 4. 程序规划及编制

为了在程序中安排机械手控制系统单操作、步进操作、自动操作等功能程序，规划程序整体结构如图 13-14 所示。图中，若选择单操作工作方式，X007 断开，接着执行单操作程序。单操作程序独立于步时及自动操作程序，可另行设计。在单周期工作方式和连续操作方式下，可执行自动操作程序。在步进工作方式，执行步进操作程序，按一下

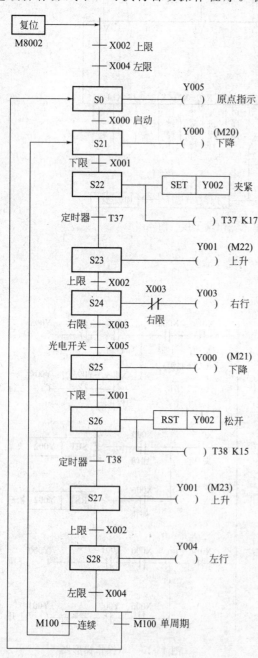

图 13-16 机械手自动操作状态流程图

启动按钮执行一个动作，并按规定顺序进行。在需要自动操作方式时，中间继电器 M100 接通。M100 用于自动操作中单周期与连续的选择。

有了整体程序结构后，再针对各功能编制各分段程序。

### 5. 实现单操作动作的程序

图 13-15 是实现单操作工作的梯形图程序。为避免发生误动作，插入了一些连锁电路。例如，将加载开关扳到"左/右"挡，按下启动按钮，机械手向右行；按下停止按钮，机械手向左行。且这两个动作只能当机械手处在上限位置时才能执行（即为安全起见，设上限安全连锁保护）。

将加载选择开关扳到"夹/松"挡，按启动按钮，执行夹紧动作；按停止按钮，则松开。

将加载选择开关扳至"上/下"挡，按启动按钮，下降；按停止按钮，上升。

### 6. 自动操作程序

图 13-16 是机械手自动操作流程图，图 13-17 是与之对应的梯形图。

PLC 由 STOP 转为 RUN 时，初始脉冲 M8002 对状态进行初始复位。当机械手在原点时，将状态 S0 置 1，这是第一步。按下启动按钮后，置位状态 S21，同时将原工作状态 S0 清 0，输出继电器 Y000 得电，Y005 复位，原点指示灯熄灭，执行下降动作。当下降到底碰到下限位开关时，X001 接通，状态转移到 S22，同时将状态 S21 清 0，输出继电器 Y000 复位，Y002 置 1，于是机械手停止下降，执

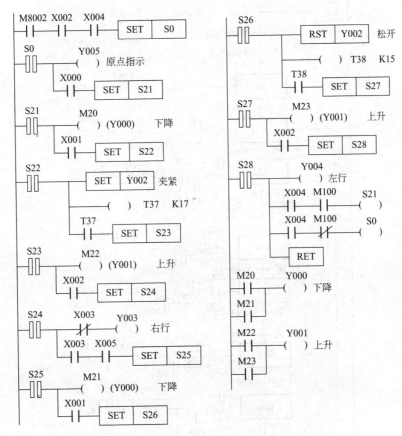

图 13-17　自动操作梯形图

行夹紧动作；定时器 T37 开始计时，延时 1.7s 后，接通 T37 常开触点将状态 S23 置 1，同时将状态 S22 清 0。而输出继电器 Y001 得电，执行上升动作。由于 Y002 已被置 1，夹紧动作继续执行。当上升到上限位时，X002 接通，状态转移到 S24，同时将状态 S23 清 0，Y001 失电，不再上升，而 Y003 得电，执行右行动作。当右行至右限位时，X003 接通，Y003 失电，机械手停止右行，若此时 X005 接通，则状态转移到 S25，同时将状态 S24 清 0，而 Y000 再次得电，执行下降动作。当下降到底碰到下限位开关时，X001 接通，状态转移到 S26，同时将状态 S25 清 0，输出继电器 Y000 复位，Y002 被复位，于是机械手停止下降，执行松开动作；定时器 T38 开始计时，延时 1.5s 后，接通 T38 常开触点将状态 S27 置 1，同时将工作状态 S26 清 0，而输出继电器 Y001 再次得电，执行上升动作。行至上限位置，X002 接通，状态转移到 S28，同时将状态 S27 清 0，Y001 失电，停止上升，而 Y004 得电，执行左行动作。到达左限位，X004 接通，将状态 S28 清 0。如果此时为连续工作状态，M100 置 1，即状态转移回到 S21，重复执行自动程序。若为单周期操作方式，状态转移到 S0，则机械手停在原点。

在运行中，如按停止按钮，机械手的动作执行完当前一个周期后，回到原点自动停止。

在运行中，PLC 若掉电，机械手动作停止。重新启动时，先用手动操作将机械手移回原点，再按启动按钮，又重新开始自动操作。

步进动作是按下启动按钮动作一次。步进状态转移图与图 13-16 相似，只是每步动作都需增加一个启动按钮，如图 13-18 所示。步进操作所用的输出继电器、定时器与其他操作所用的输出继电器、定时器相同。

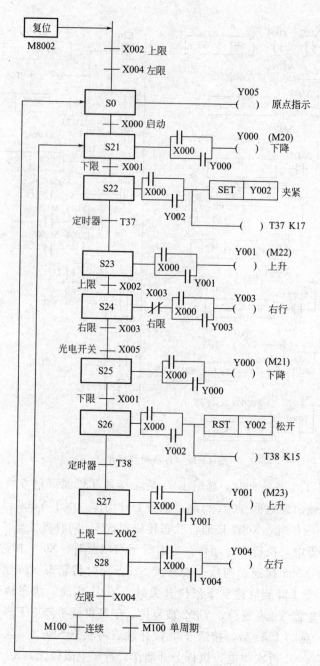

图 13-18 步进操作状态流程图

## 习题及思考题

13-1 电气控制系统的工程设计有哪些基本原则？为什么说"适用"是首要的原则？

13-2 电气控制系统设计中原理设计与施工设计各需完成哪些工作，它们的关系怎样？

13-3 电气安装图及接线图在工程中各有哪些用途？

13-4 PLC 控制系统规划与设计有哪些内容？一般分为哪些步骤？与继电接触器控制系统的设计过程比较有何不同？

13-5 PLC 在选型过程中，对于 I/O 信号的选择，除了考虑控制规模满足要求外，还应注意哪些问题？

13-6 在进行程序设计之前，当决定采用何种设计方法时，应考虑哪些因素？

13-7 影响 PLC 正常工作的外界因素有哪些？如何防范？

13-8 FX 系列 PLC 定位初始化指令 IST（FNC60）是专用于具有回原点要求的定位控制的指令。自学该指令并使用指令完成本章例 13-1 机械手控制，说明使用 IST 指令与不使用该指令在程序规划方面有什么不同？

# 第十四章 电器及 PLC 控制系统应用实例

内容提要：本章通过数个工程实例，介绍了电器及 PLC 在工业控制中的应用。通过实例的工艺分析、流程图绘制、PLC 选型及程序设计，阐述了电器及 PLC 工业应用的一般情况及技巧。

## 第一节 继电器接触器控制系统在机床控制中的应用

**【例 14-1】** Z3040 摇臂钻床的电气控制。

**1. 机床结构与运动形式**

摇臂钻床一般由底座、立柱、摇臂和主轴箱等部件组成，如图 14-1 所示。

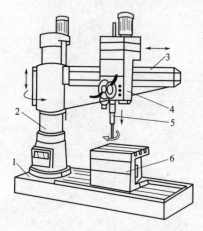

图 14-1　摇臂钻床结构
1—底座；2—立柱；3—摇臂；
4—主轴箱；5—主轴；6—工作台

主轴箱 4 装在可绕垂直轴线回转的摇臂 3 的水平导轨上，通过主轴箱在摇臂上的水平移动及摇臂的回转，可方便地将主轴 5 调整至机床尺寸范围内的任意位置。为了适应加工不同高度工件的需要，摇臂可沿立柱 2 上下移动。摇臂钻床的主运动为主轴的旋转运动。辅助运动含轴向进给运动、主轴箱沿摇臂的水平移动、摇臂的升降运动和回转运动等。Z3040 钻床中，主轴箱沿摇臂的水平移动和摇臂的回转运动为手动调整。

**2. 电力拖动特点与控制要求**

（1）电力拖动　整台机床由 4 台异步电动机驱动，分别是主轴电动机、摇臂升降电动机、液压泵电动机及冷却泵电动机。主轴箱的旋转运动及轴向进给运动由主轴电动机驱动，旋转速度和旋转方向的控制由机械传动部分实现，电动机不需变速。

（2）控制要求　4 台电动机的容量均较小，采用直接启动方式。摇臂升降电动机和液压泵电动机均需正反转。当摇臂上升或下降到预定的位置时，摇臂能在电气及机械夹紧装置的控制下，自动夹紧在外立柱上。电路中具有必要的保护环节。

**3. 电气控制线路及电路分析**

Z3040 型摇臂钻床的电气控制原理图如图 14-2 所示。其工作原理分析如下。

（1）主电路分析　主电路中有 4 台电动机。$M_1$ 是主轴电动机，带动主轴旋转和使主轴作轴向进给运动，单方向旋转。$M_2$ 是摇臂升降电动机，可作正反向运行。$M_3$ 是液压泵电动机，其作用是供给夹紧装置压力油，实现摇臂和立柱的夹紧和松开，作正反向运行。$M_4$ 是冷却泵电动机，供给钻削时所需的冷却液，单方向旋转，由开关 $QS_2$ 控制。机床的总电源由组合开关 $QS_1$ 控制。

（2）控制电路分析

① 主轴电动机 $M_1$ 的控制。$M_1$ 的启动：按下启动按钮 $SB_2$，接触器 $KM_1$ 的线圈得电，位于 15 区的 $KM_1$ 自锁辅助触点闭合，位于 3 区的 $KM_1$ 主触点接通，电动机 $M_1$ 旋转。$M_1$ 的

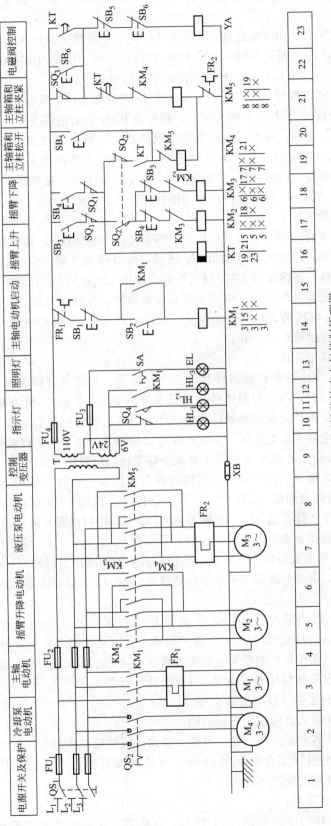

图 14-2 Z3040 型摇臂钻床电气控制原理图

停止：按下 $SB_1$，接触器 $KM_1$ 的线圈失电，位于 3 区的 $KM_1$ 常开触点断开，电动机 $M_1$ 停转。

在 $M_1$ 的运转过程中，如发生过载，则串在 $M_1$ 的电源回路中的热继电器 $FR_1$ 动作，使其位于 14 区的常闭触点 $FR_1$ 断开，同样也使 $KM_1$ 的线圈失电，电动机 $M_1$ 停转。

② 摇臂升降电动机 $M_2$ 的控制。摇臂升降的启动原理如下。

按下上升（或下降）按钮 $SB_3$（或 $SB_4$），时间继电器 KT 得电吸合，位于 19 区的 KT 常开触点和位于 23 区的延时断开常开触头闭合，接触器 $KM_4$ 和电磁铁 YA 同时得电，液压泵电动机 $M_3$ 旋转，供给压力油。压力油通过 2 位 6 通阀进入摇臂松开油腔，推动活塞和菱形块，使摇臂松开。松开到位压限位开关 $SQ_2$，位于 19 区的 $SQ_2$ 的常闭触头断开，接触器 $KM_4$ 断电释放，电动机 $M_3$ 停转。同时位于 17 区的 $SQ_2$ 常开触头闭合，接触器 $KM_2$（或 $KM_3$）得电吸合，摇臂升降电动机 $M_2$ 启动运转，带动摇臂上升（或下降）。

摇臂升降的停止原理如下。

当摇臂上升（或下降）到所需位置时，松开按钮 $SB_3$（或 $SB_4$），接触器 $KM_2$（或 $KM_3$）和时间继电器 KT 失电，摇臂升降电动机 $M_2$ 停转，摇臂停止升降。位于 21 区的 KT 常闭触头经 1～3s 延时后闭合，使接触器 $KM_5$ 得电吸合，液压泵电动机 $M_3$ 反转，供给压力油。经 2 位 6 通阀，进入摇臂夹紧油腔，反方向推动活塞和菱形块，将摇臂夹紧。摇臂夹紧后，压动位于 21 区的压限位开关 $SQ_3$，使其常闭触点断开，使接触器 $KM_5$ 和电磁铁 YA 失电，YA 复位，液压泵电机 $M_3$ 停转。摇臂升降结束。

摇臂升降中各器件的作用如下。

限位开关 $SQ_2$ 及 $SQ_3$ 用来检查摇臂是否松开或夹紧。如果摇臂没有松开，位于 17 区的 $SQ_2$ 常开触点就不能闭合，因而控制摇臂上升或下降的 $KM_2$ 或 $KM_3$ 就不能吸合，摇臂就不会上升或下降。$SQ_3$ 应调整到保证夹紧后能够动作，否则会使液压泵电动机 $M_3$ 长时间处于过载运行状态。时间继电器 KT 的作用是保证升降电动机断开并完全停止旋转后（摇臂完全停止升降），才能夹紧。限位开关 $SQ_1$ 是摇臂上升或下降至极限位置的保护开关。$SQ_1$ 与一般限位开关不同，其两组常闭触点不同时动作。当摇臂升至上极限位置时，位于 17 区的 $SQ_1$ 动作，接触器 $KM_2$ 失电，升降电动机 $M_2$ 停转，上升运动停止。但位于 18 区的 $SQ_1$ 另一组触点仍保持闭合，所以可按下下降按钮 $SB_4$，接触器 $KM_3$ 动作，控制摇臂升降电动机 $M_2$ 反向旋转，摇臂下降。反之当摇臂在下极限位置时，控制过程类似。

③ 主轴箱与立柱的夹紧与放松。立柱与主轴箱均采用液压夹紧与松开，且两者同时动作。当进行夹紧或松开时，要求电磁铁 YA 处于释放状态。Z3040 型钻床夹紧机构液压系统原理图如图 14-3 所示。

按松开按钮 $SB_5$（或夹紧按钮 $SB_6$），接触器 $KM_4$（或 $KM_5$）得电吸合，液压泵电动机 $M_3$ 正转或反转，供给压力油。压力油经 2 位 6 通阀（此时电磁铁 YA 处于释放状态）进入立柱夹紧液压缸的松开（或夹紧）油腔和主轴箱夹紧液压缸的松开（或夹紧）油腔，推动活塞和菱形块，使立柱和主轴箱分别松开（或夹紧）。松开后行程开关 $SQ_4$ 复位（或夹紧后动作），松开指示灯 $HL_4$（或夹紧指示灯 $HL_2$）点亮。

**【例 14-2】** X62W 卧式万能铣床控制电路。

铣床主要用于加工各种形式的表面、平面、斜面、成形面和沟槽等。安装分度头后，能加工直齿轮或螺旋面，使用圆工作台则可以加工凸轮和弧形槽。铣床应用广泛，种类很多，X62W 卧式万能铣床是应用最广泛的铣床之一。

**1. 机床结构与运动形式**

X62W 卧式万能铣床的结构如图 14-4 所示，有底座、床身、悬梁、刀杆支架、工作台、

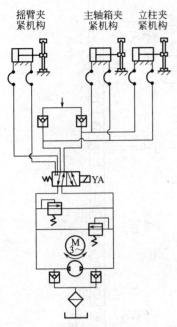

图 14-3　Z3040 型摇臂型钻床夹紧
机构液压系统原理图

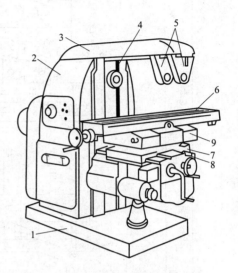

图 14-4　X62W 卧式万能铣床的结构
1—底座；2—立柱；3—悬梁；4—主轴；
5—刀杆支架；6—工作台；7—床鞍；
8—升降台；9—回转台

溜板和升降台等。铣刀的心轴，一端靠刀杆支架支承，另一端固定在主轴上，并由主轴带动旋转。床身的前侧面装有垂直导轨，升降台可沿导轨上下移动。升降台上面的水平导轨上，装有可横向移动（即前后移动）的溜板，溜板的上部有可以转动的回转台，工作台装在回转台的导轨上，可以纵向移动（即左右移动）。这样，安装于工作台的工件就可以在六个方向（上、下、左、右、前、后）调整位置和进给。溜板可绕垂直轴线左右旋转 45°，因此工作台还能在倾斜方向进给，可以加工螺旋槽。

由上述可知，X62W 万能铣床的运动形式有以下几种。

① 主运动　主轴带动铣刀的旋转运动。

② 进给运动　加工中，工作台带动工件上、下、左、右、前、后运动和圆工作台的旋转运动。

③ 辅助运动　工作台带动工件的快速移动。

**2. 电力拖动特点与控制要求**

主运动和进给运动之间没有速度比例要求，分别由单独的电动机拖动。主轴电动机空载时可直接启动。要求能正反转实现顺铣和逆铣。根据铣刀的种类提前预选方向，加工中不变换旋转方向。由于主轴变速机构惯性大，主轴电动机具有制动装置。

根据工艺要求，主轴工作台进给应有先后顺序控制。加工开始时，主轴开动后，才能进行工作台的进给运动；加工结束时，必须在铣刀停止转动前，停止进给运动。

进给电动机拖动工作台完成纵向、横向和垂直方向的进给运动，方向选择通过操作手柄改变传动链实现，每种方向要求电动机有正反转运动。任一时刻，工作台只能向一个方向移动，故各方向间要有必要的联锁控制。为提高生产率，缩短调整运动的时间，工作台有快速移动。主轴与工作台的变速由机械变速系统完成。为使齿轮易于啮合，减小齿轮端面的冲击，要求

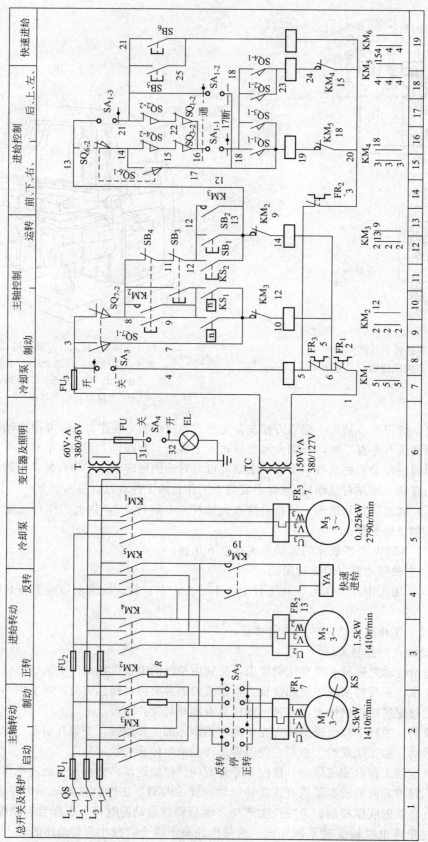

图 14-5 X62W 型万能铣床电气原理图

变速时电动机有变速冲动控制。铣削时的冷却液由冷却泵电动机拖动提供。使用圆工作台时，要求圆工作台的旋转运动和工作台的纵向、横向及垂直运动之间有联锁控制，即圆工作台旋转时，工作台不能向其他方向移动。

3. 电气控制线路分析

X62W 型铣床控制线路如图 14-5 所示，包括主电路、控制电路和信号照明电路三部分。

(1) 主电路　铣床共有三台电动机拖动。$M_1$ 为主轴电动机，用接触器 $KM_3$ 直接启动，用倒顺开关 $SA_5$ 实现正反转控制，用制动接触器 $KM_2$ 串联不对称电阻 $R$ 实现反接制动。$M_2$ 为进给电动机，其正、反转由接触器 $KM_4$、$KM_5$ 实现，快速移动由接触器 $KM_6$ 控制电磁铁 YA 实现。冷却泵电动机 $M_3$ 由接触器 $KM_1$ 控制。三台电动机都配备热继电器实现过载保护。

(2) 控制电路　控制变压器将 380V 降为 127V 作为机床控制电源，降为 36V 作为机床照明的电源。

① 主轴电动机 $M_1$ 的控制。

a. 启动。先将转换开关 $SA_5$ 扳到预选方向位置，闭合 QS，按下启动按钮 $SB_1$（或 $SB_2$），$KM_3$ 得电并自锁，$M_1$ 直接启动，$M_1$ 升速后，速度继电器 KS 的触点动作，为反接制动做准备。

b. 制动。按下停止按 $SB_3$（或 $SB_4$），$KM_3$ 失电，$KM_2$ 得电，进行反接制动。当 $M_1$ 的转速下降至一定值时，KS 的触点自动断开，$M_1$ 失电，制动过程结束。

c. 变速冲动。主轴变速采用孔盘结构，集中操纵，既可在停车时变速，也可在主轴旋转的情况下进行。图 14-6 为主轴变速操纵机构简图。

变速时，将变速手柄向下压并拉到前面，扇形齿轮带动齿条和拨叉，使变速孔盘移出，凸轮瞬时压动行程开关 $SQ_7$，其常闭触点断开，接触器 $KM_3$ 断电，电动机 $M_1$ 失电；$SQ_7$ 常开触点闭合，使接触器 $KM_2$ 得电，对 $M_1$ 进行反接制动。由于 $SQ_7$ 很快复位，所以 $M_1$ 减速后进行惯性运行，这时可以转动变速数字盘至所需的速度，再将手柄以较快的速度推回原位。在推回过程中，手柄经凸轮又一次瞬时压动 $SQ_7$，其常开触点又接通 $KM_2$，使 $M_1$ 反向转动一下，以利于变速后的齿轮啮合。继续以较快的速度推回原位时，$SQ_7$ 复位，$KM_2$ 失电，$M_1$ 停转，变速冲动操作结束，主轴重新启动后，运转于新的转速。

② 进给电动机 $M_2$ 的控制。

工作台进给方向有左右（纵向）、前后（横向）、上下（垂直）运动。这六个方向的

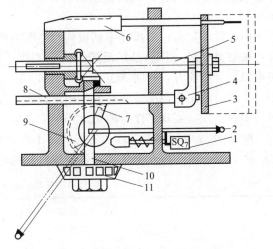

图 14-6　主轴变速操纵机构简图

1—冲动开关；2—变速手柄；3—变速孔盘；
4—拨叉；5—轴；6,7—齿轮；8—齿条；
9—扇形齿轮；10—轴；11—转速盘

运动是通过两个手柄（十字形手柄和纵向手柄）操纵四个限位开关（$SQ_1 \sim SQ_4$）来完成机械挂挡，接通 $KM_5$ 或 $KM_4$，实现 $M_2$ 的正（反）转而拖动工作台按预选方向进给。十字形手柄和纵向手柄各有两套，分别设在铣床工作台的正面和侧面。

$SA_1$ 是圆工作台选择开关，设有接通和断开两个位置，三对触点的通断情况如表 14-1 所示。当不需要圆工作台工作时，将 $SA_1$ 置于断开位置，否则，置于接通位置。

表 14-1 圆工作台选择开关 SA₁ 触点状态

| 触点 \ 位置 | 接通 | 断开 |
|---|---|---|
| $SA_{1-1}$ | − | + |
| $SA_{1-2}$ | + | − |
| $SA_{1-3}$ | − | + |

a. 工作台左右进给运动的控制　左右进给运动由纵向操纵手柄控制，该手柄有左、中、右三个位置，各位置对应的限位开关 $SQ_1$、$SQ_2$ 的工作状态如表 14-2 所示。

表 14-2 左右进给限位开关触点状态

| 触点 \ 位置 | 向左 | 中间(停) | 向右 |
|---|---|---|---|
| $SQ_{1-1}$ | − | − | + |
| $SQ_{1-2}$ | + | + | − |
| $SQ_{2-1}$ | + | − | − |
| $SQ_{2-2}$ | − | + | + |

向右运动：主轴启动后，将纵向操作手柄扳到"右"，挂上纵向离合器，同时压行程开关 $SQ_1$，$SQ_{1-1}$ 闭合，接触器 $KM_4$ 得电，进给电动机 $M_2$ 正转，拖动工作台向右运动。停止时，将手柄扳回中间位置，纵向进给离合器脱开，$SQ_1$ 复位，$KM_4$ 断电，$M_2$ 停转，工作台停止运动。

向左运动：将纵向操作手柄扳到"左"，挂上纵向离合器，同时压行程开关 $SQ_2$，$SQ_{2-1}$ 闭合，接触器 $KM_5$ 得电，$M_2$ 反转，拖动工作台向左运动。停止时，将手柄扳回中间位置，纵向进给离合器脱开，同时 $SQ_2$ 复位，$KM_5$ 断电，$M_2$ 停转，工作台停止运动。

工作台的左右两端安装有限位撞块，当工作台运行到达终点位置时，撞块撞击手柄，使其回到中间位置，实现工作台的终点停车。

b. 工作台前后和上下运动的控制。工作台前后和上下运动由十字形手柄控制，该手柄有上、下、中、前、后五个位置，各位置对应的行程开关 $SQ_3$、$SQ_4$ 的工作状态如表 14-3 所示。

表 14-3 升降、横向限位开关触点状态

| 触点 \ 位置 | 向前 向下 | 中间 (停) | 向后 向上 |
|---|---|---|---|
| $SQ_{3-1}$ | + | − | − |
| $SQ_{3-2}$ | + | − | + |
| $SQ_{4-1}$ | − | − | + |
| $SQ_{4-2}$ | + | + | + |

向前运动：将十字形手柄扳向"前"，挂上横向离合器，同时压行程开关 $SQ_3$，$SQ_{3-1}$ 闭合，接触器 $KM_4$ 得电，进给电动机 $M_2$ 正转，拖动工作台向前运动。

向下运动：将十字形手柄扳向"下"，挂上垂直离合器，同时压行程开关 $SQ_3$，$SQ_{3-1}$ 闭合，接触器 $KM_4$ 得电，进给电动机 $M_2$ 正转，拖动工作台向下运动。

向后运动：将十字形手柄扳向"后"，挂上横向离合器，同时压行程开关 $SQ_4$，$SQ_{4-1}$ 闭

合，接触器 $KM_5$ 得电，进给电动机 $M_2$ 反转，拖动工作台向后运动。

　　向上运动：将十字形手柄扳向"上"，挂上垂直离合器，同时压行程开关 $SQ_4$，$SQ_{4-1}$ 闭合，接触器 $KM_5$ 得电，进给电动机 $M_2$ 反转，拖动工作台向上运动。

　　停止时，将十字形手柄扳向中间位置，离合器脱开，行程开关 $SQ_3$（或 $SQ_4$）复位，接触器 $KM_5$（或 $KM_4$）断电，进给电动机 $M_2$ 停转，工作台停止运动。

　　工作台的上、下、前、后运动都有极限保护，当工作台运动到极限位置时，撞块撞击十字手柄，使其回到中间位置，实现工作台的终点停车。

　　c. 工作台的快速移动。工作台的纵向、横向和垂直方向的快速移动由进给电动机 $M_2$ 拖动。工作台工作时，按下启动按钮 $SB_5$（或 $SB_6$），接触器 $KM_6$ 得电，快速移动电磁铁 $YA$ 通电，工作台快速移动。松开 $SB_5$（或 $SB_6$）时，快速移动停止，工作台仍按原方向继续运动。

　　若要求在主轴不转的情况下进行工作台快速移动，可将主轴换向开关 $SA_5$ 扳到"停止"位置，按下 $SB_1$（或 $SB_2$），使 $KM_3$ 通电并自锁。操作进给手柄，使进给电动机 $M_2$ 转动，再按下 $SB_5$（或 $SB_6$），接触器 $KM_6$ 得电，快速移动电磁铁 $YA$ 通电，工作台快速移动。

　　d. 进给变速时的冲动控制。为使变速时齿轮易于啮合，进给速度的变换与主轴变速一样，有瞬时冲动环节。进给变速冲动由进给变速手柄，配合行程开关 $SQ_6$ 实现。先将变速手柄向外拉，选择相应转速，再把手柄用力向外拉至极限位置，并立即推回原位。在手柄拉到极限位置的瞬间，短时压行程开关 $SQ_6$ 使 $SQ_{6-2}$ 断开，$SQ_{6-1}$ 闭合，接触器 $KM_4$ 短时间得电，电动机 $M_2$ 短时运转。瞬时按通的电路经 $SQ_{2-2}$、$SQ_{1-2}$、$SQ_{3-2}$、$SQ_{4-2}$ 四个常闭触点，因此只有当纵向进给以及垂直和横向操纵手柄都置于中间位置时，才能实现变速时的瞬时点动，防止了变速时工作台沿进给方向运动的可能。当齿轮啮合后，手柄推回原位时，$SQ_6$ 复位，切断瞬时点动电路，进给变速完成。

　　e. 圆工作台控制。为了扩大机床的加工能力，可在工作台上安装圆工作台。在使用圆工作台时，应将工作台纵向和十字形手柄都置于中间位置，并将转换开关 $SA_1$ 扳到"接通"位置，$SA_{1-2}$ 接通，$SA_{1-1}$、$SA_{1-3}$ 断开。按下按钮 $SB_1$（或 $SB_2$），主轴电动机启动，同时 $KM_4$ 得电，使 $M_2$ 启动，带动圆工作台单方向回转，其旋转速度也可通过蘑菇形变速手柄进行调节。在图 14-5 中，$KM_4$ 的通电路径为点 20→$KM_5$ 常闭触点→$KM_4$ 线圈→$SA_{1-2}$→$SQ_{2-2}$→$SQ_{1-2}$→$SQ_{3-2}$→$SQ_{4-2}$→$SQ_{6-2}$→点 13。

　　③ 冷却泵电动机的控制和照明电路。由转换开关 $SA_3$ 控制接触器 $KM_1$ 实现冷却泵电动机 $M_3$ 的启动和停止。机床的局部照明由变压器 $T$ 输出 36V 安全电压，由开关 $SA_4$ 控制照明灯 $EL$。

　　④ 控制电路和联锁。X62W 铣床的动作方式较多，控制电路较复杂，为安全可靠地工作，必须具有必要的联锁。

　　a. 主运动和进给运动的顺序联锁。进给运动的控制电路接在接触器 $KM_3$ 自锁触点之后，保证了主电动机 $M_1$ 启动后（若不需要 $M_1$ 启动，将 $SA_5$ 扳至中间位置）才可启动进给电动机 $M_2$。而主轴停止时，进给立即停止。

　　b. 工作台左、右、上、下、前、后六个运动方向间的联锁。六个运动方向采用机械和电气双重联锁。工作台的左、右用一个手柄控制，手柄本身就具有左、右运动的联锁。工作台的横向和垂直运动间的联锁，由十字形手柄实现。工作台的纵向与横向垂直运动间的联锁，则利用电气方法实现。行程开关 $SQ_1$、$SQ_2$ 和 $SQ_3$、$SQ_4$ 的常闭触点分别串联后，再并联形成两条电流通路至 $KM_4$ 和 $KM_5$ 线圈。若一个手柄扳动后再去扳动另一个手柄，将使两条电路断开，接触器线圈就会断电，工作台停止运动，从而实现运动间的联锁。

c. 圆工作台和工作台间的联锁。圆工作台工作时，不允许机床工作台在纵向、横向、垂直方向上有任何移动。圆工作台转换开关 $SA_1$ 扳到接通位置时，$SA_{1-1}$、$SA_{1-3}$ 切断了机床工作台的进给控制回路，使机床工作台不能在纵向、横向、垂直方向上做进给运动。圆工作台的控制电路中串联了 $SQ_{1-2}$、$SQ_{2-2}$、$SQ_{3-2}$、$SQ_{4-2}$ 常闭触点，所以扳动工作台任一方向的进给手柄，都将使圆工作台停止转动，实现了圆工作台和机床工作台纵向、横向及垂直方向运动的联锁控制。

# 第二节　FX 系列 PLC 在生产装备电气控制中的应用

【例 14-3】 $FX_{2N}$ 系列 PLC 在化工装置控制中的应用。

## 1. 工艺过程及要求

某化工装置由四个容器组成，如图 14-7 所示。容器之间用泵连接，每个容器都装有检测容器空和满的传感器。1 号、2 号容器分别用泵 P1、P2 将碱和聚合物灌满，灌满后传感器发出信号，P1、P2 关闭。2 号容器开始加热，当温度达到 60℃ 时，温度传感器发出信号，关掉加热器。然后，泵 P3、P4 分别将 1 号、2 号容器中的溶液输送到反应器 3 号中，同时搅拌器启动，搅拌时间为 60s。一旦 3 号满或 1 号、2 号空，则泵 P3、P4 停，等待。当搅拌时间到，P5 将混合液抽入产品池 4 号容器，直到 4 号满或 3 号空。产品用 P6 抽走，直到 4 号空。这样就完成了一次循环，等待新的循环开始。

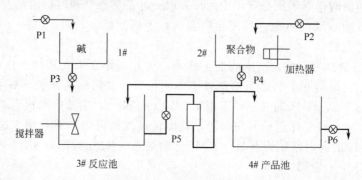

图 14-7　化工装置工作过程示意图

## 2. 控制流程

根据生产流程及工艺要求，绘制出状态流程图，如图 14-8 所示。控制系统采用半自动工作方式，即系统每完成一次循环后，自动停止在初始状态，等待新的启动信号（$SB_0$）。图中 M8002 为激活脉冲，用于初始阶段的激活。

## 3. 机型选择

该化工装置控制系统中，有输入信号 10 个，均为开关量信号，其中启动按钮 1 个，检测元件 9 个；输出信号 8 个，也都是开关量，其中 7 个用于泵及搅拌电动机控制，1 个用于电加热控制。因此，控制系统选用 $FX_{2N}$-32MR 主机，即可满足控制要求。

## 4. 输入输出地址编号

将输入信号 10 个、输出信号 8 个按各自的功能分类，并为功能图的 13 个步序安排辅助继电器。列出外部输入输出信号与 PLC 输入输出端口地址编号对照表，如表 14-4 所示。

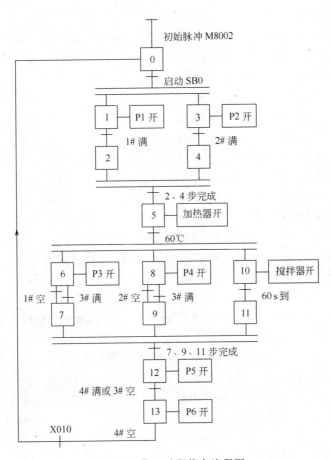

图 14-8 化工过程状态流程图

**表 14-4 化工反应装置 PLC 地址编号对照表**

| 输入信号 | | | 输出信号 | | | 辅助继电器 | | | |
|---|---|---|---|---|---|---|---|---|---|
| 名称 | 功能 | 编号 | 名称 | 功能 | 编号 | 名称 | 编号 | 名称 | 编号 |
| SB$_0$ | 启动按钮 | X000 | KM$_1$ | P1 接触器 | Y000 | 0 步 | M500 | 7 步 | M507 |
| SQ$_1$ | 1# 容器满 | X001 | KM$_2$ | P2 接触器 | Y001 | 1 步 | M501 | 8 步 | M508 |
| SQ$_2$ | 1# 容器空 | X002 | KM$_3$ | P3 接触器 | Y002 | 2 步 | M502 | 9 步 | M509 |
| SQ$_3$ | 2# 容器满 | X003 | KM$_4$ | P4 接触器 | Y003 | 3 步 | M503 | 10 步 | M510 |
| SQ$_4$ | 2# 容器空 | X004 | KM$_5$ | P5 接触器 | Y004 | 4 步 | M504 | 11 步 | M511 |
| SQ$_5$ | 3# 容器满 | X005 | KM$_6$ | P6 接触器 | Y005 | 5 步 | M505 | 12 步 | M512 |
| SQ$_6$ | 3# 容器空 | X006 | KM$_7$ | 加热器接触器 | Y006 | 6 步 | M506 | 13 步 | M513 |
| SQ$_7$ | 4# 容器满 | X007 | KM$_8$ | 搅拌机接触器 | Y007 | 初始化 | M8002 | | |
| SQ$_8$ | 4# 容器空 | X010 | | | | | | | |
| SQ$_9$ | 温度传感器 | X011 | | | | | | | |

**5．PLC 梯形图程序**

（1）逻辑方程 该控制系统的状态流程图主要由单序列和并行序列两种基本结构组成。通过状态流程图，可以得到这 14 个步序的状态逻辑表达式。

① 第 0 步为初始步，它的激活条件为（M8002＋M513·X010），其中 M8002 用于初始激活。第 0 步的关断条件为（$\overline{M501}$＋$\overline{M503}$），即只有 M501 和 M503 都为 ON 时，第 0 步才被关

断。第 0 步逻辑表达式如下：

$$M500=(M8002+M513 \cdot X010+M500) \cdot (\overline{M501}+\overline{M503})$$

② 第 0 步～第 12 步，包含了两组并行序列（0 步～5 步，5 步～12 步）。其逻辑表达式如下：

$M501=(M500 \cdot X000+M501) \cdot \overline{M502}$

$M503=(M500 \cdot X000+M503) \cdot \overline{M504}$

$M502=(M501 \cdot X001+M502) \cdot \overline{M505}$

$M504=(M503 \cdot X003+M504) \cdot \overline{M505}$

$M505=(M502 \cdot M504+M505) \cdot (\overline{M506}+\overline{M508}+\overline{M510})$

$M506=(M505 \cdot X011+M506) \cdot \overline{M507}$

$M508=(M505 \cdot X011+M508) \cdot \overline{M509}$

$M510=(M505 \cdot X011+M510) \cdot \overline{M511}$

$M507=(M506 \cdot X002+M506 \cdot X005+M507) \cdot \overline{M512}$

$M509=(M508 \cdot X004+M508 \cdot X005+M509) \cdot \overline{M512}$

$M511=(M510 \cdot T0+M511) \cdot \overline{M512}$

$M512=(M507 \cdot M509 \cdot M511+M512) \cdot \overline{M513}$

③ 第 13 步为单序列结构。它的激活条件为（M512 · X007＋M512 · X010）；它的关断条件为 $\overline{M500}$。其逻辑表达式如下：

$M513=(M512 \cdot X007+M512 \cdot X010+M513) \cdot \overline{M500}$

④ 执行电器的逻辑表达式：

| | | |
|---|---|---|
| Y000＝M501 | Y001＝M503 | Y002＝M506 |
| Y003＝M508 | Y004＝M512 | Y005＝M513 |
| Y006＝M505 | Y007＝M510 | |

定时器 T0 由 M510 控制。

（2）梯形图　本例的梯形图及有关注释如图 14-9 所示。梯形图是直接通过逻辑表达式列写的。执行电器的梯形图可并接在步序线圈中亦可分开绘制，当执行电器由多个步序线圈驱动时，必须分开绘制。

【例 14-4】 FX 系列 PLC 在继电器接触器电路改造中的应用。

1. 双面单工位液压传动组合机床继电器控制系统

图 14-10 所示为某双面单工位液压传动组合机床继电器控制电路图。本机床采用三台电动机拖动，$M_1$、$M_2$ 为左右动力头电动机，$M_3$ 为冷却泵电动机。$SA_1$ 为左动力头单独调整开关；$SA_2$ 为右动力头单独调整开关，通过它们可实现左右动力头的单独调整；$SA_3$ 为冷却泵电动机工作选择开关。

左右动力头的工作循环如图 14-11 所示。液压执行元件状态见表 14-5。其中 YV 表示电磁阀，KP 表示压力继电器。

表 14-5　液压执行元件动作表

| 工步 | $YV_1$ | $YV_2$ | $YV_3$ | $YV_4$ | $KP_1$ | $KP_2$ |
|---|---|---|---|---|---|---|
| 原位停止 | － | － | － | － | － | － |
| 快进 | ＋ | － | ＋ | － | － | － |
| 工进 | ＋ | － | ＋ | － | － | － |
| 死挡铁停留 | ＋ | － | ＋ | － | ＋ | ＋ |
| 快退 | － | ＋ | － | ＋ | － | － |

注：＋接通；－断开。

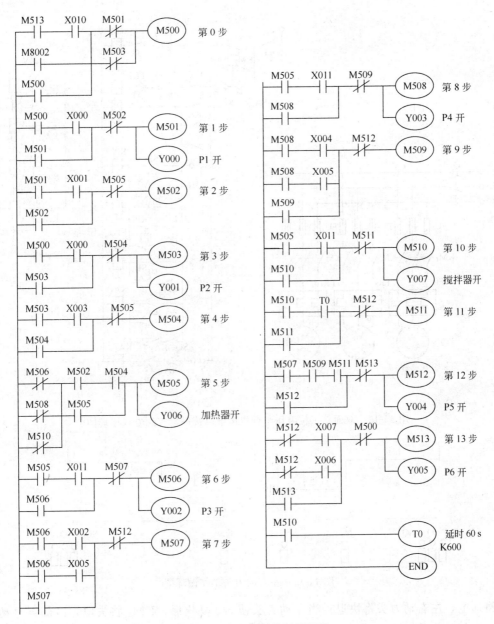

图 14-9　化工装置控制梯形图

　　自动循环的工作过程如下：$SA_1$、$SA_2$ 处于自动循环位置，$SA_{1-2}$、$SA_{1-3}$、$SA_{2-2}$、$SA_{2-3}$ 均处于接通位置，动力头位于原位；按下启动按钮 $SB_2$，接触器 $KM_1$、$KM_2$ 线圈通电并自锁，左、右动力头电动机同时启动旋转；按下"前进"按钮 $SB_3$，中间继电器 $KA_1$、$KA_2$ 通电并自锁，电磁阀 $YV_1$、$YV_3$ 通电，左、右动力头快速进给并离开原位，行程开关 $SQ_1$、$SQ_2$、$SQ_5$、$SQ_6$ 先复位，行程 $SQ_3$、$SQ_4$ 后复位；当 $SQ_3$、$SQ_4$ 复位后，KA 通电并自锁；在动力头进给过程中，靠各自行程阀自动变快进为工进，同时压下行程开关 SQ，接触器 $KM_3$ 线圈通电，冷却泵电动机 $M_3$ 工作，供给冷却液；当左动力头加工完毕，将压下 $SQ_7$ 并顶在死挡铁上，其油路油压升高，$KP_1$ 动作，使 $KA_3$ 通电并自锁；当右动力头加工完毕，将压下 $SQ_8$ 并使 $KP_2$ 动作，$KA_4$ 将接通并自锁；同时 $KA_1$、$KA_2$ 将失电，$YV_1$、$YV_3$ 也将失电，$YV_2$、

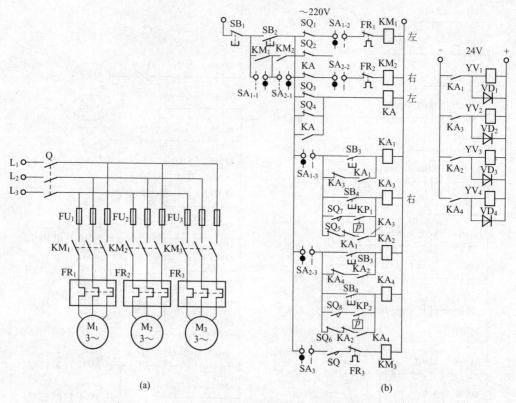

图 14-10 双面单工位液压组合机床继电接触器控制电气原理图

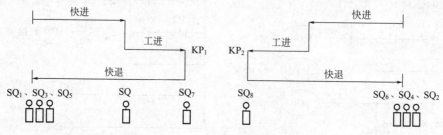

图 14-11 左右动力头工作循环图

$YV_4$ 将通电,左右动力头将快退;当左动力头使 SQ 复位后,$KM_3$ 将失电,冷却泵电动机将停转;左右动力头快退至原位时,先压下 $SQ_3$、$SQ_4$,再压下 $SQ_1$、$SQ_2$、$SQ_5$、$SQ_6$,使 $KM_1$、$KM_2$ 线圈断电,动力头电动机 $M_1$、$M_2$ 断电,同时 KA、$KA_3$、$KA_4$ 线圈断电,$YV_2$、$YV_4$ 断电,动力头停止,机床循环结束;加工过程中,按下 $SB_4$,可随时使左、右动力头快退至原位停止。机床的过载、短路保护等请读者自己分析。

2. 双面单工位液压传动组合机床 PLC 控制梯形图设计

(1) 确定 PLC 的型号及硬件连接 清点继电器控制电路中的按钮、行程开关、压力继电器、热继电器触点。可确定应有 21 个输入信号(4 个按钮、9 个行程开关、3 个热继电器动断触点、2 个压力继电器触点、3 个转换开关),则需占用 21 个输入点。在实际应用中,为节省 PLC 的点数,可适当改变输入信号接线,如将 $SQ_8$ 与 $KP_2$ 串联后作为 PLC 的一个输入信号,就能减少一个输入点。这样 PLC 的输入点数由 21 点减少至 13 点。输入点接线见图 14-12 上部。

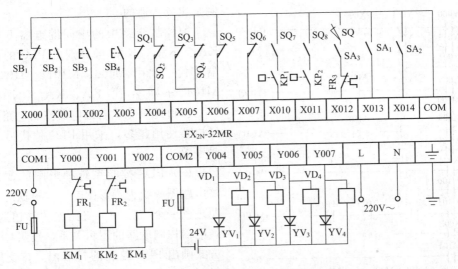

图 14-12　双面单工位组合机床 PLC 输入输出接线图

　　可编程控制器输出控制对象主要是控制电路中的执行器件，如接触器、电磁阀等。已知该机床的执行器件有交流接触器 $KM_1$、$KM_2$、$KM_3$，电磁阀 $YV_1$、$YV_2$、$YV_3$、$YV_4$ 等。依据它们的工作电压，可设计出 PLC 的输出口接线。如图 14-12 下部。由于接触器与电磁阀线圈所加电压的种类与高低不一样，故必须占用 PLC 的两组输出通道，并选择继电器输出型的PLC。通过对机床 PLC 控制系统输入输出电路的综合分析，选择 $FX_{2N}$-32MR 实施该机床的控

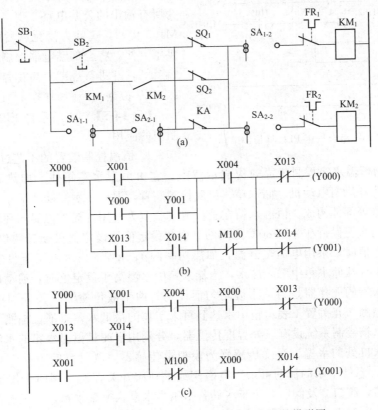

图 14-13　$KM_1$、$KM_2$ 继电器电路及转换成的梯形图

(a) 继电器电路；(b)、(c) 梯形图

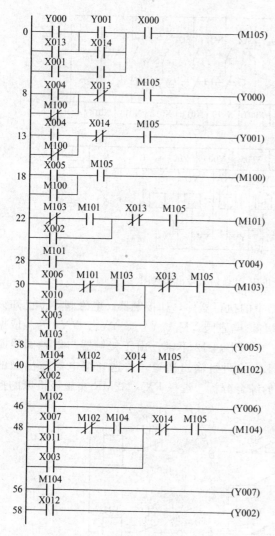

图 14-14　组合机床 PLC 梯形图

制是比较合适的。

原控制线路中的中间继电器 KA、KA₁、KA₂、KA₃、KA₄ 可分别由 PLC 的内部继电器替代；现用 M100、M101、M102、M103、M104 分别替代 KA、KA₁、KA₂、KA₃、KA₄。由此可见，若继电器控制电路中，中间继电器使用越多，采用 PLC 替代后的优越性越显著。

（2）PLC 控制系统梯形图的设计　继电器电路图改绘为梯形图时可以根据继电器控制原理图一个支路一个支路地"移植"。即根据继电器控制电路的逻辑关系，按照一一对应的方式画出 PLC 控制的梯形图。按支路形式逐条转换。如图 14-13 所示的接触器 KM₁、KM₂ 控制线路，首先可将图 14-13（a）所示的 KM₁、KM₂ 继电器控制电路转成如图 14-13（b）所示的梯形图，然后再按梯形图编程的规则对其进行规范化处理及简化，就可得出图 14-13（c）所示的梯形图。考虑到 14-13（c）图的前半部分在原继电接触器电路中其实为所有输出的公共电路，现将它用辅助继电器 M105 代替，这就为简化以后的梯形图支路提供了方便。将全部继电器控制线路进行对应的"移植"，并进行规范、简化等处理，得到该机床 PLC 控制梯形图如图 14-14 所示。

**【例 14-5】** FX₂ₙ 系列 PLC 在恒温水箱控制中的应用。

**1. 恒温控制装置的工艺过程及控制要求**

图 14-15 为恒温水箱控制装置的构成示意图。它由恒温水箱箱体、加热装置、搅拌电动机、冷却器、冷却风扇电动机、储水箱、温度检测装置、温度显示、功率显示、流量显示、阀门及各类指示器等部件构成。恒温水箱在工厂或实验室为使用者提供恒温水环境。恒温水箱控制系统要求控制水温保持在 20～80℃ 之间的某整数设定值。设定值可通过两位拨码开关设定。当水温低于设定值时，采用电加热升温，加热功率约 1.5kW。当水温高于设定值时，放部分热水到储水箱中并从储水箱中泵入冷水，当储水箱中水温高于设定值时，启动冷却风扇并使水流经冷却器。水箱的搅拌器是为了水温均匀而设的。两个液位检测开关分别用来检测水的深度。其中液位检测 2 开关置 1 表示箱中水达到可以工作的最低水位。液位检测 1 开关置 1 表示箱中水已满。水箱控制系统设有三处温度传感器，分别用于测量恒温水箱的水温、储备水箱的水温及水箱入水口处的水温。温度传感器为模拟量传感器，测量范围为 0～100℃，输出 0～10VDC 电压量。系统中水的流动可采用电磁阀或手动阀开关控制。阀门 1 用于将恒温水箱中水放入储备水箱，阀门 2 及阀门 3 用于将储备水箱中水泵入恒温水箱，这里有两条通道，当阀门 2 及阀门 3 通电时水流经冷却器，不通电时不流经冷却器。这三只均为电磁阀。手阀用于应急时的一些操作。管路中设有水泵，为水流动提供动力，水的流速由叶轮计量并通过 PLC 显

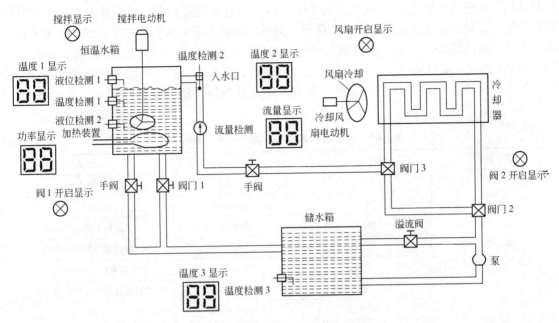

图 14-15 恒温水箱控制装置构成示意图

示，不用于自动控制。系统要求为恒温水箱水温、储水箱水温、水箱入水口处的水温、水的流速及加热功率等 5 项数据设置两位 LED 数值显示。三只电磁阀的通、断状态，搅拌电动机和冷却风扇电动机的工作状态设指示灯显示。系统还要求具有报警功能，如当启动泵时无流量，或加热时无温度变化，则发出报警信号。

综合以上控制要求，本系统的工作过程可以是这样的：当设定水温后（在拨码开关上设定温度后按设定按钮完成设定），如水箱中水少则启动水泵向恒温水箱中注水，当水位达到水箱下部液位检测 2 开关时启动搅拌电动机，测量水温并与设定值比较；若温度小于设定值，则开始加热；若水温高于设定值时，进冷水，当储备水箱水温高于设定值时，采用进水与风机冷却同时进行的方法实现降温控制；当水温高于设定值且水箱水达到上部水位时放掉部分热水。

2. 控制方案分析

由系统的工艺过程及控制要求知，本系统的工作实质是根据恒温水箱及储备水箱中水的温度决定系统的工作状态——或加热搅拌，或经两个路径（冷却及不冷却）为恒温箱供入冷水。由于温度传感器为模拟量传感器，系统中三处温度对应的模拟量均需变换为数字量供 PLC 运算处理。为了提高加热的快速性及系统的稳定性，加热拟采用可调压的可控电源，且电源的功率采用 PID 规律调控。可调压电源为电压量控制方式。这样，系统输入及输出均需 A/D、D/A 转换单元。本系统中，流量用 PLC 的高速计数器对流量计输出脉冲计数的方式测定。

为了方便温度、流量、功率的显示并减少投资，拟采用同一组输出口驱动数码显示器分时完成 5 处显示，译码片选信号也用 PLC 的输出口控制。从总体控制功能来说，系统为温度值控制下的加热或冷却系统，输入量为温度值、液位值、流量值，输出为搅拌电动机、水泵电动机、冷却风扇电动机及电磁阀的动作及自动调节的加热功率。

3. 系统的配置及 I/O 地址表

统计本系统的输入信号有启动开关、停止开关、液位开关、流量检测信号、温度传感信号等；输出的控制对象有水泵电动机、水阀、冷却风机、搅拌电动机、加热装置及温度显示装置等，主要输入输出器件的名称见表 14-6 所列。结合输入输出信号及控制功能，本系统选用 FX$_{2N}$-48MT 型 PLC 一台，配合 4 模拟量输入 FX$_{2N}$-4AD 及模拟量输出 FX$_{2N}$-2DA 各一台构成控制系统。选用晶体管输出型 PLC 是基于输出口连接的数码管动态显示的需要。恒温水箱控制装置的 I/O 地址及接线图如图 14-16 所示。图中，恒温水箱水温、储水箱水温、恒温水箱入水口水温经转换器接入 $FX_{2N}$-4AD 的 CH1～CH3 三通道中。加热器控制所需模拟量电压由 $FX_{2N}$-2DA 的电压端口输出。另外，三只电磁阀的通、断状态，搅拌电动机和冷却风扇电动机的工作状指示灯均采用 PLC 机外安排，直接并接在接触器或继电器的线圈上，未在图 14-16 中表示。

表 14-6 恒温控制系统输入输出器件及地址安排

| 信号类型 | 器件代号 | 地址编号 | 功能说明 |
|---|---|---|---|
| 输入信号 | $SB_1$ | X004 | 系统启动开关 |
| | $SB_2$ | X005 | 系统停止开关 |
| | $SQ_1$ | X001 | 恒温箱上部液位开关 |
| | $SQ_2$ | X002 | 恒温箱下部液位开关 |
| | SP | X000 | 流量检测脉冲输入 |
| | SB | X006 | 温度给定值设定置数按钮 |
| | 拨码开关 | X010～X017 | 温度设定置数 |
| 输出信号 | $KA_1$ | Y000 | 水泵电动机接触器 |
| | $YV_1$ | Y001 | 电磁阀门 1 |
| | $YV_2$ | Y002 | 电磁阀门 2 |
| | $YV_3$ | Y006 | 电磁阀门 3 |
| | $KA_2$ | Y003 | 冷却风扇电动机接触器 |
| | $KA_3$ | Y004 | 搅拌电动机接触器 |
| | $KA_4$ | Y005 | 加热装置接触器 |
| | HL | Y007 | 报警指示灯 |
| | BCD 译码器 | Y010～Y017 | 温度、流量、功率显示 |
| | $C_1$ | Y020 | 温度显示 1LED 选择信号 |
| | $C_2$ | Y021 | 温度显示 2LED 选择信号 |
| | $C_3$ | Y022 | 温度显示 3LED 选择信号 |
| | $C_4$ | Y023 | 流量显示 LED 选择信号 |
| | $C_5$ | Y024 | 功率显示 LED 选择信号 |

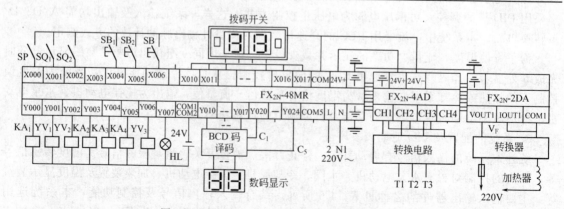

图 14-16 恒温水箱控制装置的 I/O 地址接线图

4. 控制程序及说明

控制系统软件用程序语言描述系统的工作任务。结合恒温水箱的工作内容，程序有以下两大任务：其一是系统配置、数据处理及输出，具体来说，本例中指扩展模块工作状态的设置及检查，三处温度及流量值的读入与处理，显示机构的安排等；本项任务类似于系统工作前的准备。任务之二是系统正常工作时的调控过程，本例中指水泵、风机、阀门、加热及搅拌的控制过程。

经删减简化的控制程序梯形图如图 14-17 所示（图中母线旁的编号为梯形图支路号）。依

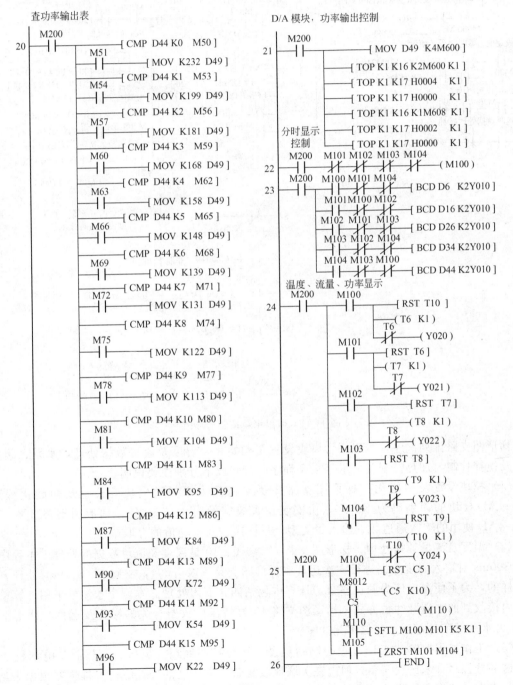

图 14-17

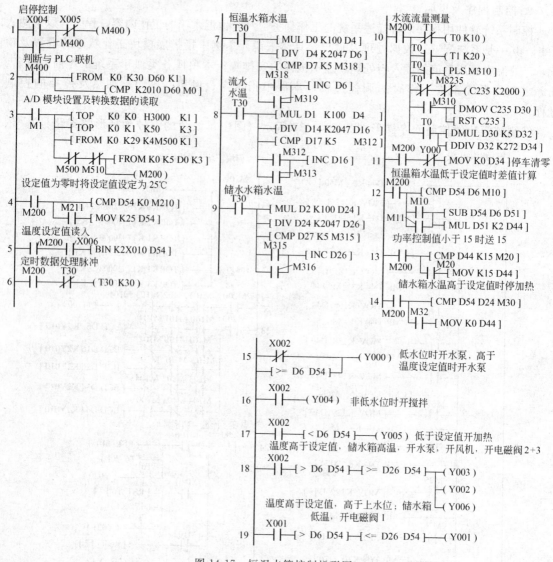

图 14-17 恒温水箱控制梯形图

图中梯形图支路排列次序，本程序含模块设置及初始化，温度及流量数据处理，水泵、阀门、加热及搅拌控制，加热控制及显示等主要程序段落。以下分别简要说明。

（1）模块设置及初始化 梯形图支路 2 及支路 3 为模拟量模块的检查及初始化程序。FX$_{2N}$-4AD 模块的识别码为 K2010。由安装位置决定的模块号为 K0。梯形图支路 3 规定了 FX$_{2N}$-4AD 使用的输入通道数、输入量类型、采样次数及平均值的存取单元。

（2）温度及流量数据处理 梯形图支路 7、8、9、10 是温度及流量数据的处理。本程序中每隔 300ms 对输入温度数据进行一次运算（梯形图支路 6 及 T30），支路 7、8、9 的处理方式是一样的，为了使温度值为两位整数，计算中包括四舍五入处理。本例中水流量采用计算单位时间内接收到的水流脉冲数方式，梯形图支路 10 为高速计数器有关的配置及运算。梯形图支路 11 为水泵停车时，流量存储单元清零。

（3）工作过程控制 工作过程控制指温度、液位控制阀门、风机、加热器及电动机的工作。这部分程序看来比较简单，但内在关联比较复杂。本例这部分程序的安排主要根据表14-7进行。表中，工作水位指达到水箱液位检测 2 开关位置及以上；低水位为未达到水箱液位检测

2 开关位置；高水位为达到水箱液位检测 1 开关位置；温度的高低都是相对温度设定值而言的；"☆"为该项输出工作。表 14-7 是由恒温水箱的工作过程分析绘出的。工作过程控制部分梯形图支路 15～19 则根据表中所列逻辑关联绘出。如由表 14-7 中可知，水泵的工作因素有两个：一是水位低于工作水位时；另一则是水箱的温度高于设定值温度时。因而有梯形图支路 15。其他支路的绘出请读者分析。

**表 14-7　恒温水箱各工况输入输出量逻辑关系表**

| 液位 | 水箱温度 | 储水箱水温 | 水泵 | 搅拌机 | 风机 | 阀1 | 阀2 | 阀3 | 加热 |
|---|---|---|---|---|---|---|---|---|---|
| 低水位 | — | — | ☆ | | | | | | |
| 工作水位 | 低 | — | | ☆ | | | | | ☆ |
| 工作水位 | 高 | 低 | ☆ | ☆ | | | | | |
| 工作水位 | 高 | 高 | ☆ | ☆ | ☆ | | ☆ | ☆ | |
| 高水位 | 低 | — | | ☆ | | | | | ☆ |
| 高水位 | 高 | 低 | ☆ | ☆ | | ☆ | | | |
| 高水位 | 高 | 高 | ☆ | ☆ | ☆ | | ☆ | ☆ | |

（4）加热及显示控制　本例中加热功率的大小为 PLC 模拟量输出电压控制。本例采用了查表法 PID。这里表是指由加热装置的触发特性及 PID 控制要求设定的一组数据。数据的选择由温差控制。梯形图支路 12 为温度差计算及乘 2 的内容。支路 13、14 也是为功率控制安排的。查表则指由温度差决定的送数大小。大小不同的数送到模拟量输出单元后即可使图 14-16 中转换单元输出不同的功率。

本例中，温度、流量及功率的显示是分时的，这主要通过移位指令实现。另外，报警有关程序已略去。

虽经简化，程序仍较长，为了方便阅读，特将程序中所用存储单元用途列表，如表 14-8 所示。

**表 14-8　恒温水箱程序中使用的主要存储单元**

| 存储单元地址 | 用途 | 存储单元地址 | 用途 |
|---|---|---|---|
| D60 | 模块识别码存储器 | D44 | 控加热功率控制值 |
| D54 | 恒温水箱温度设定值 | K2Y010 | 水箱温度显示 BCD 码 |
| D0 | 恒温水箱温度测量值 | C235 | 流量测量高速计数器 |
| D6 | 水箱温度计算值 | M100～M104 | 移位单元 |
| D1 | 水箱入水口流水温度测量值 | M400 | 开关控制继电器 |
| D16 | 水箱入水口流水温度计算值 | M1 | 模块识别继电器 |
| D2 | 储水箱温度测量值 | M200 | 模块工作正常继电器 |
| D26 | 储水箱温度计算值 | T30 | 数据处理定时器 |
| D34 | 进水流量值 | | |

**【例 14-6】** 多媒体教学用电视机时分管制系统。

**1. 多媒体教学用电视机工作要求**

某电化教学区设有数十间教室，每室设有电视机数台。由于电化教室兼作学生娱乐活动室，需对电视机的使用进行分时管制，具体要求如下。

① 正常教学时间内使用电视机需到管理中心申请，管理中心可以手动实现各教室电视机

的启闭，并配合教学需要传送电化教学信号。无申请的电视机处于关闭状态。

② 周末、周一～周五的早晨、中午及晚自习前因收看新闻及娱乐需要开放电视机。时间表如下。

周一～周五　早晨 6:30 分始至 7:50 分为第一段时间。

中午 12:00 分始至下午 2:00 分为第二段时间。

下午 4:00 至晚上 7:30 分为第三段时间。

其中，周五的第三段时间要延续到晚上 10:00 分。

周末　早晨 6:30 分始至晚上 10:00 分止。

以上时间控制采用自动控制方式。

③ 为了满足特殊需要，电视机可以在任何时间内实现强制启停（电视机本身电源开关位于接通位置）。

④ 为了方便管理人员了解各电视机工作状态，集控设备应具有一定的显示功能。电视机的开停管制使用加装于机内的电子装置（对机内信号通道及扫描通道进行控制），只有该装置置 1 时，电视机方能进入工作状态。各电视机的控制装置和可编程控制器的不同输出口相连，并设有不同的编号，收看电视节目或收看教学录像由天线选择开关选择。

2. 控制方案的选择及 PLC 的端口安排

分析以上控制要求，本例有两个基本问题：第一个基本问题是电视机分散分布在各楼层及教室里，采用一台输出点数较多的可编程集中控制并不合适；为了简化输出线路，节省输出用线材，只适合于采用可编程控制器网络；本例的第二个基本问题是时间控制，这个问题也可以采用可编程控制器解决。目前不少 PLC 已设有时钟指令，时间控制是方便的。时间控制的一个重要问题是对时，这可在 PLC 网络中选某台机为主站担负对时任务，但需设一定的时间数据输入装置。考虑三菱 FX$_{2N}$ 系列可编程控制器的通信模式，N:N 网络结构简单，编程容易，共享数据即有能控制电视机开关的位元件，又有能用于时钟对时的字数据，且统计 N:N 网络共享数据的数量，也正好可以满足本例电视机的数量需要，因而可以确定采用 N:N 网络为本例的控制方案。综合电视机在教学楼中的分布，拟设定主站一台，从站七台，每个从站最多控制 8 台电视机。

除了时间控制外，本例要求能人为强制接通或断开各个教室的电视机。强制操作的方法要简单，还要直观。为此，在集控室，也即 PLC 网络的主站，需设与电视机同等数量的开关，而为节约可编程控制器的输入口，最方便的方法是采用开关分组分时读入的方式采集开关的状态。而分时最简单的方法是采用 PLC 输出口分时接通输入口各组开关的方式。同时，开关也可以作为时钟数据的输入手段（数据采取二位十六进制编码）。最后，综合时钟设置与电视机开关需要，决定设定 7 组开关，每组 8 只，开关的组数与可编程从站的台数正好相符，则每一组开关对应一个从站所接电视机的情况。从时间数据的传送而言，7 组开关正好对应时间数据的年、月、日、时、分、秒及星期 7 组数据。为了区别开关所代表的数据是时间还是电视机的开关状态，在输入口还需设一个选择开关。

综合以上设想，本例选取用 FX$_{2N}$-32MR 一台作为主站，七台 FX$_{2N}$-16MR 作为从站，每台 PLC 配 FX$_{2N}$-485-BD 板一块。各 PLC 网站间采用双绞线连接。系统结构情况与图 14-18 类似。

图 14-18 给出了控制主站的端口接线图（通信相关连接未绘出）。图中 56 只开关分为 7 组接于输入口 X010～X017，输出口 Y010～Y017 作为 7 组开关状态分时读入的控制。X001 所接的开关 K 为输入数据类型选择开关。当 X001 为 1 时输入电视机的开关状态，为 0 时输入的为对时数据。不论是输入哪类数据，当开关准备就绪后需启动开关的分时读入扫描过程，这时需

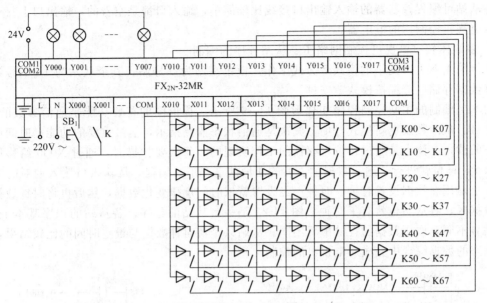

图 14-18 多媒体教室电视机时分控制 PLC 接线图

按下接于 X000 的按钮 SB。为了指示通信中各台 PLC 的通信情况，主站 PLC 输出口 Y000～Y007 接有各台 PLC 的通信状态指示灯。

图 14-19 多媒体教室电视机时分控制主站梯形图

各从站可编程控制器的输入输出口接线比较简单，输入口都是空着的，输出口上每一个口接一台电视机控制用的继电器。

3. 多媒体教室电视机控制网络主、从站程序的编制

本例采用 N：N 网络的模式 2 方式工作，设定主站为 0 号站，其余从站为 1～7 号站，各站共享数据存储区分配按模式 2 安排。

为本例编制的主站控制程序如梯形图 14-19 所示。梯形图的首要功能是通信参数的设置，含主站号、从站数及更新模式等项。其次是通信状态监测指示，但最重要的功能是时间或电视机状态的读入。读入是通过移位寄存器的工作实现的。每次要扫描时，通过 X000 给移位寄存器送入 1，移位就进行一遍。数据读入后的通信共享并不要编程。从输入口读入的对时时钟数据实际上是用新数据设置时钟。时钟一经设置就依时间规律变化数据，然后再将时钟数据读到共享数据区，各从站也就有了时钟。图 14-20 是一台从站的程序。各从站的程序基本上一样，只是站号不同，取用数据的存储单元不同。从站只是从时钟数据与设定时间的比较结果，以及开关状态的数据综合中完成对电视机的控制。

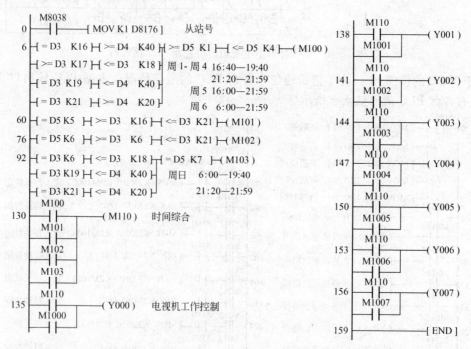

图 14-20　多媒体教室电视机时分控制从站梯形图

# 附　录

## 附录 A　常用电器的图形符号

| 电器名称 | 图形符号 | 电器名称 | 图形符号 |
|---|---|---|---|
| 负荷开关 |  | 时间继电器 | 通电延时型： |
| 隔离开关 |  |  | 断电延时型： |
| 具有自动释放的负荷开关 |  |  | 延时闭合的常开触点： |
| 三相笼型异步电动机 | M 3~ |  | 延时断开的常开触点： |
| 单相笼型异步电动机 | M 1~ |  | 延时闭合的常闭触点： |
|  |  |  | 延时断开的常闭触点： |
| 三相绕线转子异步电动机 | M 3~ | 速度继电器触点 |  |
| 带间隙铁芯的双绕组变压器 |  | 常开按钮 | E |
| 接触器 | 线圈： | 常闭按钮 | E |
|  | 主触点： | 旋钮开关、旋转开关（闭锁） |  |
|  | 辅助触点： | 行程开关、接近开关 | 常开触点： |
| 过电流继电器 | 线圈： $I>$ |  | 常闭触点： |
| 欠电压继电器 | 线圈： $U<$ |  | 对两个独立电路作双向机械位置操作或限制 开关： |
| 中间继电器 | 线圈： | 断路器 |  |
| 继电器触点 | 触点： | 热继电器的热元件 |  |
| 熔断器 |  | 热继电器的动断触点 |  |

# 附录 B  FX 系列 PLC 产品规格表

表 B-1FX₁ₛ系列 PLC 规格表

**表 B-1  FX₁ₛ系列 PLC 规格表**

| 型　号 | 输　入 | | 输　出 | | 输入电源与要求 | | | |
|---|---|---|---|---|---|---|---|---|
| | 点数 | 规格 | 点数 | 形式 | 额定 | 允许范围 | 容量 | 熔断器 |
| FX₁ₛ—10MR | 6 | DC 24V | 4 | 继电器 | | | 19V・A | |
| FX₁ₛ—10MT | 6 | DC 24V | 4 | 晶体管 | | | 19V・A | |
| FX₁ₛ—14MR | 8 | DC 24V | 6 | 继电器 | | | 19V・A | |
| FX₁ₛ—14MT | 8 | DC 24V | 6 | 晶体管 | | | 19V・A | |
| FX₁ₛ—20MR | 12 | DC 24V | 8 | 继电器 | AC 100/200V | AC 85～264V | 20V・A | 250V/1A |
| FX₁ₛ—20MT | 12 | DC 24V | 8 | 晶体管 | | | 20V・A | |
| FX₁ₛ—30MR | 16 | DC 24V | 14 | 继电器 | | | 21V・A | |
| FX₁ₛ—30MT | 16 | DC 24V | 14 | 晶体管 | | | 21V・A | |
| FX₁ₛ—10MR-D | 6 | DC 24V | 4 | 继电器 | | | 6W | |
| FX₁ₛ—10MT-D | 6 | DC 24V | 4 | 晶体管 | | | 6W | |
| FX₁ₛ—14MR-D | 8 | DC 24V | 6 | 继电器 | | | 6.5W | |
| FX₁ₛ—14MT-D | 8 | DC 24V | 6 | 晶体管 | DC 24V | DC 20.4～26.4V | 6.5W | 250V/0.8A |
| FX₁ₛ—20MR-D | 12 | DC 24V | 8 | 继电器 | | | 7W | |
| FX₁ₛ—20MT-D | 12 | DC 24V | 8 | 晶体管 | | | 7W | |
| FX₁ₛ—30MR-D | 16 | DC 24V | 14 | 继电器 | | | 8W | |
| FX₁ₛ—30MT-D | 16 | DC 24V | 14 | 晶体管 | | | 8W | |

表 B-2FX₁ₛ系列扩展选件一览表。

**表 B-2  FX₁ₛ系列扩展选件一览表**

| | 型　号 | 名　称 | 功　能 | 使用限制 |
|---|---|---|---|---|
| 内置式扩展板 | FX₁ₙ-4EX-BD | 内置式输入扩展板 | 4 点 DC 24V 输入 | 适用于 V2.0 以上版本,只能安装 1 块(不可以同时选用) |
| | FX₁ₙ-2EYT-BD | 内置式输出扩展板 | 2 点晶体管输出 | |
| | FX₁ₙ-2AD-BD | 内置式模拟量输入扩展板 | 2 通道模拟量输入 | |
| | FX₁ₙ-1DA-BD | 内置式模拟量输出扩展板 | 1 通道模拟量输出 | |
| | FX₁ₙ-8AV-BD | 8 模拟电位器扩展板 | 8 模拟量调节电位器 | |
| | FX₁ₙ-232-BD | 内置式 RS-232 通信扩展板 | RS-232C 接口通信 | |
| | FX₁ₙ-485-BD | 内置式 RS-485 通信扩展板 | RS-485 接口通信 | |
| | FX₁ₙ-422-BD | 内置式 RS-422 通信扩展板 | RS-422C 接口通信 | |
| | FX₁ₙ-CNV-BD | 通信接口模块适配器 | 连接外置式通信模块 | |

续表

| | 型　号 | 名　称 | 功　能 | 使用限制 |
|---|---|---|---|---|
| 扩展模块 | FX<sub>2NC</sub>-232ADP | 外置式 RS-232 通信模块 | RS-232 通信 | 需要安装 FX<sub>1N</sub>-CNV-BD 适配器 |
| | FX<sub>2NC</sub>-485ADP | 外置式 RS-485 通信模块 | RS-485 通信 | |
| 其他附件 | FX<sub>1N</sub>-5DM | 简易操作显示单元 | 状态监视、数据设定（安装于 PLC 正面） | 不可与以下扩展选件同时选用：FX<sub>1N</sub>-EEPROM-8L，FX<sub>1N</sub>-2AD-BD，FX<sub>1N</sub>-1DA-BD |
| | FX-10DM-E-SET0 | 外置简易操作显示单元 | 状态监视、数据设定（安装在设备上） | 需要附加连接电缆 |
| | FX<sub>1N</sub>-EEPROM-8L | 存储器盒 | 存储容量 2000 步 | 不可与 FX<sub>1N</sub>-5DM 同时选用 |

表 B-3FX<sub>1N</sub>系列 PLC 基本单元规格与输入电源要求表。

**表 B-3　FX<sub>1N</sub>系列 PLC 基本单元规格与输入电源要求表**

| 型　号 | 输　入 | | 输　出 | | 输入电源要求 | | | |
|---|---|---|---|---|---|---|---|---|
| | 点数 | 规格 | 点数 | 形式 | 额定 | 允许范围 | 容量 | 熔断器 |
| FX<sub>1N</sub>-24MR | 14 | DC 24V | 10 | 继电器 | AC 100/200V | AC 85～264V | 30V·A | 250V/1A |
| FX<sub>1N</sub>-24MT | 14 | DC 24V | 10 | 晶体管 | | | 30V·A | 250V/3.15A |
| FX<sub>1N</sub>-40MR | 24 | DC 24V | 16 | 继电器 | | | 32V·A | |
| FX<sub>1N</sub>-40MT | 24 | DC 24V | 16 | 晶体管 | | | 32V·A | |
| FX<sub>1N</sub>-60MR | 36 | DC 24V | 24 | 继电器 | | | 35V·A | |
| FX<sub>1N</sub>-60MT | 36 | DC 24V | 24 | 晶体管 | | | 35V·A | |
| FX<sub>1N</sub>-24MR-D | 14 | DC 24V | 10 | 继电器 | DC 12/24V | DC 10.2～28.5V | 15W | 125 V/3.15A |
| FX<sub>1N</sub>-24MT-D | 14 | DC 24V | 10 | 晶体管 | | | 15W | |
| FX<sub>1N</sub>-40MR-D | 24 | DC 24V | 16 | 继电器 | | | 18W | |
| FX<sub>1N</sub>-40MT-D | 24 | DC 24V | 16 | 晶体管 | | | 18W | |
| FX<sub>1N</sub>-60MR-D | 36 | DC 24V | 24 | 继电器 | | | 20W | |
| FX<sub>1N</sub>-60MT-D | 36 | DC 24V | 24 | 晶体管 | | | 20W | |

表 B-4FX<sub>1N</sub>系列内置扩展板一览表。

**表 B-4　FX<sub>1N</sub>系列内置扩展板一览表**

| 型　号 | | 名称与功能 | DC 5V 电源消耗 |
|---|---|---|---|
| IO 扩展板 | FX<sub>1N</sub>-4EX-BD | 4 点 DC 24V 输入内置扩展板 | — |
| | FX<sub>1N</sub>-2EYT-BD | 2 点晶体管输出内置扩展板 | — |
| 模拟量 I/O 扩展板 | FX<sub>1N</sub>-2AD-BD | 2 通道模拟量输入内置扩展板 | 消耗 20mA |
| | FX<sub>1N</sub>-1DA-BD | 1 通道模拟量输出内置扩展板 | 消耗 20mA |
| | FX<sub>1N</sub>-8AV-BD | 8 模拟电位器内置扩展板 | 消耗 20mA |

续表

| 型　号 | 名称与功能 | DC 5V 电源消耗 |
|---|---|---|
| 通信接口扩展板　FX₁N-232-BD | 内置式 RS-232 通信扩展板 | 消耗 20mA |
| FX₁N-485-BD | 内置式 RS-485 通信扩展板 | 消耗 60mA |
| FX₁N-422-BD | 内置式 RS-422 通信扩展板 | 消耗 60mA |
| 特殊通信扩展　FX₁N-CNV-BD | 通信适配器(接口扩展板) | 消耗 20mA |
| FX₂NC-232ADP | 外置式 RS-232 通信模块(需要 FX₁N-CNV-BD) | 消耗 100mA |
| FX₂NC-485ADP | 外置式 RS-485 通信模块(需要 FX₁N-CNV-BD) | 消耗 150mA |

表 B-5FX₁N系列扩展单元一览表。

**表 B-5　FX₁N系列扩展单元一览表**

| 型　号 | | 名称与功能 | 外部输入电源 | 可提供的电源容量 DC 24V | DC 5V | 占用 I/O 点 |
|---|---|---|---|---|---|---|
| FX₀N 系列 | FX₀N-40ER | 24 点 DC 24V 输入/16 点继电器输出 | AC 100/200 V | 250mA | 690mA | 24/16 |
| | FX₀N-40ET | 24 点 DC 24V 输入/16 点晶体管输出 | AC 100/200V | 250mA | 690mA | 24/16 |
| | FX₀N-40ER-D | 24 点 DC 24V 输入/16 点继电器输出 | DC 24V | 250mA | 690mA | 24/16 |
| FX₂N 系列 | FX₂N-32ER | 16 点 DC 24V 输入/16 点继电器输出 | AC 100/200V | 250mA | 690mA | 16/16 |
| | FX₂N-32ET | 16 点 DC 24V 输入/16 点晶体管输出 | AC 100/200V | 250mA | 690mA | 16/16 |
| | FX₂N-32ES | 16 点 DC 24V 输入/16 点晶闸管输出 | AC 100/200V | 250mA | 690mA | 16/16 |
| | FX₂N-48ER | 24 点 DC 24V 输入/24 点继电器输出 | AC 100/200V | 460mA | 690mA | 24/24 |
| | FX₂N-48ET | 24 点 DC 24V 输入/24 点晶体管输出 | AC 100/200V | 460mA | 690mA | 24/24 |
| | FX₂N-48ER-UA1/UL | 24 点 AC100V 输入/24 点晶体管输出 | AC 100/200V | 460mA | 690mA | 24/24 |
| | FX₂N-48ER-D | 24 点 DC 24V 输入/24 点继电器输出 | DC 24V | 460mA | 690mA | 24/24 |
| | FX₂N-48ET-D | 24 点 DC 24V 输入/24 点晶体管输出 | DC 24V | 460mA | 690mA | 24/24 |

表 B-6FX₁N系列 I/O 扩展模块一览表。

**表 B-6　FX₁N系列 I/O 扩展模块一览表**

| 型　号 | | | 名称与功能 | DC 24V 消耗 | DC 5V 消耗 | 占用 I/O 点 |
|---|---|---|---|---|---|---|
| 输入扩展 | FX₀N 系列 | FX₀N-8EX | 8 点 DC 24V 输入扩展模块 | 50mA | — | 8/0 |
| | | FX₀N-16EX | 16 点 DC 24V 输入扩展模块 | 100mA | — | 16/0 |
| | FX₂N 系列 | FX₂N-8EX | 8 点 DC24V 输入扩展模块 | 50mA | — | 8/0 |
| | | FX₂N-8EX-UA1/UL | 8 点 AC100V 输入扩展模块 | 50mA | — | 8/0 |
| | | FX₂N-16EX | 16 点 DC 24V 输入扩展模块 | 100mA | — | 16/0 |
| | | FX₂N-16EX-C | 16 点 DC 24V 输入扩展模块(插头连接) | 100mA | — | 16/0 |
| | | FX₂N-16EXL-C | 16 点 DC5V 输入扩展模块(插头连接) | 100mA | — | 16/0 |

续表

| 型　号 | | 名称与功能 | DC 24V 消耗 | DC 5V 消耗 | 占用 I/O 点 |
|---|---|---|---|---|---|
| FX<sub>0N</sub> 系列 | FX<sub>0N</sub>-8EYR | 8 点继电器输出扩展模块 | 75mA | — | 0/8 |
| | FX<sub>0N</sub>-8EYT | 8 点晶体管输出扩展模块 | 75mA | — | 0/8 |
| | FX<sub>0N</sub>-16EYR | 16 点继电器输出扩展模块 | 150mA | — | 0/16 |
| | FX<sub>0N</sub>-16EYT | 16 点晶体管输出扩展模块 | 150mA | — | 0/16 |
| FX<sub>2N</sub> 系列 | FX<sub>2N</sub>-8EYR | 8 点继电器输出扩展模块 | 75mA | — | 0/8 |
| | FX<sub>2N</sub>-8EYT | 8 点 DC 24V/0.5A 晶体管输出扩展模块 | 75mA | — | 0/8 |
| | FX<sub>2N</sub>-8EYT-H | 8 点 DC 24V/IA 晶体管输出扩展模块 | 75mA | — | 0/8 |
| | FX<sub>2N</sub>-16EYR | 16 点继电器输出扩展模块 | 150mA | — | 0/16 |
| | FX<sub>2N</sub>-16EYT | 16 点 DC 24V/0.5A 晶体管输出扩展模块 | 150mA | — | 0/16 |
| | FX<sub>2N</sub>-16EYS | 16 点晶闸管输出扩展模块 | 150mA | — | 0/16 |
| | FX<sub>2N</sub>-16EYT-C | 16 点 DC 24V/0.3A 晶体管输出扩展模块（插头连接） | 150mA | — | 0/16 |

（上述型号左侧第一列合并标注为"输出扩展"）

| I/O 混合扩展 | FX<sub>0N</sub>-8ER | 4 点输入/4 点继电器输出扩展模块 | 70mA | — | 8/8 |
|---|---|---|---|---|---|
| | FX<sub>2N</sub>-8ER | 4 点输入/4 点继电器输出扩展模块 | 70mA | — | 8/8 |
| 模拟量扩展 | FX<sub>0N</sub>-3A | 2/1 通道模拟量 I/O 扩展模块 | 90mA | 30mA | 8 |

表 B-7 FX<sub>2N</sub> 系列 PLC 基本单元规格与输入电源要求表。

**表 B-7　FX<sub>2N</sub> 系列 PLC 基本单元规格与输入电源要求表**

| 型　号 | 输　入 | | 输　出 | | 输入电源要求 | | | |
|---|---|---|---|---|---|---|---|---|
| | 点数 | 规格 | 点数 | 形式 | 额定 | 允许范围 | 容量 | 熔断器 |
| FX<sub>2N</sub>-16MR | 8 | DC 24V | 8 | 继电器 | | | 30V·A | |
| FX<sub>2N</sub>-16MT | 8 | DC 24V | 8 | 晶体管 | | | 30V·A | |
| FX<sub>2N</sub>-16MS | 8 | DC 24V | 8 | 晶闸管 | | | 30V·A | 250V/ 3.15A |
| FX<sub>2N</sub>-32MR | 16 | DC 24V | 16 | 继电器 | | | 40V·A | |
| FX<sub>2N</sub>-32MT | 16 | DC 24V | 16 | 晶体管 | AC 100/ 200V | AC 85~ 264V | 40V·A | |
| FX<sub>2N</sub>-32MR | 16 | DC 24V | 16 | 晶闸管 | | | 40V·A | |
| FX<sub>2N</sub>-48MR | 24 | DC 24V | 24 | 继电器 | | | 50V·A | |
| FX<sub>2N</sub>-48MT | 24 | DC 24V | 24 | 晶体管 | | | 50V·A | 250V/ 5A |
| FX<sub>2N</sub>-48MS | 24 | DC 24V | 24 | 晶闸管 | | | 50V·A | |
| FX<sub>2N</sub>-64MR | 32 | DC 24V | 32 | 继电器 | | | 60V·A | |
| FX<sub>2N</sub>-64MT | 32 | DC 24V | 32 | 晶体管 | | | 60V·A | |
| FX<sub>2N</sub>-64MS | 32 | DC 24V | 32 | 晶闸管 | | | 60V·A | |
| FX<sub>2N</sub>-80MR | 40 | DC 24V | 40 | 继电器 | | | 70V·A | |
| FX<sub>2N</sub>-80MT | 40 | DC 24V | 40 | 晶体管 | AC 100/ 200V | AC 85~ 264V | 70V·A | 250V/ 5A |
| FX<sub>2N</sub>-80MS | 40 | DC 24V | 40 | 晶闸管 | | | 70V·A | |
| FX<sub>2N</sub>-128MR | 64 | DC 24V | 64 | 继电器 | | | 80V·A | |
| FX<sub>2N</sub>-128MT | 64 | DC 224V | 64 | 晶体管 | | | 80V·A | |

续表

| 型 号 | 输入 | | 输出 | | 输入电源要求 | | | |
|---|---|---|---|---|---|---|---|---|
| | 点数 | 规格 | 点数 | 形式 | 额定 | 允许范围 | 容量 | 熔断器 |
| FX$_{2N}$-16MR-UA1/UL | 8 | AC 100V | 8 | 继电器 | AC 100/200V | AC 85～264V | 30V·A | 250V/3.15 |
| FX$_{2N}$-32MR-UA1/UL | 16 | AC 100V | 16 | 继电器 | | | 40V·A | |
| FX$_{2N}$-48MR-UA1/UL | 24 | AC 100V | 24 | 继电器 | | | 50V·A | 250V/5A |
| FX$_{2N}$-64MR-UA1/UL | 32 | AC 100V | 32 | 继电器 | | | 60V·A | |
| FX$_{2N}$-32MR-D | 16 | DC 24V | 16 | 继电器 | DC 24V | DC 16.8～28.8V | 25W | 250V/3.15A |
| FX$_{2N}$-32MT-D | 16 | DC 24V | 16 | 晶体管 | | | 25W | |
| FX$_{2N}$-48MR-D | 24 | DC 24V | 24 | 继电器 | | | 30W | |
| FX$_{2N}$-48MT-D | 24 | DC 24V | 24 | 晶体管 | | | 30W | |
| FX$_{2N}$-64MR-D | 32 | DC 24V | 32 | 继电器 | | | 35W | 250V/5A |
| FX$_{2N}$-64MT-D | 32 | DC 24V | 32 | 晶体管 | | | 35W | |
| FX$_{2N}$-80MR-D | 40 | DC 24V | 40 | 继电器 | | | 40W | |
| FX$_{2N}$-80MT-D | 40 | DC 24V | 40 | 晶体管 | | | 40W | |

表 B-8 FX$_{2N}$系列扩展单元一览表。

**表 B-8 FX$_{2N}$系列扩展单元一览表**

| 型 号 | 名称与功能 | 输入电源 | | | 可提供的电源容量 | |
|---|---|---|---|---|---|---|
| | | 额定电压 | 范围 | 容量 | DC 24V | DC 5V |
| FX$_{2N}$-32ER | 16 点 DC24V 输入/16 点继电器输出 | AC 100/200V | 85～264V | 40VA | 250mA | 690mA |
| FX$_{2N}$-32ET | 16 点 DC24V 输入/16 点晶体管输出 | | | | | |
| FX$_{2N}$-32ES | 16 点 DC24V 输入/16 点晶闸管输出 | | | | | |
| FX$_{2N}$-48ER | 24 点 DC24V 输入/24 点继电器输出 | AC 100/200V | 85～264V | 50VA | 460mA | 690mA |
| FX$_{2N}$-48ET | 24 点 DC24V 输入/24 点晶体管输出 | | | | | |
| FX$_{2N}$-48ER-UA1/UL | 24 点 AC100V 输入/24 点晶体管输出 | | | | | |
| FX$_{2N}$-48ER-D | 24 点 DC24V 输入/24 点继电器输出 | DC 24V | DC 16.8～28.8V | 30W | 460mA | 690mA |
| FX$_{2N}$-48ET-D | 24 点 DC24V 输入/24 点晶体管输出 | | | | | |

表 B-9 FX$_{2N}$系列扩展模块一览表。

**表 B-9 FX$_{2N}$系列扩展模块一览表**

| 型 号 | | 名称与功能 | DC 24V 消耗 | I/O 点 |
|---|---|---|---|---|
| 输入扩展 | FX$_{2N}$-8EX | 8 点 DC 24V 输入扩展模块 | 50mA | 8/0 |
| | FX$_{2N}$-8EX-UA1/UL | 8 点 AC 100V 输入扩展模块 | 50mA | 8/0 |
| | FX$_{2N}$-16EX | 16 点 DC 24V 输入扩展模块 | 100mA | 16/0 |
| | FX$_{2N}$-16EX-C | 16 点 DC 24V 输入扩展模块(插头连接) | 100mA | 16/0 |
| | FX$_{2N}$-16EXL-C | 16 点 DC 5V 输入扩展模块(插头连接) | 100mA | 16/0 |

续表

| 型 号 | 名称与功能 | DC 24V 消耗 | I/O 点 |
|---|---|---|---|
| | FX2N-8EYR | 8 点继电器输出扩展模块 | 75mA | 0/8 |
| | FX2N-8EYT | 8 点 DC 24V/0.5A 晶体管输出扩展模块 | 75mA | 0/8 |
| | FX2N-8EYT-H | 8 点 DC 24V/1A 大功率晶体管输出扩展模块 | 75mA | 0/8 |
| 输出扩展 | Fx2N-16EYR | 16 点继电器输出扩展模块 | 150mA | 0/16 |
| | FX2N-16EYT | 16 点 DC 24V/0.5A 晶体管输出扩展模块 | 150mA | 0/16 |
| | FX2N-16EYS | 16 点晶闸管输出扩展模块 | 50mA | 0/16 |
| | FX2N-16EYT-C | 16 点 DC 24V/0.3A 晶体管输出扩展模块(插头连接) | 150mA | 0/16 |
| 混合扩展 | FX2N-8ER | 4 输入/4 继电器输出扩展模块 | 70mA | 8/8 |

表 B-10 FX2N 系列内置扩展板与性能扩展选件、附件一览表。

**表 B-10 FX2N 系列内置扩展板与性能扩展选件、附件一览表**

| 型 号 | 名称与功能 | DC 5V 电源消耗 | 占用 I/O 点 |
|---|---|---|---|
| | FX1N-8AV-BD | 8 模拟电位器内置扩展板 | 消耗 20mA | 8/0 |
| | FX2N-232-BD | 内置式 RS-232 通信扩展板 | 消耗 20mA | — |
| | FX2N-485-BD | 内置式 RS-485 通信扩展板 | 消耗 60mA | — |
| 内置式扩展板 | FX2N-422-BD | 内置式 RS-422 通信扩展板 | 消耗 60mA | — |
| | FX2N-CNV-BD | 通信适配器(接口扩展板) | 消耗 20mA | — |
| | FX2NC-232ADP | 外置式 RS-232 通信模块(需要 FX1N-CNV-BD) | 消耗 100mA | — |
| | FX2NC-485ADP | 外置式 RS-485 通信模块(需要 FX1N-CNV-BD) | 消耗 150mA | — |
| | FX-EEPROM-4 | 4000 步存储器扩展盒 | — | — |
| | FX-EEPROM-8 | 8000 步存储器扩展盒 | — | — |
| 性能扩展选件 | FX-EEPROM-16 | 16000 步存储器扩展盒 | — | — |
| | FX-RAM-8 | 电池支持的 8000 步存储器扩展盒 | — | — |
| | FX-EPROM-16 | 16000 步固化存储器扩展盒 | — | — |
| | FX2N-ROM-E1 | 16000 步存储器扩展盒 | — | — |
| | F2-40BL | PLC 电池单元 | — | — |
| | FX0N-30EC | 300mm 扩展延长电缆 | — | — |
| 附件 | FX0N-65EC | 650mm 扩展延长电缆 | — | — |
| | FX2N-CNV-BC | 扩展模块延长电缆接口适配器 | — | — |
| | FX2N-16~128-SW | FX2N-16M~128M 用 DC 24V 输入模拟开关 | — | — |

表 B-11 FX2N 系列特殊功能模块一览表。

**表 B-11 FX2N 系列特殊功能模块一览表**

| 型 号 | 名称与功能 | DC 5V 消耗 | DC 24V 消耗 | 占用 I/O 点 |
|---|---|---|---|---|
| FX2N-2AD | 2 通道模拟量输入扩展模块 | 消耗 20mA | 消耗 50mA | 8 |
| FX2N-4AD | 4 通道模拟量输入扩展模块 | 消耗 30mA | 消耗 55mA* | 8 |
| FX2N-8AD | 8 通道模拟量输入扩展模块 | 消耗 50mA | 消耗 80mA* | 8 |

续表

| 型　号 | 名称与功能 | DC 5V 消耗 | DC 24V 消耗 | 占用I/O点 |
|---|---|---|---|---|
| FX₂N-4AD-PT | 4 通道 Pt100 温度传感器扩展模块 | 消耗 30mA | 消耗 50mA * | 8 |
| FX₂N-4AD-TC | 4 通道热电偶温度传感器扩展模块 | 消耗 30mA | 消耗 50mA * | 8 |
| FX₀N-3A | 2 通道/1 通道模拟量 I/O 扩展模块 | 消耗 30mA | 消耗 90mA | 8 |
| FX₂N-5A | 4 通道/1 通道模拟量 I/O 扩展模块 | 消耗 70mA | 消耗 90mA | 8 |
| FX₂N-2DA | 2 通道模拟量输出扩展模块 | 消耗 30mA | 消耗 85mA * | 8 |
| FX₂N-4DA | 4 通道模拟量输出扩展模块 | 消耗 30mA | 消耗 200mA * | 8 |
| FX₂N-2LC | 2 通道温度调节扩展模块 | 消耗 70mA | 消耗 55mA * | 8 |
| FX₂N-1HC | 1 通道输入高速计数扩展模块 | 消耗 90mA | — | 8 |
| FX₂N-1PG | 单轴,两相脉冲输出扩展模块 | 消耗 55mA | 消耗 40mA * | 8 |
| FX₂N-10PG | 单轴,两相高速脉冲输出扩展模块 | 消耗 120mA | 消耗 70mA * | 8 |
| FX₂N-10GM | 单轴位置控制单元 | — | 消耗 210mA * | 8 |
| FX₂N-20GM | 2 轴位置控制单元 | — | 消耗 420mA * | 8 |
| FX₂N-1RM-SET | 转角检测单元 | | 消耗 210mA * | 8 |

注: * 可直接用外部 DC 24V 电源供电,此时不需要计入 PLC 的 DC 24V 消耗。

表 B-12FX₃U 系列 PLC 基本单元规格与输入电源要求表。

**表 B-12　FX₃U 系列 PLC 基本单元规格与输入电源要求表**

| 型　号 | 输入 | | 输出 | | 输入电源要求 | | | |
|---|---|---|---|---|---|---|---|---|
| | 点数 | 规格 | 点数 | 形式 | 额定 | 允许范围 | 容量 | 熔断器 |
| FX₃U-16MR/ES | 8 | DC 24V | 8 | 继电器 | AC 100/200V | AC85~264V | 30V·A | 250V/3.15A |
| FX₃U-16MT/ES | 8 | DC 24V | 8 | 晶体管汇点输出 | | | 30V·A | |
| FX₃U-16MT/ESS | 8 | DC 24V | 8 | 晶体管源输出 | | | 30V·A | |
| FX₃U-32MR/ES | 16 | DC 24V | 16 | 继电器 | | | 35V·A | |
| FX₃U-32MT/ES | 16 | DC 24V | 16 | 晶体管汇点输出 | | | 35V·A | |
| FX₃U-32MT/ESS | 16 | DC 24V | 16 | 晶体管源输出 | | | 35V·A | |
| FX₃U-48MR/ES | 24 | DC 24V | 24 | 继电器 | AC 100/200V | AC 85~264V | 40V·A | 250V/5A |
| FX₃U-48MT/ES | 24 | DC 24V | 24 | 晶体管汇点输出 | | | 40V·A | |
| FX₃U-48MT/ESS | 24 | DC 24V | 24 | 晶体管源输出 | | | 40V·A | |
| FX₃U-64MR/ES | 32 | DC 24V | 32 | 继电器 | | | 45V·A | |
| FX₃U-64MT/ES | 32 | DC 24V | 32 | 晶体管汇点输出 | | | 45V·A | |
| FX₃U-64MT/ESS | 32 | DC 24V | 32 | 晶体管源输出 | | | 45V·A | |
| FX₃U-80MR/ES | 40 | DC 24V | 40 | 继电器 | | | 50V·A | |
| FX₃U-80MT/ES | 40 | DC 24V | 40 | 晶体管汇点输出 | | | 50V·A | |
| FX₃U-80MT/ESS | 40 | DC 24V | 40 | 晶体管源输出 | | | 50V·A | |
| FX₃U-128MR/ES | 64 | DC 24V | 64 | 继电器 | | | 65V·A | |
| FX₃U-128MT/ES | 64 | DC 24V | 64 | 晶体管汇点输出 | | | 65V·A | |
| FX₃U-128MT/ESS | 64 | DC 24V | 64 | 晶体管源输出 | | | 65V·A | |

续表

| 型　号 | 输　入 | | 输　出 | | 输入电源要求 | | | |
|---|---|---|---|---|---|---|---|---|
| | 点数 | 规格 | 点数 | 形式 | 额定 | 允许范围 | 容量 | 熔断器 |
| FX$_{3U}$-16MR/DS | 8 | DC 24V | 8 | 继电器 | DC 24V | DC 16.8～28.8V | 25W | 250V/3.15A |
| FX$_{3U}$-16MT/DS | 8 | DC 24V | 8 | 晶体管汇点输出 | | | 25W | |
| FX$_{3U}$-16MT/DSS | 8 | DC 24V | 8 | 晶体管源输出 | | | 25W | |
| FX$_{3U}$-32MR/DS | 16 | DC 24V | 16 | 继电器 | | | 30W | |
| FX$_{3U}$-32MT/DS | 16 | DC 24V | 16 | 晶体管汇点输出 | | | 30W | |
| FX$_{3U}$-32MT/DSS | 16 | DC 24V | 16 | 晶体管源输出 | | | 30W | |
| FX$_{3U}$-48MR/DS | 24 | DC 24V | 24 | 继电器 | DC 24V | DC 16.8～28.8V | 35W | 250V/5A |
| FX$_{3U}$-48MT/DS | 24 | DC 24V | 24 | 晶体管汇点输出 | | | 35W | |
| FX$_{3U}$-48MT/DSS | 24 | DC 24V | 24 | 晶体管源输出 | | | 35W | |
| FX$_{3U}$-64MR/DS | 32 | DC 24V | 32 | 继电器 | | | 40W | |
| FX$_{3U}$-64MT/DS | 32 | DC 24V | 32 | 晶体管汇点输出 | | | 40W | |
| FX$_{3U}$-64MT/DSS | 32 | DC 24V | 32 | 晶体管源输出 | | | 40W | |
| FX$_{3U}$-80MR/DS | 40 | DC 24V | 40 | 继电器 | | | 45W | |
| FX$_{3U}$-80MT/DS | 40 | DC 24V | 40 | 晶体管汇点输出 | | | 45W | |
| FX$_{3U}$-80MT/DSS | 40 | DC 24V | 40 | 晶体管源输出 | | | 45W | |

表 B-13 FX$_{3U}$ 系列内置扩展选件一览表。

**表 B-13　FX$_{3U}$ 系列内置扩展选件一览表**

| | 型　号 | 名称与功能 | DC 5V 电源消耗 |
|---|---|---|---|
| 内置式扩展板 | FX$_{3U}$-232-BD | 内置式 RS-232 通信扩展板 | 消耗 20mA |
| | FX$_{3U}$-485-BD | 内置式 RS-485 通信扩展板 | 消耗 40mA |
| | FX$_{3U}$-422-BD | 内置式 RS-422 通信扩展板 | 消耗 20mA |
| | FX$_{3U}$-USB-BD | 内置式 USB 接口扩展板 | 消耗 15mA |
| | FX$_{3U}$-CNV-BD | 内置式 FX$_{0N}$ 通信适配器 | — |
| 性能扩展选件 | FX$_{3U}$-FLROM-16 | 16000 步闪存卡 | — |
| | FX$_{3U}$-FLROM-64 | 64000 步闪存卡 | — |
| | FX$_{3U}$-FLROM-64L | 带程序传送功能的 64000 步闪存卡 | — |
| | FX$_{37}$-7DM | 显示器 | 消耗 20mA |
| 附件 | FX$_{3U}$-7DM-HLD | 显示器安装支架 | — |
| | FX$_{3U}$-32BL | PLC 电池单元 | — |
| | FX$_{0N}$-30EC | 300mm 扩展延长电缆 | — |
| | FX$_{0N}$-65EC | 650mm 扩展延长电缆 | — |
| | FX$_{2N}$-CNV-BC | 扩展模块延长电缆接口适配器 | — |

表 B-14FX$_{3U}$系列特殊功能模块一览表。

**表 B-14　FX$_{3U}$系列特殊功能模块一览表**

| 型　　号 | 名称与功能 | DC 5V 消耗 | DC 24V 消耗 | 占用 I/O 点 |
|---|---|---|---|---|
| FX$_{3U}$-4AD[①] | 4 通道模拟量输入扩展模块 | 消耗 110mA | 消耗 90mA[③] | 8 |
| FX$_{3U}$-4DA[①] | 4 通道模拟量输出扩展模块 | 消耗 120mA | 消耗 160mA[③] | 8 |
| FX$_{3U}$-20SSC-H[①] | SSCNET-Ⅲ网络控制定位扩展模块 | 消耗 100mA | 消耗 210mA | 8 |
| FX$_{3U}$-232ADP[②] | RS-232 通信扩展模块 | 消耗 30mA | — | — |
| FX$_{3U}$-485ADP[②] | RS-485 通信扩展模块 | 消耗 20mA | — | — |
| FX$_{3U}$-4AD-ADP[②] | 4 通道模拟量输入扩展模块 | 消耗 15mA | 消耗 150mA[③] | — |
| FX$_{3U}$-4DA-ADP[②] | 4 通道模拟量输出扩展模块 | 消耗 15mA | 消耗 40mA[③] | — |
| FX$_{3U}$-4AD-PT-ADP[②] | 4 通道 Pt100 温度传感器扩展模块 | 消耗 15mA | 消耗 50mA[③] | — |
| FX$_{3U}$-4AD-TC-ADP[②] | 4 通道热电偶温度传感器扩展模块 | 消耗 15mA | 消耗 45mA[③] | — |
| FX$_{3U}$-4HSX-ADP[②] | 4 通道高速计数输入扩展模块 | 消耗 30mA | 消耗 30mA | — |
| FX$_{3U}$-2HSY-ADP[②] | 2 通道高速脉冲输出扩展模块 | 消耗 30mA | 消耗 60mA | — |

① 与 FX$_{2N}$系列特殊功能模块同样在 PLC 基本单元右侧安装，占用 PLC 的 I/O 点；

② 作为特殊适配器在 PLC 基本单元左侧安装，不占用 PLC 的 I/O 点；

③ 可直接用外部 DC 24V 电源供电，此时不需要计入 PLC 的 DC 24V 消耗。

# 附录 C  FX 系列 PLC 特殊辅助继电器／数据寄存器表

### 表 C-1  PLC 基本运行状态信息（辅助继电器）

| 地址 | 功　能 | PLC 型号 | | | |
|---|---|---|---|---|---|
| | | FX$_{1S}$ | FX$_{1N}$ | FX$_{2N}$ | FX$_{3U}$ |
| M8000 | PLC 运行指示（常开触点），PLC 运行时为"1" | ○ | ○ | ○ | ○ |
| M8001 | PLC 运行指示（常闭触点），PLC 运行时为"0" | ○ | ○ | ○ | ○ |
| M8002 | PLC 初始脉冲（常开触点），PLC 运行的第 1 循环周期为"1" | ○ | ○ | ○ | ○ |
| M8003 | PLC 初始脉冲（常闭触点），PLC 运行的第 1 循环周期为"0" | ○ | ○ | ○ | ○ |
| M8004 | PLC 出错指示，当 M8060、M8061、M8063～M8067 中任何一个为"1"，本信号即为"1" | ○ | ○ | ○ | ○ |
| M8005 | 电池电压过低报警 | — | — | ○ | ○ |
| M8006 | 电池电压过低状态寄存 | — | — | ○ | ○ |
| M8007 | 电源瞬时停电检测（注 1） | — | — | ○ | ○ |
| M8008 | 瞬时停电检测中 | — | — | ○ | ○ |
| M8009 | 扩展单元、扩展模块 24V 故障 | — | — | ○ | ○ |

注：可以通过对 PLC 特殊数据寄存器 D8008 内容的修改，改变 AC200V 输入型 PLC 的允许电网瞬时断电的时间，此时间可以在 10～100ms 的范围内进行调整。

对于 DC24V 型 PLC，一般来说允许电网瞬时断电的时间固定为 5ms，原则上不可以修改。当电网瞬时断电时，M8007 将自动产生脉冲宽度为 1 个 PLC 循环周期的脉冲输出；M8008 状态自动变为 "1"。当电网瞬时断电时间小于 D8008 设定的值，PLC 将继续运行；超过时，PLC 将自动停止。

### 表 C-2  PLC 基本运行状态信息（数据寄存器）

| 地址 | 功　能 | PLC 型号 | | | |
|---|---|---|---|---|---|
| | | FX$_{1S}$ | FX$_{1N}$ | FX$_{2N}$ | FX$_{3U}$ |
| D8000 | PLC 运行时间监控，各型号 PLC 的初始设定时间见右 | 200ms | 200ms | 200ms | 200ms |
| D8001 | PLC 规格与软件版本（注 1） | ○ | ○ | ○ | ○ |
| D8002 | PLC 程序存储器容量（单位：千步） | ○ | ○ | ○ | ○ |
| D8003 | 存储器类型（注 2） | ○ | ○ | ○ | ○ |
| D8004 | PLC 出错指示，显示对应的特殊内部继电器编号 8060～8068 | ○ | ○ | ○ | ○ |
| D8005 | 现行的电池电压实际值（单位：0.1V） | — | — | ○ | ○ |
| D8006 | 电池电压过低报警检测值设定（单位：0.1V） | — | — | ○ | ○ |
| D8007 | 电源瞬时停电次数记忆 | — | — | ○ | ○ |

| 地址 | 功 能 | PLC 型号 | | | |
|------|------|------|------|------|------|
| | | FX$_{1S}$ | FX$_{1N}$ | FX$_{2N}$ | FX$_{3U}$ |
| D8008 | 瞬时停电允许时间设定 | — | — | ○ | ○ |
| D8009 | 24V 故障的扩展单元/扩展模块的输入点首地址 | — | — | ○ | ○ |

注：1. PLC 的规格与软件版本以 5 位数字□□□□□显示，含义如下。

前 2 位（■■□□□）：PLC 规格：FX$_{1S}$：22；FX$_{1N}$：26；FX$_{2N}$/FX$_{3U}$：24。

后 3 位（□□■■■）：PLC 软件版本：如 100 代表版本 V1.00 等。

2. PLC 的存储器类型以 2 位十六进制数字□□显示，含义如下。

00H：RAM 选件；

01H：EPROM 选件；

02H：EEPROM 选件（FXIN-EEPROM-8L），且保护开关已经"OFF"；

0AH：EEPROM 选件（FXIN-EEPROM-8L），且保护开关已经"ON"；

10H：PLC 内置存储器。

### 表 C-3　PLC 运算与处理结果

| 地址 | 功 能 | PLC 型号 | | | |
|------|------|------|------|------|------|
| | | FX$_{1S}$ | FX$_{1N}$ | FX$_{2N}$ | FX$_{3U}$ |
| M8020 | 加、减运算结果为"0" | ○ | ○ | ○ | ○ |
| M8021 | 减法运算结果溢出 | ○ | ○ | ○ | ○ |
| M8022 | 加法运算结果溢出 | ○ | ○ | ○ | ○ |
| M8030 | 电池电压过低报警被关闭 | — | — | ○ | ○ |
| M8034 | PLC 全部输出禁止 | ○ | ○ | ○ | ○ |
| M8040 | 禁止步进梯形图程序的状态转换 | ○ | ○ | ○ | ○ |
| D8010 | PLC 累计执行时间（单位 0.1ms） | ○ | ○ | ○ | ○ |
| D8011 | PLC 最小循环时间（单位 0.1ms） | ○ | ○ | ○ | ○ |
| D8012 | PLC 最大循环时间（单位 0.1ms） | ○ | ○ | ○ | ○ |
| D8020 | PLC 输入 X0～X17 的滤波时间 | ○ | ○ | ○ | ○ |

### 表 C-4　PLC 报警信息显示（辅助继电器）

| 地址 | 功 能 | PROG-E 指示灯状态 | PLC 状态 | PLC 型号 | | | |
|------|------|------|------|------|------|------|------|
| | | | | FX$_{1S}$ | FX$_{1N}$ | FX$_{2N}$ | FX$_{3U}$ |
| M8060 | I/O 连接出错 | OFF | RUN | ○ | ○ | ○ | ○ |
| M8061 | PLC 硬件不良 | 闪烁 | STOP | ○ | ○ | ○ | ○ |
| M8062 | PLC 通信出错 | OFF | RUN | ○ | ○ | ○ | ○ |
| M8063 | RS232 通信出错 | OFF | RUN | ○ | ○ | ○ | ○ |
| M8064 | PLC 参数出错 | 闪烁 | STOP | ○ | ○ | ○ | ○ |
| M8065 | 用户程序语法出错 | 闪烁 | STOP | ○ | ○ | ○ | ○ |
| M8066 | 用户程序梯形图设计出错 | 闪烁 | STOP | ○ | ○ | ○ | ○ |
| M8067 | PLC 应用指令出错 | OFF | RUN | ○ | ○ | ○ | ○ |
| M8068 | PLC 运算出错记忆 | OFF | RUN | ○ | ○ | ○ | ○ |

续表

| 地址 | 功 能 | PROG-E 指示灯状态 | PLC 状态 | PLC 型号 | | | |
|---|---|---|---|---|---|---|---|
| | | | | FX$_{1S}$ | FX$_{1N}$ | FX$_{2N}$ | FX$_{3U}$ |
| M8069 | I/O 总线连接出错 | — | — | — | — | ○ | ○ |
| M8109 | 输出刷新出错 | OFF | RUN | — | — | ○ | ○ |

注：1. 在以上报警中，当出现 M8060~M8067（M8062 除外）报警时，对应的地址（如 8060）将被传送到 D8004 中，同时特殊内部继电器 M8004 为"1"。当出现多个报警时，D8004 将记忆最小的报警地址。

2. 当 PLC 出现 M8069 总线报警时，在 D8061 中显示出错代码 6103，且同时使得 M8061 为"1"。

3. PLC 的运算出错 M8065、M8066、M8067 可以通过特殊数据寄存器 D8068、D8069 的状态，显示出错的"程序步"号，以进一步缩小检查范围。

4. PLC 的程序出错 M8067 可以通过 PLC 的 STOP→RUN 的转换清除，但 M8068 的状态只能通过 PLC 的关机进行清除。

**表 C-5　PLC 报警信息显示（数据寄存器）**

| 地址 | 功 能 | PLC 型号 | | | |
|---|---|---|---|---|---|
| | | FX$_{1S}$ | FX$_{1N}$ | FX$_{2N}$ | FX$_{3U}$ |
| D8060 | I/O 连接出错的 I/O 起始地址号 | ○ | ○ | ○ | ○ |
| D8061 | PLC 硬件出错代码 | ○ | ○ | ○ | ○ |
| D8062 | PLC 通信出错代码 | ○ | ○ | ○ | ○ |
| D8063 | RS-232 通信出错代码 | ○ | ○ | ○ | ○ |
| D8064 | PLC 参数出错代码 | ○ | ○ | ○ | ○ |
| D8065 | 用户程序语法出错代码 | ○ | ○ | ○ | ○ |
| D8066 | 用户程序梯形图设计出错代码 | ○ | ○ | ○ | ○ |
| D8067 | PLC 应用指令出错代码 | ○ | ○ | ○ | ○ |
| D8068 | PLC 运算出错步号 | ○ | ○ | ○ | ○ |
| D8069 | PLC 程序出错步号 | ○ | ○ | ○ | ○ |
| D8109 | 输出刷新出错的地址号 | | | ○ | ○ |

**表 C-6　PLC 通信出错信息显示（辅助继电器）**

| 地址 | 功 能 | PLC 型号 | | | |
|---|---|---|---|---|---|
| | | FX$_{1S}$（注 1） | FX$_{1N}$ | FX$_{2N}$ | FX$_{3U}$ |
| M8183 | PLC 主站通信出错 | M504 | ○ | ○ | ○ |
| M8184 | PLC1 号站通信出错 | M505 | ○ | ○ | ○ |
| M8185 | PLC2 号站通信出错 | M506 | ○ | ○ | ○ |
| M8186 | PLC3 号站通信出错 | M507 | ○ | ○ | ○ |
| M8187 | PLC4 号站通信出错 | M508 | ○ | ○ | ○ |
| M8188 | PLC5 号站通信出错 | M509 | ○ | ○ | ○ |
| M8189 | PLC6 号站通信出错 | M510 | ○ | ○ | ○ |
| M8190 | PLC7 号站通信出错 | M511 | ○ | ○ | ○ |

注：FX$_{1S}$ 用于通信出错报警的内部特殊继电器地址与 FX$_{1N}$、FX$_{2N}$ 等不同，表中为对应的特殊内部继电器号。

表 C-7　PLC 通信出错信息显示（数据寄存器）

| 地址 | 功 能 | PLC 型号 | | | |
|---|---|---|---|---|---|
| | | FX$_{1S}$（注 1） | FX$_{1N}$ | FX$_{2N}$ | FX$_{3U}$ |
| D8203 | PLC 主站通信出错计数值 | D203 | ○ | ○ | ○ |
| D8204 | PLC1 号站通信出错计数值 | D204 | ○ | ○ | ○ |
| D8205 | PLC2 号站通信出错计数值 | D205 | ○ | ○ | ○ |
| D8206 | PLC3 号站通信出错计数值 | D206 | ○ | ○ | ○ |
| D8207 | PLC4 号站通信出错计数值 | D207 | ○ | ○ | ○ |
| D8208 | PLC5 号站通信出错计数值 | D208 | ○ | ○ | ○ |
| D8209 | PLC6 号站通信出错计数值 | D209 | ○ | ○ | ○ |
| D8210 | PLC7 号站通信出错计数值 | D210 | ○ | ○ | ○ |
| D8211 | PLC 主站通信出错代码 | D211 | ○ | ○ | ○ |
| D8212 | PLC1 号站通信出错代码 | D212 | ○ | ○ | ○ |
| D8213 | PLC2 号站通信出错代码 | D213 | ○ | ○ | ○ |
| D8214 | PLC3 号站通信出错代码 | D214 | ○ | ○ | ○ |
| D8215 | PLC4 号站通信出错代码 | D215 | ○ | ○ | ○ |
| D8216 | PLC5 号站通信出错代码 | D216 | ○ | ○ | ○ |
| D8217 | PLC6 号站通信出错代码 | D217 | ○ | ○ | ○ |
| D8218 | PLC7 号站通信出错代码 | D218 | ○ | ○ | ○ |

注：FX$_{1S}$用于通信出错报警的内部特殊数据寄存器地址与 FX$_{1N}$、FX$_{2N}$等不同，表中为对应的特殊内部数据寄存器号。

表 C-8　PLC 其他出错信息与处理

| 出错显示 | 代码寄存器 | 错误代码 | 错误内容 | 错误处理 |
|---|---|---|---|---|
| M8060 | D8060 | annn | 对未安装的 I/O 模块进行了编程。"a"模块类型，"1"输入模块，"0"输出模块。nnn：出错模块的首地址 | 安装需要的 I/O 模块，修改 PLC 程序 |
| M8061 | D8061 | 0000 | PLC 正常工作 | — |
| M8061 | D8061 | 6101 | RAM 出错 | 检查 PLC 安装、连接；检查扩展单元、扩展模块的连接 |
| | | 6102 | PLC 连接、运算出错 | |
| | | 6103 | I/O 总线连接出错 | |
| | | 6104 | 扩展单元连接出错 | |
| | | 6105 | PLC 循环时间超过 | |
| M8062 | D8062 | 0000 | PLC 正常工作 | — |
| | | 6201 | 奇偶校验出错、溢出 | 检查接口安装、连接；检查通信设定参数；检查通信指令 |
| | | 6202 | 字符传送出错 | |
| | | 6203 | 求和校验出错 | |
| | | 6204 | 数据格式出错 | |
| | | 6205 | 传送指令出错 | |

续表

| 出错显示 | 代码寄存器 | 错误代码 | 错误内容 | 错误处理 |
|---|---|---|---|---|
| M8063 | D8063 | 0000 | PLC 正常工作 | 检查接口安装、连接；<br>检查通信设定参数；<br>检查通信指令；<br>检查通信设备电源 |
| | | 6301 | RS-232C 奇偶校验出错、溢出 | |
| | | 6302 | RS-232C 字符传送出错 | |
| | | 6303 | RS-232C 求和校验出错 | |
| | | 6304 | RS-232C 数据格式出错 | |
| | | 6305 | RS-232C 传送指令出错 | |
| | | 6312 | 并联连接字符传送出错 | |
| | | 6313 | 并联连接求和校验出错 | |
| | | 6314 | 并联连接数据格式出错 | |
| M8064 | D8064 | 0000 | PLC 正常工作 | — |
| | | 6401 | PLC 程序求和出错 | 停止 PLC 运行，重新设定 PLC 参数 |
| | | 6402 | 存储器容量设定出错 | |
| | | 6403 | 停电保持区域设定出错 | |
| | | 6404 | 指令区域设定出错 | |
| | | 6405 | 文件寄存器设定出错 | |
| | | 6409 | 其他设定出错 | |
| M8065 | D8065 | 0000 | PLC 正常工作 | — |
| | | 6501 | 指令地址、符号错误 | 停止 PLC 运行，修改 PLC 程序 |
| | | 6502 | 定时器、计数器缺少 OUT 指令 | |
| | | 6503 | 定时器、计数器缺少操作数<br>应用指令缺少操作数 | |
| | | 6504 | 编号重复<br>中断输入与高速计数输入重复 | |
| | | 6505 | 地址范围不正确 | |
| | | 6506 | 使用了未定义的指令 | |
| | | 6507 | 跳转指针 P 定义不正确 | |
| | | 6508 | 中断输入定义不正确 | |
| | | 6509 | 其他出错 | |
| | | 6510 | 主控线圈设定不正确 | |
| | | 6511 | 中断输入与高速计数输入重复 | |
| M8066 | D8066 | 0000 | PLC 正常工作 | — |
| | | 6601 | LD、LDI 连续使用次数超过 9 次 | |
| | | 6602 | 缺少 LD、LDI 指令；<br>缺少输出线圈；<br>LD、LDI、ANB、ORB 编程错误；<br>STL、RET、MCR、P、中断输入、EI、DI、SRET、IRET、FOR、NEXT、FEND、END 等指令未与母线连接；<br>缺少 MPP 指令等 | |
| | | 6603 | MPS 指令连续使用超过 12 次 | |
| | | 6604 | MPS 与 MRD、MPP 的关系不正确 | |

续表

| 出错显示 | 代码寄存器 | 错误代码 | 错误内容 | 错误处理 |
|---|---|---|---|---|
| M8066 | D8066 | 6605 | STL 指令连续使用超过 9 次；<br>STL 中出现 MC、MCR、中断输入、SRET 指令；<br>RET 指令位置错误 | 停止 PLC 运行，修改 PLC 程序 |
| | | 6606 | 缺少指针 P、中断输入 I；<br>缺少 SRET、IRET 指令；<br>主程序中出现中断输入、SRET、IRET 指令；<br>子程序与中断程序中编了 STL、RET、MC、MCR 指令 | |
| | | 6607 | FOR、NEXT 编程不正确，嵌套超过 6 重；<br>FOR、NEXT 指令间编了 STL、RET、MC、MCR、IRET、SRET、FEND、END 指令 | |
| | | 6608 | MC、MCR 编程不正确；<br>缺少 MCR0 指令；<br>MC、MCR 间编入了 SRET、IRET、中断输入指令 | |
| | | 6609 | 其他出错 | |
| | | 6610 | LD、LDI 连续使用次数超过 9 次 | |
| | | 6611 | ANB、ORB 指令过多，缺少 LD、LDI 指令 | |
| | | 6612 | ANB、ORB 指令过少，LD、LDI 指令太多 | |
| | | 6613 | MPS 指令连续使用超过 12 次 | |
| | | 6614 | 缺少 MPS 指令 | |
| | | 6615 | 缺少 MPP 指令 | |
| | | 6616 | MPS、MRD、MPP 间的线圈不正确 | |
| | | 6617 | STL、RET、MCR、P、中断输入、EI、DI、SRET、IRET、FOR、NEXT、FEND、END 等指令未与母线连接 | |
| | | 6618 | 在子程序、中断程序中编入了 STL、MC、MCR 指令 | |
| | | 6619 | 在 FOR、NEXT 中编入了 STL、RET、MC、MCR、IRET、中断输入等指令 | |
| | | 6620 | FOR、NEXT 嵌套超过规定 | |
| | | 6621 | FOR、NEXT 未对应 | |
| | | 6622 | 缺少 NEXT 指令 | |
| | | 6623 | 缺少 MC 指令 | |
| | | 6624 | 缺少 MCR 指令 | |
| | | 6625 | STL 使用次数超过 9 次 | |
| | | 6626 | STL、RET 间使用了 MC、MCR、SRET、IRET、中断输入指令 | |
| | | 6627 | 缺少 RET 指令 | |
| | | 6628 | 在主程序中使用了 SRET、IRET、中断输入指令 | |
| | | 6629 | 缺少指针 P、中断输入 | |
| | | 6630 | 缺少 SRET、IRET 指令 | |
| | | 6631 | SRET 指令编程错误 | |
| | | 6632 | FEND 指令编程错误 | |

续表

| 出错显示 | 代码寄存器 | 错误代码 | 错误内容 | 错误处理 |
|---|---|---|---|---|
| M8067 | D8067 | 0000 | PLC 正常工作 | — |
| | | 6701 | CJ、CALL 指令编程错误；<br>END 指令编程错误；<br>FOR、NEXT 间有单独的标记 | 停止 PLC 运行，修改 PLC 程序。<br>正确使用应用指令 |
| | | 6702 | CALL 嵌套超过 6 重 | |
| | | 6703 | 中断嵌套超过 3 重 | |
| | | 6704 | FOR、NEXT 嵌套超过 6 重 | |
| | | 6705 | 应用指令的操作数编程错误 | |
| | | 6706 | 应用指令的操作数地址错误 | |
| | | 6707 | 文件寄存器未设定 | |
| | | 6708 | FROM/TO 指令编程错误 | |
| | | 6709 | 其他出错 | |
| | | 6730 | PID 调节采样时间小于 0 | |
| | | 6732 | PID 调节输入滤波时间设定错误 | |
| | | 6733 | PID 调节增益小于 0 | |
| | | 6734 | PID 调节积分时间小于 0 | |
| | | 6735 | PID 调节微分增益设定错误 | |
| | | 6736 | PID 调节微分时间小于 0 | |
| | | 6740 | PID 调节采样时间小于运算周期 | |
| | | 6742 | PID 调节测量值变化量溢出 | |
| | | 6743 | PID 调节偏差溢出 | |
| | | 6744 | PID 调节积分计算值溢出 | |
| | | 6745 | PID 调节微分增益溢出 | |
| | | 6746 | PID 调节微分计算值溢出 | |
| | | 6747 | PID 调节运算结果溢出 | |
| | | 6750 | 自动调谐结果不正确 | |
| | | 6751 | 自动调谐方向不正确 | |
| | | 6752 | 自动调谐动作无法正常进行 | |
| | | 6753 | 自动调谐输出设定错误 | |
| | | 6754 | 自动调谐 PV 值内容设定错误 | |
| | | 6755 | 自动调谐编程元件错误 | |
| | | 6756 | 超过自动调谐测定时间 | |
| | | 6757 | 自动调谐比例增益设定错误 | |
| | | 6758 | 自动调谐积分时间溢出 | |
| | | 6759 | 自动调谐微分时间溢出 | |
| | | 6760 | 伺服驱动连接错误 | |
| | | 6762 | 变频器接口连接错误 | |
| | | 6763 | DSZR、DVIT、ZRN 输入定义错误 | |

| 出错显示 | 代码寄存器 | 错误代码 | 错误内容 | 错误处理 |
|---|---|---|---|---|
| M8067 | D8067 | 6764 | 脉冲输出定义错误 | 停止 PLC 运行,修改 PLC 程序。<br>正确使用应用指令 |
| | | 6765 | 应用指令使用次数不正确 | |
| | | 6770 | 闪存卡写入不良 | |
| | | 6771 | 闪存卡未安装 | |
| | | 6772 | 闪存卡写入保护 | |
| | | 6773 | 闪存卡存/取异常 | |

# 附录 D  FX 系列 PLC 应用指令总表

| 指令代号 | 指令代码 | 指令名称 | 适用 PLC 系列 | | |
| --- | --- | --- | --- | --- | --- |
| | | | FX$_{1S}$/FX$_{1N}$ | FX$_{2N}$ | FX$_{3U}$ |
| FNC00 | CJ | 条件跳转 | • | • | |
| FNC01 | CALL | 子程序调用 | • | • | |
| FNC02 | SRET | 子程序返回 | • | • | |
| FNC03 | IRET | 中断返回 | • | • | |
| FNC04 | EI | 中断许可 | • | • | |
| FNC05 | DI | 中断禁止 | • | • | |
| FNC06 | FEND | 主程序结束 | • | • | |
| FNC07 | WDT | 监控定时器 | • | • | |
| FNC08 | FOR | 循环开始 | • | • | |
| FNC09 | NEXT | 循环结束 | • | • | |
| FNC10 | CMP | 比较指令 | • | • | |
| FNC11 | ZCP | 区域比较指令 | • | • | |
| FNC12 | MOV | 传送 | • | • | |
| FNC13 | SMOV | 移位传送 | × | • | • |
| FNC14 | CML | 倒转传送指令 | × | • | • |
| FNC15 | BMOV | 一并传送指令 | • | • | |
| FNC16 | FMOV | 多点传送指令 | × | • | • |
| FNC17 | XCH | 数据交换 | × | • | |
| FNC18 | BCD | BCD 转换 | • | • | |
| FNC19 | BIN | BIN 转换 | • | • | |
| FNC20 | ADD | BIN 加法指令 | • | • | |
| FNC21 | SUB | BIN 减法指令 | • | • | |
| FNC22 | MUL | BIN 乘法指令 | • | • | |
| FNC23 | DIV | BIN 除法指令 | • | • | |
| FNC24 | INC | BIN 加 1 指令 | • | • | |
| FNC25 | DEC | BIN 减 1 指令 | • | • | |
| FNC26 | WAND | 逻辑字与指令 | • | • | |
| FNC27 | WOR | 逻辑字或指令 | • | • | |
| FNC28 | WXOR | 逻辑字异或指令 | • | • | |
| FNC29 | NEG | 求补码指令 | × | • | • |
| FNC30 | ROR | 循环右移 | × | • | • |
| FNC31 | ROL | 循环左移 | × | • | • |

续表

| 指令代号 | 指令代码 | 指令名称 | 适用 PLC 系列 | | |
|---|---|---|---|---|---|
| | | | FX$_{1S}$/FX$_{1N}$ | FX$_{2N}$ | FX$_{3U}$ |
| FNC32 | RCR | 带进位的循环右移 | × | ● | ● |
| FNC33 | RCL | 带进位的循环左移 | × | ● | ● |
| FNC34 | SFTR | 位右移 | ● | ● | ● |
| FNC35 | SFTL | 位左移 | ● | ● | ● |
| FNC36 | WSFR | 字右移 | × | ● | ● |
| FNC37 | WSFL | 字左移 | × | ● | ● |
| FNC38 | SFWR | 移位写入 | ● | ● | ● |
| FNC39 | SFRD | 移位读出(按 SFWR 指令先进先出) | ● | ● | ● |
| FNC40 | ZRST | 区间复位指令 | ● | ● | ● |
| FNC41 | DECO | 译码指令 | ● | ● | ● |
| FNC42 | ENCO | 编码指令 | ● | ● | ● |
| FNC43 | SUM | ON 位统计 | × | ● | ● |
| FNC44 | BON | ON 位检测 | × | ● | ● |
| FNC45 | MEAN | 平均值指令 | × | ● | ● |
| FNC46 | ANS | 信号 ON 延时报警 | × | ● | ● |
| FNC47 | ANR | 报警复位 | × | ● | ● |
| FNC48 | SQR | BIN 开方指令 | × | ● | ● |
| FNC49 | FLT | BIN 整数→二进制浮点数转换指令 | × | ● | ● |
| FNC50 | REF | I/O 刷新指令 | ● | ● | ● |
| FNC51 | REFF | 刷新及滤波时间调整指令 | × | ● | ● |
| FNC52 | MTR | 矩阵扫描面板输入处理 | ● | ● | ● |
| FNC53 | HSCS | 高速置位指令 | ● | ● | ● |
| FNC54 | HSCR | 高速复位指令 | ● | ● | ● |
| FNC55 | HSZ | 高速比较指令 | × | ● | ● |
| FNC56 | SPD | 速度测量指令 | ● | ● | ● |
| FNC57 | PLSY | 脉冲输出指令 | ● | ● | ● |
| FNC58 | PWM | 脉宽调制指令 | ● | ● | ● |
| FNC59 | PLSR | 带加/减速的高速脉冲输出指令 | ● | ● | ● |
| FNC60 | IST | 状态元件的初始化 | ● | ● | ● |
| FNC61 | SER | 数据查找 | × | ● | ● |
| FNC62 | ABSD | 凸轮控制(绝对方式) | ● | ● | ● |
| FNC63 | INCD | 凸轮控制(增量方式) | ● | ● | ● |
| FNC64 | TTMR | 定时器延时的按键调节 | × | ● | ● |
| FNC65 | STMR | 延时方式转换 | × | ● | ● |
| FNC66 | ALT | 交替输出 | ● | ● | ● |
| FNC67 | RAMP | 斜坡信号 | ● | ● | ● |

续表

| 指令代号 | 指令代码 | 指令名称 | 适用 PLC 系列 | | |
|---|---|---|---|---|---|
| | | | FX$_{1S}$/FX$_{1N}$ | FX$_{2N}$ | FX$_{3U}$ |
| FNC68 | ROTC | 旋转工作台控制 | × | ● | ● |
| FNC69 | SORT | 数据排列 | × | ● | ● |
| FNC70 | TKY | 十进制数字输入键处理 | × | ● | ● |
| FNC71 | HKY | 十六进制数字输入键处理 | × | ● | ● |
| FNC72 | DSW | BCD 编码开关输入处理 | ● | ● | ● |
| FNC73 | SEGD | 单只七段数码管显示 | × | ● | ● |
| FNC74 | SEGL | 七段数码管成组显示 | × | ● | ● |
| FNC75 | ARWS | 数值增/减输入与七段数码管成组显示 | × | ● | ● |
| FNC76 | ASC | 8 字符 ASCII 码直接转换 | × | ● | ● |
| FNC77 | PR | 8 字符 ASCII 码直接输出 | × | ● | ● |
| FNC78 | FROM | BFM 读出 | ● | ● | ● |
| FNC79 | TO | BFM 写入 | ● | ● | ● |
| FNC80 | RS | 串行数据传送 | ● | ● | ● |
| FNC81 | PRUN | 八进制位传送 | ● | ● | ● |
| FNC82 | ASCI | 任意长度的 ASCII 码转换 | ● | ● | ● |
| FNC83 | HEX | 任意长度的 ASCII 码逆变换 | ● | ● | ● |
| FNC84 | CCD | 数据块的字节求和与校验 | ● | ● | ● |
| FNC85 | VRRD | 内置式扩展板电位器数值读出 | ● | ● | × |
| FNC86 | VRSC | 内置式扩展板电位器刻度读出 | ● | ● | × |
| FNC87 | RS2 | 串行数据传送 2 | × | × | ● |
| FNC88 | PID | PID 运算 | ● | ● | ● |
| FNC102 | ZPUSH | 变址寄存器内容保存 | × | × | ● |
| FNC103 | ZPOP | 变址寄存器内容恢复 | × | × | ● |
| FNC110 | ECMP | 二进制浮点数比较 | × | ● | ● |
| FNC111 | EZCP | 二进制浮点数区间比较 | × | ● | ● |
| FNC112 | EMOV | 二进制浮点数传送 | × | × | ● |
| FNC116 | ESTR | 带浮点数变换功能的 ASCII 转换 | × | × | ● |
| FNC117 | EVAL | 带浮点数变换功能的 ASCII 逆转换 | × | × | ● |
| FNC118 | EBCD | 二进制浮点数转换为十进制浮点数 | × | ● | ● |
| FNC119 | EBIN | 十进制浮点数转换为二进制浮点数 | × | ● | ● |
| FNC120 | EADD | 二进制浮点数加法 | × | ● | ● |
| FNC121 | ESUB | 二进制浮点数减法 | × | ● | ● |
| FNC122 | EMUL | 二进制浮点数乘法 | × | ● | ● |
| FNC123 | EDIV | 二进制浮点数除法 | × | ● | ● |
| FNC124 | EXP | 浮点数指数运算 | × | × | ● |
| FNC125 | LOGE | 浮点数自然对数运算 | × | × | ● |

续表

| 指令代号 | 指令代码 | 指令名称 | 适用 PLC 系列 | | |
|---|---|---|---|---|---|
| | | | FX$_{1S}$/FX$_{1N}$ | FX$_{2N}$ | FX$_{3U}$ |
| FNC126 | LOG10 | 浮点数常用对数运算 | × | × | ● |
| FNC127 | ESOR | 二进制浮点数开方 | × | ● | ● |
| FNC128 | ENEG | 二进制浮点数符号变换 | × | × | ● |
| FNC129 | INT | 二进制浮点数-BIN 整数转换 | × | ● | ● |
| FNC130 | SIN | 浮点数正弦运算 | × | ● | ● |
| FNC131 | COS | 浮点数余弦运算 | × | ● | ● |
| FNC132 | TAN | 浮点数正切运算 | × | ● | ● |
| FNC133 | ASIN | 浮点数反正弦运算 | × | × | ● |
| FNC134 | ACOS | 浮点数反余弦运算 | × | × | ● |
| FNC135 | ATAN | 浮点数反正切运算 | × | × | ● |
| FNC136 | RAD | 浮点数转换为弧度 | × | × | ● |
| FNC137 | DEG | 浮点数转换为角度 | × | × | ● |
| FNC140 | WSUM | 数据块的字或双字求和 | × | × | ● |
| FNC141 | WTOB | 数据块的字节分离 | × | × | ● |
| FNC142 | BTOW | 数据块的字节组合 | × | × | ● |
| FNC143 | UNI | 数据块的半字节组合 | × | × | ● |
| FNC144 | DIS | 数据的半字节分离 | × | × | ● |
| FNC147 | SWAP | 上下字节变换 | × | ● | ● |
| FNC149 | SORT2 | 数据排列 2 | × | × | ● |
| FNC150 | DSZR | 零脉冲回原点 | × | × | ● |
| FNC151 | DVIT | 中断控制的定长定位 | × | × | ● |
| FNC152 | TBL | 表格型多点定位 | × | × | ● |
| FNC155 | ABS | ABS 数据读入 | ● | × | ● |
| FNC156 | ZRN | 原点回归 | ● | × | ● |
| FNC157 | PLSY | 可变速的脉冲输出 | ● | × | ● |
| FNC158 | DRVI | 相对定位 | ● | × | ● |
| FNC159 | DRVA | 绝对定位 | ● | × | ● |
| FNC160 | TCMP | 时钟数据比较 | ● | ● | ● |
| FNC161 | TZCP | 时钟数据区间比较 | ● | ● | ● |
| FNC162 | TADD | 时钟数据加法 | ● | ● | ● |
| FNC163 | TSUB | 时钟数据减法 | ● | ● | ● |
| FNC164 | HTOS | 时钟换算 | × | × | ● |
| FNC165 | STOH | 时钟换算 | × | × | ● |
| FNC166 | TRD | 时钟数据读出 | ● | ● | ● |
| FNC167 | TWR | 时钟数据写入 | ● | ● | ● |
| FNC169 | HOUR | 计时仪 | ● | ● | ● |

续表

| 指令代号 | 指令代码 | 指令名称 | 适用 PLC 系列 | | |
|---|---|---|---|---|---|
| | | | FX$_{1S}$/FX$_{1N}$ | FX$_{2N}$ | FX$_{3U}$ |
| FNC170 | GRY | 格雷码变换 | × | • | • |
| FNC171 | GBIN | 格雷码逆变换 | × | • | • |
| FNC176 | RD3A | FX$_{0N}$-3A 模块 A/D 转换数据读出 | • | • | • |
| FNC177 | WR3A | FX$_{0N}$-3A 模块 D/A 转换数据写入 | • | • | • |
| FNC182 | COMRD | 注释读出 | × | × | • |
| FNC184 | RND | 随机数据生成 | × | × | • |
| FNC186 | DUTY | PLC 循环时钟脉冲 | × | × | • |
| FNC188 | CRC | CRC 运算 | × | × | • |
| FNC189 | HCOMV | 高速计数器传送 | × | × | • |
| FNC192 | BK＋ | 数据块加法 | × | × | • |
| FNC193 | BK－ | 数据块减法 | × | × | • |
| FNC194 | BKCMP＝ | 数据块等于比较 | × | × | • |
| FNC195 | BKCMP＞ | 数据块大于比较 | × | × | • |
| FNC196 | BKCMP＜ | 数据块小于比较 | × | × | • |
| FNC197 | BKCMP＜＞ | 数据块不等于比较 | × | × | • |
| FNC198 | BKCMP≤ | 数据块小于等于比较 | × | × | • |
| FNC199 | BKCMP≥ | 数据块大于等于比较 | × | × | • |
| FNC200 | STR | 带小数变换功能的 ASCII 码转换 | × | × | • |
| FNC201 | VAL | 带小数变换功能的 ASCII 逆转换 | × | × | • |
| FNC202 | $＋ | ASCII 码合并 | × | × | • |
| FNC203 | LEN | ASCII 码长度检测 | × | × | • |
| FNC204 | RIGHT | 右侧 ASCII 码部分传送 | × | × | • |
| FNC205 | LEFT | 左侧 ASCII 码部分传送 | × | × | • |
| FNC206 | MIDR | 中间 ASCII 码部分传送 | × | × | • |
| FNC207 | MIDW | ASCII 码替换 | × | × | • |
| FNC208 | INSTR | ASCII 码检索 | × | × | • |
| FNC209 | $ MOV | ASCII 码全部传送 | × | × | • |
| FNC210 | FDEL | 数据表中的数据删除 | × | × | • |
| FNC211 | FINS | 数据表中的数据插入 | × | × | • |
| FNC212 | POP | 移位读出（按 SFWR 指令后进先出） | × | × | • |
| FNC213 | SFR | 含进位的任意位右移 | × | × | • |
| FNC214 | SFL | 含进位的任意位左移 | × | × | • |
| FNC224 | LD＝ | 相等判别 | • | • | • |
| FNC225 | LD＞ | 大于判别 | • | • | • |
| FNC226 | LD＜ | 小于判别 | • | • | • |
| FNC228 | LD＜＞ | 不等于判别 | • | • | • |

续表

| 指令代号 | 指令代码 | 指令名称 | 适用 PLC 系列 | | |
|---|---|---|---|---|---|
| | | | FX$_{1S}$/FX$_{1N}$ | FX$_{2N}$ | FX$_{3U}$ |
| FNC229 | LD≤ | 小于等于判别 | • | • | • |
| FNC230 | LD≥ | 大于等于判别 | • | • | • |
| FNC232 | AND= | 相等"与" | • | • | • |
| FNC233 | AND> | 大于"与" | • | • | • |
| FNC234 | AND< | 小于"与" | • | • | • |
| FNC236 | AND<> | 不等于"与" | • | • | • |
| FNC237 | AND≤ | 小于等于"与" | • | • | • |
| FNC238 | AND≥ | 大于等于"与" | • | • | • |
| FNC240 | OR= | 相等"或" | • | • | • |
| FNC241 | OR> | 大于"或" | • | • | • |
| FNC242 | OR< | 小于"或" | • | • | • |
| FNC244 | OR<> | 不等于"或" | • | • | • |
| FNC245 | OR≤ | 小于等于"或" | • | • | • |
| FNC246 | OR≥ | 大于等于"或" | • | • | • |
| FNC256 | LIMIT | 输出上下限控制 | × | × | • |
| FNC257 | BAND | 输入死区控制 | × | × | • |
| FNC258 | ZONE | 偏移调整 | × | × | • |
| FNC259 | SCL | 坐标型数据转换 | × | × | • |
| FNC260 | DABIN | 十进制 ASCII 码转换为二进制整数 | × | × | • |
| FNC261 | BINDA | 二进制整数转换为十进制 ASCII 码 | × | × | • |
| FNC262 | SCL2 | 双轴坐标型数据转换 | × | × | • |
| FNC270 | IVCK | 变频器监控 | × | × | • |
| FNC271 | IVDR | 变频器控制 | × | × | • |
| FNC272 | IVRD | 变频器参数读出 | × | × | • |
| FNC273 | IVWR | 变频器参数写入 | × | × | • |
| FNC278 | RBFM | BFM 分割读出 | × | × | • |
| FNC279 | WBFM | BFM 分割写入 | × | × | • |
| FNC280 | HSCT | 高速计数成批比较 | × | × | • |
| FNC290 | LOADR | 扩展数据寄存器装载 | × | × | • |
| FNC291 | SAVER | 扩展数据寄存器保存 | × | × | • |
| FNC292 | INITR | 同时进行 R 与 ER 区数据初始化 | × | × | • |
| FNC293 | LOGR | R 与 ER 区数据登录 | × | × | • |
| FNC294 | RWER | 任意长度的扩展数据寄存器 R 保存 | × | × | • |
| FNC295 | INITER | 单独进行存储器盒 ER 区初始化 | × | × | • |

# 参 考 文 献

[1] 张万忠等. 可编程控制器应用技术. 第 2 版. 北京：化学工业出版社，2005.
[2] 三菱公司. FX 系列系统手册. 2010.
[3] 龚仲华. 三菱 FX 系列 PLC 应用技术. 北京：人民邮电出版社，2010.
[4] 黄净主编. 电器及 PLC 控制技术. 北京：机械工业出版社，2002.
[5] 陈浩编著. 案例解说 PLC、触摸屏及变频器综合应用. 北京：中国电力出版社，2007.